水下油气生产系统
全生命周期可靠性保障技术

李　中　尹　丰　王红红　朱春丽　刘国恒　等　著

中国石油大学出版社
CHINA UNIVERSITY OF PETROLEUM PRESS
山东·青岛

图书在版编目(CIP)数据

水下油气生产系统全生命周期可靠性保障技术/李中等著. --青岛:中国石油大学出版社,2022.12
ISBN 978-7-5636-7720-7

Ⅰ.①水… Ⅱ.①李… Ⅲ.①海上油气田-油气田开发-水下技术-产品生命周期-可靠性工程 Ⅳ.①TE5

中国版本图书馆 CIP 数据核字(2022)第 231433 号

书　　名: 水下油气生产系统全生命周期可靠性保障技术
著　　者: 李　中　尹　丰　王红红　朱春丽　刘国恒　等

责任编辑: 袁超红(电话　0532-86981532)
责任校对: 张晓帆(电话　0532-86983567)
封面设计: 悟本设计

出 版 者: 中国石油大学出版社
(地址:山东省青岛市黄岛区长江西路 66 号　邮编:266580)
网　　址: http://cbs.upc.edu.cn
电子邮箱: shiyoujiaoyu@126.com
排 版 者: 青岛汇英栋梁文化传媒有限公司
印 刷 者: 山东顺心文化发展有限公司
发 行 者: 中国石油大学出版社(电话　0532-86981532,86983437)
开　　本: 787 mm×1 092 mm　1/16
印　　张: 19.75
字　　数: 507 千字
版 印 次: 2022 年 12 月第 1 版　2022 年 12 月第 1 次印刷
书　　号: ISBN 978-7-5636-7720-7
定　　价: 160.00 元

序

中国南海海域，特别是深水领域蕴藏着丰富的油气资源，是我国油气资源重要的接替区。我国深海油气开发起步晚，深海水下油气生产设施安全保障技术体系尚处于起步阶段，加之国外技术门槛高、周期长，严重制约了我国深海油气勘探开发的进程，因此建立水下油气生产设施安全保障技术体系十分迫切。

《水下油气生产系统全生命周期可靠性保障技术》体现了依托国家工业和信息化部高技术船舶科研项目，针对目标气田特殊条件开展关键技术攻关的成果，基于以中海油研究总院为主，联合石油院校及相关领域优势团队共同攻关并成功解决南海深水油气安全生产技术难题的丰富积累，系统地介绍了水下油气生产系统全生命周期可靠性保障技术体系，包括生产系统安全分析方法、生产系统安全评估技术、生产系统集成可靠性技术、生产系统安全监测与故障诊断系统及生产系统仿真技术等。这些关键技术打破了国外垄断，使国产化进程取得了实质性突破，解决了南海深水目标气田生产系统安全保障难题。

水下油气生产系统全生命周期可靠性保障技术是理论与实践紧密结合、成功解决海洋深水领域油气安全生产问题的典范，大幅提升了我国深水领域油气生产安全管理的技术水平，丰富了深水领域油气安全生产系统可靠性评价、监测、故障诊断及风险防范和维保技术，具有重要的实用价值。该著作对广大海洋油气工程技术人员具有重要参考和指导意义。

中国工程院院士

前　言

水下油气生产系统是海上深水油气田开发的关键。为了解水下油气生产系统的生产状态，实现生产过程在线监测、环境监测等数据的采集及实时传输，水下油气生产系统的全生命周期可靠性保障和故障诊断尤为重要。由于水下油气生产系统固定在海床上，要了解水下油气生产系统的安全情况，在多数情况下只能使用 ROV 对水下油气生产系统进行巡检。此外，水下油气生产系统所在海域过往船只的拖网作业和抛锚也会对水下生产造成一定的伤害，故实现对水下油气生产系统的安全监测同样重要，它承担着安全有效控制水下油气生产系统，保证海洋石油安全、可靠开发的重任。本书针对水下油气生产系统全生命周期健康安全评估和可靠性分析技术，聚焦可靠性、可用性和可维护性评估，较全面系统地阐述了为水下油气生产系统工程化应用提供保障措施的关键技术、分析方法及主要设备等内容。

本书作者主要从事海洋工程设计、海洋工程安全与可靠性分析、监测设备研制及故障诊断研究等工作，水下油气生产系统研究经验丰富，承担了多个国家级课题、重大专项项目和省部级科研课题。本书是在作者多年研究成果的基础上，结合工程实践而著成的。

全书共分 6 章。第 1 章介绍水下油气生产系统全生命周期可靠性保障技术体系研究的特征、要素与意义，以及现阶段的研究进展；第 2 章介绍水下油气生产系统安全评估技术；第 3 章介绍水下油气生产系统集成可靠性技术；第 4 章介绍基于光纤通信的水下油气生产系统安全监测与故障诊断系统；第 5 章介绍水下油气生产系统仿真技术；第 6 章以南海某深海油田工程项目为例，介绍安全监测与故障诊断系统的应用。

本书内容依托的研究项目自立项以来，一直得到中国工程院谢玉洪院士、中国海洋石油有限公司工程技术部总经理李志刚、中海油研究总院有限责任公司工程研究设计院海洋工程专家洪毅的指导与帮助。谢玉洪院士、李志刚总经理和洪毅专家多次参与本项目的审查会和技术协调会，为本项目实施的技术路线和关键技术攻关进行把关和指导，为本项目的顺利实施和成功验收提供了有力的支撑。在此，向他们表示衷心的感谢和崇高的敬意！

本项目由中海油研究总院有限责任公司牵头，联合中国石油大学（北京）、中国石油大学（华东）、江苏亨通海洋光网系统有限公司、哈尔滨工程大学和浙江中控技术股份有限公司开展研究。

参与本书编写的人员包括：中海油研究总院有限责任公司李中、尹丰、朱春丽、刘国恒、王魁涛、胡忠前、王红红、孙钦、陈迪、杨金丽、余曦冉；中国石油大学（北京）杨进、左信、王莹莹、岳元龙、李舒展、李健昌、文雨欣、朱国倞、杨战；中国石油大学（华东）肖文生、崔俊国、庞罕、刘健、王鸿雁、刘超、胡其会、王武昌、谭利萍、李安；江苏亨通海洋光网系统有限公司许人东、范明海、吕枫、王雄；哈尔滨工程大学王立权、莫世奇、贾鹏、刘延波、肖想、王振；浙江中控技术股份有限公司王长征、蔡其星、杨凯博。

希望本书的出版能对我国水下油气生产系统安全与可靠性保障技术的应用和提高起到积极的促进作用。

限于研究基础的有限性和本书所涉及技术内容的复杂性，也限于作者的水平，书中不足之处在所难免，恳请读者和专家批评指正。

作　者

2022 年 12 月

目　录

第1章
绪　论

1.1　研究背景

陆地浅海石油可开采资源逐渐减少，同时随着海事繁荣，浅海海域使用矛盾呈现急剧上升的趋势。渔业作业、海上风电、船运航路、海上光伏等产业均形成浅海油气开发的海域使用掣肘。此外，随着勘探发现的不断深入，浅海探矿权范围内已经较难发现储量丰富、海域无使用矛盾的油气区块。

从世界范围海上油气开发的发展趋势看，全球海上石油开发投资的热度逐渐转向非常规油气、深海油气、页岩油气等方向。目前浅海油气开采技术已经基本成熟，装备种类多，产业化规模大。随着数字化、智能化时代的变革，浅海石油开发已逐渐向油田数字化、智能化方向快速迈进，逐步实现无人化运营、数字化管理、智能化决策的新生产模式。

很多国家的海洋油气产值已占海洋经济总量的50%，而我国尚不到10%，存在相当大的差距。在浅海资源得到充分开发后，人们把重点逐渐移向深水油气田。近10年发现的大型海底油气田，三分之二在深水。世界海洋石油资源量占全球石油资源总量的34%，其中已探明储量约为380×10^8 t。全球已有50多个国家对深海进行勘探。世界海洋油气储量丰富，而且海洋油气产量将会稳步上升，成为世界油气产量增长的源泉之一。由于深海的极大魅力，未来在深海的投资将会不断增大，深海油气所占比重也会越来越大。亚太地区在未来可能成为世界海洋油气工业的引擎，但在深海油气产区，目前巴西、西非和美国墨西哥湾仍占据主要地位。

党的十八大以来，能源强国成为我国能源发展的主旋律。我国海上油气开发也开始着手两个重要转变：一是从浅海油气开发向深海油气开发转变；二是从传统管理模式向现代化、数字化、智能化转变。近年来，我国海上油气勘探已经探明多个水深超过1 000 m的油气区块，并已成功进行油气开采。深海油气开发将是未来我国海上石油增储上产、实现产量不断增长的主要手段之一。据统计，我国石油进口依存度超过70%，因此实现油气增长、降低进口依赖，是我国石油开发的命题任务之一。

自1947年美国成功钻探第一口海上油井后，海洋油气勘探开发逐渐从浅海扩大到100～500 m的中深海域、500～1 500 m的深海、超过1 500 m的超深海。现在，先进国家的力量已经集中在超过3 000 m的“超级深海”。

我国海上石油工业以1956年的莺歌海油气调查为起点，进展崎岖坎坷，直到1981年才仅有渤海地区的小型油田投入试验开发，累计生产原油 96.3×10^4 t。近年来，随着海洋战略的实施，我国海上油气生产装备进入发展快车道。进入新世纪，我国海洋油气开发装备形成了较好的发展基础，涌现出一批具有竞争力的企业(集团)。我国海上石油开发呈现出蓬勃的生命力，浅海油气资源发现、装备制造产业化、勘探开发一体化技术更新等日新月异。深水勘探船、深水钻井船、深水铺管船等一系列深海油气船舶构成了我国海上油气开发的"航母舰队"，在某些领域已经悄然达到国际领先的地位。

同时，必须清醒认识到我国与海上石油强国仍存在一定的差距，主要表现为：研发设计和创新能力薄弱，核心技术依赖国外；尚未形成具有较强国际竞争力的专业化制造能力，基本处于产业链的低端；配套能力严重不足，核心设备和系统主要依靠进口。在深水油气开发装备制造领域，仅少数欧美公司(如卡梅隆、FMC、GE、贝克休斯、哈里伯顿等)掌握核心装备和技术。主要技术难点集中在大型水下油气生产系统、采油树、防喷系统、水下管汇、水下多相流泵、压缩机、水下分离器、控制模块、动力模块等成套系统。这些系统采用的关键部件，如水下阀门、油嘴、连接件、水下液压插拔件、水下仪表传感器、管缆绳等，国内还没有配套能力。

习近平总书记强调"能源的饭碗必须端在自己手里"，我国海上油气开发也必然要形成油气装备自主化、产业化和标准化的发展体系。锦州 31-1 气田项目、乐东 22-1 项目应用国产化水下油气生产系统的成功，标志着我国在水下油气生产装备领域已逐渐向国外先进的装备制造厂商靠拢。然而目前对水下油气生产系统的设计标准、运维标准、管理标准及风险分析标准等均依赖国外标准，因此我国水下油气生产装备发展之路仍然还有很长的一段路要走。

众所周知，海上石油开发的特点是"三高"，即高风险、高投入、高技术。世界范围内已发生多次海上石油事故，表 1-1 列举的海上石油开发代表性事故案例说明了海上石油事故的巨大危险性。

表 1-1　海上石油开发代表性事故

时　间	事故平台	事　故	事故后果
1988 年	英国北海 Piper Alpha 平台	火灾爆炸	165 人死亡，平台沉没
1989 年	墨西哥湾 South Pass Block	火灾爆炸	平台废弃
2001 年	巴西 P-36 海上半潜钻井平台	连续两次爆炸	平台废弃，10 人死亡，经济损失超 4 亿美元
2005 年	印度石油公司孟买油田 1 号钻井平台	火　灾	平台坍塌，12 人死亡，经济损失 23 亿美元
2010 年	墨西哥湾深水地平线钻井平台	井喷引发爆炸	11 人死亡，平台沉没，泄漏近 4 万桶原油，导致难以估量的生态破坏，仅罚款就达 200 亿美元
2013 年	墨西哥湾天然气钻井平台	天然气泄漏导致爆炸	平台部分坍塌
2021 年	墨西哥湾 E-Ku-A2 平台	火　灾	5 人死亡，6 人受伤，125 口井停产

深海工程是人类尚未完全掌握的尖端技术，其复杂程度甚至高于航天工程。墨西哥湾深水地平线钻井平台一场 138 天的灾难和一份 46 页的报告提醒人们，深海仍存在着人类技术的许多盲区。

深海的海洋环境远比浅海复杂和恶劣，对水下油气生产系统的安装、运维都提出了更高的要求。从全寿命周期的安全理念来说，目前迫切需要形成一套针对水下油气生产系统的全生命周期可靠性保障技术，为我国水下油气生产系统的国产化和产业化研发及应用、安全生产监控及全寿命周期的安全保障提供技术解决方案。

1.2　全生命周期可靠性技术发展现状

从国内外海上油气设施生产操作经验看，水下油气生产系统是一个技术复杂的系统，因其所处环境与水面设施不同，一旦出现故障，其检测、维护、维修难度和费用比在平台上高得多，因此水下油气生产设备的可靠性要求普遍比水面设备的可靠性要求高。另外，从事故经验看，如墨西哥湾深水地平线钻井平台事故，一旦水下油气生产系统因内外部因素（如腐蚀冲蚀、密封失效、冲刷/地震、疲劳开裂、落物抛锚、拖网、误操作等）造成重大泄漏事故，可能对作业设施（钻井船）/依托生产设施或环境造成巨大影响，应急响应困难。因此，示范应用的水下油气生产设备具有一定的安全环境风险。

国外水下油气生产设备（井口、采油树、管汇和控制系统）应用相对成熟，其可靠性已经实际使用验证。国内相关厂家也在开展水下油气生产系统设备研发工作，但主要水下生产设备缺乏实际工程应用提供的技术成熟度和可靠性数据证明。新技术本身也具有一定的不确定性，可能因系统可靠性问题而影响生产、计划、费用、环境及安全等诸多方面。因此，为将水下油气生产系统集成应用的技术风险降至最低合理可行程度（ALARP），有必要在整个项目周期内开展系统集成可靠性和风险分析，提出系统集成风险控制和可靠性、可用性和可维护性策略，在水下油气生产设备应用周期内将系统集成应用风险降到可以接受的程度。

首次水下油气生产系统集成应用的一个突出问题是如何量化识别并评估风险，将总体可靠性目标分配到系统单元，以及如何验证集成系统可满足总体量化可靠性和可用性目标要求。国内水下油气生产设备研究与应用中还存在的一个重要不足是缺乏可靠性数据支持。

国外在水下油气生产设备的风险分析和可靠性基础理论，可靠性设计、分析、验证，可靠性保障，可靠性数据积累，可靠性分析工具及实际应用等方面已经相对成熟，而国内处于刚刚起步阶段，因此有必要开展水下油气生产系统集成健康安全评估技术和可靠性、可用性分析技术研究，尤其是在水下油气生产系统集成失效模式，可靠性、可用性和可维护性分析技术，可靠性数据采集要求等方面开展基础研究。

基于光纤通信，通过安装在水下油气生产系统的数据采集系统，可完成数据的实时采集并实现数据的实时传输；通过对采集数据的分析，可实现对油气生产动态信息的在线监测。通过环境监测系统，可实现对水下油气生产系统的安全监测，对外部风险提前预警，解决水下油气生产系统的监控盲区问题。设计基于光纤通信的水下油气生产系统安全监测和故障诊断方案，结合国家和中国海油的发展战略，研究未来水下油气田开发可能面临的安全问题，以及未来在海洋安全、海洋管理、海洋开发中如何实现军民融合的问题。通过对采集数据的分析，可以在未来实现海洋业务的观测、军事安防业务的监测、海洋环境科学研究和分析，为未来构建智慧海洋奠定良好基础。

开展基于光纤通信的在线监测系统和环境监测系统的关键技术研究，以及对关键技术中关键设备的自主研制，有利于开发自有的水下安全监测和故障诊断系统平台，实现水下油气生产系统通信设备和安全监测系统赶超国外先进技术。完成水下油气生产系统光纤通信技术和设备的研制，对打破国外技术封锁，降低水下通信及控制系统的成本具有重要意义。

1.3 全生命周期可靠性技术发展思路

对于水下油气生产系统全生命周期可靠性技术研究，重点需要突破在线监控、环境监测、故障诊断、安全分析与评估等关键核心技术，并开发基于光纤通信的水下油气生产系统安全监测与故障诊断系统，最终建立水下油气生产系统全生命周期可靠性专家平台。

1）水下油气生产系统可靠性保障技术体系专家决策平台总体方案研究

开展水下油气生产系统可靠性保障技术体系专家决策平台总体方案研究，研究水下油气生产系统专家决策平台的总体方案，对水下油气生产系统专家决策平台进行顶层设计，全面明确专家决策平台的功能需求，为软件的设计、确认、验证和开发提供基准。同时，规范制定第三方协议接口规则，预留扩展接口，将第三方开发软件集成到水下油气生产系统专家决策平台，为水下油气生产系统大型专家平台的商业化软开发件奠定前期基础。

水下油气生产系统可靠性保障技术体系专家决策平台总体方案的基本技术路线如图 1-1 所示。

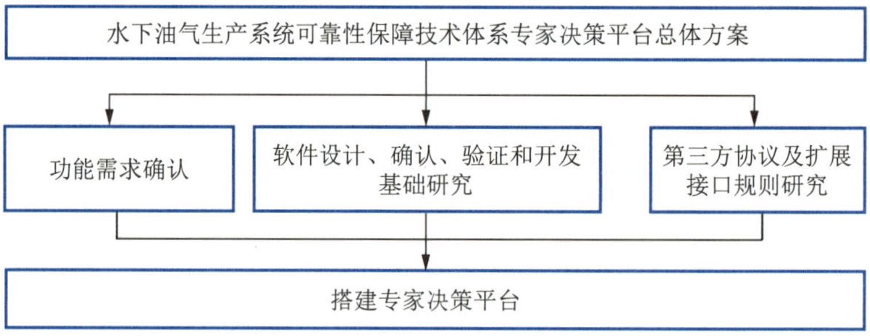

图 1-1 水下油气生产系统可靠性保障技术体系专家决策平台总体方案的基本技术路线

2）水下油气生产系统致因机理研究

水下油气生产系统全生命周期可靠性技术研发的基础是结合水下油气生产系统的致因理论，研究风险控制模型，充分考虑操作人员的不安全作业行为、设备的不安全状态及水下作业环境，详细分析水下油气泄漏事故产生原因，总结水下油气泄漏规律，研究泄漏风险预测方法，建立水下油气泄漏风险预测模型，并验证预测模型的可靠性和准确性。

根据泄漏事故预防控制原则，制定水下油气泄漏风险应急预案，开展应急预案评价方法研究，对专项预案和总体预案进行比选和评价，制定完善的泄漏事故的技术防范和处置措施，建立实时高效、安全可靠的水下油气泄漏事故管控与应急反应体系。

以水下油气生产系统海底管道泄漏风险预测为例，其研究方案如图 1-2 所示。

3）水下油气生产系统安全监测与故障诊断辅助系统

建立水下油气生产系统安全监测与故障诊断辅助系统，研究聚焦基于光纤通信的水下油气生产系统安全监测和故障诊断辅助系统所需要的功能和需求、水下油气生产系统光纤通信与其他水下生产设备的接口界面、水下油气生产系统安全监测和故障诊断辅助系统。

水下油气生产系统安全监测与故障诊断辅助系统总体方案设计的技术路线如图 1-3 所示。

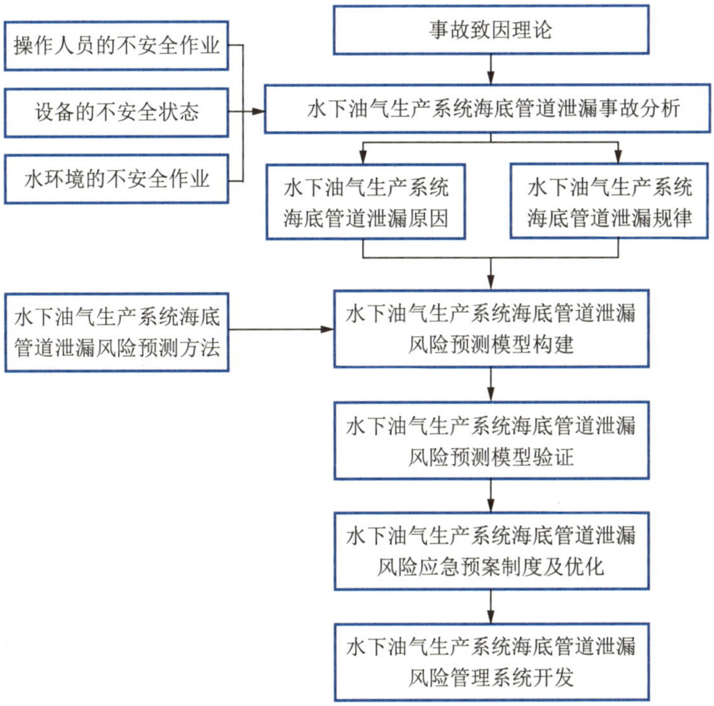

图 1-2　水下油气生产系统海底管道泄漏风险预测的研究方案

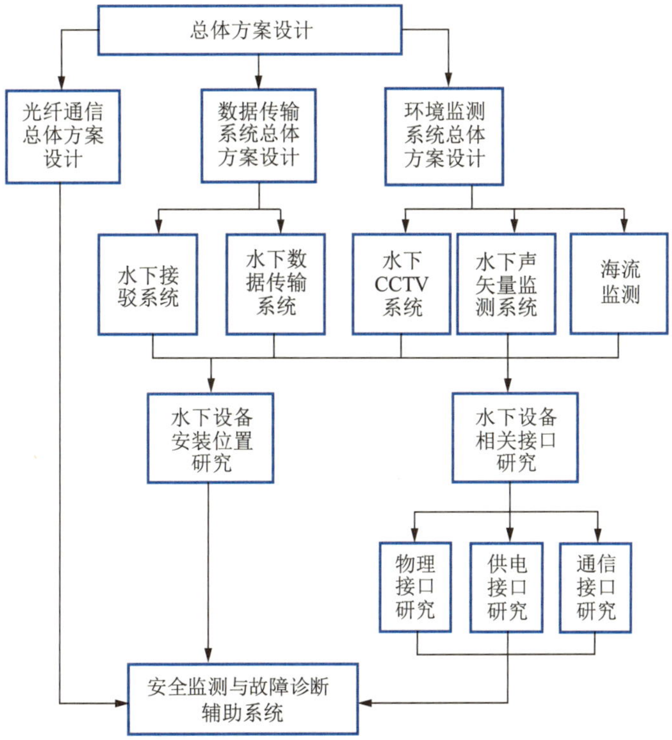

图 1-3　水下油气生产系统安全监测与故障诊断辅助系统总体方案设计的技术路线

4）水下油气生产系统仿真平台开发

建立水下油气生产系统仿真平台，重点研究水下采油树的操作工艺流程及内部各阀门间的控制逻辑关系，按照参数化、模块化、结构化的设计思想，开发一套基于 VR 技术的水下油气生产系统交互式仿真平台，实现水下油气生产系统生产操作的仿真。

水下油气生产系统仿真平台开发方案的技术路线如图 1-4 所示。

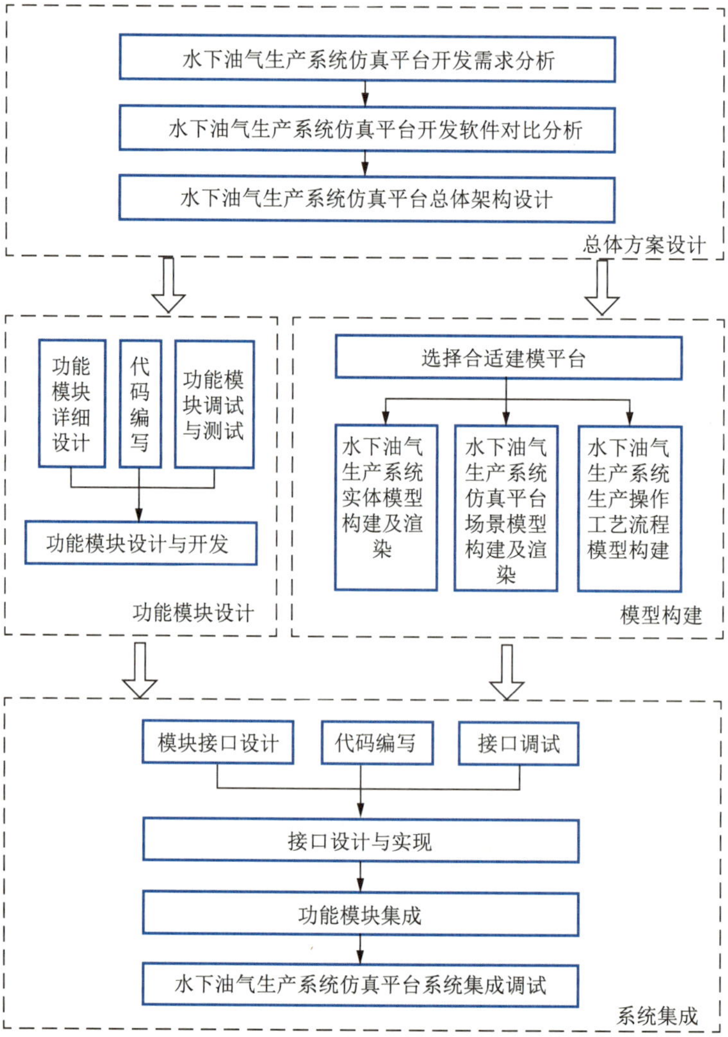

图 1-4　水下油气生产系统仿真平台开发方案的技术路线

5）水下油气生产系统安全监测与故障诊断辅助系统

建立统一的水下油气生产系统安全监测与故障诊断辅助系统平台，实现对现有中控室的多套控制系统进行集成，完成在线监测系统、环境监测系统和故障诊断辅助系统等异构数据的集成，实现多元数据的统一采集、处理、存储和应用。通过水下油气生产系统数据监控平台，将数据上送至陆上调度中心，实现异地远程管理，帮助生产管理人员进行实时生产过程的监控、调度和远程管理。

水下油气生产系统安全监测与故障诊断辅助系统开发的技术路线如图 1-5 所示。

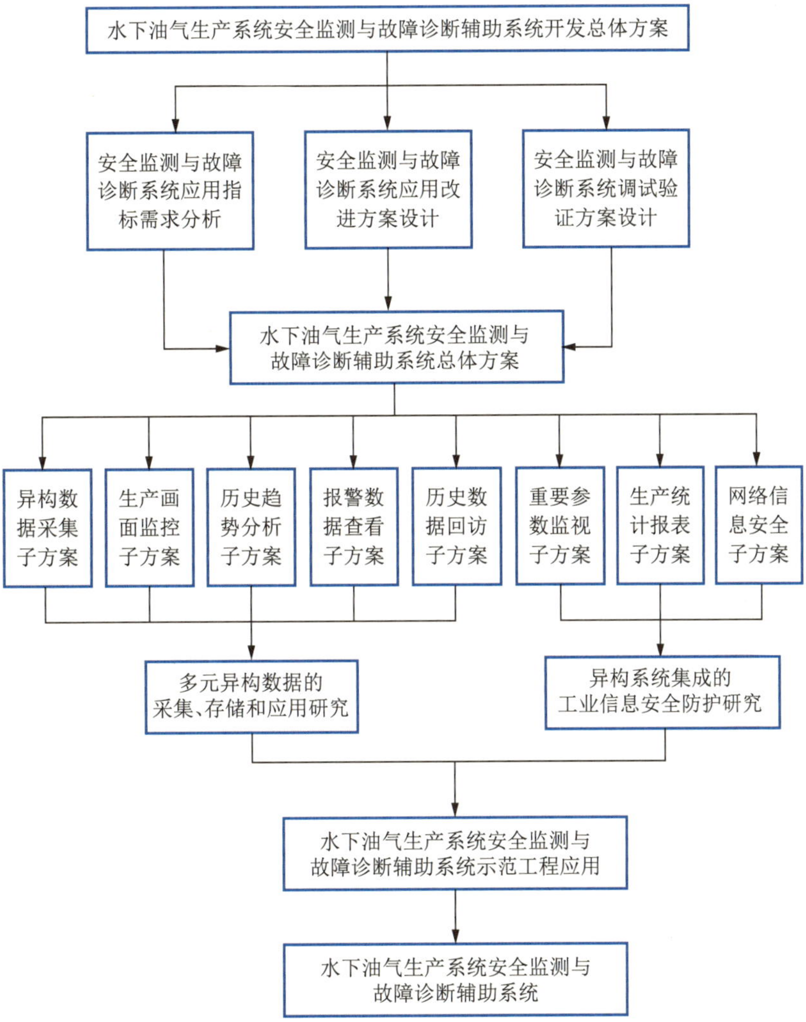

图 1-5　水下油气生产系统安全监测与故障诊断辅助系统开发的技术路线

6）水下油气生产系统全生命周期可靠性决策平台

水下油气生产系统全生命周期可靠性决策平台是在综合以上研究的基础上进行的整合，将水下油气生产系统装备检测的基本参数，如压力、温度、应力、应变、环境参数等，基于水下油气生产系统失效数据库的数据统计分析功能，对水下油气生产系统装备进行专家决策和报警推送。同时，对相关数据进行深度数据挖掘，通过关联分析、回归聚类等核心算法，对水下油气生产系统的状态进行预测分析，为专家提供水下油气生产系统装备诊断的专业技术平台。

水下油气生产系统全生命周期可靠性决策平台是可部署于 Web 服务器上的 B/S 架构应用系统，其软件架构如图 1-6 所示。

对水下油气生产系统全生命周期可靠性技术理论及研发，本书后续章节将逐一进行论述。本书所研究内容是在我国水下油气生产系统国产化研发、产业化摸索及工程化应用尝试基础上的理论研究和突破，目的是为我国深海水下油气开发的安全生产提供数字化、智能化的解决方案，从而有效支撑我国深海油气开发并为水下设备国产化研发和应用奠定基础。

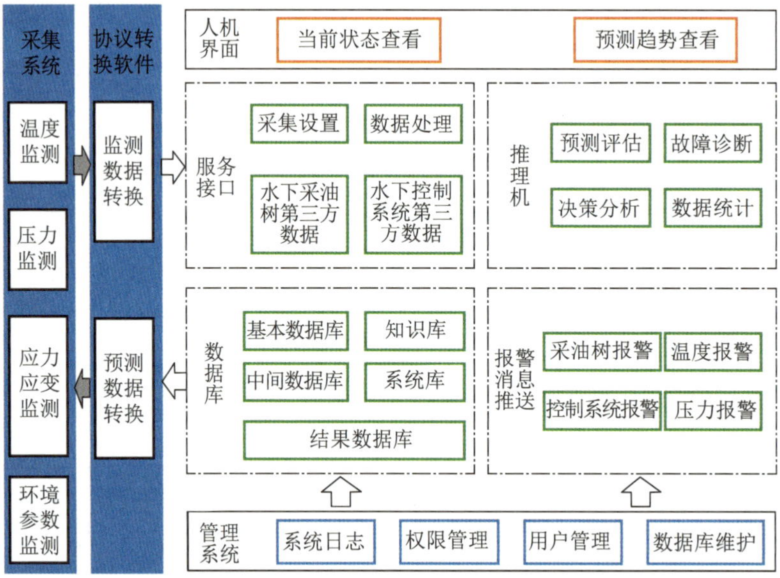

图 1-6　水下油气生产系统全生命周期可靠性决策平台软件架构

第2章 水下油气生产系统安全评估技术研究

水下油气生产系统是经济高效地开发深水油气田和海上边际油气田的重要技术手段之一。水下油气生产系统所处海洋环境恶劣，技术要求高、系统复杂、零部件众多，一旦发生水下失效事故，除导致油气田停产外，甚至会造成巨大的环境污染和严重国际影响。鉴于水下油气生产系统在深海开发中的重要作用，以及影响水下油气生产系统安全的各种因素的不确定性，针对水下油气生产系统的运行和管理状况，提高对事故的预测能力和保证风险管控措施有效等是保证水下油气生产系统安全可靠运行的关键。

本章旨在解决水下油气生产系统全生命周期中安全分析、风险控制和海底管道泄漏预测技术等问题。首先，针对水下油气生产系统的安全分析方法进行研究，识别其全生命周期不同阶段风险类型，建立水下油气生产系统安全评价指标和模型；定量评估水下油气生产系统事故的影响范围和物理规律，为水下油气生产系统安全管理和应急提供方法及技术支撑。其次，为提高水下油气生产系统风险管控的时效性，基于水下油气生产系统安全生产需求，开展水下油气生产系统风险控制评价指标和方法研究，构建风险控制评价体系；研究水下油气生产系统全过程安全管理与风险控制技术，建立水下油气生产系统风险控制分析模型，形成适合我国水下油气生产系统的风险控制方法和策略。最后，通过分析海底管道泄漏失效机理，研究水下油气生产系统海底管道泄漏规律及泄漏风险预测方法，建立水下油气生产系统海底管道泄漏风险预测模型，并结合工程实践预测模型进行理论模拟验证，为水下油气生产系统海底管道泄漏风险的精准预测及高效控制提供依据。

2.1 水下油气生产系统安全分析技术

2.1.1 水下油气生产系统风险识别

2.1.1.1 事故事件统计

1）国内水下油气生产系统事件

目前国内水下油气生产系统主要应用在南海，分布在中国海洋石油集团公司深圳分公司惠州油田作业区、流花油田作业区、白云天然气作业公司和崖城作业公司。现役水下油气生产系统统计见表2-1，典型水下生产事件统计见表2-2。

表 2-1 国内水下油气生产系统统计

所属作业区	所属油气田	所属阶段	投产时间	作业水深/m	设计年限/a	水下井口数量/个
惠州油田作业区	惠州 32-5	生产运行	1999-02-01	110	10	3
惠州油田作业区	惠州 26-1	生产运行	2000-06-01	120	5	1
流花油田作业区	流花 11-1	生产运行	1996-03-01	310	15	25
流花油田作业区	流花 4-1	生产运行	2012-07-16	260	20	8
白云天然气作业公司	流花 19-5 气田	生产运行	2013-12-31	185	15	2
白云天然气作业公司	荔湾 3-1	生产运行	2014-04-23	1 480	20	9
白云天然气作业公司	PY35-2/1	生产运行	2014-07-28	198～340	20	7
崖城作业公司	YC13-4	生产运行	2012	85～95	20	3

表 2-2 典型水下生产事件统计

序 号	油 田	事 件	时 间
1	流花 19-5	渔网缠绕采油树	2017-04-21
2	流花 19-5	脐带缆严重破皮	2016-04-27
3	流花 4-1	LH4-1 SPS 水下 2 号、3 号动力电缆破坏，并裸露内层材料	2016-04-11
4	流花 4-1	3 号水下动力分配单元向 8 号水下采油树一侧翻倒，防层板翘起	2016-04-10
5	流花 4-1	A5H，A7H，A8H 和 A6H 4 个水下井口被一大片渔网覆盖	2016-04-11
6	番禺 35-2	主脐带缆多处破皮受损	2017-04-12
7	番禺 35-1	HPU 至 TUTA 液压管线渗漏	2018-03-04
8	流花 11-1	跨接管、管汇上与 FPS 服务立管连接 2 in(1 in=25.4 mm)管多次出现腐蚀穿孔	1998—2001
9	陆丰 22-1 油田	电气系统及控制系统故障，液压油泄漏	1997—2007
10	惠州 26-1 油田	甲醇堵塞、泄漏，注气阀故障，传感器故障	2000—2007
11	荔湾 3-1 气田	A 路绝缘低报警	2017-01
12		高压回路液压油液压飞缆接头处泄漏	2017-04
13		阳极异常消耗	2016

根据已有国内水下油气生产系统的运行及故障分析，影响水下油气生产系统正常运行的主要问题为第三方外力破坏、渔船拉网破坏、腐蚀及控制系统故障等。

(1) 渔业作业。渔业拖网拉拽水下结构物会拉倒或损伤结构物，拉锚会拉弯或损伤海缆及海管，渔业作业落物会砸伤水下油气生产系统设备。

(2) 脐带缆及电液飞线故障率高、影响大。主要表现形式为电绝缘低、液压高压管泄漏，影响部分或整个油田的正常生产。

(3) 牺牲阳极超预期损耗和管路腐蚀严重。主要表现为阳极损耗远少于设计年限，生产管线腐蚀穿孔泄漏造成部分或整个油田停产或减产。

(4) 部分水下测量元件(如 DHPT，PT 及 TT 等)运行可靠性差，一旦失效回收维修比较困难，对生产运行造成一定影响。

2）国外水下油气生产系统事件

国际著名设备可靠性数据库 OREDA 是油气行业最主要的可靠性数据来源之一。该数据库统计了水下油气生产系统的主要失效模式和相应的故障率。根据该数据库对水下油气生产系统的统计，主要组件失效模式如图 2-1 所示。油气泄漏是失效频数最多的失效模式，控制调节失效也较为严重。从失效组件看，阀门故障约占 40%，电液信号耦合器故障约占 35%，工艺管线约占 17%。

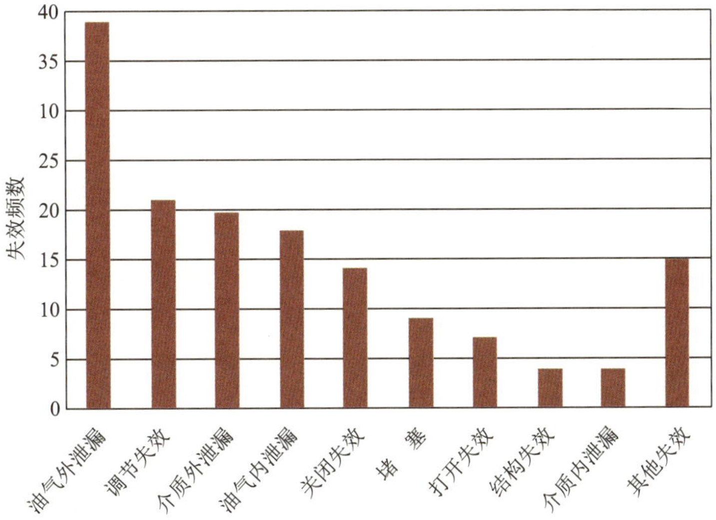

图 2-1　水下油气生产系统主要组件失效模式

2.1.1.2　事故原因分析

水下油气生产系统失效原因识别是开展水下油气生产系统安全评估的基础和前提，故需要对水下油气生产系统所有可能的潜在失效事故原因进行分析。

根据目前国内外已有水下油气生产系统可记录事故事件数据统计，水下油气生产系统生命周期内的主要事故及失效类型有系统内外部腐蚀、机械过载、第三方载荷、疲劳、超压、控制系统失效、油气泄漏等。具体故障及失效见表 2-3。

表 2-3　水下油气生产系统主要故障及失效

主要故障及失效		影响因素
腐蚀与冲蚀	内部腐蚀	CO_2、H_2S、O_2（注水）、微生物诱导的腐蚀
	冲　蚀	砂、高流速/管道几何形状
	外部腐蚀	涂层脱落、涂层损坏、材料缺陷、阳极耗尽、阳极剥离
机械过载		沉降，缺乏支撑，拖挂（锚、拖网），提升/装卸（安装、维修活动），屈曲突变，侧向屈曲，环境载荷
碰撞（凹痕、凿击、刺穿）		坠落物体（吊装过程中），坠落的结构物（折断）、锚、拖网，提升/装卸（安装、维修活动），ROV
疲　劳		热循环、压力循环、段塞流、流体冲击、涡激振动

续表

主要故障及失效	影响因素
超　压	堵塞（蜡、沥青质、水合物），阀发生故障，误操作
泄　漏	阀杆、插件失灵，法兰密封失效，机械式连接器失效，刺穿，聚合物软管老化
控制失效	水下生产控制系统故障，相应零部件执行器失灵，脐带缆、飞线等受损，控制液体泄漏，电力回路受损

水下油气生产系统涉及的系统、设备设施多，水下生产设备、水下控制系统、工艺管线、跨接管、连接器、防护结构等均可能受内外部影响而失效。

1）腐蚀与冲蚀

深海环境中水下生产设施不仅受到海水温度和压力、氯离子等影响，而且油、气、水多相介质的输送特别是当多相介质中含有 H_2S/CO_2 时，会加剧工艺管道的氢脆、点蚀等。

深海环境微生物（如细菌、真菌、藻类和原生物等）附着于工程材料表面，形成生物膜，在生物膜内部，溶解氧、pH、有机物和无机物种类等都与外部环境不同，会造成微生物腐蚀。

水下油气生产系统工艺管线冲蚀受损的主要影响因素包括泥沙流速及含量等。当输送介质中含有的泥沙快速通过管道转折处时，会导致管道产生机械磨损；侵蚀严重时，管道将穿孔；如果再加上过大的内应力，还会导致管道断裂，对管道的安全运行产生隐患。

2）第三方破坏

第三方破坏包括过往船只的抛锚冲击、拖网渔船的网拖冲击、潜艇坐底、落物冲击等，这些外力作用都会对海底管道、脐带缆、水下基础产生冲击而导致损伤失效。第三方破坏所引起的管缆破损、基础侧翻等占水下事件的很大比例。

3）环境影响因素

水下油气生产系统在海洋环境中服役期间要经受波浪、海流、潮汐的反复冲刷作用，还有可能遭遇台风、地震等自然灾害的影响。

4）误操作因素

误操作因素包括设计误操作、施工误操作和运行误操作。

设计误操作指在水下油气生产系统设计阶段出现的失误。设计误操作导致的设计缺陷对水下油气生产系统后期的安装、运行、维护影响很大，很可能引起系统失效，进而造成严重的经济损失和环境破坏。

施工误操作指在水下油气生产系统施工阶段，各种安装错误或不规范操作方式对日后运行造成的安全隐患。在通过最初的系统集成测试，进入运行阶段后，施工缺陷极有可能导致单个系统部件的失效。影响施工质量的因素很多，如水下设施的出厂质量、施工人员的资质和经验水平、施工方案的选择，以及施工设备的先进程度等。

运行误操作在整个误操作影响因素总指标中所占地位非常重要，此阶段工作人员的失误和疏忽可能直接导致系统的失效。

2.1.1.3　事故后果识别

结合上文介绍的水下油气生产系统失效统计数据，水下油气生产系统面临的风险因素主要包括六大类，分别为设计、建造和安装风险，第三方破坏风险，腐蚀/冲蚀风险，结构风险，自然灾害风险，运行管理风险（表 2-4）。

表 2-4　水下油气生产系统事故模式统计

序　号	风险类别	具体风险因素	可能的后果
1	设计、建造、安装风险	设计错误	金属损失、凹陷、裂缝、自由悬跨、局部屈曲/整体屈曲、偏移、涂层损失、裸露、阳极损害
		制造质量	
		安装质量	
		过程控制	
2	第三方破坏风险	拖网捕鱼	金属损失、凹陷、裂缝、自由悬跨、局部屈曲/整体屈曲、偏移、涂层损失、裸露、阳极损害
		抛　锚	
		船舶影响	
		落　物	
		恶意破坏	
		航道影响	
		其他机械影响	
3	腐蚀/冲蚀风险	管道介质特性	内腐蚀、外腐蚀、冲蚀
		环境腐蚀性（海洋生物腐蚀、土壤腐蚀、大气腐蚀）	
		防腐涂层	
		腐蚀监测	
		阴极保护	
4	结构风险	疲劳（涡激、底流冲刷、内波流）	裂缝、自由悬跨、局部屈曲/整体屈曲、偏移、裸露
		海床稳定性	
		超　载	
5	自然灾害风险	海床变化	金属损失、凹陷、裂缝、自由悬跨、局部屈曲/整体屈曲、偏移、涂层损失、裸露、阳极损害
		地　震	
		滑　坡	
		潮　流	
		温度变化	
6	运行管理风险	操作程序错误	停产、油气泄漏
		未执行程序	
		人为错误	

2.1.2　水下油气生产系统安全分析指标体系

2.1.2.1　安全分析指标体系建立

2.1.2.1.1　安全分析指标体系建立原则

水下油气生产系统安全分析指标的建立应能够准确反映水下油气生产系统的基本状况和

主要特征。安全分析指标体系的建立应遵循科学性、可行性、全面性和适用性原则。

(1) 科学性。安全分析指标体系必须能够客观反映水下油气生产系统的实际情况,即能够切实反映影响水下油气生产系统安全状况的主要因素。

(2) 可行性。安全分析指标体系能方便数据资料收集,能切实反映生命周期各阶段的差异性,在使分析程序与工作尽量简化的基础上尽可能做到全面。

(3) 全面性。水下油气生产系统的安全分析是一种全面性的多因素综合评价,故选取的评价指标应尽可能全面。

(4) 适用性。安全分析指标体系应能够反映水下油气生产系统所处海域环境状况、船舶通航情况、技术水平、施工能力和安全管理能力等,具有较强的适用性。

2.1.2.1.2 安全分析指标要素

根据所识别的水下油气生产系统风险因素和安全分析指标体系的构建原则与流程,通过文献查阅、头脑风暴法、德尔菲法,借鉴国内外风险评价体系内容,结合目前水下油气生产系统生产运行管理实际,建立水下油气生产系统安全分析指标体系。

安全分析指标体系可以分为水下油气生产系统脆弱性指标、事故诱因指标和事故后果指标三类。其中,脆弱性指标和事故诱因指标为可能性指标,事故后果指标为后果指标。图 2-2 所示为水下油气生产系统安全分析指标体系总体框架。

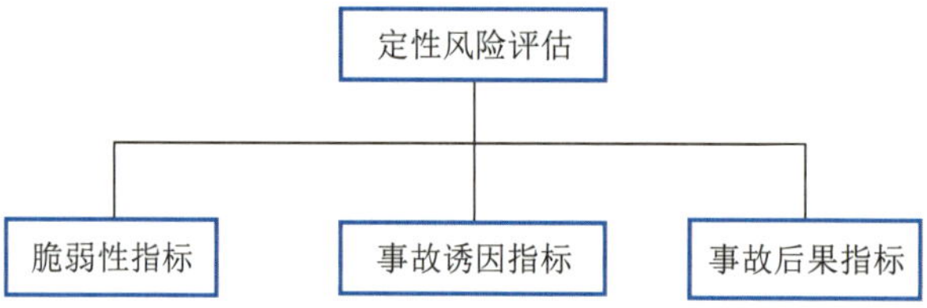

图 2-2 水下油气生产系统安全分析指标体系总体框架

脆弱性指标主要用于描述水下油气生产系统应对失效事故的脆弱性和鲁棒性,即水下油气生产系统的固有风险。其可分为水下油气生产系统建造情况指标和运行情况指标两类,主要包括管输介质流量、管输压力、最小埋深、管道直径、管壁厚度、管线使用年限、结构防护等。

事故诱因指标主要用于分析事故发生的可能性。影响水下油气生产系统失效的风险因素可分为五大类,即腐蚀因素、第三方破坏因素、设计与工程建设因素、运行与操作管理因素和自然与地质灾害因素。

事故后果指标主要用于分析事故发生后果的严重程度。其可分为泄漏危害指标和事故影响指标,主要包括海面设施分布、介质危险性、航道分布、船舶密度及频率等。

水下油气生产系统风险评价指标要素见表 2-5。

表 2-5 水下油气生产系统风险评价指标要素

目标	一级指标	二级指标	三级指标
水下油气生产系统安全分析指标体系	事故诱因指标	腐蚀因素	内腐蚀
			外腐蚀
			应力腐蚀
			腐蚀防护

续表

目标	一级指标	二级指标	三级指标
水下油气生产系统安全分析指标体系	事故诱因指标	第三方破坏因素	作业水深
			海面活动程度
			航道及周边设施
			结构防护
			日常海面巡检
		设计与工程建设因素	设计缺陷
			制造加工质量
			检验质量
			安装质量
			过程控制
		运行与操作管理因素	运　行
			操作管理
		自然与地质灾害因素	海床稳定性
			自然环境因素
			防护措施

2.1.2.1.3　安全分析指标要素分析

1）腐蚀因素

Ⅰ. 内腐蚀

内腐蚀主要考虑输送介质腐蚀性，常按腐蚀性物质的含量定性地将内腐蚀划分为强腐蚀、轻微腐蚀、仅在特殊条件下出现腐蚀、不腐蚀。

影响内腐蚀的主要因素包括：

(1) 含水量。水下油气生产系统管道中的水会造成管线的应力腐蚀和电化学腐蚀。

(2) 硫化氢含量及分压。硫化氢是管道中存在的主要腐蚀介质之一。单纯的潮湿 H_2S 主要导致材料的局部腐蚀、应力腐蚀、全面腐蚀、氢脆等破坏。

(3) 二氧化碳及分压。二氧化碳是引起管道腐蚀的主要因素。二氧化碳溶解于水后增加水中氢离子的浓度，增加水的酸性，在二氧化碳存在时腐蚀速率会大大提高。

(4) 含盐量。钢材的二氧化碳腐蚀速率随含盐量的增加而增加，在酸性环境中的增加幅度大于在碱性环境中。介质中所含的盐分主要是硫酸盐和氯化物水溶后产生的。

(5) 介质 pH 值。介质的 pH 值越小，腐蚀性越强。

(6) 介质温度。随着温度的升高，溶液浓度也将增加，从而导致腐蚀反应的扩散系数增大，加速氧化还原反应的进行，管材的腐蚀速率进而增大。

(7) 流动和冲刷的影响。与静态介质中的腐蚀相比，在流动的管道中，流速较快，腐蚀介质与金属表面的相对运动较大，导致严重的流动和冲刷腐蚀。

(8) 介质输送压力。随着管道输送压力的增加，硫化氢与二氧化碳气体的分压随之增高，腐蚀速率也会变大。

Ⅱ. 外腐蚀

(1) 海底土壤腐蚀。

① 含盐量。泥沙中的含盐量是导致水下设施防腐层老化的主要原因之一,是形成电解质的主要因素。泥沙含盐量越高,电导率越大,腐蚀性就越强。在海底水环境中,泥沙的含盐量很高,此项的影响权重很大。

② 泥沙电阻率。泥沙的电阻率与泥沙的含水量、含盐量、孔隙度等很多因素有关。一般来说,泥沙的电阻率变小,其腐蚀性会增强。

③ 泥沙 pH 值。pH 值主要取决于土壤中盐基的种类和含量,pH 值降低,泥沙的腐蚀性显著增强。

(2) 海水腐蚀。

① 海水温度。海水作为包裹水下油气生产系统的特殊水环境,其温度影响各种化学反应的速率,直接影响海底管道腐蚀速率。

② 溶解氧。海水溶解氧的含量高会加剧管道表层的氧化速度。溶解氧的含量越高,腐蚀速率越快。

③ 盐度。海水盐度高表明海水 Cl^- 含量高,这将在一定程度上造成水下系统局部腐蚀的深度发展。

④ pH 值。pH 值反映海水的酸碱性,也直接影响海水的腐蚀性。

(3) 海生物腐蚀。

海生物对水下油气生产系统的腐蚀作用效果很复杂。海生物附着在水下设施表面并生存,需要消耗氧气,使得管道的腐蚀作用减轻;由于海生物在海底设施上附着不均匀,导致其附着部位与未附着部位之间形成氧浓差,会在更大程度上造成对水下设备保护层的破坏。

深海环境苛刻,高压、低温(或局部高温)、低氧等,存在种类繁多的微生物(如细菌、真菌、藻类和原生物等)。它们附着在工程材料表面,形成生物膜。在生物膜内部,溶解氧、pH、有机物和无机物种类等都与外部环境不同,会造成微生物腐蚀,其中最主要的是由硫酸盐还原菌(SRB)引起的腐蚀。

Ⅲ. 腐蚀防护

(1) 阴极保护。

对水下油气生产系统,阴极保护措施采用能输送足够电流的牺牲阳极系统、外加电流系统,或两者兼有。

① 阴极保护措施:是否安装了起保护作用的阴极保护系统。

② 阴极保护系统有效性:阴极保护系统的效果应至少每年检测一次,外加保护电流系统输出电压及电流值必须定期检测并记录,务必使其处于良好运行状态。

③ 阴极保护系统的运行年限。

(2) 腐蚀监测。

水下油气生产系统腐蚀监测一般采用腐蚀挂片法、电阻探针法和超声波测厚法。根据流体腐蚀性、监测系统的准确度和监测范围,以及前次检测监测结果、水下油气生产系统运行参数的变化进行选择。

(3) 介质组分分析。

根据腐蚀控制要求,需对水下油气生产系统中的流动介质进行组分化验测试。对于正常运行的水下油气生产系统，在介质组分、工况条件无明显改变时，作业者应 1～2 年进行 1 次组分化验工作。

对于新投运的水下油气生产系统，在投运后 30 个自然日内对流动介质组分进行化验。如该水下油气生产系统内的介质不断增加，且可能导致介质组分发生变化，需每 6 个月进行 1 次组分化验，直到该水下油气生产系统输送介质稳定为止。

对已投运水下油气生产系统，如输送流体变更或运行工况发生明显变化，应在 3 个月内进行介质组分取样化验。

(4) 化学药剂效果评价。

根据腐蚀挂片和腐蚀探针分析结果以及其他腐蚀速率监测结果，调整化学药剂的注入量、注入方式。

对于加注缓蚀剂的水下油气生产系统，定期对缓蚀剂的有效性进行评价。对于新建投运的水下油气生产系统或输送介质组分发生变化的水下油气生产系统，应在 6 个月内进行 1 次评价；在输送介质组分相对稳定后，每 1～2 年对缓蚀剂的效果进行 1 次评价；腐蚀监测结果显示腐蚀速率增大时应增加对缓蚀剂效果的评价频次。

(5) 系统运行年限。

水下油气生产系统设计使用寿命一般为 25～30 年。随着检测技术的提高以及对水下油气生产系统保养、维修作业的重视，其使用寿命已经大大提高。随着使用年限的增加，管道自身的防腐性能越来越弱，系统的风险随之增大。

2) 第三方破坏因素

结合我国水下油气生产系统实际运行状况和管理现状，第三方破坏因素包括多个方面，见表 2-6。

表 2-6　第三方破坏因素

一级因素	二级因素	三级因素
第三方破坏因素	安装情况及条件	水　深
		埋设(针对工艺管道)
		水下基础可靠性及土壤坚实程度
		水下连接器、螺栓、法兰等连接可靠性
	海面活动程度	渔船工程作业活动
		拖　网
		抛锚与坠落
		恶意破坏/恐怖活动
	周边通航情况与设施	航道影响
		与其他 SPS、管道、电缆的交叉或干扰(作业区域使用冲突)
	结构防护能力	结构防护装置承受落物碰撞、钩挂能力
		管壁/管径
	日常海面巡检	警示与海面巡检状况
		水下 ROV 巡检情况

针对发生在水下油气生产系统附近对系统设施(包括水下采油树、水下管汇、SDU 等)有潜在损害行为的各种可能性进行分析。安全评价指标要素包括:

(1) 安装情况及条件。海水覆盖可为防止水下油气生产系统损害提供一道天然屏障,水深的增加能够减小锚击、重物坠落对水下油气生产系统造成的影响。随着作业水深的增加,对水下油气生产系统可能造成危害的活动数量会大大减小。

(2) 海面活动程度。海洋渔业活动和其他工程作业中存在抛锚、坠落物和有一定破坏力的机械设备,对水下油气生产系统结构、水下管缆安全构成威胁。

① 锚击。过往船舶在水下油气生产系统区域的抛锚撞击,可能会对水下油气生产系统产生锚击损伤影响。考虑到抛锚或走锚位置存在不确定性,在水下油气生产系统附近抛锚对水下油气生产系统有较大威胁。

② 拖网作业。渔业活动中的撒网和收网对水下油气生产系统影响很大,其中以拖网船对水下油气生产系统的破坏最严重。渔船上配备的拖网板、渔网、铰链等捕鱼设备可能对水下设施形成缠绕、冲撞和拖拽破坏。渔网缠绕管汇后,水下 ROV 将无法对相关阀门进行操作,甚者拖网过程中过大的拖拽力极有可能造成水下油气生产系统基础破坏,严重时可能造成管道泄漏或生产中断。

(3) 周边通航情况与设施。

① 通航密度。往来船舶活动可能增加管道受损的机会。通航密度可定性地分为船舶活动频繁、船舶活动一般、船舶活动频率低、无船舶活动。

② 其他海底构筑物。由于水下油气生产系统附近其他海底构筑物的存在,与其他 SPS、管道、电缆的交叉或干扰(作业区域使用冲突)导致附近存在更多的活动,从而增加水下油气生产系统受损的概率。此情况可分为存在其他海底构筑物、不存在其他海底构筑物。

(4) 结构防护能力。为保护水下油气生产系统,水下结构物(如采油树和水下管汇等)会设置防护结构以防止抛锚、落物对内部装置造成的破坏,同时要避免保护装置变形而对内部装置正常工作造成影响。

(5) 日常巡检情况。水下油气生产系统的巡检对发现并防止第三方破坏活动具有积极作用。目前巡检有海面巡检和 ROV 水下巡检。海面巡检主要是监视油气田安全作业区海域情况,监视水下油气生产系统所在海域船舶航行或各类作业情况,监测船舶航行;水下 ROV 巡检可以发现水下管缆的实际外部情况。较高的巡检频率有利于及时发现各种破坏性的活动和水下泄漏,便于规避和减少风险。

3) 设计与工程建设因素

设计缺陷主要指水下油气生产系统初始设计与实际运行情况的关系。设计原因要考虑水下油气生产系统内外部诸多因素,具体包括油藏基础数据的符合性、运用规范、选定运行参数和设备及钢管材料与腐蚀裕量选择不当、对所处海域的工程地质状况、水文环境参数不准确、风险因素识别与评估不足、系统冗余设计不够等。设计缺陷对水下油气生产系统后期的安装、运行及维护影响很大,很可能引起系统失效,进而造成严重的经济损失和环境破坏,必须引起高度重视。

工程建设包括水下设备 EPC 和 EPCI 阶段。该阶段主要完成水下关键设备的采办、设计、建造、测试。此阶段的水下关键设备包括水下采油树、管汇(含 PLEM)、水下生产控制系统(含 MCS,HPU,EPU,TUTA,SUTA,SCM 等)等。主要风险为采办过程中技术规格书不详细，承包商或供应商能力不足，对技术理解存在偏差，设计成果与规格书不一致，关键设备产品质量缺陷（加工制造质量、涂敷质量、焊接质量），检验测试（FAT，SIT，SAT）程序不合理，测试结果存在偏差，相关人员素质和技术能力不够等。安装阶段主要是水下部分设备（包括PLET、连接器、跨接管、液压/电力飞线等），最后在海上作业船、水下 ROV 等的协助下完成整个水下油气生产系统的安装与单机调试。设计与工程建设因素见表 2-7。

表 2-7　设计与工程建设因素

一级因素	二级因素	三级因素
设计与工程建设因素	设　计	设计基础数据符合性
		设计方案适应性
		设计安全系数（设计压力/最大允许工作压力）
		设备及钢管材料与腐蚀裕量选择
		外防腐材料选择
		安全保护系统
		加工制造质量
		设计阶段风险因素识别与评估
		焊接质量
		系统冗余度（接口、接头、管路）
		检验质量
		新技术应用可靠性
	制造加工质量	焊接、涂敷、弯管
	检验质量	所有检测/检验、试验数据符合技术规格书要求
		重要焊口的无损检测和节点涂敷都应由第三方现场监控
	安装质量	安装船舶能力不合理
		安装船舶状态不佳
		安装机具不合格
		安装操作不当
	过程控制	工程项目组制定质量控制体系，审核承包商质量保证体系和项目质量控制程序
		建造标准与设计标准一致性

4）运行与操作管理因素

运行与操作管理在整个水下油气生产系统失效影响因素指标中所占地位非常重要。在充分考虑设计和施工因素后，水下油气生产系统管理的重要环节是运行维护。生产阶段工作人员的操作失误、维护不当可能导致水下油气生产系统的直接失效。运行与操作管理因素见表 2-8。根据水下油气生产系统运行管理要求和现状，从工艺规程、通信系统、安全计划、检查规程、培训计划等方面进行运行失误影响分析。

（1）工艺规程。工艺规程是否具有科学性、适用性将对水下油气生产系统的运行产生重大影响。应检查包括水下设备运行操作等各方面的操作规程，并确保规程得到有效执行和落实。水下设施主要操作程序有正常开井操作、停井操作、单井计划关停/非计划关停、阀门维护、电潜泵启停操作、采油树阀门开关控制等。对于气田，还有海管降压处理操作、气嘴解堵操作、水合物是否生成判断。此外，专用设备 HPU，MCS 及 EPU 等还有相应的操作程序。如果每项操作流程都能严格按照规程执行，将大大减少工作人员误操作的可能性。

(2) 通信系统。对水下油气生产系统水下运行工况进行监测，监测内容包括井下压力及温度、水下采油树中生产/环空管路压力及温度、采油树生产主阀门上游压力及温度、油嘴节流阀位置指示器、油嘴下游压力、管汇入口端压力等；水下油气生产系统所有阀门操作动作包括响应/打开/关闭时间、驱动压力、行程、停留位置等。监测水下生产控制系统状态参数，包括 SCM 参数监控（液压供应压力、通信状态、内部电压/温度/压力等）、脐带缆参数监控（整体电阻、流体介质管路压力、绝缘阻抗等）、EPU 参数监控（输入电压/电力、脐带缆电压/电流等）、HPU 参数监控（供给压力、液位、泵状态、回流等）等。评价该指标因素时应综合考虑通信系统的设备状况以及操作人员操作能力水平。

(3) 安全计划。安全计划对误操作指标的影响因素虽比较微弱，但完善健全的安全计划及安全责任制度可有效避免误操作。

(4) 检测检验方案。定期对水下油气生产系统进行检查能够有效防范风险发生，应制定专门的水下设备设施检测方案。检测方案应至少包括检测方法、检测所需设备、检测工序、周期等。检测内容包括海管、脐带缆状况检查，结构检测，泄漏检测，牺牲阳极检测，水下关键设备在位检测，运行状况检查等。

(5) 员工培训。操作人员特别是 ROV 操作人员的专业素质和经验直接影响误操作发生概率。定期培训能有效提升操作人员的专业素质和经验，进而降低水下油气生产系统运行阶段的安全风险。

表 2-8 运行与操作管理因素

一级因素	二级因素	三级因素
运行与操作管理因素	运　行	操作压力达到最大许用操作压力的可能性
		液压、电动执行器失灵历史次数
		结垢程度
		沥青质沉积
		水合物生成与堵塞
	操作管理	危害识别与风险控制措施
		数据与资料管理
		员工培训
		监测手段与检测策略

5) 自然与地质灾害因素

水下油气生产系统所处海域环境条件恶劣。海床受到冲刷或侵蚀会使其暴露在海流冲击载荷之中。如果海床受到进一步冲刷，管道管跨可能会变得无支撑。如果出现这种情况，在重力和波流的共同作用下，管道会受到附加应力，导致出现包覆层破坏、管道弯曲或断裂等后果。自然与地质灾害因素见表 2-9。

表 2-9　自然与地质灾害因素

一级因素	二级因素	三级因素
自然与地质灾害因素	海床稳定性	土壤类型
		海底地形
	自然环境影响因素	海流冲刷
		地震可能性
		滑　坡
	预防措施	定期检测
		持续检测

2.1.2.2　指标权重计算

指标权重是指标在系统安全分析中相对重要程度的综合度量，是系统安全评价的重要内容。在系统安全评价指标体系中，不同评价指标反映的结果不同，各指标的权重体现了该指标在系统中的重要程度，从而反映系统的危险性程度。根据原始数据来源，确定评价指标权重的方法可分为以下三类：

（1）主观赋权法。根据对各指标的主观重视程度，由该领域具有丰富经验的专家根据实际情况对指标进行赋权。

（2）客观赋权法。各指标按照一定规则自动赋权，不依赖人的主观判断。

（3）组合赋权法。主观赋权与客观赋权各有优缺点，组合赋权法是将两者相结合的赋权方法。

主观赋权法是较为成熟的方法，客观赋权法中很多数据无法测量或量化，而组合赋权法是较为理想的一种方法。

具体的权重赋值方法主要有：

（1）专家咨询法。专家咨询法又称德尔菲法，通过组织若干对评价系统熟悉的专家，对指标权重各自赋值，用统计方法对各专家的赋值结果进行处理，

（2）层次分析法。层次分析法是将定性分析转化为定量分析的一种典型的系统工程方法。它将复杂系统的思维过程转化为简单的数字化过程，将人的主观判断为主的定性分析转化为定量分析，将各种判断要素之间的差异数值化，帮助人们保持思维过程的一致性。层次分析法是目前广泛应用的一种确定权重方法。

（3）熵值法。熵值法是经常使用的客观权重赋值方法。熵是信息论中的定义，它是测定不确定性的量。信息量越大，不确定性越小，熵也越小。熵值法利用指标熵值来确定权重。

（4）主成分分析法。主成分分析法将多项评价指标综合成 m 个主成分，再以 m 个主成分的贡献率为权数构造一个综合指标，并据此作出判断。它的特点是用 m 个线性无关的主成分代替原有的 n 个评价指标，当 n 个评价指标相关性较高时，该方法能消除指标间信息的重叠。它根据评价指标所提供信息，通过数学运算而主动赋权，故具有客观性。

水下油气生产系统复杂，评价指标多，且评价指标多为定性指标，原始数据的定量程度不够。为能对该系统进行科学合理的评价，将复杂的多指标综合评价问题按照层次结构逐层分解，明确评价的总准则与子准则，按结构分析的方法将一个宏观的、抽象的集合转化成结构清

晰、关系明确的无圈结构。

2.1.2.3 指标体系模糊综合评价

模糊综合评价方法是一种有效的处理多因素问题的决策方法。该方法的最终评价结果以模糊集合表示，运用隶属度原理，将定性评价转变为定量评价。此方法结果清晰、逻辑清楚，且结构清晰，能够有效解决结构模糊问题或很难进行量化处理的问题，适用于解决各领域的问题。

利用模糊评判方法对水下油气生产系统进行风险评价，可以全面考虑水下油气生产系统的各类影响因素，利用模糊数学将模糊信息定量化，应用模糊变换原理和加权平均方法对与水下油气生产系统有关的因素进行定量评价及决策，从而可系统地解决水下油气生产系统安全分析问题，求得更加准确客观的评价结果。运用模糊综合评价法，构造模糊关系矩阵，将该类因素的模糊性加以量化，以实现对水下油气生产系统的准确评价。

2.1.2.3.1 单层次模糊综合评价

模糊综合评价通常包括 3 个方面：设置与评价对象有关的因素 n 个，记为因素集 $U=\{u_1, u_2, u_3, \cdots, u_n\}$；设所有可能出现的评语为 m 个，记为 $V=\{v_1, v_2, v_3, \cdots, v_m\}$，称为评判集；各种因素所处地位不同，作用也不一样，通常考虑用权重来衡量，记为 $A=\{a_1, a_2, a_3, \cdots, a_m\}$。

下面介绍单层次模糊综合评价的具体步骤。

1）确定被评价对象的因素集

确定被评价对象的因素集 $U=\{u_1, u_2, u_3, \cdots, u_n\}$。

2）建立被评价因素的评价集

建立被评价因素的评价集 $V=\{v_1, v_2, v_3, \cdots, v_m\}$。

设评判对象（水下油气生产系统的风险程度 V）取值的上、下界为 1～10，且数值越大，表示风险程度越大，即越危险。例如，当结果为 1 时，表示非常安全，破坏的风险概率为 0，完全可正常运行；相反，当结果为 10 时，表示风险概率为 1 且伴有严重损失，必须及时维修或更换设备。为加强评判的准确性，将区间[1,10]按等步长 1 进行离散，各离散值组成集合，即评语集，用 V 表示，$V=\{1,2,3,4,5,6,7\}$。

待定的风险程度值必包含在评语集中。离散步长越小，评价精度越高，但运算量越大。

3）单因素评价集的确定

水下油气生产系统风险指标模糊化过程中，关键是水下油气生产系统单失效因素的原始情况评判，也就是单因素模糊评价集的确定。单独从一个因素出发进行评判，以确定评判对象对备择集元素的隶属度，为单因素模糊评判。设评判对象按因素集中第 i 个因素 U_i 进行评判，对备择集中的第 j 个元素 V_j 的隶属度为 r_{ij}，取各单因素评判集中的隶属度为行，组成矩阵：

$$\boldsymbol{R}=\begin{bmatrix} r_{11} & r_{12} & \cdots & r_{1p} \\ r_{21} & r_{22} & \cdots & r_{2p} \\ \vdots & \vdots & & \vdots \\ r_{n1} & r_{n2} & \cdots & r_{np} \end{bmatrix} \tag{2-1}$$

上述矩阵称为单因素评判矩阵。$\boldsymbol{R}$ 为一模糊矩阵，可视为从 U 到 V 的模糊矩阵。在查阅文献及规范标准的基础上，对各单因素的评判制定相应评判准则。每个单因素的评判标准由一些评价等级组成，原则上这些等级可以对应相应评价语言。

4）单因素模糊评价的综合

通过模糊单因素评价可以得到隶属关系矩阵，它反映了被评价系统的各因素对等级模糊子集的隶属情况。对单因素评价结果进行综合，以得知总体情况。

（1）模糊权向量的确定。

设因素论域 $U=\{U_1, U_2, \cdots, U_n\}$，$U$ 的模糊子集 $T=\{$对评价内容重要的因素$\}$，因素 U_i $(i=1,2,\cdots,n)$ 对 T 的隶属度为 w'_j，则模糊权向量 $\boldsymbol{W}=(w_1, w_2, \cdots, w_n)$，式中 $w_j=\dfrac{w'_j}{\sum\limits_{j=1}^{n} w'_j}$。

确定模糊权向量多采用专家估计法，即由多位专家分别估计出 $U_i(i=1,2,\cdots,n)$ 的隶属度，然后对不同专家的估计结果求平均并归一化，得到 $\boldsymbol{W}=(w_1, w_2, \cdots, w_n)$。

（2）选择模糊合成算子。

模糊综合评价的原理是模糊变换。模糊变换模型为：

$$\boldsymbol{W}\cdot\boldsymbol{R}=(w_1, w_2, \cdots, w_n)\cdot\begin{bmatrix} r_{11} & r_{12} & \cdots & r_{1p} \\ r_{21} & r_{22} & \cdots & r_{2p} \\ \vdots & \vdots & & \vdots \\ r_{n1} & r_{n2} & \cdots & r_{np} \end{bmatrix}=(b_1, b_2, \cdots, b_n) \tag{2-2}$$

5）分析模糊综合评价结果向量

被评价对象模糊综合评价结果为一个模糊向量。这与其他方法中由被评价对象得到一个综合评价值不同，向量包含的信息更丰富。对不同一维综合评价值可以方便地进行比较并排序，而对不同多维模糊向量进行比较排序则不那么方便。若对多个对象进行比较排序，需进一步处理模糊综合评价结果及向量。可用下列两种方法确定评判对象的具体结果。

Ⅰ．最大隶属度法

取与最大评判指标 $b_{j\max}$ 对应的备择元素 v_j 为评判结果，即

$$V=\{v_j \mid v_j \rightarrow b_{j\max}\} \tag{2-3}$$

最大隶属度法仅考虑了最大评判指标的贡献，舍去了其他指标所提供的信息。当最大评判指标不止一个时，用最大隶属度法很难决定具体的评判结果。因此，通常采用加权平均法来克服这一缺陷。

Ⅱ．加权平均法

取 b_j 为权数，对各备择元素 v_j 进行加权平均，将得到的值作为评判结果：

$$V=\frac{\sum\limits_{j=1}^{n} b_j v_j}{\sum\limits_{j=1}^{n} b_j} \tag{2-4}$$

如果评判指标 b_j 已归一化，则有：

$$V=\sum_{j=1}^{n} b_j v_j \tag{2-5}$$

2.1.2.3.2 多层次模糊综合评价

对水下油气生产系统这样的复杂系统，U 中因素多，且因素中有多个层次，一个因素又由其他若干因素决定，难以采用单层次模糊综合评价。可采用的系统综合评价方法是：先对低层次的各因素进行综合评价，再对上一层进行综合评价，得出总的综合评价结果。

2.1.2.3.3 水下油气生产系统综合评价步骤

水下油气生产系统综合评价步骤为：

(1) 收集目标示范项目资料，包括水下油气生产系统设计资料、自然环境资料、通航资料、事故资料等。

(2) 对导致水下油气生产系统失效事故的各种原因进行分析归类。将导致水下油气生产系统失效的原因归纳为第三方破坏因素、腐蚀因素、设计与工程建设因素、运行和操作管理因素、自然与地质灾害因素五大类，并进一步将五大类事故原因划分为 19 小类。

(3) 邀请专家根据历史记录和示范项目实际情况，参考所提出的评分细则对各类指标进行打分。

(4) 对各类因素下的所有指标因素得分求和并做归一化处理，可得到一个在[0,1]区间的二级指标风险值。

(5) 对所得的各二级指标风险值再次求和并做归一化处理，可得到各一级指标在[0,1]区间的风险值，即隐患风险值。

(6) 运用层次分析法求得一级指标和二级指标的权重。

(7) 运用模糊综合评价法对水下油气生产系统进行模糊评价，可得到各评价等级的模糊评价结果，即各评价等级的隶属度值，并应用加权原则求得待评价水下油气生产系统的风险值。

2.1.2.3.4 实例分析

1) 水下油气生产系统风险评价指标权重计算

按照水下油气生产系统安全分析指标体系构成，将水下油气生产系统安全评价作为目标层，将一级指标(5 个)和二级指标(19 个)分别作为准则层和指标层。结合某项目水下油气生产系统可能的失效特点，参考水下油气生产系统设计人员和操作人员共 8 位专家的打分意见，利用层次分析法求各级指标权重。

Ⅰ. 一级指标权重计算

考虑专家权重的目标层各因素相对权重 $\boldsymbol{U}$ 为：

$$\boldsymbol{U}=\begin{bmatrix} w_1 \\ w_2 \\ w_3 \\ w_4 \\ w_5 \\ w_6 \\ w_7 \\ w_8 \end{bmatrix}\cdot\boldsymbol{R}=\begin{bmatrix} 0.108\,4 & 0.124\,4 & 0.187\,7 & 0.111\,4 & 0.068\,0 & 0.087\,8 & 0.506\,3 & 0.362\,4 \\ 0.108\,4 & 0.050\,6 & 0.407\,1 & 0.055\,2 & 0.166\,9 & 0.433\,7 & 0.261\,9 & 0.064\,4 \\ 0.413\,6 & 0.271\,9 & 0.067\,5 & 0.309\,8 & 0.270\,9 & 0.271\,0 & 0.070 & 0.069\,9 \\ 0.310\,1 & 0.480\,8 & 0.291\,3 & 0.457\,2 & 0.452\,2 & 0.049\,7 & 0.133\,4 & 0.140\,9 \\ 0.059\,5 & 0.072\,4 & 0.046\,5 & 0.069\,6 & 0.041\,9 & 0.157\,7 & 0.028\,4 & 0.362\,4 \end{bmatrix}\cdot\begin{bmatrix} 0.295\,6 \\ 0.172\,1 \\ 0.101\,3 \\ 0.172\,1 \\ 0.101\,3 \\ 0.059\,7 \\ 0.059\,7 \\ 0.038\,2 \end{bmatrix}=\begin{bmatrix} 0.147\,8 \\ 0.151\,8 \\ 0.279\,9 \\ 0.344\,7 \\ 0.075\,9 \end{bmatrix}$$

Ⅱ. 二级指标权重计算

以一级指标腐蚀 U_1 为例，其包括内腐蚀(U_{11})、外腐蚀(U_{12})、应力腐蚀(U_{13})和腐蚀防护(U_{14})四个二级指标。邀请上述 8 名专家分别依据判断矩阵的确定原则建立判断矩阵，计算权重系数及一致性检验结果。以专家 1 的二级权重计算结果为例进行说明(表 2-10),其他专家省略计算过程,得到计算结果。

表 2-10　专家 1 对二级指标的判断矩阵及权重系数计算结果

二级指标 U_{1i}					
二级指标(U_{ij})	内腐蚀(U_{11})	外腐蚀(U_{12})	应力腐蚀(U_{13})	腐蚀防护(U_{14})	权重系数 W_{1i}^{1}
内腐蚀(U_{11})	1	2	4	1/2	0.270 8
外腐蚀(U_{12})	/2	1	2	1/4	0.135 4
应力腐蚀(U_{13})	1/4	1/2	1	1/7	0.070 0
腐蚀防护(U_{14})	2	4	7	1	0.523 8
$CI=0$,$CR=0$,通过一致性检验					

二级指标 U_{2i}						
二级指标	作业水深(U_{21})	海面活动程度(U_{22})	航道及周边设施(U_{23})	结构防护(U_{24})	日常海面巡检(U_{25})	权重系数 W_{2i}^{1}
作业水深(U_{21})	1	5	6	1/3	3	0.267 5
海面活动程度(U_{22})	1/5	1	1	1/6	1/3	0.055 1
航道及周边设施(U_{23})	1/6	1	1	1/6	1/3	0.053 1
结构防护(U_{24})	3	6	6	1	7	0.510 0
日常海面巡检(U_{25})	1/3	3	3	1/7	1	0.114 4
$CI=0.058\ 8$,$CR=0.052\ 5<0.1$,通过一致性检验						

二级指标 U_{3i}						
二级指标	设计缺陷(U_{31})	制造加工质量(U_{32})	检验质量(U_{33})	安装质量(U_{34})	过程控制(U_{35})	权重系数 W_{3i}^{1}
设计缺陷(U_{31})	1	6	5	4	2	0.462 5
制造加工质量(U_{32})	1/6	1	1/5	1/3	1/3	0.050 4
检验质量(U_{33})	1/5	5	1	3	1	0.192 5
安装质量(U_{34})	1/4	3	1/3	1	1/2	0.102 0
过程控制(U_{35})	1/2	3	1	2	1	0.192 5
$CI=0.065\ 2$,$CR=0.058\ 3<0.1$,通过一致性检验						

二级指标 U_{4i}			
二级指标	运行(U_{41})	管理(U_{42})	权重系数 W_{3i}^{1}
运行(U_{41})	1	1/5	0.166 7
操作管理(U_{42})	5	1	0.833 3
$CI=0$,$CR=0$,通过一致性检验			

二级指标 U_{5i}				
二级指标	海床稳定性(U_{51})	自然环境因素(U_{52})	预防措施(U_{53})	权重系数 W_{3i}^{1}
海床稳定性(U_{51})	1	1/6	1/5	0.462 5
自然环境因素(U_{52})	6	1	2	0.050 4
预防措施(U_{53})	5	1/2	1	0.192 5
$CI=014\ 5$,$CR=0.027\ 9$,通过一致性检验				

Ⅲ. 各级指标权重计算结果

各级指标权重如表 2-11、图 2-3 和图 2-4 所示。

表 2-11　各级指标权重表

目标(A)	一级指标 (U_i)	一级指标权重	二级指标 (U_{ij})	二级指标权重	风险值排序
水下油气生产系统安全分析	腐蚀因素 U_1	0.147 8	内腐蚀(U_{11})	0.050 7	6
			外腐蚀(U_{12})	0.022 6	
			应力腐蚀(U_{13})	0.008 7	
			腐蚀防护(U_{14})	0.065 0	5
	第三方破坏因素 U_2	0.151 8	作业水深(U_{21})	0.034 0	
			海面活动程度(U_{22})	0.014 0	
			航道及周边设施(U_{23})	0.011 1	
			结构防护(U_{24})	0.070 5	4
			日常海面巡检(U_{25})	0.022 2	
	设计与工程建设因素 U_3	0.279 9	设计缺陷(U_{31})	0.119 2	3
			制造加工质量(U_{32})	0.042 8	8
			检验质量(U_{33})	0.037 5	
			安装质量(U_{34})	0.044 2	7
			过程控制(U_{35})	0.036 2	
	运行与操作管理因素 U_4	0.344 7	运行(U_{41})	0.167 7	2
			操作管理(U_{42})	0.177 0	1
	自然与地质灾害因素 U_5	0.075 9	海床稳定性(U_{51})	0.022 8	
			自然环境因素(U_{52})	0.025 4	
			防护措施(U_{53})	0.027 7	

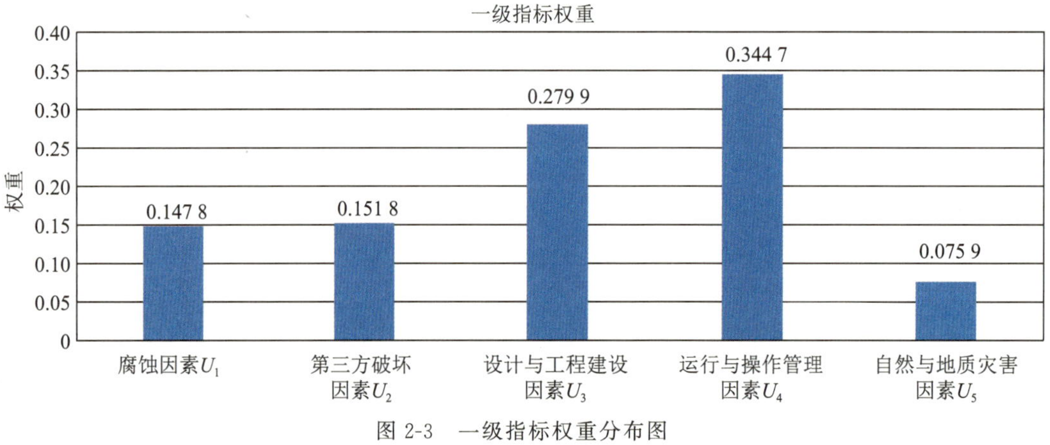

图 2-3　一级指标权重分布图

通过以上分析，示范项目水下油气生产系统综合评价指标权重较大的一级指标主要为设计与工程建设因素、运行与操作管理因素。对于二级指标，运行、操作管理，以及设计缺陷、结

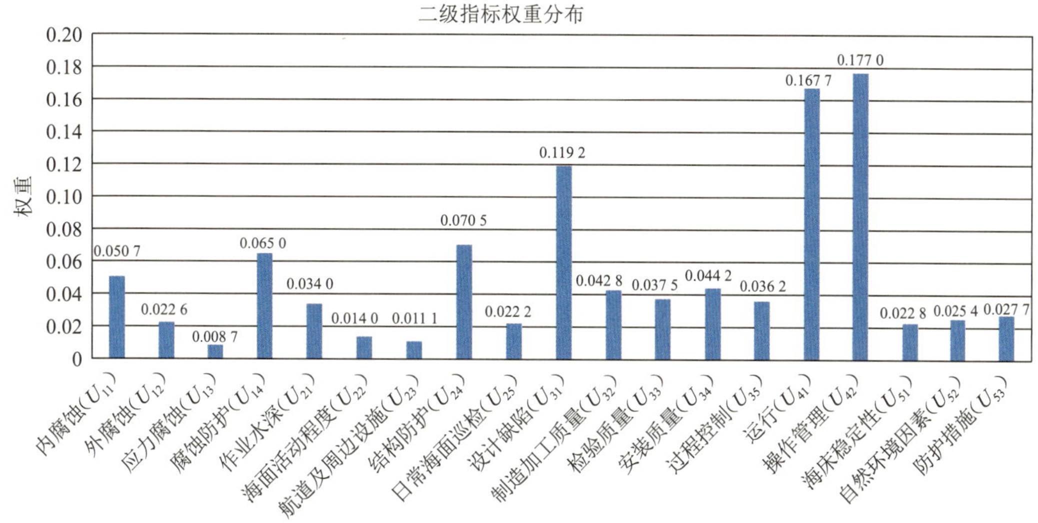

图 2-4　二级指标权重分布图

构防护、腐蚀防护和内腐蚀权重较大，各指标权重体现了各自在水下油气生产系统安全评价指标中的重要程度。

从二级指标权重结果看，运行阶段的运行和操作管理是水下油气生产系统风险管理的重点，其次是设计缺陷、结构防护和腐蚀防护。

(1) 运行阶段要重点关注运行操作失误。出现一个失误就可能导致水下油气生产系统立即失效，如工作人员远程遥控水下机器人或潜水员操作阀门等设备。运行阶段的重点是防范失误而不是检查失误。要关注工艺规程及其执行情况，以及水下通信、人员培训、机械防护措施、检测及安全措施是否完备并严格执行，以评价运行误操作。

(2) 生产运营期间水下油气生产系统的日常操作和维护包括生产运营工况监控、腐蚀监测、介质取样分析、流动安全保障管理、日常巡线检查等。管理部门对维护不重视、错误的维修要求或维修程序，以及在实际维修过程中的各种失误都可能直接或间接导致管道失效。维护期间的所有数据及维护程序应完整，应有符合标准及行业需要的维护计划，应确保有完备的维护规程并积极使用。

(3) 设计阶段要确保设计基础数据(包括地质数据、油藏数据、油气田流体物性数据、所在海域的环境数据等)的准确性。设计阶段要结合地理位置、海域环境、工况等有针对性地进行本质安全设计，在设计阶段将可能遇到的风险降到最低。应细化水下油气生产系统选型、选材、布局及保护，并考虑检测手段和监测策略、防腐方案、外力破坏的保护预防措施和控制系统的冗余设计。

(4) 目标示范项目物流组分中含 CO_2，存在一定的腐蚀风险，评价结果显示为中等风险。在防腐设计和后期运行维护阶段应加强水下流程管控，加强水下设备缓蚀剂注入管理以延缓内腐蚀速率，定期开展管线内检测评估，监控腐蚀程度。

2) 示范项目水下油气生产系统模糊综合评价

将水下油气生产系统划分为腐蚀、第三方破坏、设计与工程建设、运行与操作管理和自然与地质灾害 5 个主要因素。对 5 个因素进行综合模糊评价计算，可得到示范项目水下油气生产系统模糊综合评价矩阵为：

$$\boldsymbol{R}=\begin{bmatrix}B_1\\B_2\\B_3\\B_4\\B_5\end{bmatrix}=\begin{bmatrix}0.420 & 0.200 & 0.310 & 0.070\\0.417 & 0.421 & 0.116 & 0.046\\0.310 & 0.370 & 0.270 & 0.050\\0.460 & 0.400 & 0.040 & 0.100\\0.080 & 0.260 & 0.290 & 0.370\end{bmatrix}$$

示范项目水下油气生产系统的综合模糊评价集为：

$$\begin{aligned}\boldsymbol{B}&=\boldsymbol{W}\cdot\boldsymbol{R}=(0.1478,0.1518,0.2799,0.3447,0.0759)\cdot\boldsymbol{R}\\&=(0.38,0.35,0.17,0.10,0)\end{aligned}$$

按照加权平均原则，评价等级 $V=\{1,2,3,4,5\}$，计算评价等级得：

$$T=\frac{0.38\times1+0.35\times2+0.17\times3+0.10\times4}{0.38+0.35+0.17+0.10}=2.19$$

可以确定评价对象的评价等级更倾向第二级，即示范项目水下油气生产系统的风险评价等级为二级，风险水平一般。

按照等级参数评判法，设示范项目水下油气生产系统的风险等级和评分区间为表 2-12。由此可得评分向量 $\boldsymbol{M}=(95,80,60,40,20)$，若 $\boldsymbol{B}=(0.38,0.35,0.17,0.10,0)$，计算可得 $Y=\boldsymbol{B}\cdot\boldsymbol{M}^{\mathrm{T}}=\sum_{i=1}^{n}b_i m_i=78.3$。根据评分区间可确定该评价对象的风险等级为二级，即目标示范水下油气生产系统的风险一般，与加权平均算法结论一致。

表 2-12 水下油气生产系统的风险等级和评分区间

等 级	名 称	评分区间
一 级	轻 微	[90,100]
二 级	一 般	[70,90]
三 级	中 等	[50,70]
四 级	重 大	[30,50]
五 级	很不安全	[10,30]

2.1.3 水下油气生产系统定量风险分析

2.1.3.1 事故频率分析

2.1.3.1.1 水下油气生产系统失效频率模型

目前我国未有权威的机构和组织专门收集整理水下油气生产系统事故资料，缺少相应的失效概率数据，因此对基础失效概率的确定，需要参考国外其他机构统计的某区域某时间段的平均失效概率，将其作为基础失效概率。但是水下油气生产系统作业环境、制造工艺水平、使用年限、运营管理能力等因素的不同，使得上述基础失效概率不具有普遍适应性，需要结合水下油气生产系统和管道实际情况，采取合理方法加以修正。

水下油气生产系统失效频率计算以知识和经验为基础，结合水下油气生产系统运营的过往经验、事故资料和管理水平等，并参考国际上的历史数据，针对主要的失效因素，计算失效频率值。

在基础失效频率的基础上，根据水下油气生产系统的实际影响因素、生产运行参数、海洋环境特征，提出以下失效频率计算模型：

$$f_s = \sum_{i=1}^{5} f_{s,i} \tag{2-6}$$

式中，f_s为泄漏频率；$f_{s,i}$为第 i 种因素导致泄漏的频率（其中，$i=1$ 表示腐蚀因素；$i=2$ 表示第三方破坏因素；$i=3$ 表示设计与工程建设因素；$i=4$ 表示运行与操作管理因素，$i=5$ 表示自然与地质灾害因素）。

水下油气生产系统基础失效频率参考 OREDA 数据库结果。OREDA 2015 数据库中对水下油气生产系统管道失效概率的统计见表 2-13。

表 2-13　水下油气生产系统管道失效概率统计(OREDA)

管道失效严重度	失效形式或统计值	装置数量	失效数量	失效概率/(10^{-6})			平均修复时间/h
				低　值	中　值	高　值	
		653	56	0	3.41	14.85	112
严重失效	外部工艺泄漏		4	0	0.14	0.82	327.7
	堵　塞		18	0	1.72	8.93	218.5
	其　他		1	0	0.12	0.28	24
	小计或平均		23	0	2.04	10.19	225.5
一般失效	外部工艺泄漏		2	0	0.09	0.25	10.5
	公用介质泄漏		3	0	0.10	0.51	17.9
	无立即影响		1	0	0.05	0.27	8
	结构缺陷		21	0	0.79	2.41	41.1
	未知失效模式		1	0	0.11	0.27	1.0
	小计或平均		28	0	1.14	6.09	32.2
早期潜在失效	外部工艺泄漏		1	0	0.05	0.27	5
	无立即影响		3	0	0.19	1.10	4
	结构缺陷		1	0	0.04	0.20	6
	小计或平均		5	0	0.26	1.27	5

按照中值失效概率，水下油气生产系统管道年失效概率为 $3.41\times365\times24\times10^{-6}=3.0\times10^{-2}$，外部工艺泄漏发生概率为 $0.14\times365\times24\times10^{-6}=1.23\times10^{-3}$，只考虑碳氢化合物外部工艺泄漏的中值失效概率为 $0.28\times365\times24\times10^{-6}=2.46\times10^{-3}$。

将水下油气生产系统主要风险因素发生的失效次数占总失效次数的比值作为水下油气生产系统主要风险的权重设定值。国内水下油气生产系统失效数据统计时间不长，数据量不够，不具有代表性，因此参考国外 OREDA 数据库及 PARLOC 海底管道数据库设置水下油气生产系统主要风险因素权重等，见表 2-14。

表 2-14 水下油气生产系统失效频率统计表

失效原因	风险权重	失效频率(次·a^{-1})
腐 蚀	25.8%	6.34×10^{-4}
第三方破坏	46.9%	1.15×10^{-3}
设计与工程建设	17.2%	4.2×10^{-4}
运行与操作管理	2.9%	7.13×10^{-5}
自然与地质灾害	7.2%	1.77×10^{-4}

2.1.3.1.2 失效因素频率计算模型

1）腐蚀因素频率计算模型

水下油气生产系统管道腐蚀情况与所处海域和管道内介质直接相关，腐蚀内检测结果也可对避免腐蚀失效起到重要作用。通过总结对腐蚀有影响的要素属性，结合管道数据库资料和征集专家意见，提出腐蚀失效频率计算模型为：

$$f_{s,i}=f_g l_s C_1 A_{s,1} A_m A_c P_1^+ P_1^- \tag{2-7}$$

$$P_1^+=\sum C_1^+ M_1^+,\quad P_1^-=\sum C_1^- M_1^-$$

式中，$f_{s,i}$为腐蚀失效频率；f_g为基础失效频率；l_s为管段长度；C_1为腐蚀失效权重；$A_{s,1}$为腐蚀海域系数；A_m为介质系数；A_c为腐蚀内检测系数；P_1^+为腐蚀预防系数；P_1^-为腐蚀危害系数；C_1^+为腐蚀预防因素权重；M_1^+为腐蚀预防因素系数；C_1^-为腐蚀危害因素权重；M_1^-为腐蚀危害因素系数。

根据水下油气生产系统实际情况取相应的系数值。腐蚀海域系数$A_{s,1}$、介质系数A_m、腐蚀内检测系数A_c取值见表 2-15，腐蚀预防系数P_1^+权重和系数取值见表 2-16，腐蚀危害系数P_1^-权重和系数取值见表 2-17。

表 2-15 系数取值

系 数	影响因素	影响因素权重	判断项	系数取值
$A_{s,1}$	海 域	100%	渤 海	0.5
			南 海	1
A_m	介 质	100%	干 气	0.1
			水	0.5
			其 他	1
A_c	腐蚀内检测	100%	剩余寿命>20 a	0.1
			剩余寿命为 10～20 a	0.5
			剩余寿命为 5～10 a	1
			剩余寿命<5 a	4
			无检测结果	2

表 2-16　腐蚀预防系数 P_1^+ 权重和系数取值

序　号	影响因素	影响因素权重	判断项	系数取值
1	缓蚀剂加注效率	30%	介质无腐蚀性，缓蚀剂效果好	0.1
			缓蚀剂效果为 80%～90%	0.3
			缓蚀剂效果为 60%～80%	0.5
			未加注缓蚀剂或缓蚀剂效率＜60%	1
2	介质组分分析	20%	取样分析频次＞6 次/a	0.1
			取样分析频次为(3,6]次/a	0.3
			取样分析频次为(1,3]次/a	0.5
			取样分析频次为[0,1]次/a	1
2	阴极保护	30%	满足设计要求和公司操作规程	0.1
			阴极保护电位测量间隔大于公司要求	0.5
			测量到的阴极保护电位不符合设计要求	1
			阳极块设施保持完好	0.1
			阴极保护设施不足或消耗快	0.5
3	防腐涂层	20%	无明显裸露现象	0.1
			有明显露现象	0.5

表 2-17　腐蚀危害系数 P_1^- 权重和系数取值

序　号	影响因素	影响因素权重	判断项	系数取值
1	水下设备使用年限及管龄	10%	[0 a,10 a]	0.1
			(10 a,20 a]	0.5
			(20 a,30 a]	0.8
			＞30 a	1
2	涂层使用年限	10%	[0 a,10 a]	0.1
			(10 a,20 a]	0.5
			(20 a,30 a]	0.8
			＞30 a	1
3	H_2S 分压	15%	不影响腐蚀	0.1
			≤3 kPa	0.3
			3～100 kPa	0.8
			＞100 kPa	1
4	CO_2 分压	20%	不影响腐蚀	0.1
			≤0.2 bar	0.3
			0.2～2 bar	0.8
			＞2 bar	1

续表

序　号	影响因素	影响因素权重	判断项	系数取值
5	含水量	15%	≤1%	0.1
			(1%,≤3%]	0.3
			(5%,3%]	0.5
			>5%	1
6	Cl^-含量	5%	100 mg/L	0.1
			(100 mg/L,1 000 mg/L]	0.3
			(1 000 mg/L,10 000 mg/L]	0.5
			>10 000 mg/L	1
7	SRB 含量	5%	≤10 个/mL	0.1
			(10 个/mL,100 个/mL]	0.3
			(100 个/mL,1 000 个/mL]	0.5
			>1000 个/mL	1
8	海洋生物腐蚀性	15%	腐蚀性低	0.1
			腐蚀性中	0.5
			腐蚀性高	1
			无数据	1
9	土壤腐蚀性	5%	腐蚀性低	0.1
			腐蚀性中	0.5
			腐蚀性高	1
			无数据	1

注:1 bar=0.1 MPa。

2) 第三方破坏因素失效频率计算模型

第三方破坏是国内水下油气生产系统失效的主要原因。水下油气生产系统受损与所处海域水深、航道分布、过往船舶类型、防护结构强度等因素有关。

水下油气生产系统由于所处海域和海域周边活动情况不同,第三方破坏也存在差异。提出如下第三方破坏的频率计算模型:

$$f_{s,2}=f_g l_s C_2 A_{s,2} P_2^+ P_2^- \tag{2-8}$$

$$P_2^+=\sum C_2^+ M_2^+ ,\quad P_2^-=\sum C_2^- M_2^-$$

式中,$f_{s,i}$为第三方破坏失效频率;f_g为基础失效频率;l_s为管段长度;C_2为第三方破坏失效权重;$A_{s,2}$为第三方破坏海域系数;P_2^+为第三方破坏预防系数;P_2^-为第三方破坏危害系数;C_2^+为第三方破坏预防因素权重;M_2^+为第三方破坏预防因素系数;C_2^-为第三方破坏危害因素权重;M_2^-为第三方破坏危害因素系数。

根据水下油气生产系统实际情况取相应的系数值。第三方破坏海域系数$A_{s,2}$取值见表2-18,第三方破坏预防系数和危害系数取值分别见表 2-19 和表 2-20。

表 2-18 第三方破坏海域系数取值

系 数	影响因素	影响因素权重	判断项	系数取值
$A_{s,2}$	海 域	100%	渤 海	1.5
			南 海	1

表 2-19 第三方破坏预防系数取值

序 号	影响因素	影响因素权重	判断项	系数取值
1	海图标示	15%	海图标志和作业区警示标示准确明显	0.1
			无海图标志，但作业区有警示标志	0.3
			仅有海图标志，作业区无警示标志	0.8
			海图无任何标志，作业区无任何警示标志	1
2	海面巡检状况	20%	按照规定定期巡检	0.1
			无定期巡检	1
3	水下 ROV 巡检	10%	每日 ROV 巡检 1 次	0.1
			每月 ROV 巡检 1 次	0.3
			每年 ROV 巡检 1 次	1
			无任何 ROV 巡检记录	10
3	安防系统	15%	AIS 监控系统＋雷达监控	0.1
			AIS 监控系统	0.5
			无特殊措施	1
4	结构防护	40%	防拖挂结构防护设计	0.1
			无结构防护设计	1

表 2-20 第三方破坏危害系数取值

序 号	影响因素	影响因素权重	判断项	系数取值
1	水 深	15%	＞1 500 m	0.1
			[1 500 m,500 m]	0.3
			(500 m,200 m]	0.6
			＜200 m	1
2	埋设（针对工艺管道）	10%	＞2.5m	0.1
			(1.5 m,2.5 m]	0.3
			[0.5 m,1.5 m]	0.6
			＜0.5m	1
3	渔船工程作业活动（挖沙作业）	10%	无其他活动	0.1
			偶尔会渔船与工程作业活动	0.3
			少量渔船或其他工程作业活动	0.6
			周围渔船或其他工程作业活动频繁	1

续表

序 号	影响因素	影响因素权重	判断项	系数取值
4	航道影响	15%	无航道,无重要设施/无船舶活动	0.1
			航道附近船舶活动频率低	0.3
			航道附近,一般设施、船舶活动一般	0.6
			在航道内,重要设施或船舶活动频繁	1
5	抛锚与坠落	15%	不在锚区附近	0.1
			锚区及附近,进行落物危害分析,按设计要求埋深	0.3
			锚区及附近,未进行落物危害分析,按经验埋深	0.6
			锚区及附近,未进行落物危害分析,没有埋深	1
6	管径/管壁	15%	>0.1	0.1
			(0.05,0.1]	0.3
			(0.02,0.05]	0.6
			≤0.02	1
7	周边设施	10%	周边无其他 SPS、管道、电缆的交叉或干扰	0.1
			与其他 SPS、管道、电缆的交叉或干扰极少	0.3
			与其他 SPS、管道、电缆的交叉或干扰少量	0.6
			与其他 SPS、管道、电缆的交叉或干扰较多	1
8	恶意破坏/恐怖活动	10%	无	0.1
			偶 尔	0.3
			一 般	0.6
			频 繁	1

3）设计与工程建设失效频率计算模型

水下油气生产系统设计与工程建设失效频率计算模型为：

$$f_{s,3}=f_g l_s C_3 P_3^+ P_3^- \tag{2-9}$$

$$P_3^+=\sum C_3^+ M_3^+, \quad P_3^-=\sum C_3^- M_3^-$$

式中，$f_{s,3}$为水下油气生产系统设计与工程建设失效频率；f_g为基础失效频率；l_s为管段长度；C_3为水下油气生产系统设计与工程建设失效权重；P_3^+为设计与工程建设预防系数；P_3^-为设计与工程建设破坏危害系数；C_3^+为设计与工程建设预防因素权重；M_3^+为设计与工程建设预防因素系数；C_3^-为设计与工程建设危害因素权重；M_3^{-+}为设计与工程建设危害因素系数。

设计与工程建设预防系数取值见表 2-21，设计与工程建设危害系数取值见表 2-22。

表 2-21　设计与工程建设预防系数取值

序 号	影响因素	影响因素权重	判断项	系数取值
1	设计方案适应性	10%	完全适应	0.1
			较适应	0.5
			适应性较差	0.8
			适应性差	1

续表

序　号	影响因素	影响因素权重	判断项	系数取值
2	设计安全系数（设计压力/最大允许工作压力）	5%	>2.0	0.1
			(1.5,2.0]	0.5
			(1.25,1.5]	0.8
			≤1.25	1
3	设备及钢管材料与腐蚀裕量选择	10%	合　理	0.1
			较合理	0.2
			基本合理	0.6
			不合理	1
4	安全保护系统	10%	安全保护系统完善/设备可靠	0.1
			有安全保护系统，但设备可靠性一般	0.2
			有安全保护系统，但设备可靠性差	0.6
			无安全保护系统	1
5	系统冗余度（接口、接头及管路）	10%	高	0.1
			较　好	0.5
			一　般	0.8
			低	1
6	新技术应用的可靠性	10%	高，风险可预见，检测/监测措施完善	0.1
			中	0.5
			一　般	0.8
			低，风险不可预见，检测/监测措施不完善	1
7	压力试验	15%	>1.40	0.1
			(1.11,1.40]	0.2
			≤1.11	0.6
			未进行压力试验	1
8	过程控制	15%	制定质量控制体系，严格执行项目质量控制程序；建造标准与设计标准一致	0.1
			建造标准与设计标准良	0.3
			建造标准与设计标准良	0.8
			建造标准与设计标准差	1
9	FAT、SIT及SAT结果满意度	5%	>135%	0.1
			≤135%	0.2
			≤120%	0.6
			≤105%	1

续表

序　号	影响因素	影响因素权重	判断项	系数取值
10	每年 SPS 外调查频次	10%	>5	0.1
			(3,5]	0.2
			(1,3]	0.6
			[0,1]	1

表 2-22　设计与工程建设危害系数取值

序　号	影响因素	影响因素权重	判断项	系数取值
1	设计阶段风险识别与评估	20%	进行全面的风险评价	0.1
			进行较全面的风险评价	0.5
			风险评估不全面	0.8
			未进行风险评估	1
2	制造质量	15%	材料和加工工艺满足技术规格书要求,优	0.1
			良	0.5
			中	0.8
			差	1
3	安装质量	15%	优	0.1
			良	0.2
			中	0.6
			差	1
4	涂敷质量	15%	涂敷成品的各项技术指标达到规格书要求	0.1
			良	0.2
			中	0.6
			差	1
5	焊接质量	15%	优	0.1
			良	0.5
			中	0.8
			差	1
6	检验质量	20%	所有检测/监测、试验数据符合技术规格书要求,有第三方进行现场监控	0.1
			良	0.5
			中	0.8
			差	1

4）运行与操作管理失效频率计算模型

根据水下油气生产系统运行管理要求和现状,可从工艺规程、通信状况、安全计划、检查规程、培训计划等方面进行运行失误影响分析。

水下油气生产系统运行与操作管理失效频率计算模型为:

$$f_{s,4}=f_g C_4 P_4^+ P_4^- \tag{2-10}$$

$$P_4^+=\sum C_4^+ M_4^+,\quad P_4^-=\sum C_4^- M_4^-$$

式中，$f_{s,4}$为水下油气生产系统运行与操作管理失效频率；f_g为基础失效频率；C_4为水下油气生产系统运行与操作管理失效权重；P_4^+为运行与操作管理预防系数；P_4^-为运行与操作管理破坏危害系数；C_4^+为运行与操作管理预防因素权重；M_4^+为运行与操作管理预防因素系数；C_4^-为运行与操作管理危害因素权重；M_4^-为运行与操作管理危害因素系数。

运行与操作管理预防系数取值见表 2-23，运行与操作管理危害系数取值见表 2-24。

表 2-23　运行与操作管理预防系数取值

序　号	影响因素	影响因素权重	判断项	系数取值
1	危害识别与风险控制措施	20%	进行 HAZOP+SIL 分析	0.1
			仅进行 HAZOP 分析	0.3
			仅进行安全检查表分析	0.5
			没有进行风险评价	1
2	数据与资料管理	20%	数据管理系统完善	0.1
			数据管理系统较完善	0.3
			数据管理系统不完善	0.5
			无	1
3	员工培训	40%	岗位操作规程/应急训练/定期培训执行完善	0.1
			岗位操作规程/应急训练/定期培训执行较为完善	0.3
			岗位操作规程/应急训练/定期培训执行不完善	0.5
			无相应培训	1
4	水下设施监测手段与检测策略	20%	完　善	0.1
			较完善	0.3
			不完善	0.5
			无	1

表 2-24　运行与操作管理危害系数取值

序　号	影响因素	影响因素权重	判断项	系数取值
1	操作压力达到最大许用操作压力的可能性	30%	>2.0	0.1
			(1.5,2.0]	0.3
			(1.25,1.5]	0.8
			≤1.25	1
2	输油结垢程度、沥青质沉积/输气水合物生成与堵塞	30%	无	0.1
			低	0.3
			一　般	0.8
			严　重	1

续表

序　号	影响因素	影响因素权重	判断项	系数取值
3	连锁关断	40%	有超压、超温联锁关断	0.1
			仅有超压联锁关断	0.3
			仅有超温联锁关断	0.3
			无	1

5）自然与地质灾害失效频率计算模型

自然与地质灾害引起水下油气生产系统失效的相关因素有海底地形地貌、地震、滑坡、水温变化、潮流等因素。

水下油气生产系统自然与地质灾害失效频率计算模型为：

$$f_{s,5}=f_g C_5 A_{s,5} P_5^+ P_5^- \tag{2-11}$$

$$P_5^+=\sum C_5^+ M_5^+,\quad P_5^-=\sum C_5^- M_5^-$$

式中，$f_{s,5}$为水下油气生产系统自然与地质灾害失效频率；f_g为基础失效频率；C_5为水下油气生产系统自然与地质灾害失效权重；$A_{s,5}$为海域系数（自然灾害受海域影响，南海海域系数取1.5，渤海海域系数取1）；P_5^+为自然与地质灾害预防系数；P_5^-为自然与地质灾害破坏危害系数；C_5^+为自然与地质灾害预防因素权重；M_5^+为自然与地质灾害预防因素系数；C_5^-为自然与地质灾害危害因素权重；M_5^{-+}为自然与地质灾害危害因素系数。

自然与地质灾害危害系数取值见表2-25，自然与地质灾害预防系数取值见表2-26。

表2-25　自然与地质灾害危害系数取值

序　号	影响因素	影响因素权重	判断项	系数取值
1	海床外调查结果	100%	海床稳定	0.1
			海床基本稳定	0.3
			发现有滑坡、沙坡移动、冲刷和冲淤、塌陷等现象	1

表2-26　自然与地质灾害预防系数取值

序　号	影响因素	影响因素权重	判断项	系数取值
1	海床稳定性	20%	海床稳定	0.1
			海床基本稳定	0.3
			海床不稳定	0.8
			底流急，或有沙坡沙脊，或海床不稳定	1
2	地　震	20%	<4级	0.1
			4～5级	0.3
			6～7级	0.8
			8级及以上	1

续表

序　号	影响因素	影响因素权重	判断项	系数取值
3	滑　坡	20%	无	0.1
			轻　微	0.3
			一　般	0.8
			严　重	1
4	潮流影响	20%	无	0.1
			轻　微	0.3
			一　般	0.8
			严　重	1
5	自然与地质灾害失效历史次数	20%	[0,1]	0.1
			(1,3]	0.3
			(3,5]	0.8
			>5 次	1

2.1.3.1.3　水下油气生产系统失效频率收集

以上计算公式中参数的确定充分利用了失效数据库的统计作用，有必要规范对水下油气生产系统失效事件的调查和数据收集，保证可用于后果的统计分析和风险建模。因此，提出水下油气生产系统失效频率评价数据收集表格见表 2-27。

表 2-27　水下油气生产系统失效频率评价数据收集表

水下油气生产系统泄漏因素	采集数据
使用年限(设计年限)	
输送介质(气、油、其他)	
输送压力/kPa	
介质温度/℃	
H_2S 分压/kPa	
CO_2 分压/kPa	
水含量/%	
Cl^- 含量/($mg \cdot mL^{-1}$)	
SRB 含量/(个 · mL^{-1})	
外腐蚀保护层材料和涂层投入年限/a	
阴极保护(设计与使用年限)	
防腐剂效果	
阴极保护情况监控(阴极保护电位测量间隔时间，阳极块损坏情况)	
内腐蚀监测结果(有无腐蚀和检查结果)	
外防腐涂层检查结果(有无明显裸露情况)	
设计阶段风险评价	
设计方案的选择	

续表

水下油气生产系统泄漏因素	采集数据
制造质量(射线或超声波检测)	
安装质量(安装过程中弃管次数)	
外部调查(有无缺陷,是否影响操作)	
基线智能内检查(有无缺陷,是否影响操作)	
清管试压(有无缺陷,是否影响操作)	
工程作业活动	
渔区(是否位于渔区以及有无埋深)	
航道区(是否位于航道区以及有无埋深)	
抛锚区(是否经过抛锚区以及有无埋深)	
落物危害(是否进行落物分析,是否经过落物区,有无埋深)	
管径/管壁(比例值)	
水深/m	
其他管道,电缆影响(与电缆有无交叉,有无防护措施)	
警示情况(有无定期巡检)	
安防措施(有无 AIS 监控系统+雷达监控)	
操作压力(操作压力、MOP 和设计压力)	
操作温度(操作温度和设计操作温度)	
联锁关断(有无超压、超温联锁关断)	
工艺危害风险评价(有无 FAMECA+AZOP+SIL 分析)	
相关员工培训(是否经过培训并考核)	
异常工况应急措施(有无异常工况应急措施)	
海床变化情况(海床有无滑坡、沙坡移动、冲刷和冲淤、塌陷等)	
海浪和海流影响	
地震(有无埋深,是否处于地震带)	
极端天气(台风)	
海床外调查结果(有无滑坡、沙坡移动、冲刷和冲淤、塌陷等)	
阀门、法兰连接(数量)	
压力试验系数(是否进行压力试验,试验结果是否达到设计要求)	

2.1.3.2 事故后果分析

水下油气生产系统一旦发生失效(泄漏),可能导致严重的后果并对附近人员及财产安全造成威胁。失效事故后果与失效模式、泄漏介质、运行状况、作业水深、泄漏方式、气象参数、点火源情况等多种因素有关,具有不确定性。同时,危害程度还取决于油气泄漏量的大小、油气田所处环境等因素。

水下原油泄漏会在海面形成油膜,便于准确确定溢油影响范围。对于水下天然气泄漏,泄漏气体在水体中扩散,最终从水面溢出。由于无法判断和观测可燃气体云团的分布范围和危险区域，可能对海面船舶的稳定性造成影响，也可能引起火灾爆炸事故，造成严重的人员伤亡和财产损失。海洋石油行业已认识到水下气体泄漏所引发的风险，并有多起事故佐证了水下气体泄漏事故所引发的严重后果。

下面主要研究水下油气生产系统气体泄漏事故后果，通过模拟不同泄漏孔径、泄漏水深及风速条件下的泄漏扩散过程，分析以上因素对可燃气体云团扩散的影响，为制定安全合理的海上应急抢险方案和作业指导提供有效依据。

2.1.3.2.1　水下气体泄漏扩散机理

水下油气生产系统发生海底气体泄漏，以连续气流形式进入水体中。因周围环境压力与气体自身压力的不平衡以及气液交界面的表面张力等作用，连续喷射的气流在水体中逐渐破裂而形成气泡，伴随气流上升，形成气泡羽流，如图 2-5 所示。在形成区，气体破碎成气泡并与周围环境混合，羽流宽度增长速率较快；在形成后区，羽流宽度增长速率相对缓慢；在表面流区，接近液体表面时羽流向水平方向运移。气泡会向水平和垂直方向迁移和扩散，直到较大体积的气泡浮升至水面，并继续在水面上方扩散，形成表面紊动或沸腾。

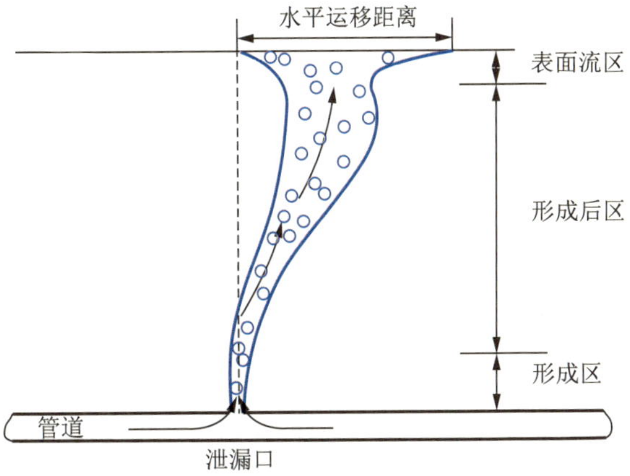

图 2-5　水中天然气释放示意图

2.1.3.2.2　水下油气生产系统天然气泄漏扩散模型

1）控制方程

在天然气泄漏扩散过程中，天然气的流动过程普遍遵守质量守恒定律、动量守恒定律和能量守恒定律。

2）多相流模型

多相流模型（VOF 模型）认为计算域内是相互贯穿的连续相，各相之间相互独立，以体积率来衡量不同相的分布情况。水下油气生产系统天然气泄漏扩散导致天然气在海底扩散的本质是气体在液体中的扩散过程。采用多相流模型可以较为精准地模拟气泡在海水中的扩散。

2.1.3.2.3　水下泄漏速率计算

气体泄漏速率是分析水体中天然气泄漏扩散规律和进行事故后果分析的基础及前提。根据欧洲输气管道事故数据组织 EGIG 的数据分析，按照管道破损的严重程度，可将管道泄漏事故主要分为小孔泄漏、大孔泄漏和管道破裂 3 种类型。小孔泄漏即管道破损等效直径小于 20 mm的情况，大孔泄漏即管道破损等效直径大但小于管道直径的情况，管道破裂即管道发生全面断裂或泄漏孔径相近于管道直径的情况。

水下管道泄漏率模型可以分为小孔模型、大孔模型和管道模型。通常较易出现小孔泄漏情况，大孔泄漏发生可能性较小。海底管道的外压随水深变化。管道内气体流动一般包括等温流动和绝热流动两类，实际上处于两者之间。对较长的天然气管道，两者相差不大。

图 2-6 所示为海底管道泄漏示意图，管道外部环境介质为海水。图中，点 3 处海底管道存在破损口，点 2 为破损口处的管道截面中心。

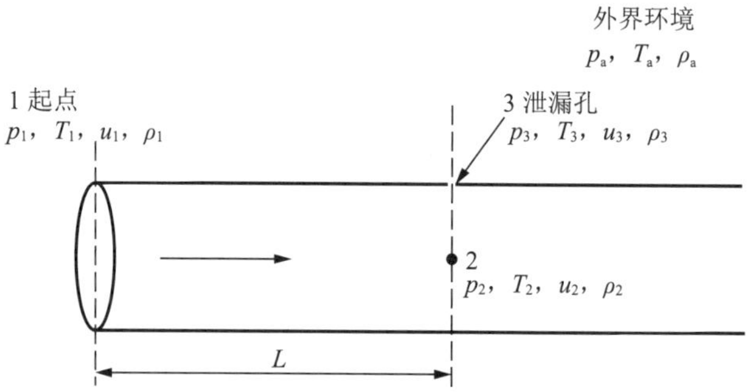

图 2-6　海底管道泄漏示意图

计算海水中输气管道泄漏率时，海底管道上环境压力的计算公式为：

$$p_a = p_0 + p_w \tag{2-12}$$

$$p_w = \rho_w g h \tag{2-13}$$

式中，p_a为管道所受环境压力，Pa；p_0为水面上的大气压，Pa；p_w为管道在水体中所受压力，Pa；ρ_w为水体密度，kg/m^3；g 为重力加速度，m/s^2；h 为管道所在的海底深度，m。

对海底管道输送气体介质的泄漏过程，假定满足以下条件：管内气体介质保持单向稳态流动和绝热流动；破损口处发生等熵流动；破损口处无外部海水进入海底管道内部。

1）小孔泄漏

当泄漏口直径与管道直径之比小于或等于 0.2 时，适用小孔泄漏模型。对小孔泄漏，将泄漏形式分为临界流和非临界流，两者的计算公式不同。利用参数 CPR 可判断气体泄漏是否为临界流。

$$CPR = \frac{p_c}{p_2} = \left(\frac{2}{k+1}\right)^{\frac{k}{k-1}} \tag{2-14}$$

式中，p_c为临界压力，Pa；k 为气体的等熵指数。

当 $CPR \geqslant p_a/p_2$时，为临界流，其泄漏率 Q 的计算公式为：

$$Q = C_d A p_2 \sqrt{\frac{Mk}{ZRT_2}\left(\frac{2}{k+1}\right)^{\frac{k+1}{k-1}}} \tag{2-15}$$

当 $CPR < p_a/p_2$时，为亚临界流，其泄漏率 Q 的计算公式为：

$$Q = C_d A p_2 \sqrt{\frac{2k}{k-1}\frac{M}{ZRT_2}\left[\left(\frac{p_a}{p_2}\right)^{\frac{2}{k}} - \left(\frac{p_a}{p_2}\right)^{\frac{k+1}{k}}\right]} \tag{2-16}$$

式中，p_a为环境压力，Pa；p_2为点 2 处的压力，Pa；M 为气体的摩尔质量，kg/mol；T_2为点 2 处的气体温度，K；C_d为流量系数。

2）大孔泄漏

当管道泄漏孔的直径小于管道直径但大于小孔泄漏直径时，全截面破裂模型与小孔模型均不适用。根据管内气体流动状态和泄漏口处流动状态分为两种情况。

Ⅰ. 管内亚临界流，泄漏口临界流

满足以下条件：

$$\begin{cases} p_a/p_2<CPR \\ p_2>p_1 Ma_1\sqrt{[2+(k-1)Ma_1^2]/(k+1)} \end{cases} \tag{2-17}$$

泄漏口为临界流的等熵膨胀过程，气体泄漏率 Q 的计算公式为：

$$Q=C_d A p_2\sqrt{\frac{Mk}{ZRT_2}\left(\frac{2}{k+1}\right)^{\frac{k+1}{k-1}}} \tag{2-18}$$

点 3 和点 2 各参数间的关系为：

$$\begin{cases} p_3=\left(\dfrac{2}{k+1}\right)^{\frac{k}{k-1}}p_2 \\ T_3=\dfrac{2}{k+1}T_2 \\ \rho_3=\left(\dfrac{2}{k+1}\right)^{\frac{1}{k-1}}\rho_2 \end{cases} \tag{2-19}$$

Ⅱ. 管内和泄漏口均为亚临界流

满足以下条件：

$$\begin{cases} p_a/p_2\geqslant CPR \\ p_2>p_1 Ma_1\sqrt{[2+(k-1)Ma_1^2]/(k+1)} \end{cases} \tag{2-20}$$

气体泄漏速率 Q 的计算公式为：

$$Q=C_d A p_2\sqrt{\frac{2k}{k-1}\frac{M}{ZRT_2}\left[\left(\frac{p_a}{p_2}\right)^{\frac{2}{k}}-\left(\frac{p_a}{p_2}\right)^{\frac{k+1}{k}}\right]} \tag{2-21}$$

泄漏口处于亚临界流，点 3 处的压力与外界环境相等，即 $p_3=p_a$，可得：

$$\begin{cases} T_3=\left(\dfrac{p_a}{p_2}\right)^{\frac{k-1}{k}}T_2 \\ \rho_3=\left(\dfrac{p_a}{p_2}\right)^{\frac{1}{k}}\rho_2 \end{cases} \tag{2-22}$$

3）全截面破裂泄漏

当管道完全断裂或泄漏口大小与管道直径差不多时，采用全截面破裂泄漏模型计算气体初始泄漏速率。以气体质量流速表示的气体泄漏速率的计算公式为：

$$G=\rho_1 u_1=\rho_2 u_2=Ma_1 p_1\sqrt{\frac{Mk}{ZRT_1}}=Ma_2 p_2\sqrt{\frac{Mk}{ZRT_2}}=C_d\sqrt{\frac{2M}{ZR}\frac{k}{k-1}\frac{T_2-T_1}{\left(\frac{T_1}{p_1}\right)^2-\left(\frac{T_2}{p_2}\right)^2}} \tag{2-23}$$

式中，G 为气体质量流速，kg/(m^2·s)；Ma_1 为马赫数。

在泄漏口处，认为 $p_2=p_3=p_a$，气体泄漏率 Q 的计算公式为：

$$Q=GA$$

式中，A 为横向截面积，m^2。

最后推得气体泄漏率 Q 的计算公式为：

$$Q=C_{d}A\sqrt{\frac{2M}{ZR}\frac{k}{k-1}\frac{T_{2}-T_{1}}{\left(\frac{T_{1}}{p_{1}}\right)^{2}-\left(\frac{T_{2}}{p_{2}}\right)^{2}}} \tag{2-24}$$

4）瞬时泄漏率

假定海底输气管道发生泄漏时天然气在泄漏口处可达临界流，此时天然气在泄漏口处的瞬时泄漏率计算公式为：

$$Q=4.571\times10^{-6}D^{2}p\left(\frac{M}{T+273}\right)^{1/2} \tag{2-25}$$

式中，Q 为天然气瞬时泄漏率，kg/s；D 为泄漏孔径，mm；p 为输送介质的绝对压力，kPa；M 为介质的相对分子质量；T 为介质的输送温度，℃。

2.1.3.2.4　水下泄漏后果计算

输气管道海底泄漏可以分为初始泄漏阶段、气体在水中扩散阶段和气体在海面上扩散阶段 3 个阶段。先应用 Fannelϕp 羽流模型计算海底输气管道发生泄漏后气体在水中的扩散，计算结果是水中气体羽流到达海面后的溢出区域（释放面）平均直径及相应的气体垂直流速变化，可作为下一步气体海面扩散 CFD 模拟的输入。再根据气体水中扩散计算得到的气体羽流到达海面后的气体释放面尺寸进行计算域设定和网格划分。以不同的风速作为外部环境条件，模拟气体云团扩散过程，并提取气云体积随时间的变化及影响距离。

以某水下油气生产系统海底输气管道为例，通过模拟不同泄漏孔径、泄漏水深、流速及风速条件下的泄漏扩散过程，分析以上因素对可燃气体云团扩散的影响作用，以归纳出一种通用的分析方法。

2.1.3.2.5　事故后果评估

水下油气生产系统事故发生后果的评估通常表述为人员伤亡数量、介质泄漏程度、停产损失及环境恢复费用。管道运行期间潜在风险因素造成的后果不同，则产生的风险也不同。后果可能是对设施材料造成破坏、造成间接产生经济损失，严重时甚至引起人员伤亡。

从人员安全、环境影响和经济损失 3 个方面对风险引起的后果进行半定量评估。管输介质与事故后果的关系见表 2-28。

表 2-28　管输介质与事故后果的关系

管道介质	人员安全	环境影响	经济损失
气	有影响	一般无影响	有影响
油	有影响	有影响	有影响
水	一般无影响	一般无影响	有影响
混　输	有影响	有影响	有影响

1）人员安全

涉及人员安全问题时，将人员分为水下油气生产系统所属业主的工作人员和无关人员两类。一般来说，在水下油气生产系统上方海域周边很少有人员活动。在水下油气生产系统管道发生重大泄漏事故时才有可能威胁到周边过往船舶的安全，这是由于水下油气生产系统泄漏的气体可能会被过往船舶引爆，而爆炸会危及人身安全。泄漏至海面并聚集的气体云的大小受海深、海流方向及风向的影响。天然气的扩散特性以及天然气与水较大的密度差可能会对周边通航船舶、救援、修复设备产生安全影响。这类事件的后果通常很难加以判断，只在一些关键区域可以大致估计对人员的伤害情况。

在重大泄漏事故中，1%～10%的事故会有气体被点燃，从而严重威胁水下油气生产系统所在海域生产设施上人员的生命安全。人员安全受到的威胁等级可分为五类，见表2-29。

表2-29　水下油气生产系统管道破坏造成的人员安全后果等级

人员安全后果等级	描　述
1（轻微）	伤害可以忽略，不用离岗
2（一般）	轻微伤害，需要一些急救处理
3（中等）	受伤，造成损失工时事故
4（重大）	单人死亡或严重受伤
5（灾难性）	多人死亡

2）环境影响

评估泄漏环境影响时需要考虑对以下区域的影响：海洋生态系统，包括海床植被、浮游生物、鱼及海底哺乳动物（如鲸鱼和海豹）；海岸环境，包括海滩和沿海区域，尤其是大批海鸟聚居的、拥有大量植被的区域；海鸟集中生活的区域，交配或迁移途经的地区；海洋养殖渔业区。

水下油气生产系统泄漏事故对上述区域的影响主要取决于：泄漏量；水面情况（如海浪高度、风力和洋流速度）；泄漏物到达敏感区域的时间。

泄漏造成的环境影响主要通过环境体系完全恢复的时间长短来判断。这需要估计各物种对油气泄漏的抵抗能力及环境系统本身的恢复能力等。

上述评估泄漏对环境危害的方法既复杂又相对耗时。一般来说，通过事故泄漏量和年度允许泄漏量对比，可大致得出泄漏事故的危害程度，从而可间接给出对环境的危害。表2-30为对泄漏量影响后果的分类。

表2-30　管道破坏造成的环境影响后果等级

环境影响后果等级	描　述
1（轻微）	危险物质泄漏，不影响现场以外区域，微损，可很快清除
2（一般）	现场受控制的泄漏，没有长期损害
3（中等）	应报告的最低量的失控性泄漏，对现场有长期影响，对现场以外区域无长期影响
4（重大）	10～100 t烃类及危险物质泄漏，对现场以外某些区域有长期伤害
5（灾难性）	100 t以上烃类及危险物质泄漏，对现场以外区域有长期伤害

3）经济损失

水下油气生产系统泄漏引起的经济损失绝大部分都是泄漏停产所造成的。这部分经济损失远远超过修复损伤的费用，二者都应包含在经济损失评估过程中。

水下油气生产系统服役期间发生风险事故后的破坏情况可分为以下5类：

（1）轻微破坏——管道未发生泄漏，无需修复。若管壁上出现较小的凹坑，如最大深度为

5%的管外径道，通常不会对管道安全运行造成影响，但为保险起见，应通过检测对管道结构安全性进行确认。一般情况下，外涂层出现轻微破坏时不需要修复，除非其会引起压力的巨大波动，导致应力集中点发生疲劳开裂。参照表 2-31，此破坏属于“可忽略”的后果。

（2）中等破坏——管道未发生泄漏，破坏需要修复。若凹坑的最大深度大于 5%的管道外径，理论上需要进行修复。如果检测结果表明该管道结构完好，则可推迟修复时间，管道暂时继续运行。参照表 2-31，此破坏属于“轻微”的后果。

（3）重大破坏——管道泄漏。管壁出现断裂或者穿孔，管输介质泄漏，须立即停止运行，及时进行修复。

（4）少量泄漏——穿孔尺寸属于小孔或者中等大小。此时泄漏量较小，可以通过压力检测或外观检测及时发现。参照表 2-31，此类破坏属于“严重”的后果或者“重大”的后果。

（5）大量泄漏——管道发生断裂。水下油气生产系统管道发生完全断裂，管输介质大量泄漏且持续到管道被封堵后。参照表 2-31，此类破坏属于“重大”的后果甚至是“灾难性”的后果。

表 2-31　水下油气生产系统管道破坏造成的经济损失后果

经济损失后果等级	经济损失描述	产量损失 （非计划生产关停时间）	直接经济损失
1	对生产几乎没有影响，维修花费很小	无	≤1 万元
2	可以等到停产之后再进行维修，会产生一定的维修费用	≤3 h	（1～10）万元
3	引起停产，产生较高的维修费用	3～6 h	（10～100）万元
4	产生巨额维修费用，如不维修将会使水下油气生产系统无限期停产	6～168 h	（100～1 000）万元
5	导致整个油气生产系统瘫痪	≥168 h	≥1 000 万元

2.2　水下油气生产系统风险控制评价

2.2.1　水下油气生产系统风险控制评价模型构建技术

2.2.1.1　水下油气生产系统安全屏障技术适用性分析

安全屏障（safety barrier）是用于阻止或减缓不期望事件发生的措施和方法，具有避免、预防、控制和降低等功能。安全屏障系统能够确定具有较低风险控制水平的系统弱点，并通过有针对性的安全屏障系统构建，降低事故发生的可能性，限制危险事件的损伤程度和增加持效期，降低危险事件的后果，最终实现水下油气生产作业的安全平稳运行。

水下油气生产系统涉及人员、设备、环境多个要素，可能的风险因素和发生的风险事件类型多样。基于安全屏障技术的水下油气生产系统风险控制评价，可根据安全屏障技术的基本理论，围绕避免-预防-控制-降低四个核心要义，结合水下油气生产系统的作业风险特点并综合考虑影响作业安全的因素开展分析和研究工作。

为便于风险控制的分析，根据安全屏障技术的相关理论，通常将水下油气生产系统的安全屏障分为设备技术屏障、人员/组织管理屏障和工艺技术屏障 3 种类型。水下油气生产系统的安全屏障类型及构成如图 2-7 所示。

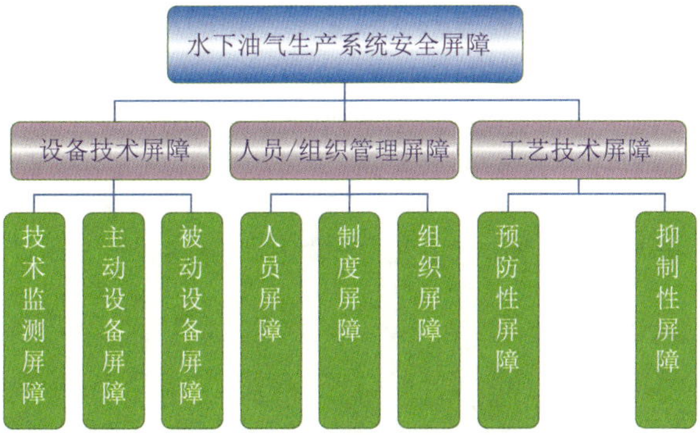

图 2-7　水下油气生产系统安全屏障类型及构成

1）设备技术屏障

设备技术屏障是运用一定技术手段和设备设置的安全屏障。设备技术屏障可分为技术监测屏障、被动设备屏障、主动设备屏障 3 种类型。

（1）技术监测屏障通过监测设备、环境等的状态信息来监视、发现、预测风险隐患的设备安全屏障技术。如海底管道泄漏水声监测系统、设备状态在线监测系统等均属于技术监测屏障。技术监测屏障虽然本身并不具有直接防止事故发生或发展的能力，但是通过实时监测危险信息及其状态演化过程，可为风险的分析、预测和评价提供决策数据，最后通过激活其他屏障间接实现对风险的控制。

（2）被动设备屏障是通过提高水下油气生产系统设施的强度，增加防护设施等措施被动地提高系统抵抗风险能力的设备安全屏障技术，如增设防护罩、防撞和防碰装置等。其实质是对风险的隔离，在作业过程中不需要进行激活和控制。

（3）主动设备屏障是在风险发生时可以根据指令对风险进行抑制和控制的设备安全屏障技术，如各种安全阀、冗余备份装置和紧急脱离装置等。主动设备屏障需要接收指令并激活后才能实现对风险的控制。

2）人员/组织管理屏障

人员/组织管理屏障是运用组织、管理的方法防止或降低风险的安全屏障。人员/组织管理屏障可分为人员屏障、制度屏障、组织屏障 3 种类型。

（1）人员屏障是作业人员直接起到风险预防和控制作用的屏障类型。人员屏障与人员自身素质、能力及教育培训等有很大关系。

（2）制度屏障是通过相关制度和规范来实现屏蔽风险的屏障类型，如制定作业指导书、操作规程、HSE 管理文件、安全法规及安全文化建设等措施。

（3）组织屏障是通过组织管理和监督检查等措施屏蔽风险的屏障类型，如作业风险评估、定期检查和监控等屏障措施。

3）工艺技术屏障

水下油气生产工艺参数的设置和改变对生产过程的安全有较大影响，如流量和压力变动将导致生产过程中管汇或井筒中形成天然气水合物，堵塞输送管道和井眼环空，导致导向基座和水下生产设备的破坏，影响正常的水下生产作业。在实际生产中，通常采用添加乙二醇、盐类或纯油基水下生产液抑制剂等工艺技术来防止水合物的形成。

对长距离输送生产物流的海管，为保证生产物流集输的顺畅安全，一般采取定期清管的工艺技术，通过在水下设置水下发球装置，利用清管球对油气管线进行清理、测量和检查，及时清理卡堵，监测腐蚀情况，评估第三方海管破坏等。

2.2.1.2 水下油气生产系统安全屏障构建方法研究

根据水下油气生产系统风险的特点和安全屏障理论，可面向水下油气生产系统的设备、工艺和人员操作等环节建立安全屏障系统并制定相应的水下油气作业事故风险控制策略。

利用蝴蝶结（Bow-Tie）结构图方法（简称蝶形图法），开展水下油气生产系统安全屏障分析和研究具有针对性强和形象直观的特点。蝶形图中间的蝴蝶结节点是事故事件，事故事件左侧部分是事故发生的成因，事故事件右侧部分表示事故事件发生后事件的演变过程和造成的危害后果。利用蝶形图法构建的水下油气生产系统安全屏障结构如图 2-8 所示。

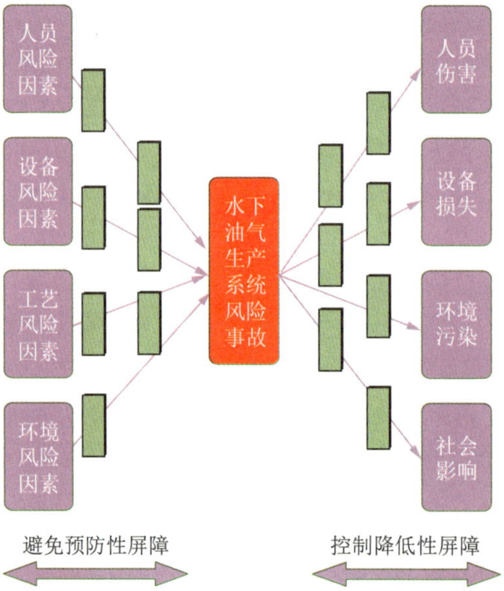

图 2-8 水下油气生产系统安全屏障蝶形图

蝶形图法可以清晰地展现事故场景从风险成因到事故后果的整个演化过程，通过对逐个分支的分析，可得到完整的安全屏障及其功能设定，避免安全屏障系统设计过程中的节点遗漏。蝶形图清晰描述了主要风险事件发生和发展的路径，并预计、预防和减缓不良结果。在具体的安全屏障设计过程中，可在事故节点左侧插入屏障节点，用于预防事故事件的发生，称为预防性屏障；在右侧插入屏障节点以阻碍或降低事故发生后造成的后果，称为保护性屏障。水下油气生产系统安全屏障构建步骤如图 2-9 所示。

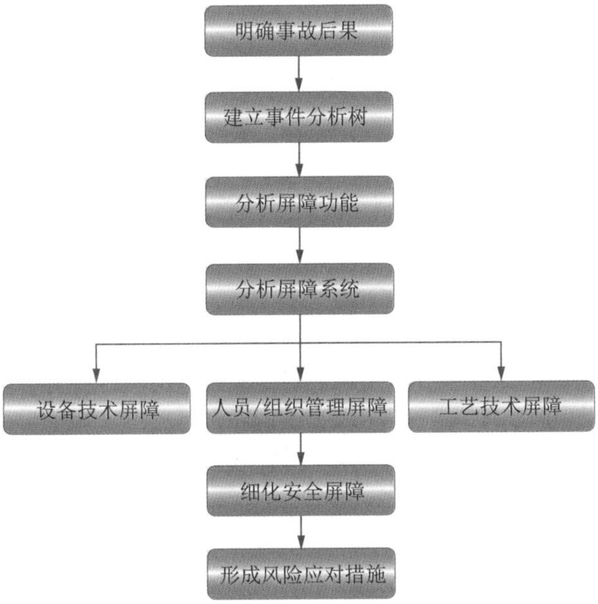

图 2-9　水下油气生产系统安全屏障构建步骤

步骤 1：确定研究对象，收集有关资料，并根据失效事件收集有关信息资料，为进一步分析事故原因和结果做准备。

步骤 2：建立事故树和事件树，分析事件发生的初始原因和后果。

步骤 3：建立分析对象的蝶形图模型。

步骤 4：对蝶形图模型进行细化分析，建立故障路径中的安全屏障，并从人员/组织管理、设备技术屏障和工艺技术屏障 3 方面进行分析。

步骤 5：基于安全屏障理论制定相应的风险控制措施。运用 FMECA 方法对水下油气作业过程中的危险因素进行辨识，并制定风险控制措施；对水下油气生产系统关键设备进行故障类型和影响分析，找出相应控制措施。

2.2.2　基于安全屏障的水下油气生产系统风险控制分析模型

2.2.2.1　水下油气生产系统安全屏障总体方案设计

根据水下油气生产系统风险的辨识和评价体系研究可知，导致水下油气生产系统产生风险事故的因素主要包括人员/管理、设备和环境三大类。人员的不安全行为、设备失效、深水环境和地质灾害等原因将导致水下油气生产系统事故的发生。水下油气生产系统发生水下事故将引起严重的经济损失和生态灾难，主要危害形式包括人员的伤亡、设备的损失、环境的污染及社会对企业的负面评价等。

对水下油气生产系统可能会发生的风险事故，根据前述对水下油气安全屏障技术的分析，按照人员/组织管理屏障、设备技术屏障、工艺技术屏障对安全隐患和发生的事故进行预防和控制研究，建立图 2-10 所示的水下油气生产系统总体安全屏障模型。

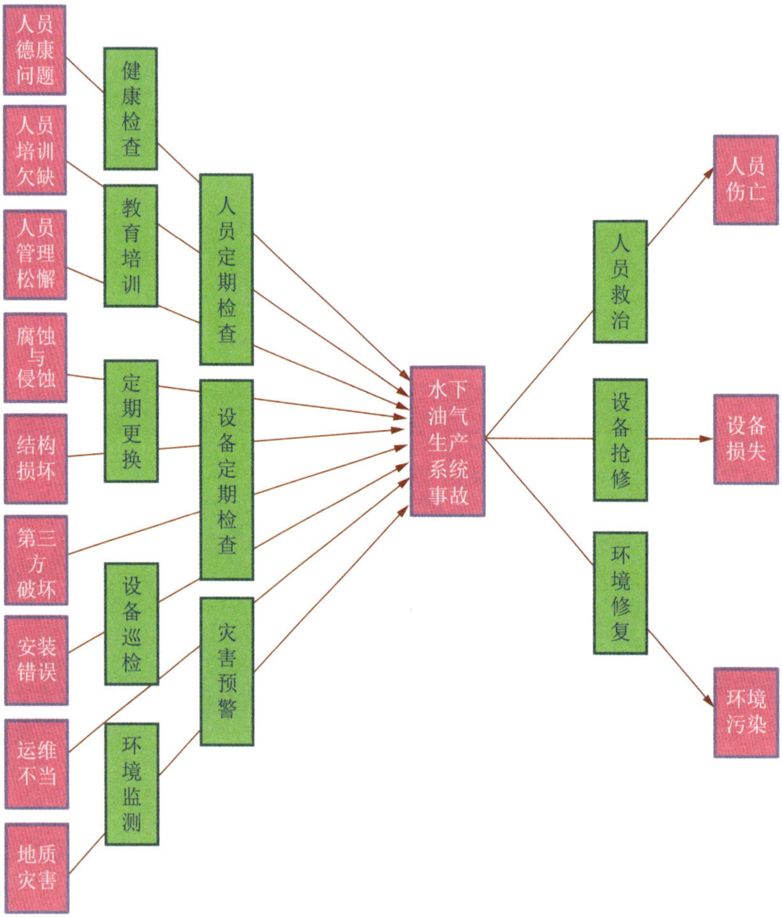

图 2-10　水下油气生产系统总体安全屏障模型

2.2.2.2　水下油气生产系统安全屏障模型构建

为进一步深入分析水下油气生产系统安全屏障，在总体安全屏障方案的基础上重点对水下油气生产系统的设备安全屏障进行分析和研究，为我国自行研制的国产水下油气生产系统设备的设计、制造、安装和维护等环节提供风险控制理论和方法支持。下面根据某气田水下油气生产系统采用的井口、采油树、跨接管、脐带缆、管线、控制系统等设备设施的风险安全屏障模型，进行针对性分析和研究。

1）水下井口失效安全屏障控制评价模型

井口系统是水下完井系统的重要组成部件，作业过程中受到立管载荷、海管拖曳载荷、物流温度载荷及地层变化产生的附加载荷的作用，同时受水深、压力、腐蚀、地质载荷和海洋修井作业等因素的多重影响。根据这些因素，利用前述风险安全屏障的相关理论和方法，建立图 2-11 所示的井口系统事故安全屏障控制评价模型。

根据上述井口系统事故安全屏障控制评价模型，以井口系统的风险因素为行坐标，以安全屏障措施为列坐标，建立表 2-32 所列井口系统安全屏障矩阵。井口系统的安全屏障主要包含人员、设备和工艺 3 种类型的屏障措施。

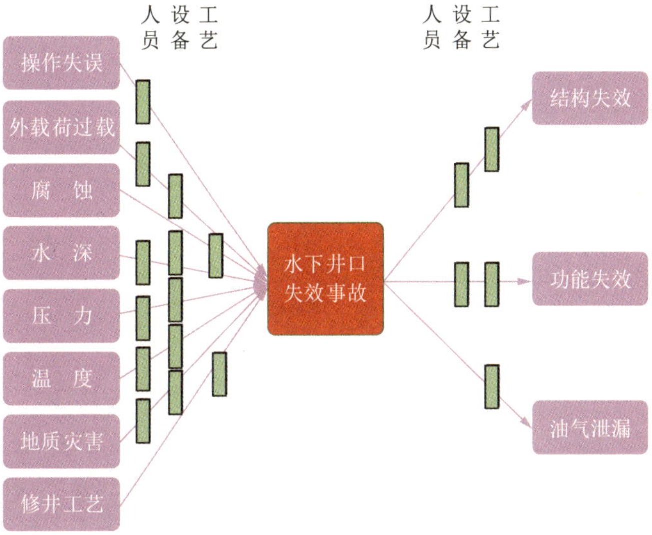

图 2-11　井口系统事故安全屏障控制评价模型

表 2-32　井口系统安全屏障矩阵

编　号	项　目	安全屏障类型			作用阶段
		人员/组织管理屏障	设备技术屏障	工艺技术屏障	
1	操作失误	加强人员培训，建立培训考核制度；加强组织管理监督，及时纠正错误操作			事故前预防避免性屏障
2	外载荷过载	设计阶段使用正确的安全系数；制造阶段确保材料性能要求；进行完善的试验和测试	采取增加挠性接头等措施减小立管对井口系统的弯矩作用		
3	腐　蚀		增加阴极保护装置	增加除锈工艺；适时进行监测	
4	水　深	设计阶段设计人员进行水深校核		进行水深压力测试	
5	压　力	设计人员进行压力分析和校核		进行压力测试试验	
6	温　度	设计人员进行温度场校核计算			
7	地质灾害			设计阶段进行内波流等地质灾害调查；加强地质载荷监测	

续表

编　号	项目	安全屏障类型			作用阶段
		人员/组织管理屏障	设备技术屏障	工艺技术屏障	
8	修井工艺		对密封装置等进行保护；增加修井作业过程中的紧急解脱装置		事故前预防避免性屏障
9	结构失效		维修作业；冗余性设计	紧急封井作业	事故后控制降低性屏障
10	功能失效		维修作业；冗余性设计	定期巡检	
11	环境污染			定期巡检；溢油防止	

根据表 2-32 所示的安全屏障矩阵，在井口系统设计、建造阶段可按照屏障措施进行风险预防。当发生井口风险事故时，按照事故后控制降低性屏障对风险进行控制，以降低井口失效对人员、设备和环境的损害。

2）水下采油树安全屏障控制评价模型

水下采油树的风险因素、失效形式和安全屏障类型与井口系统类似，其功能性失效主要表现为采油树所属各阀门的开关动作失效及泄漏失效。其中，泄漏失效又分为内部泄漏和外部泄漏两种类型。水下采油树的安全屏障模型和安全屏障矩阵与井口装置近似，其安全屏障模型如图 2-12 所示。

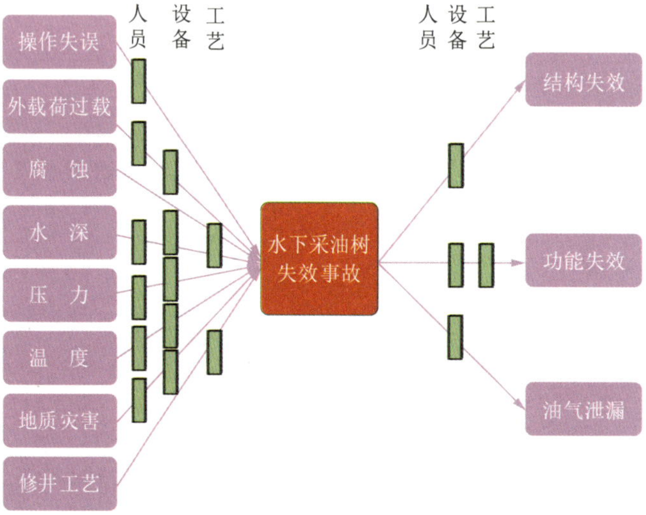

图 2-12　水下采油树安全屏障模型

根据水下采油树事故屏障模型，采用与井口安全屏障构建类似的方法建立的安全屏障矩阵见表2-33。为避免重复，与井口系统相同的部分未列出，仅将安全屏障措施的不同之处列于表中。

表 2-33　水下采油树安全屏障矩阵

编　号	项　目	安全屏障类型			作用阶段
		人员/组织管理屏障	设备技术屏障	工艺技术屏障	
1	操作失误	同井口系统			事故前预防避免性屏障
2	外载荷过载	同井口系统	同井口系统		
3	腐　蚀		同井口系统	同井口系统	
4	水　深	同井口系统		同井口系统	
5	压　力	同井口系统		同井口系统	
6	温　度	同井口系统			
7	地质灾害			同井口系统	
8	修井工艺		同井口系统		
9	结构失效		同井口系统	同井口系统	事故后控制降低性屏障
10	功能失效		同井口系统	定期巡检；定期半开或全开阀门	
11	环境污染			同井口系统	

3）水下控制系统安全屏障控制评价模型

水下控制系统的设备类型众多，每个设备单元的风险事故成因不尽相同，但风险类型、性质和失效形式相似，参照 OREDA 数据库的分类方法对水下控制系统子系统级的故障进行分析。水下控制系统涉及的控制执行装置包括水下及水面电力单元(EPU)、液压单元(HPU)、主控站(MCS)、水下分配单元(SDM)及传感器等。其共性风险类型主要包括人员的操作失误、结构破坏、环境载荷(包括压力、温度、地质灾害等)、控制软件缺陷、传感器读数不稳定、信号传输错误、继电器和阀等的虚动作、线路短路等。为突出水下控制系统的安全屏障与其他子系统的区别，重点对上述失效形式进行分析。水下控制系统安全屏障模型如图 2-13 所示。

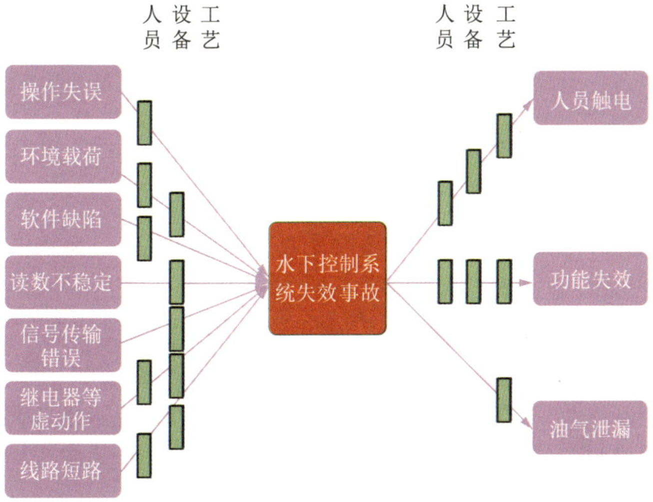

图 2-13　水下控制系统安全屏障模型

根据水下控制系统安全屏障模型，建立表 2-33 所示的水下控制系统安全屏障矩阵。为避免赘述，仅将水下控制系统与设备类水下油气生产系统安全屏障差异的部分在表中列示。

表 2-34　水下控制系统安全屏障矩阵

编　号	项　目	安全屏障类型			作用阶段
		人员/组织管理屏障	设备技术屏障	工艺技术屏障	
1	操作失误	加强人员培训，建立培训考核制度；加强组织管理监督，及时纠正错误操作		定期巡检	事故前预防避免性屏障
2	环境载荷	设计阶段使用正确的安全系数；制造阶段确保材料性能要求；进行完善的试验和测试	进行静水压力、动压力、FAT 等测试		
3	腐　蚀		增加阴极保护装置		
4	软件缺陷	增加控制软件的互锁设计；增加控制软件的鲁棒性测试			
5	读数不稳定		加强对传感器在恶劣工况下的测试等		
6	信号传输错误		提高信号传输的抗干扰性		
7	继电器等虚动作	冗余设计	通过测试、试验等提高继电器、液压阀等的可靠性		
8	线路短路	增加线路保护设计		对 PCB 电路板进行工业级三防处理	
9	人员触电	对潜水员等开展水下作业时的防触电培训	防触电个人防护装置	漏电保护	事故后控制降低性屏障
10	功能失效	冗余设计	维修作业；冗余备份	关闭 PSD/ESD/USV	
11	环境污染			定期巡检；关闭 PSD/ESD/USV；溢油防止	

4）水下管线安全屏障控制评价模型

水下管线是水下油气生产系统中非常重要的组成部分，也是目前水下油气生产系统中出现风险事故较多的设备设施。水下管线起着集输、分配生产物流，向井口注水、气和化学药剂等的作用，因此开展基于安全屏障技术的水下管线风险控制分析意义重大。

根据前述风险识别和危害后果的分析，水下管线失效形式主要包括制造、材料、载荷（外部载荷有安装载荷、环境载荷，内部载荷有温度、压力）、第三方破坏、腐蚀、埋深、地形等因素导致的结构失效、堵塞和泄漏等。利用安全屏障分析技术可建立图 2-14 所示的水下管线安全屏障模型。

根据水下管线安全屏障模型建立的安全屏障矩阵见表 2-35。由于海底管线在安装下放

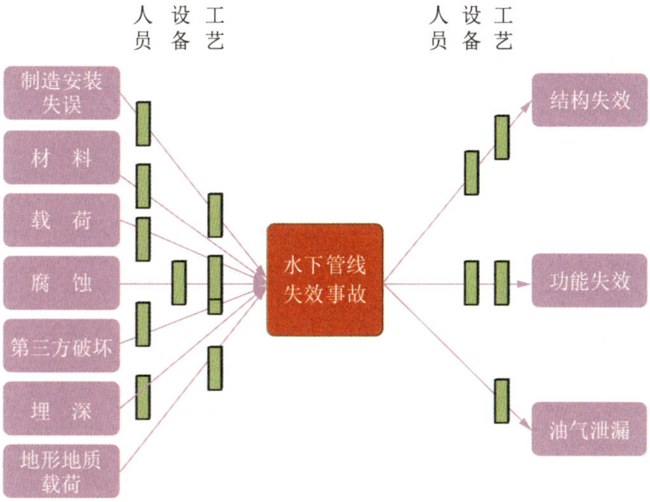

图 2-14　水下管线安全屏障模型

过程中受到的载荷远远大于实际运行过程中受到的外在载荷，因此在设计和下放安装时应特别考虑安装中附加载荷对管线强度的影响。同时，海底管线坐放或埋在海床以下，地形的起伏和地质灾害均会给管线带来附加弯扭作用，从而导致应力集中，产生疲劳或强度破坏，因此在安装下放前要对管线的布放路径进行勘察和评估，并利用 ROV 定期进行巡检，及时发现管线位移、悬跨、变形等风险隐患。

表 2-35　水下管线安全屏障矩阵

编　号	项　目	安全屏障类型			作用阶段
		人员/组织管理屏障	设备技术屏障	工艺技术屏障	
1	制造安装失误	加强人员培训，建立培训考核制度；加强组织管理监督，及时纠正错误操作		一般安装过程中的受力大于运行阶段的载荷，因此安装过程中应防止过大的受力；基础平整与调平	事故前预防避免性屏障
2	材　料	设计阶段通过试验分析等选择合理的材料	管材探伤检测		
3	载　荷	设计阶段使用正确的安全系数；考虑温度、压力等产生的附加载荷；进行完善的试验和测试			
4	腐　蚀		增加阴极保护装置	增加除锈工艺；增加防腐涂层；适时进行监测	
5	第三方破坏	进行宣传教育；增加巡检监测		定期利用 ROV 巡检；增大埋深和增加防护装置	

续表

编号	项目	安全屏障类型			作用阶段
		人员/组织管理屏障	设备技术屏障	工艺技术屏障	
6	埋深	设计人员进行温度场校核计算			
7	地形地质载荷			设计阶段进行地形勘察，防止管线悬跨；对松软地基进行灌浆，采用可升降的基盘或吸入法安装；加强地质载荷监测	事故前预防避免性屏障
9	结构失效		维修作业；冗余性设计	紧急关断；维修打卡	
10	功能失效		增加水下清管器	定期全开或半开阀门；针对水合物堵塞，采用注乙二醇工艺融塞；定期清管	事故后控制降低性屏障
11	环境污染			定期巡检；溢油处理	

2.2.3 基于动态贝叶斯网络的风险控制分析

水下油气生产系统安全状态是系统内部以及与地质、海洋环境外部各因素综合作用的结果，且随时间的增加，设备的故障风险发生概率随之上升。一般来说，传统的静态风险评估方法由于评估模式和指标体系固定，未考虑时间累积效应的影响，因而无法实时反映动态运行过程中的安全风险变化，从而无法做出准确可靠的评估。

对动态风险因素对水下油气生产系统风险的影响，提出一种基于动态贝叶斯网络的风险控制分析方法，将状态评估与演化分析相结合，动态跟踪预测系统的安全状态，揭示水下油气生产系统风险因素随时间变化对系统安全的作用和影响，以提高时变要素下安全评估的准确性和时效性。

2.2.3.1 基于动态贝叶斯网络的风险控制方法分析

贝叶斯网络(Belief net-work，BN)应用图论和概率论的相关思想，其主要表现为一个有向无环图(directed acyclic graphs，DAG)及包含的联合概率分布(joint probability distribution，JPD)。其中，有向无环图由代表随机变量的父节点、子节点和代表变量间条件转移概率关系的有向弧组成。条件转移概率对离散型贝叶斯网络用条件概率表的形式进行描述，条件概率表(conditional probability table，CPT)描述离散变量间的依存关系。由前述分析可知，水下油气生产系统风险评价和控制模型可看作由若干风险因素节点和风险控制节点组成的有向无环图，各节点之间存在一定的概率依存关系。水下油气生产系统风险评价和控制模型满足有向无环图的构成条件，因此可利用基于贝叶斯网络的概率分析方法开展水下油气生产系统风险评价的建模和量化分析工作。

运用贝叶斯网络开展水下油气生产系统风险评价和控制分析，首先需要根据水下油气生产系统风险评价和控制分析模型，以有向无环图的形式构建以水下油气生产系统各风险因素和安全屏障为节点的贝叶斯网络模型；然后根据相关信息和数据确定贝叶斯网络中各父节点的先验概率，以及各子节点的先验概率关系表，进而获得各变量（风险因素和安全屏障）的联合概率。贝叶斯网络联合概率分布如式(2-26)所示。确定以风险因素和安全屏障为节点的贝叶斯网络的联合概率后，可通过式(2-27)确定任意变量的风险概率值，从而实现水下油气生产系统风险评价和控制模型中各变量的概率评价和预测。

$$p(X_1,\cdots,X_N)=\prod P(X_i \mid Pa(X_i)) \tag{2-26}$$

$$p(X_k)=\sum_{j=1,j\neq i}^{n}\prod_{i=1}^{n}P(X_i \mid Pa(X_i)) \tag{2-27}$$

式中，X_i 为某一状态变量；$Pa(X_i)$为 X_i 变量的父节点；$P(X_i|Pa(X_i))$为变量 X_i 的条件概率。

如前所述，传统风险评估方法忽略了时间因素对水下油气生产系统风险的累积效应，无法反映系统动态因素条件下的风险评估，需要采用基于沿时间轴进行扩展的动态贝叶斯方法进行风险评价，以反映时间累积效应对风险演化的影响。

动态贝叶斯网络基于时间依赖关系，由一系列时间片组成，并可处理时序特征数据。动态贝叶斯网络能够模拟时间轴上任意变量的集合，并将固定变量集上的概率分布扩充到时域区间，因此更适用于与时间（寿命）相关的水下油气设备的风险评价。

动态贝叶斯网络通过全概率模型进行相关定性和定量分析，将大规模网络建模和推理技术应用于动态风险分析控制过程。动态贝叶斯网络利用概率推理更新变量状态信息，并将模型参数更新信息融合到网络模型中，从而实现对各种变量的预测，揭示系统随时间的状态变化。

构建水下油气设备的风险评价与控制动态贝叶斯模型，首先要确定先验网络和转移网络的拓扑形式。假定随时间变化的有 N 个属性的属性集 $X=\{X^1,\cdots,X^N\}$，其中 X^i 表示 t 时刻的第 i 个属性值，属性集 X 在整个时间序列中满足马尔科夫链模型，即 $P(X_t|X_1,\cdots,X_N)=P(X_t|X_{t-1})$。根据马尔科夫假设，属性 X 的 t 时刻的概率仅与 t 相邻时刻的属性 X 的概率相关，与前序时刻的概率无关，由此可知两个时间片间的条件转移概率 $P(X_t|X_{t-1})$与时间无关。

如果假设水下油气设备的风险评价可无限进行，则水下油气设备的风险评价动态贝叶斯模型可由符合变量的半无限贝叶斯网络表示为：$BN(B_1,B_\rightarrow)$，其中 B_1 为根节点的先验网络，$B_\rightarrow$为两个时间片间的转移网络。根据贝叶斯推断的相关理论，可知转移网络的概率可表示为：

$$P(X_t \mid X_{t-1})=\prod_{i=1}^{N}P(X_t^i \mid Pa(X_t^i)) \tag{2-28}$$

由于时间拓展前，原始贝叶斯网络的根节点具有非条件概率分布，因此 t_0时刻贝叶斯网络的概率为 $P(X_1^{1:N})$，转移网络中节点在时间轴上具有条件概率分布，可将具有 T 个时间片的动态贝叶斯联合概率分布表示为：

$$P(X_{1:T}^{1:N})=\prod_{i=1}^{n}P(X_1 \mid Pa(X_1)\times\prod_{T=2}^{T}\prod_{i=1}^{N}P_{B\to}(X_t^i \mid Pa(X_t^i)) \tag{2-29}$$

2.2.3.2 水下油气生产系统动态风险控制分析

根据前文构建的基于安全屏障技术的水下油气生产系统风险控制分析模型，将各风险因素和风险屏障视为动态贝叶斯节点，可将安全屏障控制模型转换为水下油气生产系统风险控制分析动态贝叶斯网络模型。

基于安全屏障的风险控制逻辑模型和动态贝叶斯网络的风险概率分析技术，利用 NETICA 建立的水下井口、水下采油树、水下控制系统和水下管线风险控制分析动态贝叶斯网络模型分别如图 2-15 至图 2-18 所示。

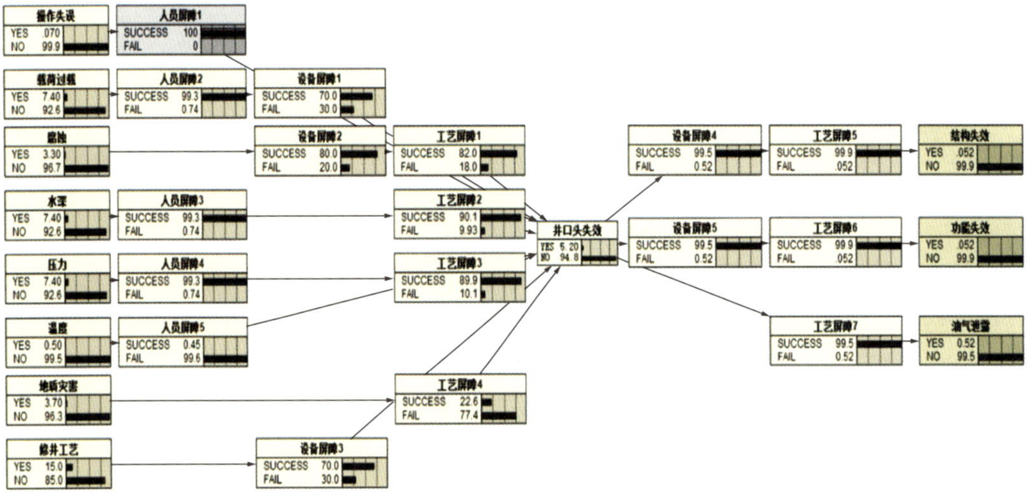

图 2-15 水下井口风险控制分析动态贝叶斯网络模型

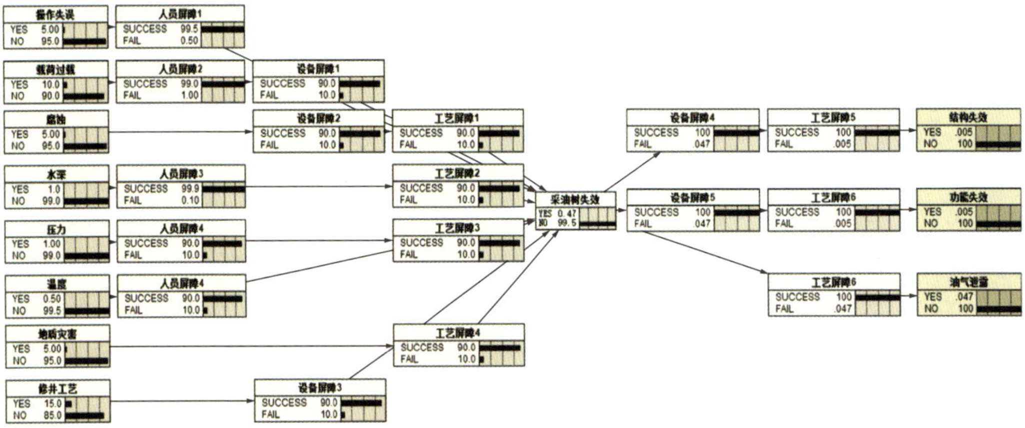

图 2-16 水下采油树风险控制分析动态贝叶斯网络模型

以水下井口风险控制分析动态贝叶斯网络模型为例，基于动态贝叶斯网络的风险控制定量分析方法和过程如下。

首先，根据风险数据库或前期的数据分析及相关文献资料，确定动态贝叶斯风险分析网络

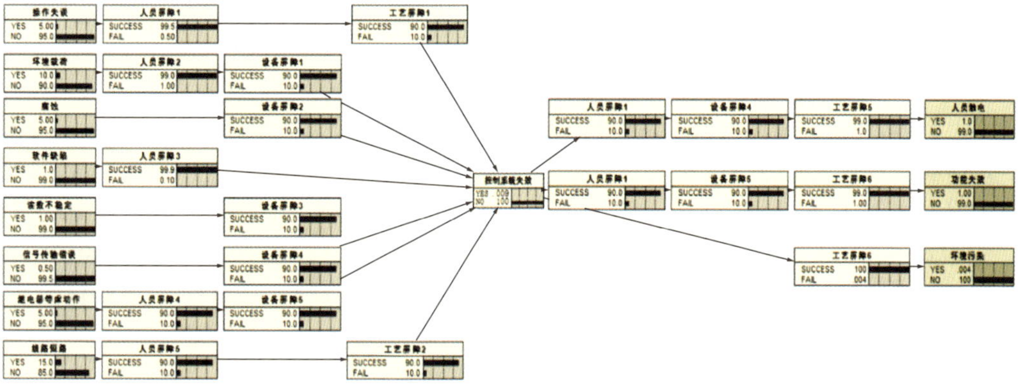

图 2-17　水下控制系统风险控制分析动态贝叶斯网络模型

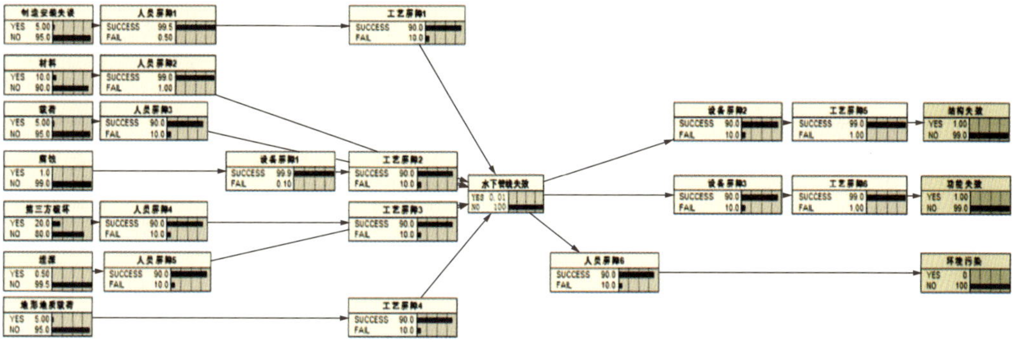

图 2-18　水下管线风险控制分析动态贝叶斯网络模型

根节点的初始概率。水下井口风险因素初始概率见表 2-36。

表 2-36　水下井口风险因素初始概率

序　号	风险因素	发生概率	说　明
1	操作失误	0.1%	常规任务下人员的误操作概率，参考文献《石化行业人因可靠性分析及其在 LOPA 中的应用研究》
2	外载荷过载	7.4%	参考 ORADA 数据库设备失效数据
3	腐　蚀	3.3%	参照 30 年腐蚀使用年限计算
4	水　深	7.4%	参考 ORADA 数据库设备失效数据
5	压　力	7.4%	参考 ORADA 数据库设备失效数据
6	温　度	0.5%	参考 ORADA 数据库设备失效数据
7	地质灾害	3.7%	参考《东方 1-1 气田开发编制依据及设计基础》，取最大值
8	修井工艺	10%	模型指定

本例中人员屏障的有效概率规定为：设计阶段人员屏障技术的成功率为 90%，培训阶段人员屏障技术的成功率为 70%，因此“人员屏障 1”的相对概率为 70%，人员屏障 2，3，4 和 5 的相对概率为 90%。防腐“设备屏障 2”的成功率为 80%，增加挠性接头等和被动保护设施等“设备屏障 1”和“设备屏障 3”的成功率为 70%。工艺屏障的成功率均为 90%。根据静态贝叶斯网络计算方法，即不考虑时间变化对风险因素的影响，井口系统失效的概率为 0.51%。同

时，在风险事故发生及采取安全屏障技术后，结构失效和功能失效的风险概率降为 0.005%，油气泄漏的风险为 0.51%。

若考虑风险因素的动态特性和对时间的依赖关系，根据基于动态贝叶斯网络的风险控制分析方法，只需要确定风险因素变量的转移概率即可表征风险事故沿时间轴的演化过程和状态。本例中假设水下井口设备在下放安装中存在操作失误，在 T_0时刻经过培训训练后“人员屏障 1”的成功概率为 70%，在 T_1时刻若再次发生因操作失误出现的风险，且 T_0时刻“人员屏障 1”已取得成功（即人员屏障 1 的后验概率为 100%），则“人员屏障 1”在 T_1时刻的成功率为 100%；在 T_1时刻若再次发生因操作失误出现的风险，且 T_0时刻“人员屏障 1”未取得成功（即“人员屏障 1”的后验概率为 0%），则“人员屏障 1”在 T_1时刻的成功率为 80%；（因在 T_0-T_1时刻，对人员进行了再次培训，“人员屏障 1”成功率提高为 80%），因此可得到表 2-37 中的转移网络概率表，即 T_0时刻“人员屏障 1”→T_1时刻“人员屏障 1”的转移矩阵为：

$$\boldsymbol{P}(T_0 \rightarrow T_1)=\begin{bmatrix} 1 & 0.8 \\ 0 & 0.2 \end{bmatrix} \tag{2-30}$$

表 2-37　人员屏障 1 转移网络

T_0时刻	T_1时刻成功	T_1时刻失败
成　功	100%	0%
失　败	80%	20%

将上述条件转移矩阵输入图 2-19 所示水下井口风险控制分析情景演化动态贝叶斯网络模型中，得到水下井口在 T_1时刻的失效概率为 0.49%。

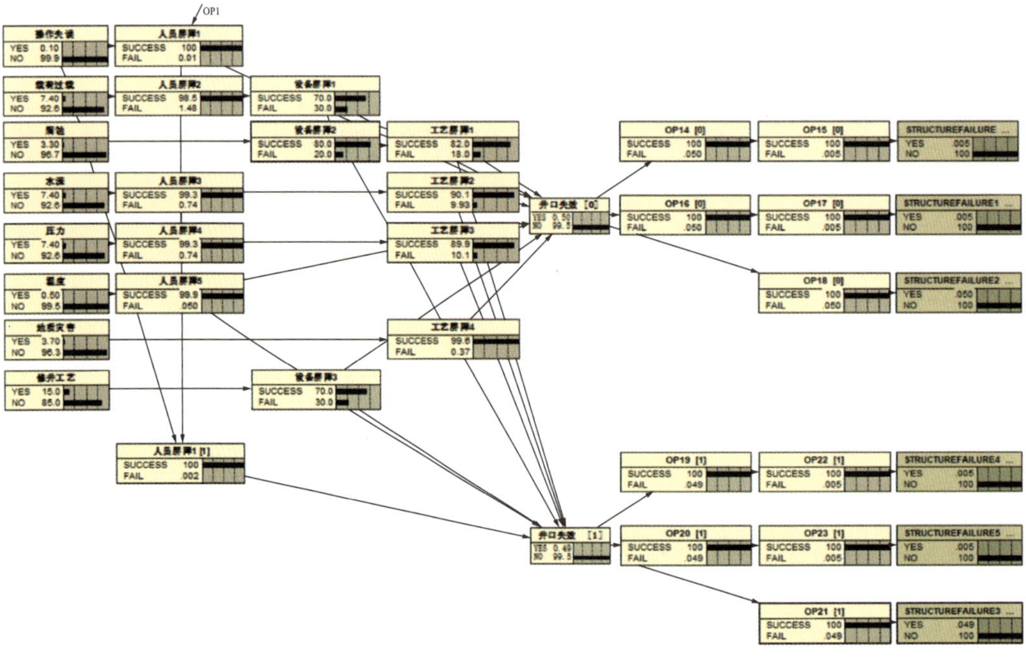

图 2-19　水下井口风险控制分析情景演化动态贝叶斯网络模型(1)

利用建立的水下井口风险控制分析时序演化动态贝叶斯网络模型，可实现对任意时刻水下井口风险控制的分析和预测。如假设已知“操作失误”事件已经发生，可得到图 2-20 所示风险概率的预测模型。从图可见，当“操作失误”已发生，即“操作失误”概率为 100%时，T_0时刻“井口失效”事件发生概率为 6.56%，经过 T_0-T_1时刻对人员进行再次培训后，T_1时刻“井口失效”事件发生概率降为 1.7%。

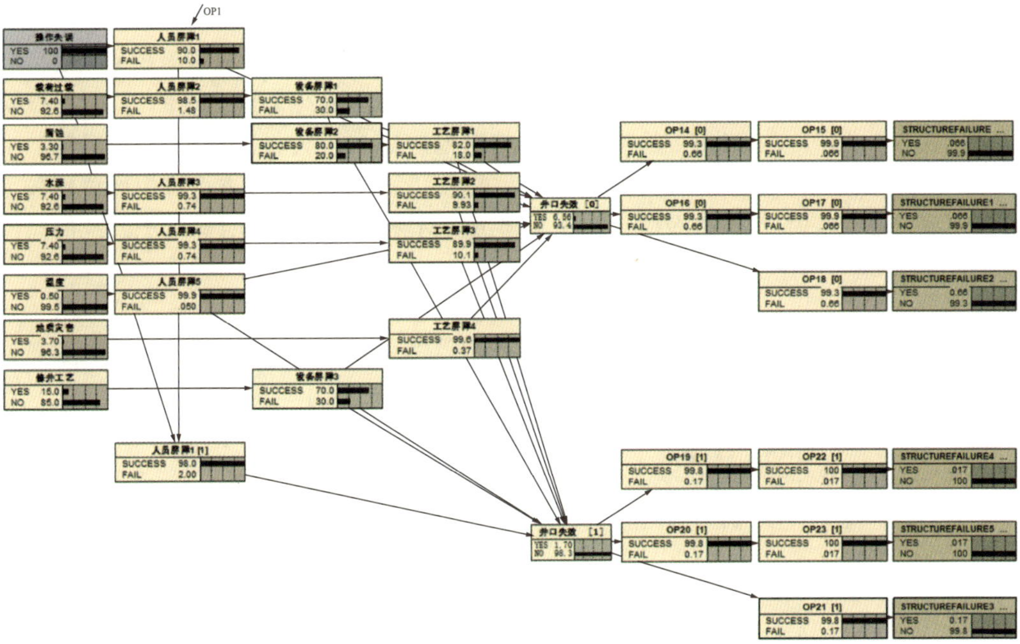

图 2-20　水下井口风险控制分析情景演化动态贝叶斯网络模型(2)

为分析时变因素和安全屏障作用下水下油气生产系统风险控制的动态特征，根据我国南海某气田水下油气生产系统的设备配置情况，以平均无故障时间(mean time to failure，MTTF)作为设备的先验概率指标，利用动态贝叶斯网络方法对水下油气生产系统的整体风险失效概率进行定量评估分析。查询 OREDA 数据库中相关设备的失效概率得到的水下油气生产系统设备状态先验概率见表 2-38。

表 2-38　水下油气生产系统设备状态先验概率

设　备	失效概率/(10^{-6})
井　口	0.083 9
采油树	17.263 3
管　线	7.495 0
脐带缆	11.294 3
控制系统	336.422 0

由于不同失效形式下安全屏障的有效概率存在较大差异，为便于分析计算，将水下油气生产系统风险控制模型中的设备技术屏障、人员/组织管理屏障和工艺技术屏障的有效概率进行统一定义，见表 2-39。

表 2-39 安全屏障有效概率

安全屏障类型	措施有效概率/%
设备技术屏障	95
人员/组织管理屏障	85
工艺技术屏障	90

将设备的状态转移概率和各节点的条件概率输入水下油气生产系统风险控制动态贝叶斯网络模型，得到图 2-21 所示水下油气生产系统失效风险概率变化趋势。由图可知，在设备运行至 10 000 h 时，水下控制系统的所有故障失效概率达到 98.3%，采用设备技术屏障和工艺技术屏障措施后设备的失效概率降至 0.04%。在实际生产过程中，应重点对失效概率较大的水下控制系统进行实时监测，并及时采取技术和工艺措施以降低水下油气生产系统的风险发生概率。

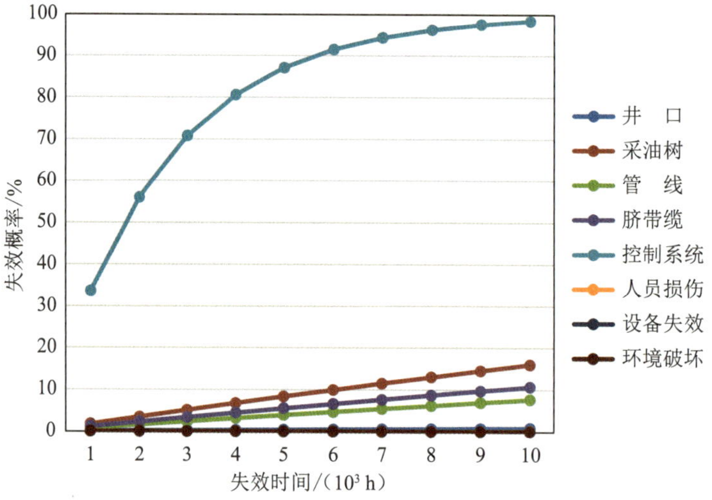

图 2-21 水下油气生产系统失效风险概率变化趋势

综上所述，对利用安全屏障理论和动态贝叶斯网络构建的水下油气生产系统风险控制分析模型，在给定事件的先验概率后可实现任意时间事故发生概率的推断，以及在已知某事件发生的情况下(已知时间变量的观测值)对风险事故后果进行定量评价和分析。

2.3 水下油气生产系统海底管道泄漏风险预测技术

海底管道失效主要有疲劳和腐蚀两大因素，水下油气生产系统海底管道泄漏风险预测技术将从这两大因素出发进行研究。

在使用非黏结柔性管时，由于波浪流和生产平台浮沉的作用，柔性管会承担交变的拉压载荷和弯曲载荷。而非黏结柔性管是多层复合的功能性管道，各层具有不同结构形式和材料属性，其中拉压载荷和弯曲载荷主要由管道结构层中缠绕角度方向相反的抗拉铠装层承担，因此对非黏结柔性管进行疲劳破坏分析时，仅预测抗拉铠装层的疲劳寿命。本书探究非黏结柔性管海底悬跨段涡激振动诱发的疲劳破坏。悬跨段在涡激力的激励下发生弯曲变形，产生交变的弯曲应力，抗拉铠装层会因其结构功能而承担大部分弯曲应力。因此，仅对抗拉铠装层的疲劳破坏进行研究，即认为抗拉铠装层发生疲劳破坏时非黏结柔性管发生了疲劳失效。

非黏结柔性管最外层由外包覆层保护，最内层骨架层与运输介质直接接触，骨架层外部包覆内压密封层，这使得管内物质很难渗透至外部各层。因此，在进行腐蚀失效预测分析时只针对骨架层，因骨架层起着承担管道大部分外压的作用，骨架层腐蚀缺陷导致其在外压作用下发生压溃等形式时便认为管道发生了腐蚀失效。

2.3.1 水下油气生产系统海底管道疲劳泄漏预测技术

2.3.1.1 非黏结柔性管载荷响应模型分析研究

非黏结柔性管疲劳模型是管道受到载荷作用后管道产生的相关响应，是反映管道应力和应变的力学方程，也是管道的本构方程，因此疲劳模型需要在局部力学性能的基础上建立。对涡激振动诱发的弯曲交变应力，首先研究非黏结柔性管的弯曲载荷响应。相关研究表明柔性管具有明显的非线性弯曲迟滞现象，故不能忽略迟滞现象对疲劳模型的影响。弯曲迟滞现象是柔性管内相邻层之间相对滑移造成的。各层间摩擦力是抑制柔性管滑移的主要因素。摩擦力主要取决于管层间的接触压力，而层间接触压力需由轴对称载荷（轴向拉伸、内外压力和扭转）响应分析得到，因此研究弯曲载荷响应时需得到管道轴对称载荷响应。

在海洋环境中，海底油气管道会受到内部工作压强和外部海水压强的作用，同时悬跨段两端也存在轴向拉力。基于以上分析，对轴对称载荷响应和弯曲载荷响应进行研究，并建立非黏结柔性管疲劳模型。

2.3.1.1.1 轴对称载荷下理论假设的建立

采用能量法，以 Witz 提供的模型为研究对象，建立相应理论假设：将圆柱层（防渗漏层、抗磨层和外护套层）模拟为薄壁圆柱筒，其壁厚与半径之比小于 0.1；加载载荷时忽略螺旋铠装层径向应变，仅考虑螺旋条带的轴向应变；变形前各层直接接触，没有空隙；加载轴对称载荷时各层应变均在线弹性、小变形范围；柔性管材料为各向同性线弹性材料；忽略螺旋铠装层局部弯曲和扭转的影响；层间接触压力保持不变，同时忽略弯曲变形产生的层间接触压力；忽略骨架层和抗压铠装层截面结构影响，且同层螺旋铠装层之间不会发生接触；在轴对称载荷作用下，忽略两端边界对整体的影响，可认为管层具有相同的轴向应变和扭转应变。

2.3.1.1.2 轴对称载荷下螺旋层结构响应模型

螺旋层结构的空间结构及展开后的平面螺旋结构变形关系如图 2-22 所示。图中，Δu 和 L 分别为管道轴向伸长量和管道长度，α 和 α' 分别为管道变形前后螺旋线的铺设角度。

由图 2-22 中变形关系，结合变形关系式，可得螺旋条带轴向应变 ε_a 表达式为：

$$\varepsilon_a=\cos^2\alpha\,\frac{\Delta u}{L}+R\sin\alpha\cos\alpha\,\frac{\Delta\phi}{L}+\sin^2\alpha\,\frac{\Delta r}{R} \tag{2-31}$$

式中，$\Delta\phi$ 为管道周向扭转角度的变化量；Δr 为螺旋层径向尺寸变化量；R 为螺旋层平均半径。

外力所做的功 W 为：

$$W=F\Delta u+T\Delta\phi+p_i\Delta V_i-p_o\Delta V_o \tag{2-32}$$

式中，F，T 分别为管道所受轴向拉力和扭矩；p_i，p_o 分别为管道内、外层所受压力；ΔV_i 和 ΔV_o

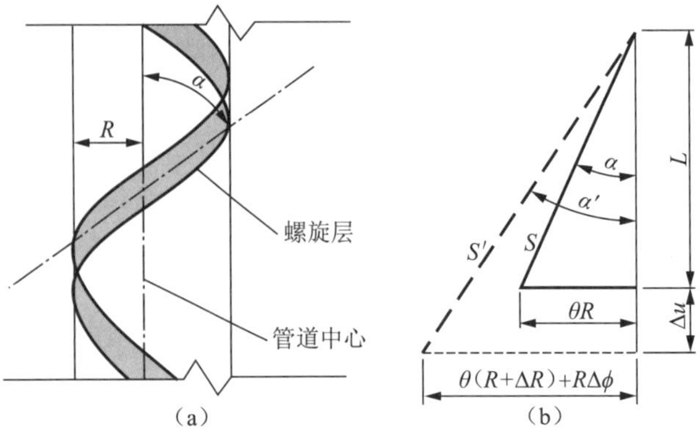

图 2-22　螺旋层结构变形协调图

分别为内、外体积变化量。

定义式(2-31)中的 $\varepsilon_1=\dfrac{\Delta u}{L}$，$\varepsilon_2=\dfrac{\Delta r}{R}$，$\varepsilon_3=\dfrac{\Delta \phi}{L}$。由功能原理知，弹性固体的应变能在数值上等于外力所做的功，则有：

$$\frac{\partial U}{\partial \varepsilon_1}=\frac{\partial W}{\partial \varepsilon_1},\quad \frac{\partial U}{\partial \varepsilon_2}=\frac{\partial W}{\partial \varepsilon_2},\quad \frac{\partial U}{\partial \varepsilon_3}=\frac{\partial W}{\partial \varepsilon_3} \tag{2-33}$$

式中，U 为应变能。

内、外体积变化量 ΔV_{i} 和 ΔV_{o} 分别为：

$$\begin{cases}\Delta V_{\mathrm{i}}=\pi R_{\mathrm{i}} L(R_{\mathrm{i}}\varepsilon_1+2R\varepsilon_2)\\ \Delta V_{\mathrm{o}}=\pi L(R_{\mathrm{o}}^2\varepsilon_1+2RR_{\mathrm{o}}\varepsilon_2)\end{cases} \tag{2-34}$$

式中，R_{i}，R_{o}分别为管道内、外层半径；R 为螺旋层平均半径。

将内、外体积变化量代入外力做功计算式，并结合功能原理得到螺旋层的刚度矩阵方程为：

$$\begin{bmatrix}k_{11} & k_{12} & k_{13}\\ k_{21} & k_{22} & k_{23}\\ k_{31} & k_{32} & k_{33}\end{bmatrix}\begin{bmatrix}\Delta u/L\\ \Delta r/R\\ \Delta \phi/L\end{bmatrix}=\begin{bmatrix}F+\pi p_{\mathrm{i}}R_{\mathrm{i}}^2-\pi p_{\mathrm{o}}R_{\mathrm{o}}^2\\ 2\pi R(p_{\mathrm{i}}R_{\mathrm{i}}-p_{\mathrm{o}}R_{\mathrm{o}})\\ T\end{bmatrix} \tag{2-35}$$

矩阵中系数为：

$$\begin{cases}k_{11}=nEA\cos^3\alpha\\ k_{22}=\dfrac{nEA\sin^4\alpha}{\cos\alpha}\\ k_{33}=nEAR^2\sin^2\alpha\cos\alpha\\ k_{12}=k_{21}=nEA\sin^2\alpha\cos\alpha\\ k_{13}=k_{31}=nEAR\sin\alpha\cos^2\alpha\\ k_{23}=k_{32}=nEAR\sin^3\alpha\end{cases} \tag{2-36}$$

式中，n 为螺旋层中缠绕条带的个数；A 为螺旋条带横截面面积；E 为管道材料的弹性模量。

2.3.1.1.3　轴对称载荷下圆柱层结构响应模型

圆柱层主要包括外护套层和外护套层，材料为聚合物，主要起密封作用，并传递各层的接触压力。因壁厚会影响压力的传递，对圆柱壳体的研究目前有弹性薄壁圆筒理论和厚壁圆筒理论两种方法。弹性薄壁圆筒理论认为应力沿着壁厚方向均匀分布,而厚壁圆筒当压力作用于壁面时,由于壁厚较大,压力并不能均匀传递,通常建立微分方程积分计算。这里选用 Witz 提供的非黏结柔性管模型,该模型壁厚与直径之比小于 0.1,因此采用弹性薄壁圆筒理论建立圆柱壳层的矩阵刚度平衡方程。

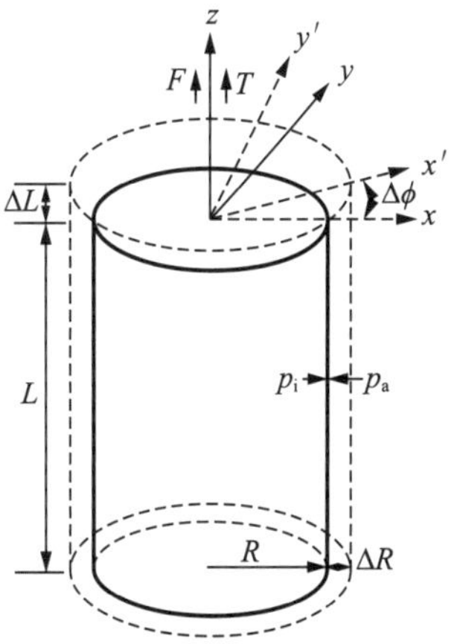

图 2-23　圆柱层载荷变形图

如图 2-23 所示,圆柱层的轴向应变为 ε_1,周向应变为 ε_2,径向应变为 ε_3,剪切应变为 ε_4。由广义胡克定律可知应力分量和应变分量的关系,根据圆柱层应变能及外力做功关系,得到圆柱层的刚度矩阵方程为:

$$\begin{bmatrix} k_{11} & k_{12} & k_{13} & k_{14} \\ k_{21} & k_{22} & k_{23} & k_{24} \\ k_{31} & k_{32} & k_{33} & k_{34} \\ k_{41} & k_{42} & k_{43} & k_{44} \end{bmatrix} \begin{bmatrix} \Delta u/L \\ \Delta r/R \\ \Delta \phi/L \\ \Delta t/t \end{bmatrix} = \begin{bmatrix} F+\pi p_i R_i^2-\pi p_o R_o^2 \\ 2\pi p_i R_i R-2\pi p_o R_o R \\ T \\ -\pi p_i R_i t-\pi p_o R_o t \end{bmatrix} \tag{2-37}$$

式中,t 为圆柱层厚度,其他参数意义同前文。

矩阵系数为:

$$\begin{cases} k_{11}=\dfrac{(1-\upsilon)E}{(1+\upsilon)(1-2\upsilon)}k \\ k_{12}=k_{21}=\dfrac{\upsilon E}{(1+\upsilon)(1-2\upsilon)}k \\ k_{13}=k_{31}=0 \\ k_{14}=k_{41}=\dfrac{\upsilon E}{(1+\upsilon)(1-2\upsilon)}k \\ k_{22}=\dfrac{(1-\upsilon)E}{(1+\upsilon)(1-2\upsilon)}k \\ k_{23}=k_{32}=0 \\ k_{24}=k_{42}=\dfrac{\upsilon E}{(1+\upsilon)(1-2\upsilon)}k \\ k_{33}=\dfrac{ER^2}{2(1+\upsilon)}k \\ k_{34}=k_{43}=0 \\ k_{44}=\dfrac{(1-\upsilon)E}{(1+\upsilon)(1-2\upsilon)}k \\ k=\pi(R_o^2-R_i^2) \end{cases} \tag{2-38}$$

式中,υ 为泊松比。

2.3.1.1.4　轴对称载荷下柔性管整体结构响应模型

1）总体静力平衡

非黏结柔性管各层的结构可分为螺旋铠装层和圆柱壳层。在轴对称载荷作用下,需要列举柔性管的未知量,根据未知量的个数确定及求解方程组。典型 8 层柔性管各层的未知量见

表2-40。

表 2-40　典型 8 层柔性管各层的未知量

各层类型	层　数	应变未知量		接触压力未知量
		共同未知量	独立未知量	
骨架层	1	$\Delta u/L$ $\Delta\phi/L$	$\Delta r/R$	1
内护套层	1		$\Delta r/R, \Delta t/t$	2
抗压铠装层	1		$\Delta r/R$	2
防磨层	2		$\Delta r/R, \Delta t/t$	4
抗拉铠装层	2		$\Delta r/R$	4
外护套层	1		$\Delta r/R, \Delta t/t$	1
合　计	8	2	12	14

若要求解表 2-40 中的所有未知量,需建立与未知数量相同的平衡方程,表中未知量个数为 30。相邻层的接触压力大小相等、方向相反,因此接触压力的数量减少到 7 个。此时,未知数总量减少到 21 个,需要建立 21 个方程进行求解。如表 2-40 所示,在轴对称载荷作用下,假设各层的轴向应变与扭转应变相等,同时认为径向位移与应变不同,因此可认为各层所承受轴向力的总和等于整个柔性管所承担的轴向力,各层所承受扭矩的总和等于整个柔性管所承担的扭矩。根据前文建立的螺旋层和圆柱层矩阵刚度方程,可建立如下平衡方程:

$$\begin{cases}\sum\limits_{n=1}^{N}\left[F^{n}+\pi p_{\mathrm{i}}^{n}(R_{\mathrm{i}}^{n})^{2}-\pi p_{\mathrm{o}}^{n}(R_{\mathrm{o}}^{n})^{2}\right]=F+\pi p_{\mathrm{i}}R_{\mathrm{i}}^{2}-\pi p_{\mathrm{o}}R_{\mathrm{o}}^{2}\\ \sum\limits_{n=1}^{N}T^{n}=T\end{cases}\tag{2-39}$$

式中,n 代表管层的编号;F^n,T^n 分别为第 n 层所受的轴向力和扭矩;R_{i}^n,R_{o}^n 分别为第 n 层的内径和外径;p_{i}^n,p_{o}^n 分别为第 n 层的内、外接触压力。

2) 各层静力平衡

两个矩阵刚度方程中,周向应变和径向应变可分别列出:

$$\begin{cases}k_{21}\dfrac{\Delta u}{L}+k_{22}\dfrac{\Delta r}{R}+k_{23}\dfrac{\phi}{L}+k_{24}\dfrac{\Delta t}{t}=2\pi p_{\mathrm{i}}R_{\mathrm{i}}R-2\pi p_{\mathrm{o}}R_{\mathrm{o}}R\\ k_{41}\dfrac{\Delta u}{L}+k_{42}\dfrac{\Delta r}{R}+k_{43}\dfrac{\phi}{L}+k_{44}\dfrac{\Delta t}{t}=-\pi p_{\mathrm{i}}R_{\mathrm{i}}t-\pi p_{\mathrm{o}}R_{\mathrm{o}}t\end{cases}\tag{2-40}$$

仅考虑周向应变,每层可列出一个方程,共 8 个方程。而考虑周向应变和径向应变,每层可列出两个方程,共 16 个方程。

3) 管层相邻关系

设置初始条件为各层之间保持接触,根据几何变形的连续条件可知:

$$R^{n}+\Delta R^{n}+\frac{t^{n}+\Delta t^{n}}{2}=R^{n+1}+\Delta R^{n+1}-\frac{t^{n+1}+\Delta t^{n+1}}{2}\tag{2-41}$$

若第 n 层不考虑径向应变,则 $\Delta t=0$,根据式(2-41)可建立 7 个方程。至此未知量的数目与方程的个数相等,可求出表 2-40 中所有的未知量。当加载轴对称载荷求解方程时,得到的接触压力有可能为负值,这表明层间出现了间隙,需要修改相邻层间的关系,将接触压力修改为 0。更新边界条件后重新计算，直到所有的接触压力不为负值。至此，可求解出轴对称载荷下非黏结柔性管的响应。

2.3.1.1.5　弯曲载荷下螺旋层结构响应模型

1）无滑移状态下弯曲响应分析

弯曲载荷较小时，螺旋条带的轴向力等于静摩擦力，并未达到最大静摩擦力，此时还未发生滑动。在无滑移状态下，柔性管的弯曲仍然满足平面假定，故同一截面内不同位置的弯曲应变并不相同。陈希恰和董磊磊基于能量法推导出螺旋铠装层的弯矩和弯曲刚度表达式分别为：

$$M_{ns}=\frac{1}{2}nEAR^2\cos^3\alpha\kappa \tag{2-42}$$

$$EI_{ns}=\frac{1}{2}nEAR^2\cos^3\alpha \tag{2-43}$$

式中，M_{ns}为弯矩；EI_{ns}为圆柱层的弯曲刚度；κ 为曲率。

由式(2-42)和式(2-43)可知，在无滑移状态下螺旋层的响应为线性，弯曲刚度恒定。

2）部分滑移状态下弯曲响应分析

随着弯曲载荷的增大，弯曲曲率逐渐增大。当达到某一曲率值时，部分位置螺旋铠装层的轴向力大于最大静摩擦力，螺旋条带开始滑移，此时的曲率称为临界曲率。

临界曲率 κ_{cr}的表达式为：

$$\kappa_{cr}=\frac{\mu_i p_i+\mu_o p_o}{Et\sin\alpha\cos^2\alpha\cos\theta} \tag{2-44}$$

式中，μ，p 分别为相邻层之间的摩擦系数和接触压力；t 为螺旋铠装层厚度；θ 为螺距角。

由式(2-44)可知，当 $\cos\theta=\pm1$ 时临界曲率最小，即 $\theta=0$，π，2π 或 3π，在中性轴处滑动临界曲率最小，这些位置最先发生滑动。滑动最小临界曲率 κ_{cr}^{min} 为：

$$\kappa_{cr}^{min}=\frac{\mu_i p_i+\mu_o p_o}{Et\sin\alpha\cos^2\alpha} \tag{2-45}$$

当条带部分开始滑移时，条带某一侧处于滑移状态，另一侧仍然处于无滑移状态。陈希恰和董磊磊根据力的平衡关系，推导出在 1/4 螺距角 θ 处的最小滑移曲率为：

$$\kappa=\kappa_{cr}^{min}\frac{\theta}{\sin\theta} \tag{2-46}$$

由式(2-46)可知，当 $\theta\to0$ 时，$\kappa\to\kappa_{cr}^{min}$。$\theta=\frac{\pi}{2}$时，$\kappa=\frac{\pi}{2}\kappa_{cr}^{min}$。根据对称性可得到临界曲率与螺距角的变化曲线图。

如图 2-24 所示，当曲率增大到图中的 κ 处时，区间$(\theta_1,\theta_2)\cup(\theta_2,\theta_3)\cup(\theta_3,2\pi)$内发生了滑移，其余位置并未发生滑移。

柔性管处于部分滑移阶段时 $0<\kappa<\frac{\pi}{2}\kappa_{cr}^{min}$，此时可通过式(2-46)推导出临界角的位置。该位置定义了滑动区与无滑动区的边界，相关学者推导了近似公式：

$$\theta_{cr}=\xi\arccos\frac{\kappa_{cr}^{min}}{\kappa} \tag{2-47}$$

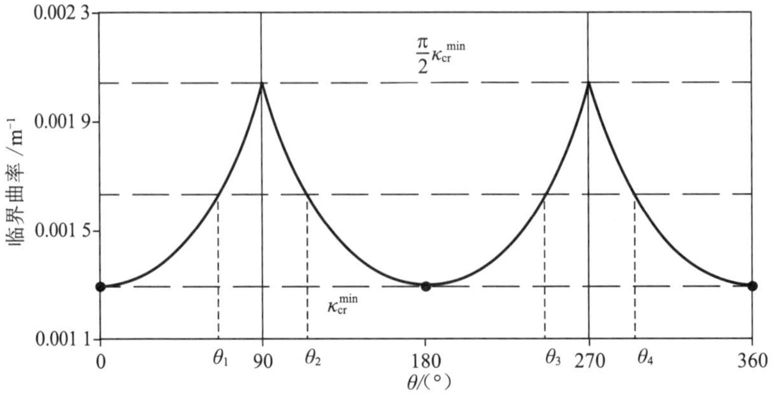

图 2-24　临界曲率随螺距角的变化曲线

上式中的 ξ 为常数，可由如下公式计算：

$$\xi=\frac{\pi}{\pi-2\arcsin(2/\pi)}\approx 1.783\ 6 \tag{2-48}$$

基于能量法可推导出螺旋铠装层部分滑移时的弯矩 M_{ps} 和弯曲刚度 EI_{ps} 的表达式：

$$M_{ps}=\frac{4}{\pi}EI_{ns}\kappa_{cr}^{min}(\sin\theta_{cr}-\theta_{cr}\cos\theta_{cr})+\frac{1}{\pi}EI_{ns}(\pi-2\theta_{cr}+\sin 2\theta_{cr})\kappa \tag{2-49}$$

$$EI_{ps}=EI_{ns}-\frac{EI_{ns}}{\pi}\left[2\theta_{cr}-\sin 2\theta_{cr}-\frac{4\xi\sin\theta_{cr}}{\tan\frac{\theta_{cr}}{\xi}}\left(\theta_{cr}\cos\frac{\theta_{cr}}{\xi}-\sin\theta_{cr}\right)\right] \tag{2-50}$$

3）完全滑移状态下弯曲响应分析

由式(2-47)可知，当 $\theta_{cr}=\frac{\pi}{2}$ 时，柔性管已完全滑移，此时的弯矩 M_f 和刚度 EI_f 为：

$$M_f=\frac{4}{\pi}EI_{ns}\kappa_{cr}^{min} \tag{2-51}$$

$$EI_f=0 \tag{2-52}$$

当进行弯矩卸载时，可以将式(2-42)、式(2-46)、式(2-49)和式(2-50)中的 κ_{cr}^{min} 换成 $2\kappa_{cr}^{min}$，即可计算螺旋铠装层的迟滞回路。

4）考虑局部弯曲和扭转分析

无论是轴对称载荷还是弯曲载荷，螺旋铠装层的几何形状都会变化。董磊磊推导了螺旋铠装层局部弯曲及扭转的弯矩 M_{bt} 和刚度 EI_{bt} 表达式：

$$M_{bt}=\frac{1}{2}n[EI_n\ (1+\sin^2\alpha)^2\cos\alpha+EI_b\ \cos^7\alpha+GJ\ \sin^2\alpha\ \cos^5\alpha]\kappa \tag{2-53}$$

$$EI_{bt}=\frac{1}{2}n[EI_n\ (1+\sin^2\alpha)^2\cos\alpha+EI_b\ \cos^7\alpha+GJ\ \sin^2\alpha\ \cos^5\alpha]\kappa \tag{2-54}$$

$$G=\frac{E}{2(1+\upsilon)}$$

式中，G 为材料常数；J 为转动惯量。

将式(2-53)和式(2-54)分别与式(2-42)、式(2-46)、式(2-49)、式(2-50)和式(2-51)相加，可

得柔性管整体的弯矩和刚度表达式。

2.3.1.1.6　弯曲载荷下圆柱层结构响应模型

圆柱层截面假定在弯曲时仍然为平面，由材料力学知识以及圆柱层弯矩和曲率之间的关系可知：

$$M=EI\kappa \tag{2-55}$$

式中，M 为弯矩；EI 为圆柱层的弯曲刚度；κ 为曲率。

2.3.1.1.7　非黏结柔性管疲劳模型研究

通过前文对响应模型的分析，可认为非黏结柔性管发生涡激振动时抗拉铠装层承担了大部分交变应力，抗拉铠装层疲劳破坏即柔性管疲劳失效。下面基于以上分析建立非黏结柔性管抗拉铠装层疲劳失效模型。

悬跨管道发生涡激振动时会在横流向和顺流向产生较大的弯曲变形，因此疲劳模型不仅要考虑弯曲应力还要考虑各层之间的影响，主要是层间接触压力和摩擦力。涡激振动时，假定初始状态的轴对称产生的接触压力不会发生变化且动摩擦力系数和静摩擦力系数相等，因此滑动摩擦力是定值。t 时刻的等效应力 $\sigma^n(t)$ 为：

$$\sigma^n(t)=\sigma_x^n+\sigma_b^n(t) \tag{2-56}$$

式中，n 为管层编号；σ_x^n 为初始状态下轴向张力和内外压力产生的轴向应力（圆柱层为管道轴向方向，而螺旋铠装层为螺旋条带轴向方向）；$\sigma_b^n(t)$ 为 t 时刻的弯曲应力。

抗拉铠装层条带轴向应力为：

$$\sigma_x^n=E\varepsilon_x^n \tag{2-57}$$

对 σ_x^n 而言，抗拉铠装层的轴向应变可由式(2-59)求得，通过迭代求解式中的未知量后即可求得螺旋条带轴向应变。

随着弯曲曲率增大，螺旋层逐渐出现滑移现象，滑移的产生使抗拉铠装层条带的应力发生改变。考虑螺旋条带局部弯曲产生的应力，弯曲应力公式为：

$$\sigma_b^n=\sigma_{bg}^n+\sigma_{bn}^n+\sigma_{bb}^n \tag{2-58}$$

式中，σ_{bg}^n 为管道整体弯曲产生的弯曲应力；σ_{bn}^n，σ_{bb}^n 分别为螺旋条带截面法线和副法线方向的弯曲所引起的局部弯曲应力。

螺旋条带截面法向和副法向如图 2-25 所示。图中，k_n 为螺旋条带截面法向方向，k_b 为副法向方向。

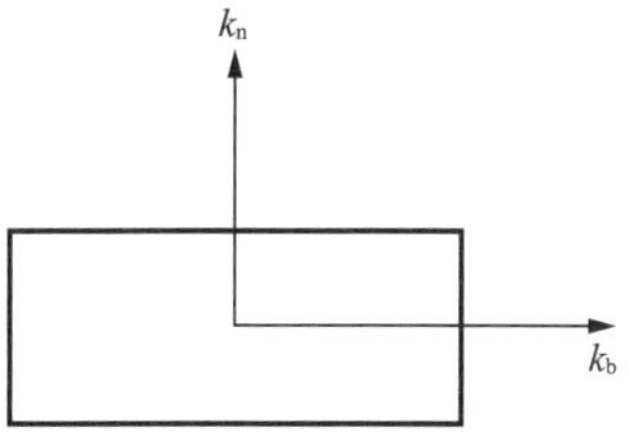

图 2-25　螺旋条带截面法向和副法向示意图

非黏结柔性管整体弯曲时，螺旋条带的应力与其弯曲响应的状态相关。当螺旋铠装层处于粘连状态时，螺旋条带的轴向应力由整体的弯曲变形提供，此时轴向应力与曲率为线性函数关系；当螺旋铠装层完全滑移时，根据力的平衡关系，此时轴向力与滑动摩擦力保持平衡，完全滑移后螺旋条带轴向应力保持不变。

由管道整体弯曲产生的弯曲应力为：

$$\sigma_{bg}=\begin{cases}ER\cos^2\alpha\sin\theta\cdot\kappa & (\kappa\leqslant\kappa_{cr})\\ \dfrac{(\mu_i p_i+\mu_o p_o)R\theta}{t\sin\alpha} \quad 或 \quad ER\cos^2\alpha\cdot\kappa_{cr}^{min}\theta & (\kappa>\kappa_{cr})\end{cases} \tag{2-59}$$

式中，θ 为截面某一点的角度，如图 2-26 所示。

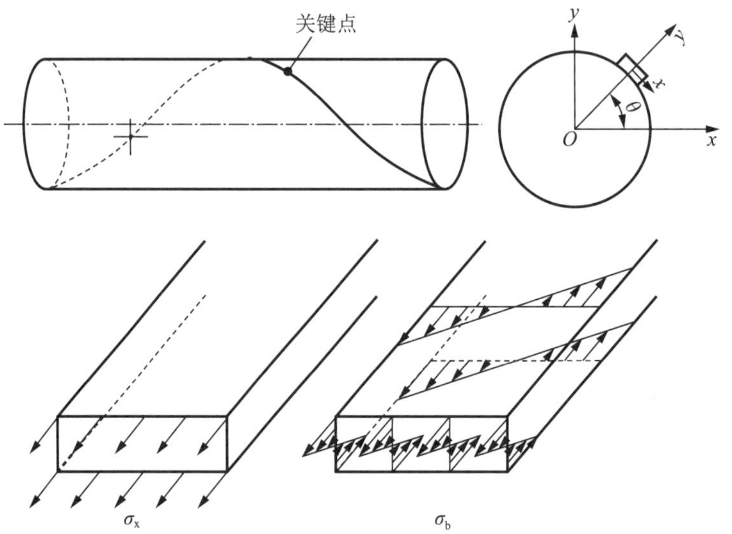

图 2-26 应力计算中的条带位置和角点

非黏结柔性管整体弯曲时,螺旋条带会在截面的法向和副法向方向产生局部弯曲。其应力计算公式为:

$$\sigma_{bn}^{n}=E\Delta\kappa_{n}x=-E(1+\sin^{2}\alpha)\cos\alpha\cos\theta\cdot x \tag{2-60}$$

$$\sigma_{bb}^{n}=E\Delta\kappa_{b}y=E\cos^{4}\alpha\sin\theta\cdot y \tag{2-61}$$

$$\Delta\kappa_{n}=(1+\sin^{2}\alpha)\cos\alpha\cos\theta\cdot\kappa \tag{2-62}$$

$$\Delta\kappa_{b}=\cos^{4}\alpha\sin\theta\cdot\kappa \tag{2-63}$$

式中,x,y 为图 2-26 所示螺旋条带局部坐标;$\Delta\kappa_n$ 和 $\Delta\kappa_b$ 分别为螺旋条带曲率变化量。

以上结果代入式(2-56),即可得非黏结柔性管抗拉铠装层疲劳模型。

2.3.1.2 非黏结柔性管悬跨段涡激振动模拟

下面研究涡激振动对管道疲劳寿命的影响。管道涡激振动响应的振幅是影响疲劳寿命的重要因素,因此采用计算效率更高效的等效二维模型,通过 Fluent/CFX 流体力学计算软件和用户自定义函数(简称 UDF)对涡激振动进行数值模拟,得到悬跨管道涡激疲劳所需参数。

2.3.1.2.1 涡激振动流固耦合仿真方法建立

流体和结构体的耦合作用通过用户自定义函数实现。具体流程为:在初始条件,利用 Fluent 求解流体的控制方程,得到流体域的速度、压强等参数。通过 UDF 积分计算管道表面的流体力,将流体力无量纲化,得到升力和阻力系数,并代入双自由度振动系统运动方程,如式(2-64)所示。结构体采用数值模拟方法对管道振动响应进行求解,同时将管道运动位移传递到网格,网格迭代更新收敛后,进入下一个时间步长的计算。

$$my''(t)+cy'(t)+ky(t)=F_{L}(t) \tag{2-64}$$

式中,m 为结构的质量;c 为结构体的阻尼;k 为结构的弹簧刚度系数;$F_L(t)$为涡激升力。

采用 Fluent SST k-ω 湍流模型,对流场进行数值求解,结构体部分选择 Newmar k-β 方法,通过用户自定义函数实现涡激振动的模拟。涡激振动流固耦合计算流程如图 2-27 所示。

2.3.1.2.2　双自由度涡激振动中二维等效模型研究

基于弹簧-质量-阻尼模型，将管道三维数值模型简化为等效二维模型。在忽略管道两端管土相互作用的前提下，可将悬跨管道简化为图 2-28 所示均质简支梁模型。

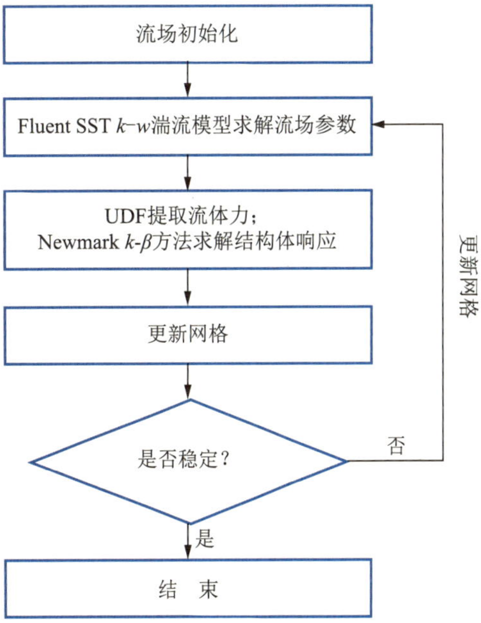

图 2-27　涡激振动流固耦合计算流程

1）弹性刚度系数

对于弹性刚度，利用胡克定律和简支梁的挠曲线方程求解。简支梁可视为多质点组成的模型，静力平衡时集中力作用下简支梁中点最大位移 y_{max} 为：

$$y_{max}=\frac{Fl^3}{48EI} \tag{2-65}$$

式中，F 为施加在简支梁上的集中力；l 为简支梁的长度；EI 为简支梁的弯曲刚度。

变换式(2-65)，得到弹性刚度 k 的表达式为：

$$k=\frac{48EI}{l^3} \tag{2-66}$$

2）等效质量

对于简化振动系统质量，可通过瑞利能量法将分布式质量系统简化为单自由度系统。引入无阻尼自由振动的简谐规律，计算振动系统的动能和势能，利用能量守恒得到振动系统的等效质量。

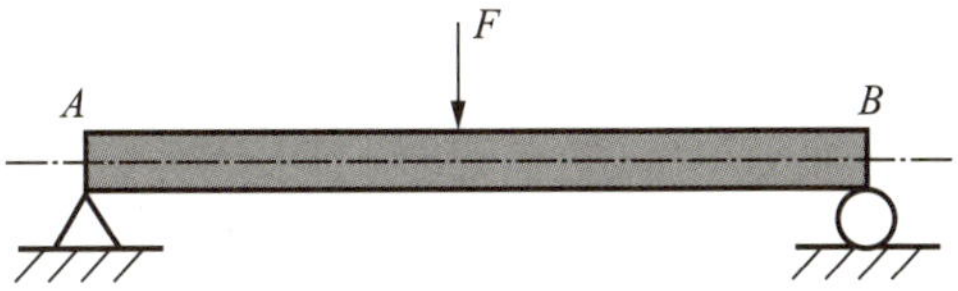

图 2-28　简支梁模型

简支梁跨中受一个集中载荷作用时，变形方程为：

$$y(x)=\frac{F}{48EI}(3l^2x-4x^3) \tag{2-67}$$

简支梁最大动能 T_{max} 为：

$$T_{max}=\frac{1}{2}\int_0^{l/2}2\frac{m}{l}[y'(x)]^2\mathrm{d}x \tag{2-68}$$

式中，m 为简支梁的总质量；m/l 为单位长度质量。

因此，简支梁各点速度为：

$$y'(x)=\frac{y'_{max}}{l}\left(1-\frac{4x^2}{l^2}\right) \tag{2-69}$$

式中，y_{max} 为跨中最大位移，且 $0\leqslant x\leqslant l/2$。

将式(2-69)代入式(2-68)，得：

$$T_{max}=\frac{1}{2}\times\frac{8}{15}m[y'_{max}]^2 \tag{2-70}$$

等效后振动系统的最大动能为：

$$T_{\max}=\frac{1}{2}m_{\text{equ}}[y'_{\max}]^2 \tag{2-71}$$

式中，m_{equ}为简化后振动系统的质量。

令式(2-70)和式(2-71)相等，得：

$$m_{\text{equ}}=\frac{8}{15}m \tag{2-72}$$

3）阻　尼

结构阻尼采用瑞利阻尼。基于以上3个参数的计算，悬跨管道二维等效模型如图2-29所示。

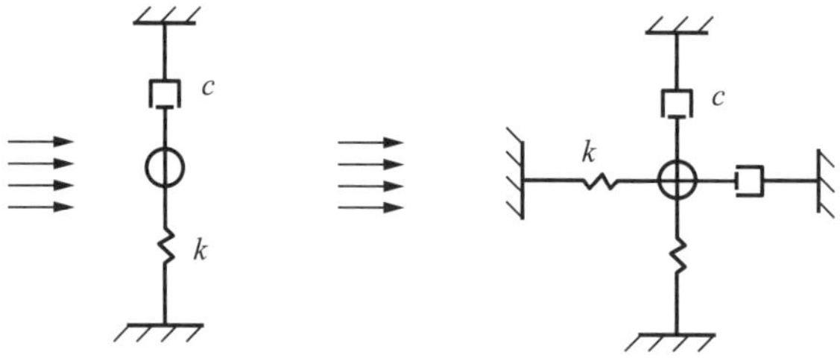

图2-29　悬跨管道二维等效模型示意图

2.3.1.2.3　双自由度涡激振动数值模型的建立

流体计算域设置对涡激振动模拟具有重要影响。T. K. Prasanth研究发现，当涡脱区长度$L \geqslant 25.5D$、高度$H \geqslant 20D$时，流体域边界对柱体的振动影响较小。流体计算域进出口距离为$35D$，上下边界距离为$20D$，圆柱体圆心距离入口为$0.8D$，流体计算域图如2-30所示。

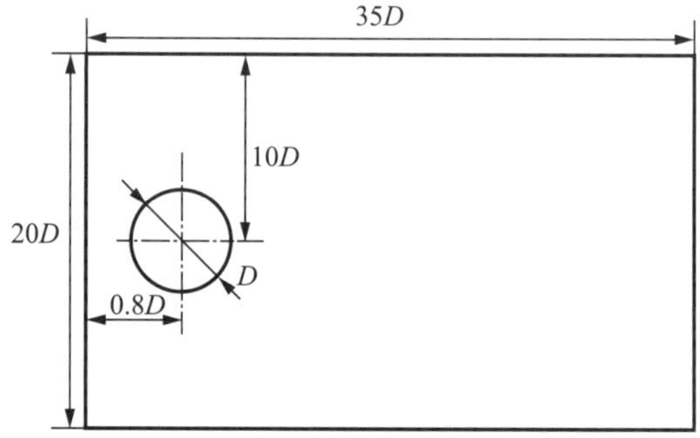

图2-30　域设置图

网格质量对数值模拟的结果具有较大影响。管壁周围区域称为边界层，流体流经管壁时由于受到圆柱体阻流，边界层流体的压强、速度等流体参数变化较大，因此需对边界层网格严格加密。对边界层的第一层必须满足$y^+=\frac{y}{u}\sqrt{\rho\tau_w}\approx 1$。式中，$y$为第一层网格中心到管壁的距离，$\rho$为流体密度，$u$为流体动力黏度，$\tau_w$为切应力。

2.3.1.2.4　均匀流下双自由度涡激振动响应分析

管道模型采用2.5 in柔性管道来建立，该尺寸柔性管道从内层到外层的参数见表2-41。管道的单位长度质量为30.43 kg，外径为0.111 m。对弯曲刚度这一重要参数，由于非黏结柔性管的弯曲迟滞特性，其弯曲刚度并不恒定。在计算中，为减小计算工作量并使疲劳寿命偏于保守，采用完全滑移后的弯曲刚度，大小为1 020 N·m。假设管道悬跨的长度为3 m，约化速度变化区间为2～10，取约化速度增量为1，计算不同约化速度下横流向振幅比A_y、顺流向振幅比A_x变化曲线。当出现较大横流向振幅比时，对该约化速度范围区间“加密”，计算涡激振动的响应。响应结果如图2-31所示。

表 2-41　2.5 in 柔性管道基本参数

项　目	参　数
管　道	管道内径 63.2 mm，管道外径 111.5 mm，单位长度质量 30.43 kg/m
第 1 层：骨架层（AISI 304）	内径 63.2 mm，层厚 3.5 mm，左旋
	单位长度质量 3.49 kg/m
	横截面积 19.6 mm
第 2 层：密封层（尼龙 12）	内径 70.2 mm，层厚 4.9 mm
	单位长度质量 1.25 kg/m
第 3 层：抗压铠装层（FI15）	内径 80.1 mm，层厚 6.2 mm
	单位长度质量 11.21 kg/m
	螺旋角度 85.5°，左旋
	横截面积 51.5 mm
第 4 层：耐磨层（尼龙 11）	内径 92.5 mm，层厚 1.5 mm
	单位长度质量 0.46 kg/m
第 5 层：抗拉铠装层（FI41）	内径 95.5 mm，层厚 3 mm
	截面尺寸：宽度 6 mm，厚度 3 mm
	单位长度质量 0.46 kg/m
	铺设角度 35°，左旋，螺旋条带数 40
第 6 层：耐磨层（尼龙 11）	内径 101.5 mm，层厚 1.5 mm
	单位长度质量 0.5 kg/m
第 7 层：抗拉铠装层（FI41）	内径 104.5 mm，层厚 3 mm
	截面尺寸：宽度 6 mm，厚度 3 mm
	铺设角度 35°，右旋，螺旋条带数 44
第 8 层：外护套层	内径 110.5 mm，层厚 0.5 mm
	单位长度质量 0.14 kg/m

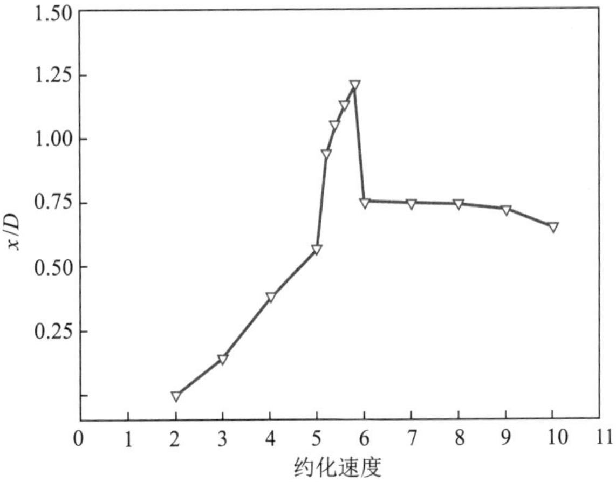

图 2-31　横流向振动幅值

从图 2-32 可以看出，数值模型成功模拟出涡激振动的 3 个响应分支。约化速度 $u_r=5.0$ 时，初始分支开始转变为上端分支，出现一个“跳转”；约化速度 $u_r=6$ 时，上端分支“跳转”为下端分支。但这种响应状态的转变并不光滑，而是一种阶跃性转变。这是因为随着约化速度的增加，流体涡脱频率逐渐接近管道固有频率，激发出管道较大的响应。因此，在共振区内管道振动响应剧烈，极易造成疲劳破坏。

从图 2-32 关键参数的变化中可以看出涡激振动这一物理现象的复杂性。从涡激升力来看，根据数值模拟结果，在初始分支中，随着约化速度逐渐接近“锁定区”，涡激升力与管道发生明显的拍振现象(如图 2-32 中 $u_r=4$)。拍振现象是外部激励的频率接近系统固有频率时系统可能会出现的现象。此时，涡激振动系统中出现两个频率，即管道固有振动频率和流体涡脱频率。$u_r=5$ 时拍振现象明显减弱，涡激升力和管道的振动响应呈简谐变化，并且同相位。随着约化速度的继续提高，涡激振动响应进入下端分支。下端分支的振动响应则完全不同，此时涡激升力的振幅相比于前两个阶段明显下降，且振动位移的相位与升力反相(如图 2-32 中 $u_r=6,8$)。由此可见涡激振动现象的复杂性及振动诱发的疲劳破坏问题。

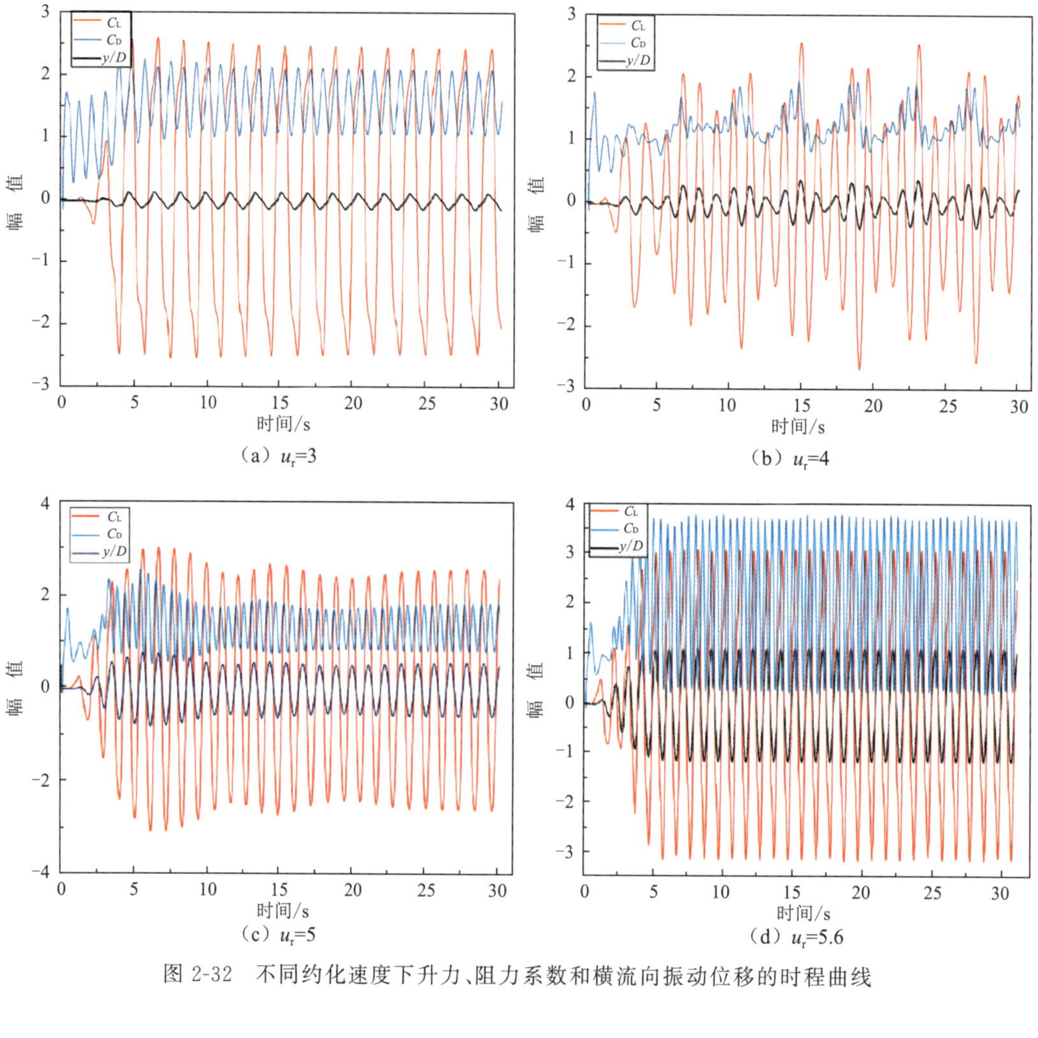

(a) $u_r=3$　(b) $u_r=4$

(c) $u_r=5$　(d) $u_r=5.6$

图 2-32　不同约化速度下升力、阻力系数和横流向振动位移的时程曲线

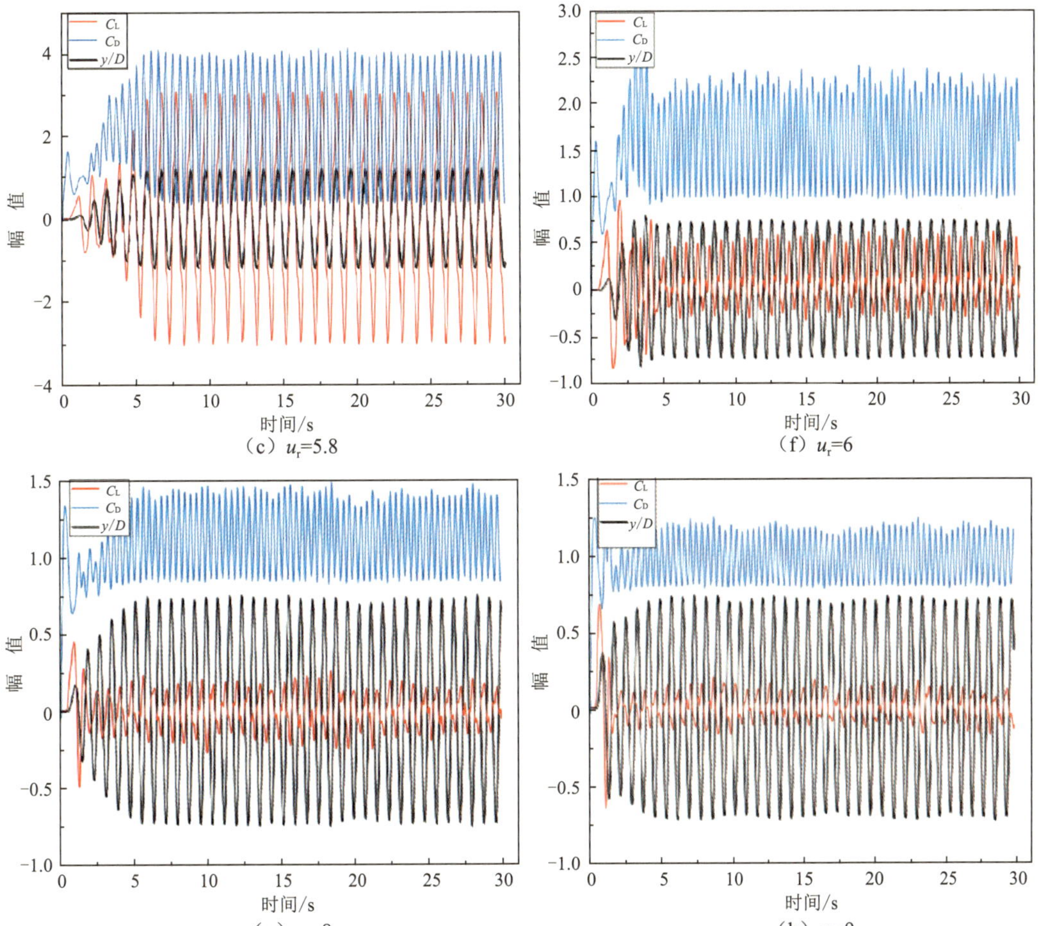

(c) u_r=5.8

(f) u_r=6

(g) u_r=8

(h) u_r=9

图 2-32(续) 不同约化速度下升力、阻力系数和横流向振动位移的时程曲线

数值模型也可拟合出涡激振动时管道的运动轨迹，如图 2-33 所示。由图可知，将两个方向的运动轨迹耦合后发现，管道的振动位移呈现“8”字形状，这是因为顺流向振动频率约为横流向的 2 倍，与相关涡激振动的实验结果是吻合的，也证明了所建立模型的有效性。可以发现，$u_r=4$ 时管道的振动位移轨迹并未呈现经典的“8”字形状，从涡激升力的角度分析，由于发生了拍振现象，每个振动方向存在两个频率，顺流向和横流向并不是两倍关系，因此并未表现出“8”字形状。

图 2-33 中，横流向振幅远大于顺流向振幅，因此在后续分析涡激疲劳时仅对横流向的疲劳损伤进行研究。

2.3.1.3 非黏结柔性管涡激疲劳分析研究

海底悬跨非黏结柔性管的涡激疲劳研究采用立管从整体到局部的研究思想。首先，通过局部力学分析获得非黏结柔性管相关的力学属性并建立管层的疲劳模型；然后，忽略管层之间的相互作用，进行整体涡激振动模拟；最后，将整体模拟结果引入疲劳分析模型，计算应力时程变化，预测柔性管疲劳寿命。对比立管疲劳分析方法，悬跨管涡激疲劳不需要对海况数据进行

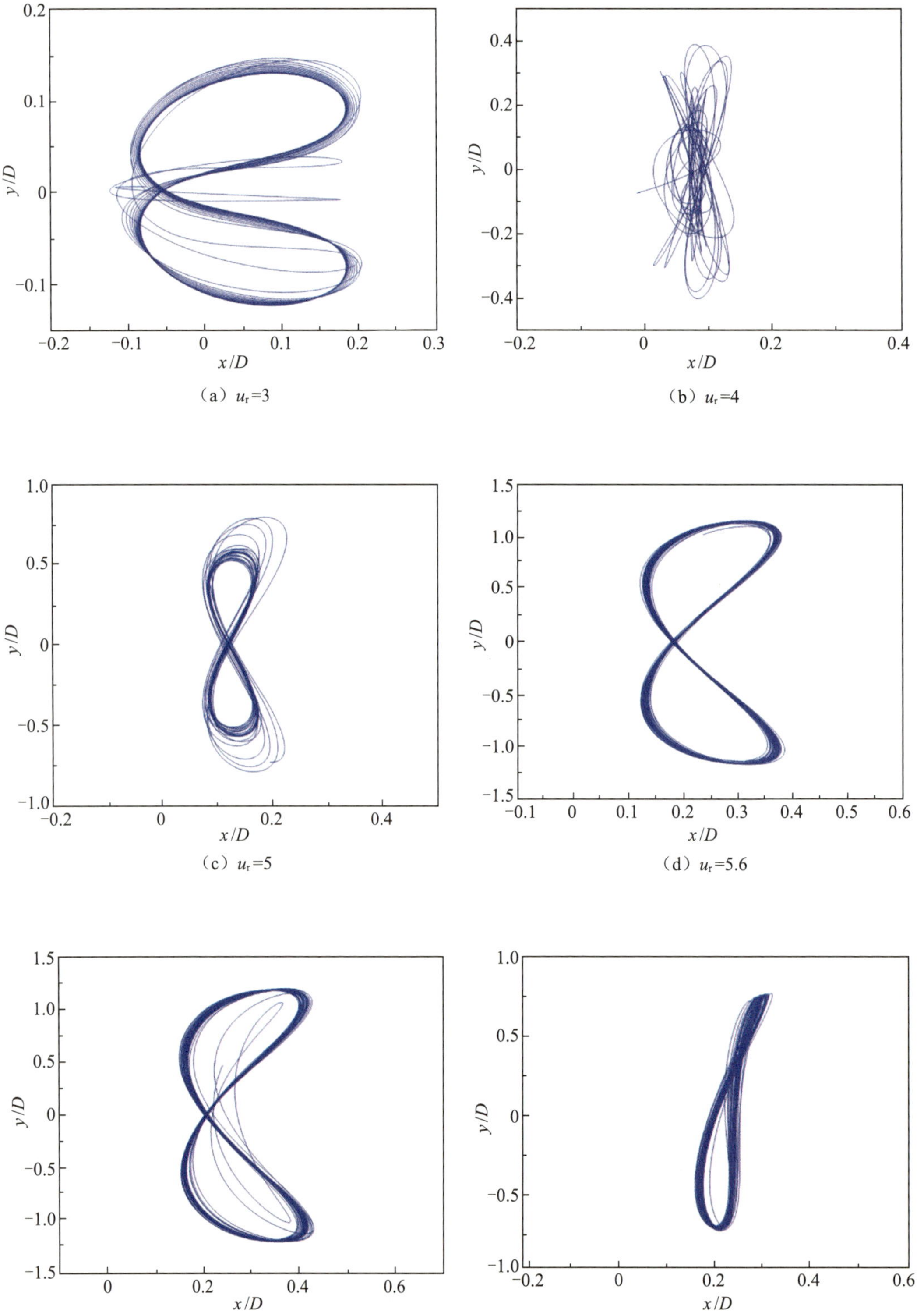

（a）u_r=3　（b）u_r=4

（c）u_r=5　（d）u_r=5.6

（e）u_r=5.8　（f）u_r=6

图 2-33　不同约化速度下管道位移轨迹

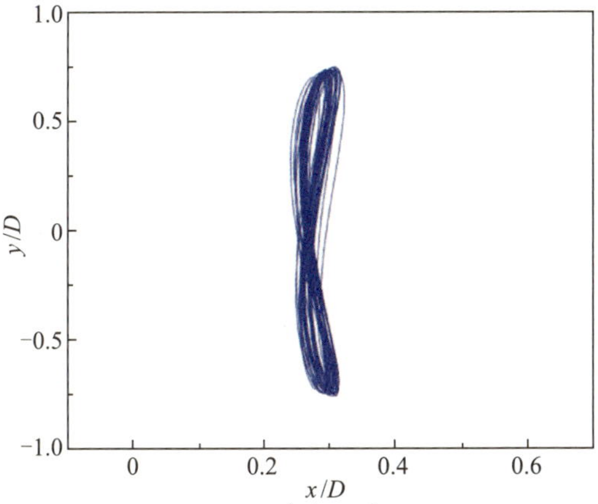

(g) $u_r=8$

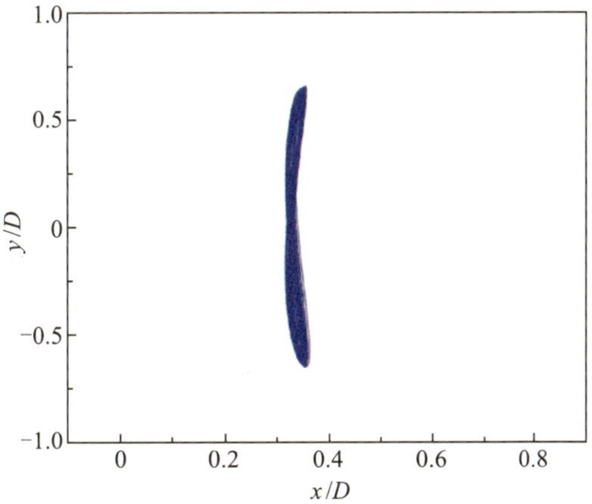

(h) $u_r=10$

图 2-33(续)　不同约化速度下管道位移轨迹

收集及描述，取而代之的是根据无量纲化的约化速度确定共振区间，并不断细化该区间，找到振幅最大的约化速度，确定相对应的流速。

具体涡激疲劳分析步骤为：

(1) 确定管道和流体参数，寻找涡激共振区间。

(2) 模拟悬跨管道的涡激振动，获取最大振幅位置振幅时程变化曲线。

(3) 建立管层的疲劳破坏模型，将应变的时程变化作为疲劳模型的输入，求解疲劳应力时程变化。

(4) 采用雨流计数法计算应力时程变化的应力幅值、应力均值和循环次数。

(5) 基于 Miner 线性损伤理论计算抗拉铠装层的疲劳损伤度或寿命。

根据上述步骤，在弯曲响应载荷响应模型的基础上，结合轴对称载荷模型建立各层的疲劳分析模型，以及对悬跨段管道涡激振动进行模拟，得到悬跨点振幅时程曲线。下面主要结合前文计算结果，对柔性管的涡激疲劳寿命进行预测。

对管道疲劳应力进行计算，得到响应时程曲线如图 2-34 所示。图中疲劳应力时程曲线整体呈现简谐变化，但由于螺旋层的弯曲迟滞效应，在疲劳应力为 200 MPa 左右时应力变化具有随机性，因此采用雨流计数法计算疲劳应力的幅值和幅值的循环次数。

1 年内各级疲劳应力幅值和循环次数如图 2-35 所示。由图可知，循环次数最多的疲劳应力幅值为 18.5 MPa，次数为 1.058×10^6，最大疲劳应力幅值为 114.4 MPa，循环次数为 1.02×10^6。该数据与图 2-34 所示疲劳应力循环可以对应。结合疲劳应力的计算公式可以发现，18.5 MPa 应力幅值由管道整体弯曲造成，而 114.4 MPa 应力幅值由局部弯曲诱发。因此，可以得出抗拉铠装层中交变应力幅值的大小由螺旋条带局部弯曲决定的结论，同时也反映了涡激振动稳定后疲劳损伤的主要贡献量。

根据 Miner 线性损伤理论计算各应力幅值的疲劳损伤度。从图 2-36 可以看出，应力幅值 114.4 MPa 对抗拉铠装层的疲劳破坏较大。综合前文的计算分析，该应力幅值是管道弯曲变形时局部弯曲造成的疲劳损伤，而整体弯曲诱发的疲劳损伤仅为 3.3×10^{-9}，因此抗拉铠装层的疲劳破坏源于螺旋条带的局部弯曲。

基于 S-N 曲线，求得内层抗拉铠装层的总疲劳损伤度 v 为：

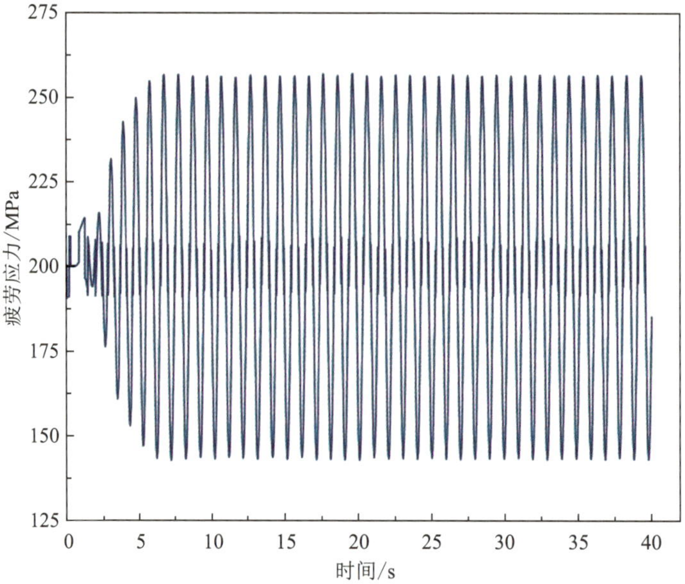

图 2-34　悬跨长度 3 m、角度 π/4 的点的疲劳应力时程曲线

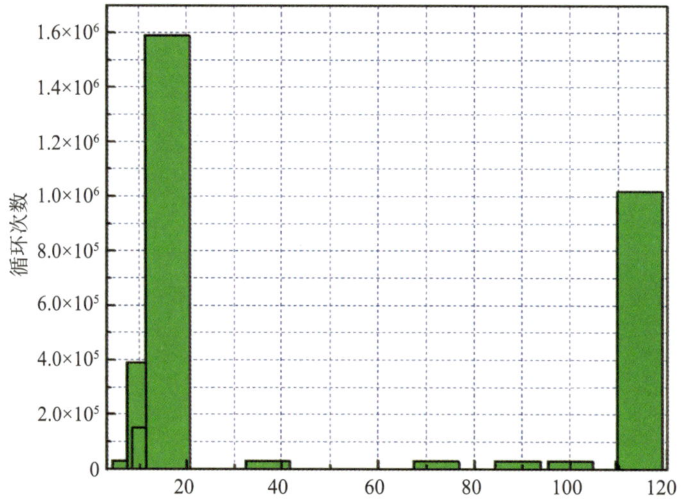

图 2-35　1 年内悬跨长度 3 m、约化速度 5.6 下角度 π/4 的点的疲劳应力幅值和循环次数

$$v = \sum v_i = 0.018 \tag{2-73}$$

内层抗拉铠装层的疲劳寿命 n 为：

$$n = \frac{1}{v} = 55.6\ \text{a} \tag{2-74}$$

取抗拉铠装层的安全系数为 10，则内层抗拉铠装层的疲劳寿命为 5.5 a。

可以发现，涡激共振诱发的疲劳破坏较严重。虽然非黏结柔性管具有弯曲刚度小等独特力学特性，但是从计算结果可知共振对其造成破坏的严重性，因此海底非黏结柔性管涡激疲劳的研究非常必要。

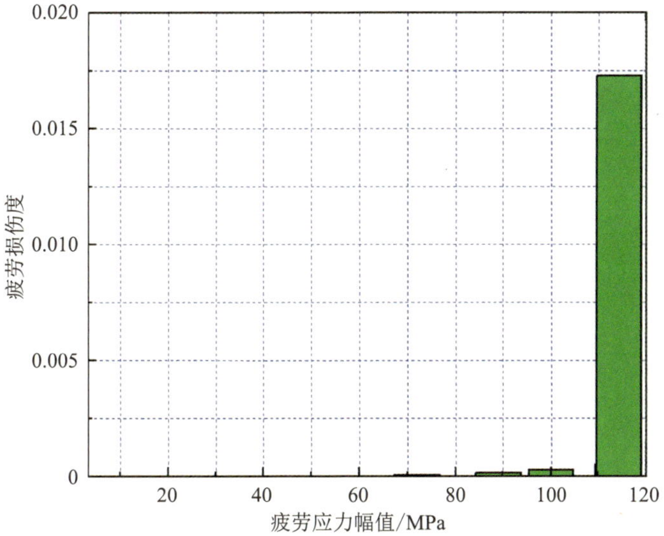

图 2-36　1 年内悬跨长度 3 m、约化速度 5.6 下角度 π/4 的点的疲劳应力幅值和疲劳损伤度

2.3.2　水下油气生产系统海底柔性管骨架层承载分析

2.3.2.1　非黏结柔性管骨架层承载理论分析

非黏结柔性管道最内层骨架层与运输介质直接接触，且外部密封层可很好地阻止运输介质的外渗，因此对管道腐蚀的预测研究仅对该层进行。另外，由于骨架层特殊的“S”形互锁结构，导致骨架层内外并不密封，所以内压对骨架层影响不大。该层主要起支撑作用，即承担外压，防止管道被压溃。下面根据铁木辛柯稳定性理论及管道骨架层等效方法，从理论出发对柔性管骨架层承载进行分析。

1）铁木辛柯弹性稳定性理论

如图 2-37 所示，根据能量方程及几何形变关系推导圆环外压载荷下的屈曲临界载荷值。

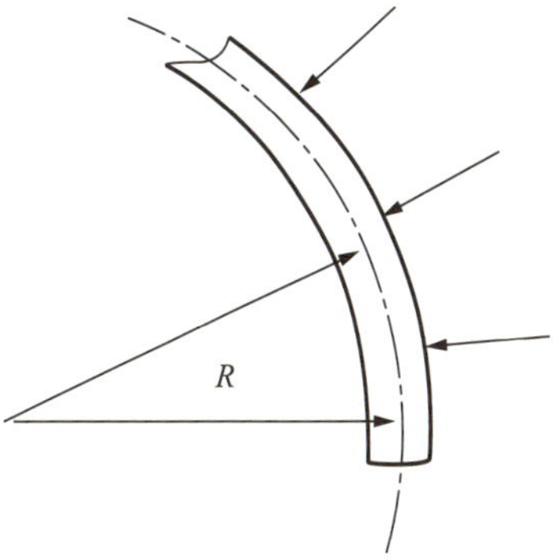

图 2-37　均匀外压下圆环示意图

根据铁木辛柯弹性稳定性理论，圆环在外压载荷下的屈曲临界荷载 q_{cr} 为：

$$q_{cr}=\frac{3EI}{R^3} \tag{2-75}$$

式中，E 为材料弹性模量，GPa；I 为截面惯性矩，mm^4；R 为圆环内半径与 1/2 壁厚的和，mm。

对截面为矩形的圆环模型，引入矩形的惯性矩：

$$I=\frac{ba^3}{12} \tag{2-76}$$

式中，a 为矩形高度，mm；b 为矩形宽度，mm。

用矩形截面的宽度 b 表示骨架层一个“S”形截面的宽度，用矩形截面的高度 a 表示骨架层截面的高度，如图 2-38 所示。

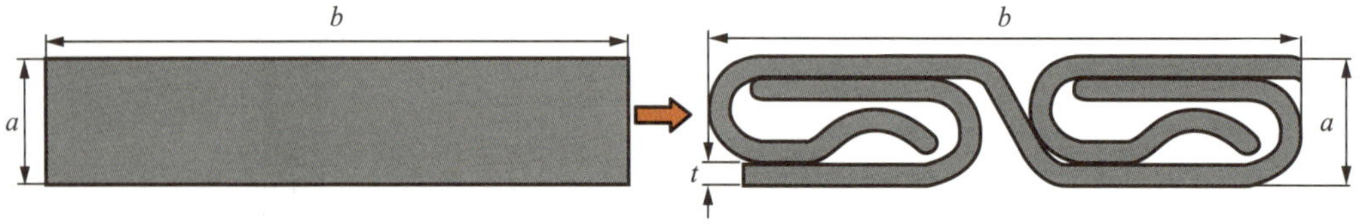

图 2-38　矩形及骨架层管道截面示意图

将式(2-76)代入式(2-75)，得：

$$q_{cr}=\frac{Eb}{4}\left(\frac{a}{R}\right)^3 \tag{2-77}$$

单位宽度下得到的平面应力下临界压溃值 q_{cr} 为：

$$q_{cr}=\frac{E}{4}\left(\frac{a}{R}\right)^3 \tag{2-78}$$

由式(2-78)可知，在管道材料不变的情况下，单位宽度临界压溃值与管道半径及管道截面高度有关，即与管道的径厚比有关。骨架层截面高度由其厚度 t 决定，故决定骨架层临界压溃值的主要因素为钢带厚度和内径。

2）骨架层截面等效方法

在利用理论方法求解骨架层均匀外压临界载荷时，等效厚度正确与否十分重要。常规骨架层等效有以下 4 种方法。

(1) 基于截面等效前后单位面积弯矩刚度相等。

$$t_{eq}=\sqrt{\frac{12I_{min}}{A}} \tag{2-79}$$

式中，t_{eq} 为等效厚度，mm；I_{min} 为最小主惯性矩，mm^4；A 为骨架层截面面积，mm^2。

(2) 基于截面等效前后单位长度弯曲刚度相等。

$$t_{eq}=\left[\frac{12(1+L_s/L_p)I_{min}}{b}\right]^{\frac{1}{3}} \tag{2-80}$$

式中，L_s，L_p 及 b 如图 2-39 所示。

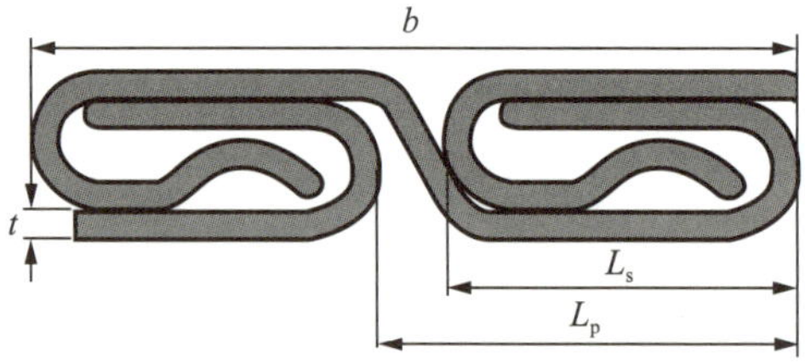

图 2-39　两螺距互锁骨架层截面

(3) 经验公式等效方法。

$$t_{eq}=\sqrt{\frac{(1-\upsilon^2)(12I_{min})^2}{AL_pt^3}}\text{，}\quad E_{eq}=\left(\frac{A}{L_pt_{eq}}\right)E \tag{2-81}$$

式中，E_{eq} 为等效弹性模量；υ 为泊松比；t 为钢带厚度。

(4) 骨架层双螺距互锁截面等效理论。等效方法一般以单一的骨架层截面作为研究对象，忽略骨架层截面的螺旋自锁结构，无法精确获得骨架层自锁结构的最小惯性矩。改进后的等效理论以两螺距骨架层截面为研究对象，在进行等效时，将具有互锁结构的骨架层截面等效为具有一定厚度的矩形截面，如图 2-39 所示。等效方法为：

$$t_{eq}=\sqrt{\frac{12I_{min}}{A}},\quad E_{eq}=\frac{AE}{L_p t_{eq}} \tag{2-82}$$

选取以上一种等效方法等效后，得到等效厚度 t_{eq}，则等效后的骨架层圆环临界压溃值 q_{cr} 为：

$$q_{cr}=\frac{E}{4}\left(\frac{t_{eq}}{R_z}\right)^3 \tag{2-83}$$

式中，R_z 为等效后截面的中径，mm。

在等效过程中，骨架层截面面积即钢带的面积，在长度一定的条件下，影响其面积和最小主惯性矩的因素主要是钢带厚度 t。这进一步说明骨架层临界压溃值的大小主要取决于柔性管道内径与钢带厚度两个因素。

2.3.2.2　非黏结柔性管骨架层承载数值分析

经理论分析得出影响管道骨架层临界压溃值的主要因素是钢带厚度和管道内径。在考虑材料塑性、接触等非线性因素的条件下求解骨架层的屈曲临界载荷值，构建临界载荷与钢带厚度之间的数学模型。

将构建好的参数化模型导入有限元分析软件 Ansys Workbench，材料设置为 316L 不锈钢，弹性模量为 206 GPa，密度为 7 980 kg/m^3，泊松比为 0.3，屈服强度为 210 MPa。鉴于骨架层结构及所受载荷的对称性，为节省计算时间，选取 1/4 结构进行均匀外压载荷下的结构静力学分析。由于骨架层截面的不规则性，采用扫掠的方式进行网格划分，以骨架层的两个对称截面分别为源面和目标面。首先对源面进行网格划分，然后沿圆周向目标面扫掠，完成实体的网格划分，划分结果如图 2-40(a)所示；模型节与节之间接触面设置为摩擦接触，摩擦系数为 0.15；在模型上下两截面施加对称约束，限制其法相位移，两侧边界施加轴向的位移约束，限制其轴向位移，外表面施加均匀压力载荷，如图 2-40(b)所示。

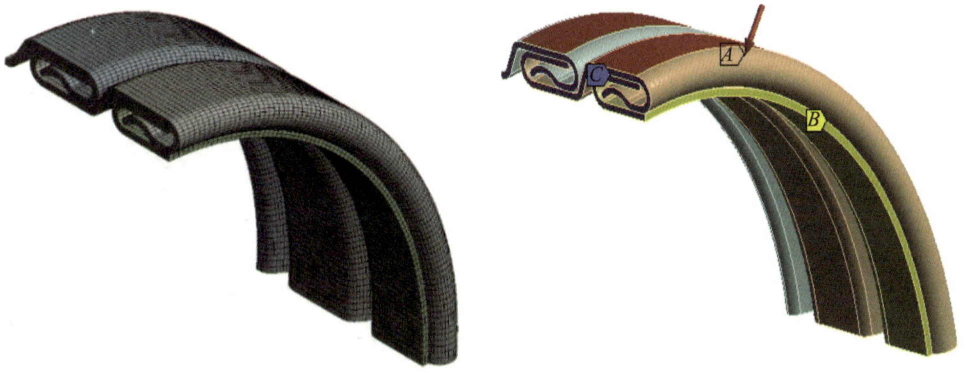

(a) 网格划分　　　　　　(b) 约束载荷施加

图 2-40　骨架层网格划分及约束载荷施加示意图

实际中因骨架层节与节之间存在摩擦等非线性接触方式以及材料塑性等非线性问题，导致实际临界载荷值与理论值相差较大，因此采用数值模拟方式，在考虑接触、材料塑性、初始椭圆度等非线性因素的条件下对屈曲临界载荷进行较精确求解。

以塑性极限载荷为参量衡量骨架层的承载能力。以无腐蚀缺陷的骨架层分析为例，外表面施加 50 MPa 均匀荷载，载荷步设置为 1，步长为 1 000 s，激活自动时间步，时间步类型选择子步，初始载荷步、最小及最大载荷步分别为 500，500，1 000。由载荷-变形图可以看出，在第 319 s 附近总变形急剧变化，取该点位移及应力云图（图 2-41）。经估算，该点施加载荷约为 15.95 MPa，明显低于理论分析时的临界失稳值，表明对塑性材料，材料非线性是分析承载能力必不可少的考虑因素之一，同时也说明在达到塑性材料的比例极限前没有失稳情况发生。

（a）位移

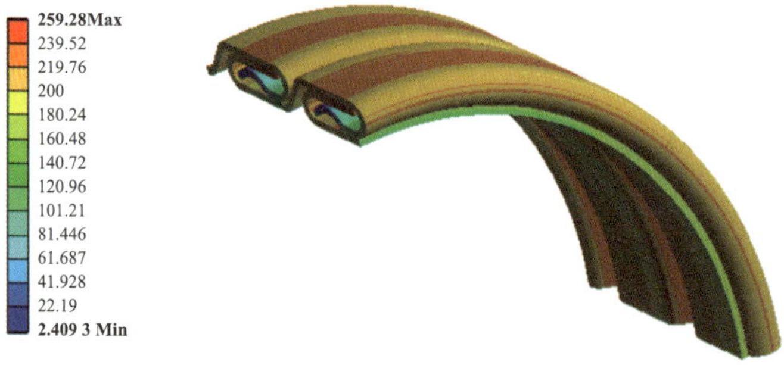

（b）应力

图 2-41　无腐蚀缺陷的骨架层位移云图和应力云图

2.3.2.3　含腐蚀缺陷的柔性管骨架层数值分析

建立及改变骨架层内表面不同尺寸的矩形凹陷，模拟实际情况中管道不同的腐蚀缺陷，研究不同缺陷尺寸对管道失效压力的影响。矩形缺陷形貌如图 2-42 所示，红色区域为腐蚀坑，*XC* 为轴向长度方向，*ZC* 为周向长度切线方向，*YC* 为径向深度方向。

矩形腐蚀缺陷尺寸见表 2-42。

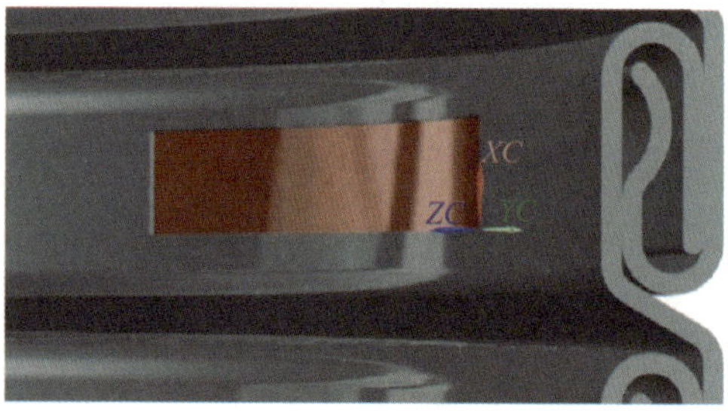

图 2-42　骨架层局部腐蚀缺陷示意图

表 2-42　骨架层内腐蚀缺陷尺寸

腐蚀缺陷		尺　寸		
腐蚀缺陷周向长度对骨架层承载能力影响	轴向长度/mm	3		
	径向深度/mm	0.5		
	周向长度/mm	17.732 5	35.465 1	53.197 6
腐蚀缺陷轴向长度对骨架层承载能力影响	周向长度/mm	35.465		
	径向深度/mm	0.5		
	轴向长度/mm	3	5	7
腐蚀缺陷径向深度对骨架层承载能力影响	周向长度/mm	35.465 1		
	轴向长度/mm	3		
	径向深度/mm	0.3	0.5	0.7

采用与无腐蚀缺陷模型同样的步骤进行分析，根据分析所得结果，依据 2 倍弹性斜率准则确定骨架层的塑性极限载荷。ASME 规范自 1975 年以来一直使用该方法。在载荷-位移曲线中，斜率为弹性部分直线斜率 2 倍的直线与曲线的交点对应的载荷即塑性极限载荷。采用该准则计算的结果如图 2-43 所示。

依据 2 倍弹性斜率准则计算所得数据统计见表 2-43。由表可知，不同轴向长度、周向长度及径向深度的腐蚀缺陷都会影响管道骨架层的失效压力，但是影响甚微，可以忽略不计，即小范围局部腐蚀对骨架层承载能力影响不大。

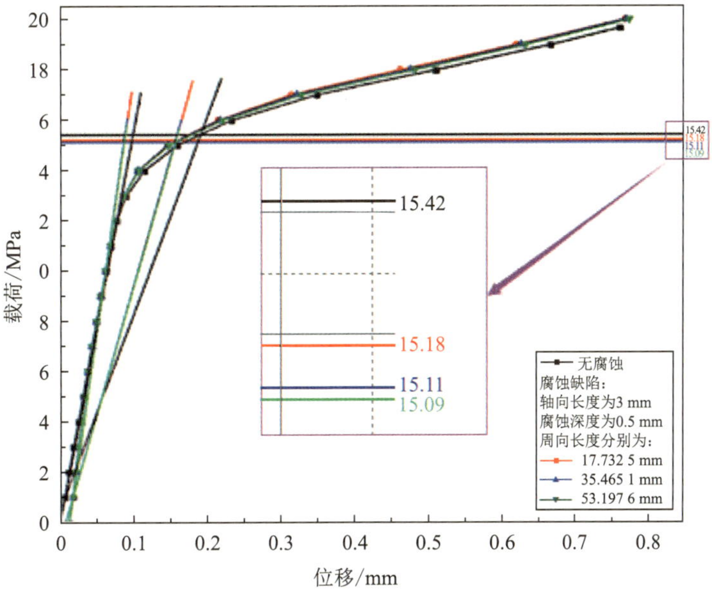

(a) 周向长度对骨架层承载能力的影响

图 2-43　局部腐蚀塑性极限载荷的确定

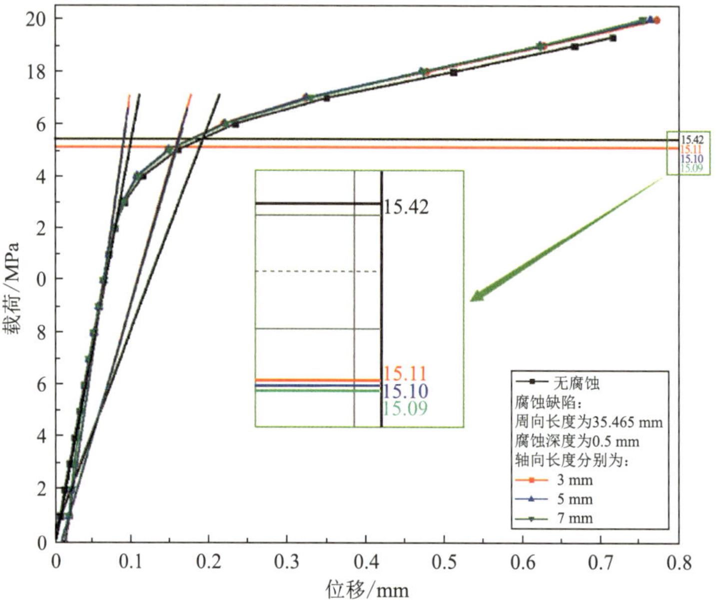

（b）轴向长度对骨架层承载能力的影响

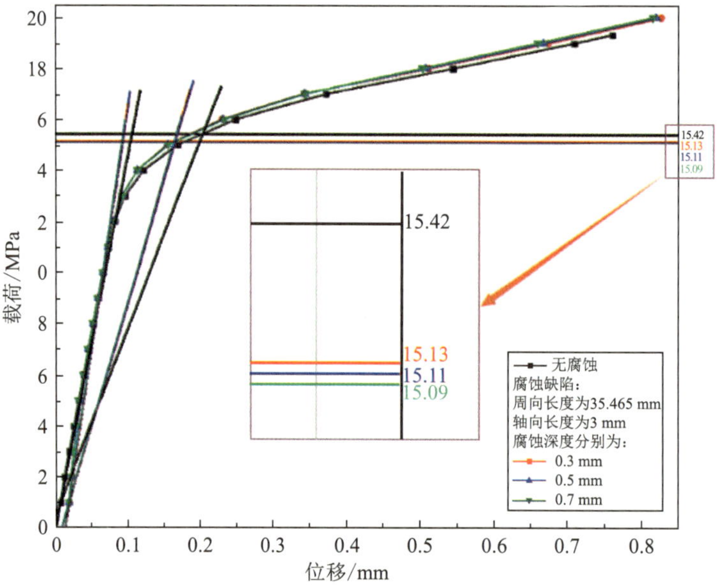

（c）径向深度对骨架层承载能力的影响

图 2-43(续)　局部腐蚀塑性极限载荷的确定

表 2-43　管道失效压力随腐蚀缺陷尺寸变化情况

<table>
<tr><td rowspan="4">轴向长度 3 mm，径向深度 0.5 mm</td><td>周向长度/mm</td><td>失效压力/MPa</td><td rowspan="4">周向长度 35.465 1 mm，径向深度 0.5 mm</td><td>轴向长度/mm</td><td>失效压力/MPa</td><td rowspan="4">周向长度 35.465 1 mm，轴向长度 3 mm</td><td>径向深度/mm</td><td>失效压力/MPa</td></tr>
<tr><td>17.7352</td><td>15.18</td><td>3</td><td>15.11</td><td>0.3</td><td>15.13</td></tr>
<tr><td>35.4651</td><td>15.11</td><td>5</td><td>15.10</td><td>0.5</td><td>15.11</td></tr>
<tr><td>53.1976</td><td>15.09</td><td>7</td><td>15.09</td><td>0.7</td><td>15.09</td></tr>
</table>

骨架层与运输介质直接接触，应考虑其内层缓慢的大面积均匀腐蚀对骨架层失效压力的

影响。考虑到骨架层内表面与所运输的油气水混合介质充分接触，所假设的均匀腐蚀边界如图 2-44 所示。

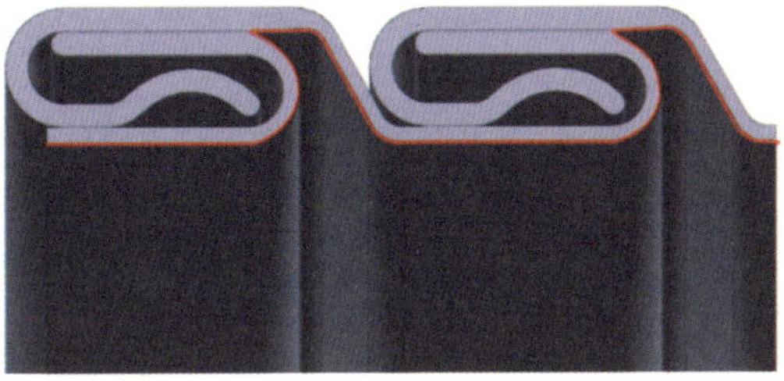

图 2-44　骨架层均匀腐蚀边界

分别对均匀腐蚀 0.1 mm，0.2 mm，…，0.8 mm 的管道骨架层进行承载能力分析，同样应用 2 倍弹性斜率准则确定管道的塑性极限载荷。计算结果如图 2-45 所示。

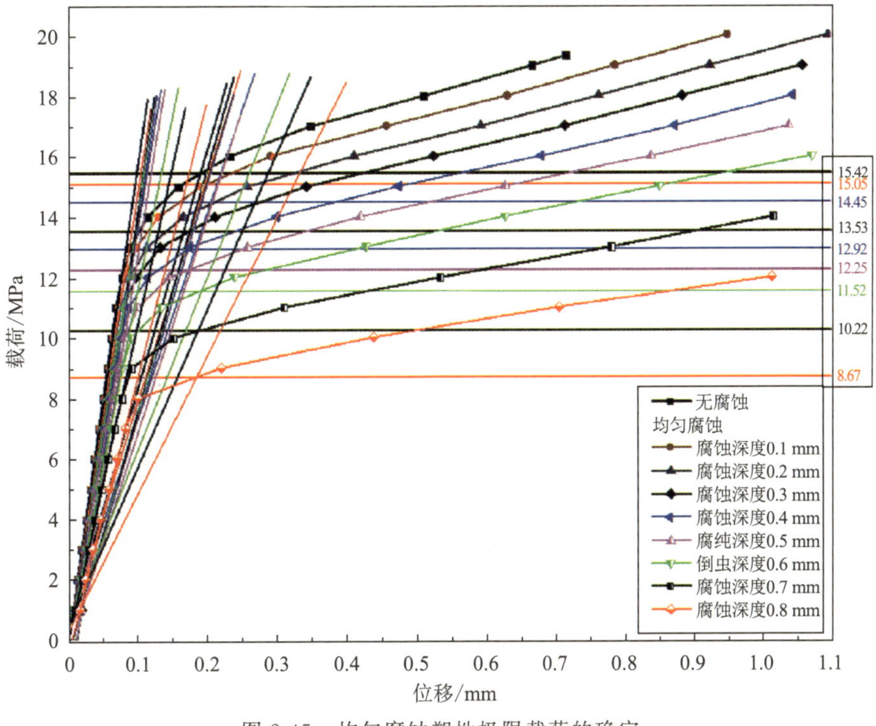

图 2-45　均匀腐蚀塑性极限载荷的确定

整理图 2-45 的计算结果，得到表 2-44，其中 Δp_1 为相邻两均匀腐蚀深度之间所对应的失效压力差。

表 2-44　管道失效压力随均匀腐蚀深度变化情况

均匀腐蚀深度/mm	失效压力 p_1/MPa	Δp_1
0	15.42	—
0.1	15.05	0.37
0.2	14.45	0.92

续表

均匀腐蚀深度/mm	失效压力 p_1/MPa	Δp_1
0.3	13.53	0.6
0.4	12.92	0.61
0.5	12.25	0.67
0.6	11.52	0.73
0.7	10.22	1.3
0.8	8.67	1.55

由表 2-44 及图 2-45 可知，随腐蚀深度增加，骨架层失效压力下降速度整体上逐渐增加，呈现抛物线趋势。对其进行非线性拟合的结果如图 2-46 所示，拟合公式为：

$$y=-1.88643e^{\frac{x}{0.52587}}+17.30643 \quad (2\text{-}84)$$

式中，y 为骨架层失效压力；x 为均匀腐蚀深度。

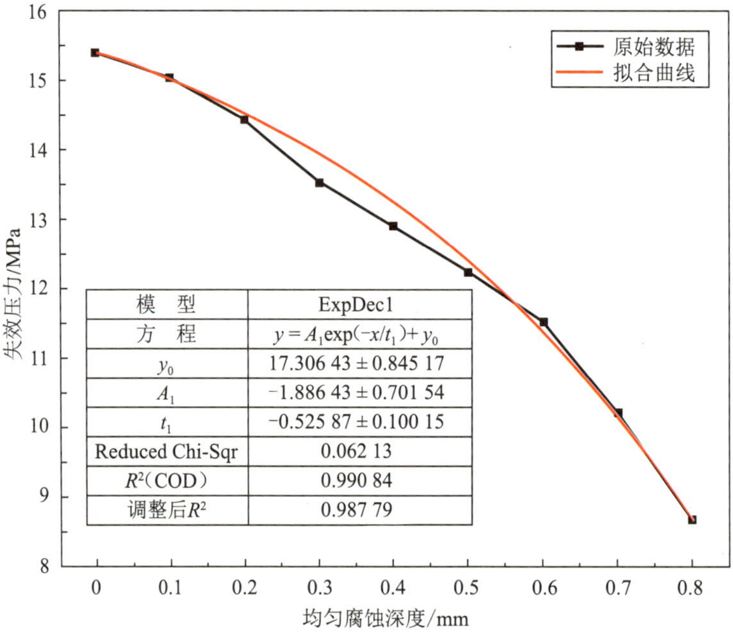

模　型	ExpDec1
方　程	$y=A_1\exp(-x/t_1)+y_0$
y_0	17.306 43 ± 0.845 17
A_1	−1.886 43 ± 0.701 54
t_1	−0.525 87 ± 0.100 15
Reduced Chi-Sqr	0.062 13
R^2(COD)	0.990 84
调整后R^2	0.987 79

图 2-46　管道失效压力随均匀腐蚀深度变化情况

经检验，该模型决定系数为 0.98，平均绝对误差为 0.139 8，均方误差为 0.041 4。误差较小，拟合数据吻合良好。

2.3.3　水下油气生产系统海底管道腐蚀泄漏预测技术

2.3.3.1　海底油气管道腐蚀经验预测模型

目前较著名的传统油气管道腐蚀预测模型有经验模型中的 Norsok M506 模型、半经验模型中的 DeWaard 模型及 Nesic 的机理模型。

1）Norsok M506 模型

Norsok M506 模型基于实验数据及现场数据建立，是一种经验模型。该模型通常分为两个计算板块，一个计算 pH 值，另一个计算板壁的切应力。计算 pH 值时可分为两种情况：管道没有出现腐蚀产物膜时，通常借助 CO_2 的分压及温度来计算；计算地层水的 pH 值时考虑的因素众多，除考虑碳酸氢根离子浓度和离子强度外，还要考虑 CO_2 的分压及温度。由于管壁切应力的影响因素很多，在计算中主要考虑的参数有密度、黏度、介质的含水率、温度、CO_2 分压、流速、摩擦系数和管径等。

该模型的最大不足是将多相流的计算采用单相流计算方式来预测。对多相流来说，其更复杂，单相流计算方式不能准确反映多相流的实际情况。因此，将该模型应用于切应力计算时得出的结果不准确，这极大地阻碍了该模型的推广。例如，在介质流速较小条件下，利用该模型得到的腐蚀速率高于实际。

该模型的腐蚀速率 v_{corr} 的表达式为：

$$v_{corr}=K_i f_{co_2}^{0.62}\left(\frac{S}{19}\right)^{0.146+0.0324\lg(f_{co_2})} f_{(pH)t} \tag{2-85}$$

式中，K_i 为腐蚀产物膜常数；S 为管壁切应力，Pa；f_{CO_2} 为 CO_2 逸度，bar；$f_{(pH)t}$ 为 pH 值影响因子。

用 Norsok M506 模型预测计算腐蚀速率时，计算结果往往与实际测量值存在一定差异。当金属材料出现点蚀等情况时，所得到的结果比实际情况偏小；当温度较高且 pH 值较大时，Fe^{2+} 和 CO_3^{2-} 饱和度会极大影响腐蚀速率。建立 Norsok M506 模型时，主要考虑低 Fe^{2+} 浓度持续循环介质的腐蚀，没有将腐蚀产物膜形成的动力学情况纳入，因此所获得的预测结果会比实际情况小。

2）DeWaard 模型

半经验模型通过腐蚀过程中的化学反应、电化学反应的热力学和动力学过程以及介质的传输过程来建立相关的动力学模型。该模型对不同因素进行分析，充分考虑了影响腐蚀的各类因素，但该模型的准确性并非很高，原因是各因素可能会互相影响，造成数据不准确。因此，该模型难以推广到不同条件下的腐蚀预测中。

DeWaard 模型由 Shell 公司通过内腐蚀预测实验创建，是一种应用广泛的半经验模型。DeWaard 95 模型在初代模型的基础上考虑了介质传输过程中的限制条件，流速较低时能得到更准确的测试结果。与旧模型相比，新模型对材料的结构和组织也加以考虑，使其不再仅局限于测试 DIN St 管线钢，还能对调质钢和正火钢的特点进行测试，得出不同的影响因子。

该模型的腐蚀速率 v_{corr} 的表达式为：

$$\begin{cases}\dfrac{1}{v_{corr}}=\dfrac{1}{v_r}+\dfrac{1}{v_m}\\ \lg v_r=2.93-\dfrac{1\,119}{t+273}+0.58\lg p_{CO_2}-0.34(pH_{act}-pH_{co_2})\\ v_m=2.45\dfrac{U^{0.8}}{d^{0.2}}p_{CO_2}\\ pH_{CO_2}=3.83+0.003\,84-0.5\lg pH_{CO_2}\end{cases} \tag{2-86}$$

式中，v_r 为反应速率，mm/a；v_m 为传质速率，mm/a；t 为介质温度，℃；p_{CO_2} 为 CO_2 分压，Pa；

pH_{act} 为实际 pH 值；pH_{CO_2} 为 CO_2 饱和溶液 pH 值；U 为溶质的液相流动速率，m/s；d 为直径，m。

3）机理模型

机理模型建立在微观机理基础上，考虑了钢材表面发生的各种化学反应，钢材表面与介质之间的传质过程以及离子在腐蚀产物膜中转移与扩散等影响因素。机理模型以基础物理模型为出发点，运用经典动力学公式计算腐蚀速率，所以机理模型对修正现有预测模型中的缺陷显得较容易。例如，DeWaard 95 模型中腐蚀速率在流速较低时预测值偏低，这与实际情况不符，可通过机理模型 Nesic 模型进行校正。同时，由于机理模型主要利用腐蚀热力学、动力学及扩散动力学的公式和数据，所以模型的建立不再较多地依赖腐蚀试验数据。腐蚀试验数据的作用只是对结果进行验证对比，这样可省去大量烦琐的实验过程。此外，该模型稍微修改后还可应用到其他条件下的腐蚀预测。

近年来，Nesic 利用环流试验研究了腐蚀过程中腐蚀产物膜的厚度和孔隙度的变化情况，以孔隙度表征腐蚀产物膜的形态，建立了 $FeCO_3$ 沉积生长的动力学模型，提出了无量纲成膜倾向因子（scaling tendency）ST：

$$ST=\frac{R_{FeCO_3}}{v_{corr}} \tag{2-87}$$

式中，R_{FeCO_3} 为 $FeCO_3$ 的沉积速率，mm/a。

4）腐蚀传统经验预测模型系统编制开发

基于以上传统模型，将其参数化，编制腐蚀预测系统，如图 2-47 所示。

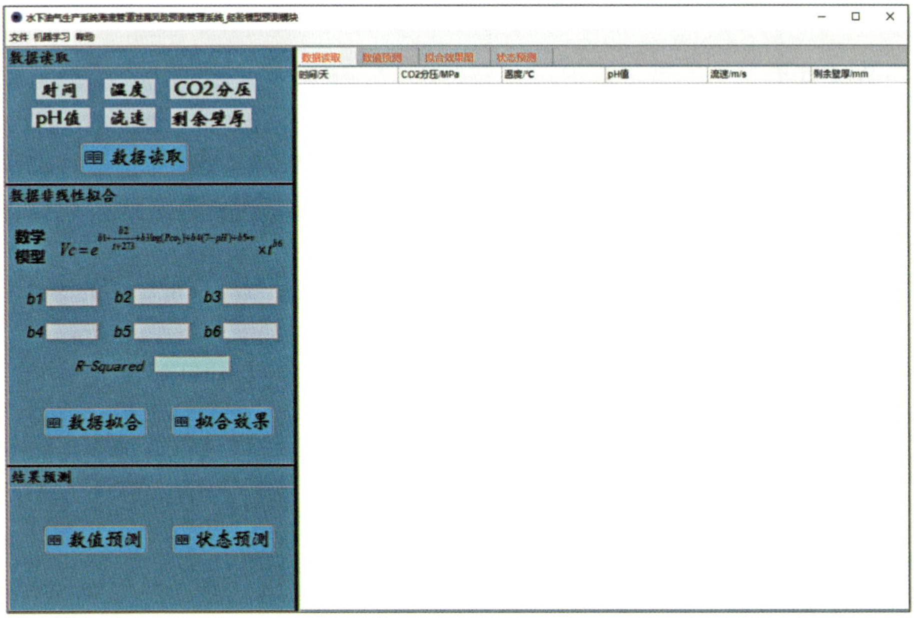

图 2-47　经验模型腐蚀预测系统主界面

将腐蚀数据读取至系统后，可根据读取的腐蚀工况重新拟合数学模型中的参数，并可利用拟合好的参数进行后续预测工作。

数据拟合及预测界面分别如图 2-48 和图 2-49 所示。

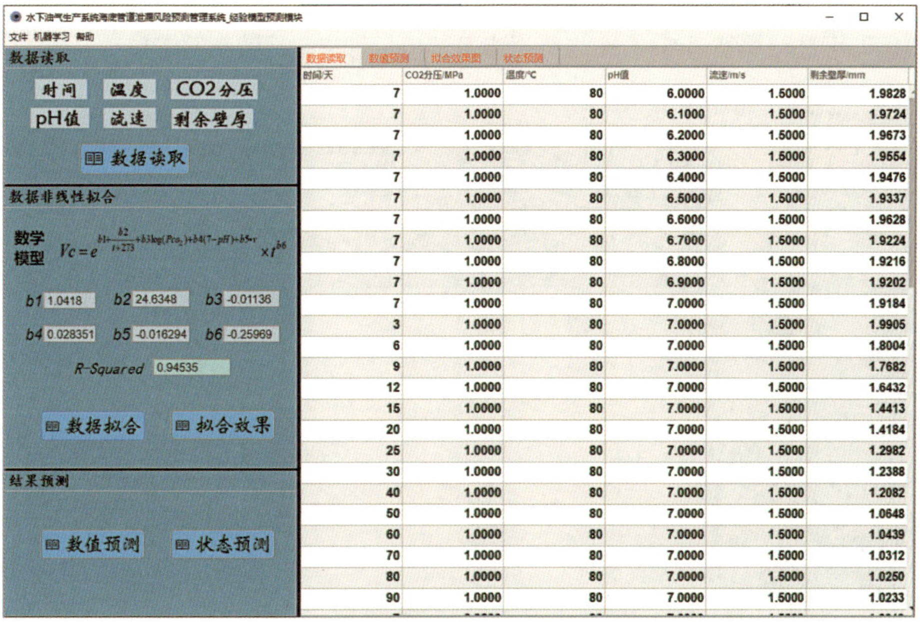

图 2-48　经验模型腐蚀预测系统数据拟合界面

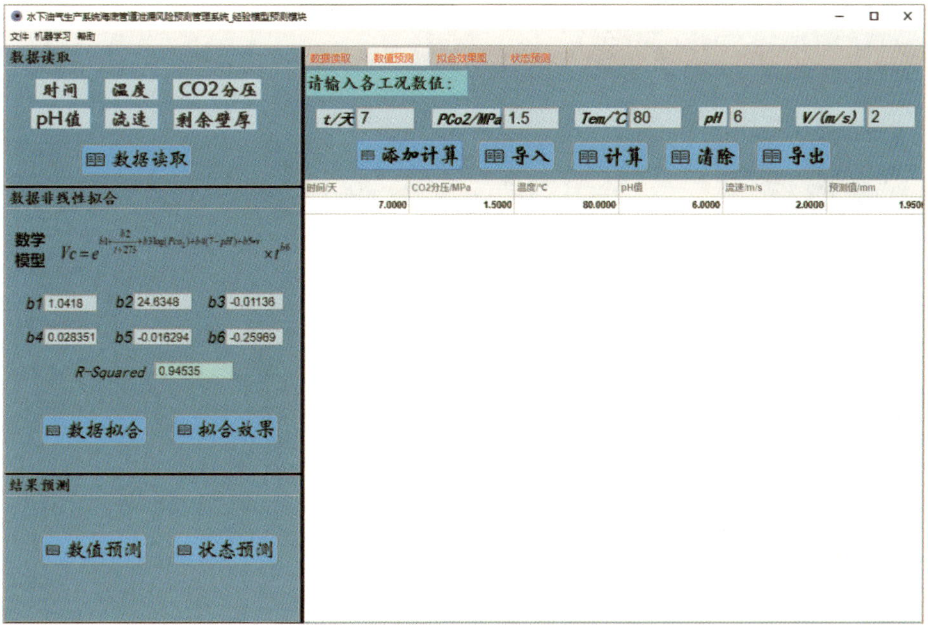

图 2-49　经验模型腐蚀预测系统预测界面

2.3.3.2　海底油气管道机器学习预测模型

随着机器学习的蓬勃发展，机器学习逐渐应用到海底管道的腐蚀失效预测中。下面介绍基于 3 种模型开发的海底油气管道腐蚀机器学习预测系统。

基于随机森林回归预测、神经网络预测、粒子群优化下的神经网络预测 3 种机器学习算法开发海底油气管道腐蚀预测系统，分别如图 2-50 和图 2-52 所示。导入腐蚀数据并输入相关模型参数后即可进行模型训练，模型训练至满足精度后可用于后续预测工作。

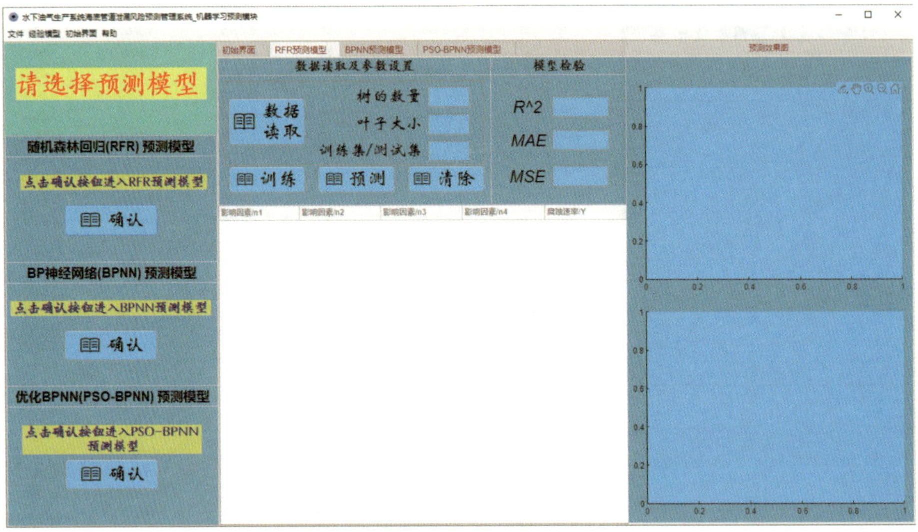

图 2-50　随机森林回归预测模块

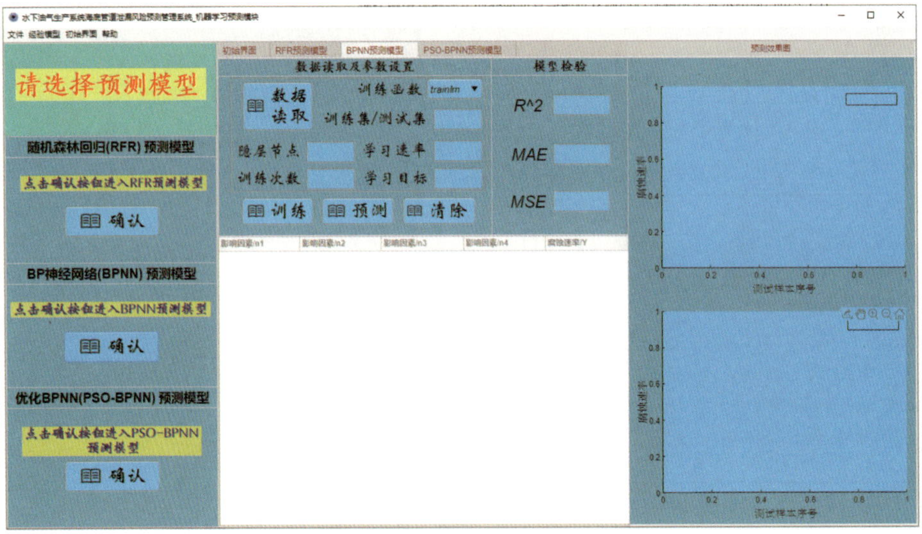

图 2-51　神经网络预测模块

2.3.3.3　海底油气管道腐蚀状态预测模型

1）腐蚀状态预测模型的建立

该部分模型的建立基于第 2.3.2.3 节含腐蚀缺陷的柔性管骨架层数值分析结果。定义管道腐蚀状态如下：

- 轻度腐蚀——均匀腐蚀深度小于 0.5 mm；
- 中度腐蚀——均匀腐蚀深度为 0.5～0.6 mm；

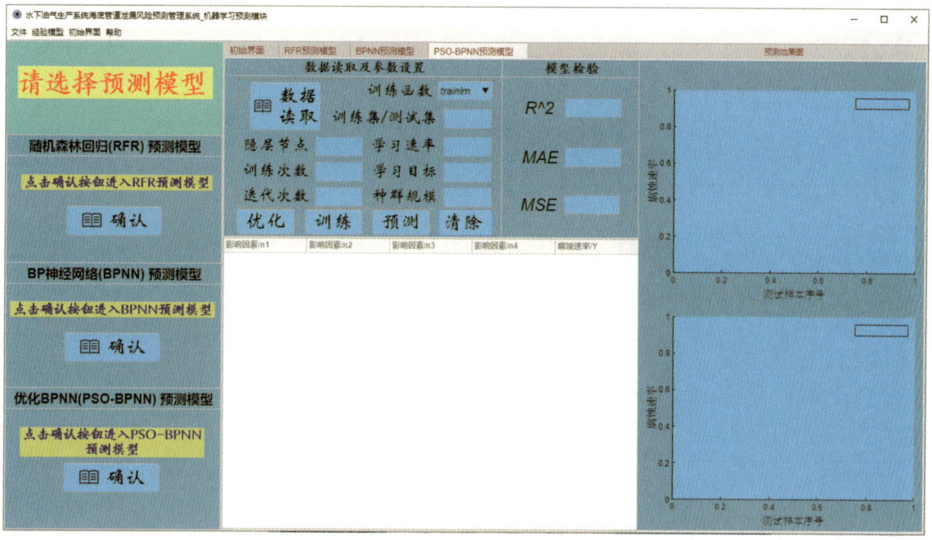

图 2-52　粒子群优化下的神经网络预测模块

· 重度腐蚀——均匀腐蚀深度为 0.6～0.85 mm；

· 失　　效——均匀腐蚀深度大于 0.85 mm。

腐蚀过程中，若不采取措施，劣化状态会愈发严重。随时间延长，或停留至当前状态，或越来越差。因此，状态 4(即失效状态)只能停留在该状态，而不能向其他状态转移，其值为 1。

根据上述所划分的 4 种腐蚀状态，可得马尔可夫状态转移矩阵为：

$$\boldsymbol{P}=\begin{bmatrix} P_{11} & P_{12} & P_{13} & P_{14} \\ 0 & P_{22} & P_{23} & P_{24} \\ 0 & 0 & P_{33} & P_{34} \\ 0 & 0 & 0 & 1 \end{bmatrix} \tag{2-88}$$

式中，$P_{ij}(i,j=1,2,3,4)$为状态转移概率，表示当前时刻为 i 状态，下一时刻为 j 状态的概率。

已知初始状态为 $\boldsymbol{T}_{(0)}=[a \quad b \quad c \quad d]$，其中 a,b,c,d 分别为初始时刻管道处于各状态的概率，则 n 年后管道所处腐蚀状态为 $\boldsymbol{T}_{(m)}=\boldsymbol{T}_{(0)}\times\boldsymbol{P}^{(n)}$。至此，可完成管道所处腐蚀状态的预测。

2) 腐蚀状态预测模型系统的开发

基于以上马尔可夫状态预测模型开发预测系统，如图 2-53 所示。

输入管道壁厚、运载时间及初始概率，即可计算运载时间内所有状态的概率。需注意的是，该模型以第 2.3.3.1 节经验模型的计算结果为基础，即确定好状态划分标准后，将第 2.3.3.1 节计算结果进行状态划分并计算状态转移矩阵，完成后续状态预测。预测结果如图 2-54 所示。

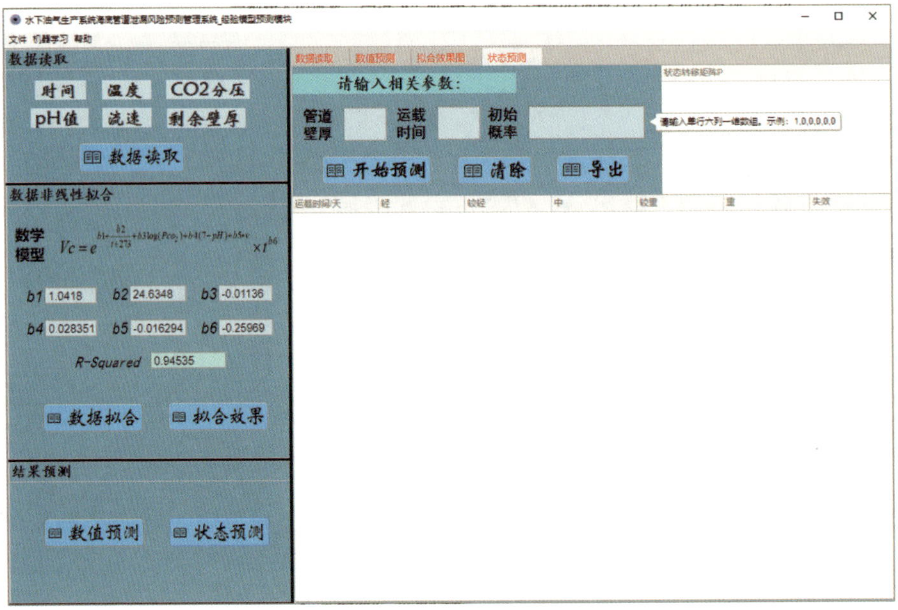

图 2-53　马尔可夫状态预测系统主界面

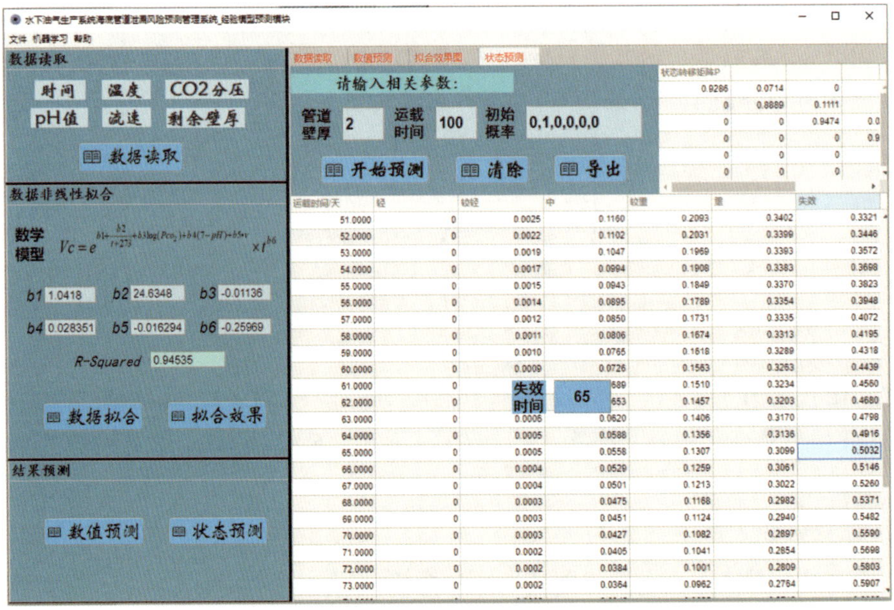

图 2-54　马尔可夫状态预测系统预测结果界面

2.4　本章小结

本章首先对国内外水下油气生产系统失效事件进行统计分析和分类，建立了腐蚀、第三方破坏、设计与工程建设、运行与操作管理和自然与地质灾害为主要指标的安全分析指标体系；

引入模糊层次分析法，将专家调查法与模糊综合评判技术结合，实现了定性评价指标定量化，建立了水下油气生产系统风险模糊综合评判模型，完成了示范项目风险指标权重的计算，并提出了水下油气生产系统失效频率的计算模型，定量评估了水下油气生产系统事故的影响范围和物理规律，可为水下油气生产系统安全管理和应急提供方法和技术的支撑。

其次，利用安全屏障技术构建了针对设备、工艺和人员操作等环节的水下油气生产系统风险控制评价模型，利用蝴蝶结结构图方法构建了水下油气生产系统安全屏障结构拓扑形式，并制定了相应的水下油气作业重大事故风险控制策略；分别对水下井口、采油树、跨接管、脐带缆、海管、控制系统等设备设施的风险安全屏障模型进行针对性分析和研究；运用贝叶斯网络开展了水下油气生产系统风险评价和控制分析，结合实例计算了风险控制模型中的设备技术屏障、人员/组织管理屏障和工艺技术屏障的有效性概率。

最后，对水下油气生产系统海底管道泄漏风险预测技术开展研究，对柔性管轴对称载荷响应和弯曲载荷响应进行分析，并建立了非黏结柔性管疲劳模型；重点研究了涡激振动对管道疲劳寿命的影响，通过涡激振动数值模拟得到了悬跨管道涡激疲劳相关参数，在此基础上对柔性管的涡激疲劳寿命进行预测；基于铁木辛柯稳定性理论及管道骨架层等效方法对柔性管骨架层的承载进行分析，求解了骨架层的屈曲临界载荷值，构建了临界载荷与钢带厚度之间的数学模型；开展了水下油气生产系统海底管道腐蚀泄漏预测技术研究，分析了经典的腐蚀预测模型，基于 3 种典型模型开发了海底油气管道腐蚀机器学习预测系统。

第 3 章 水下油气生产系统集成可靠性分析技术研究

20 世纪 90 年代和 21 世纪初，水下生产技术的可靠性引起了广泛关注。许多油公司的水下油田开发发生了水下设备失效，导致生产受到严重影响。其中许多失效发生在生产早期阶段，涉及多个部件。这类失效的代价是昂贵的，并可能对公司声誉造成影响。海上油气田水下开发需要高资本投入和操作支出，水下技术的价值取决于其能实现的生产可用性，间接依赖于其可靠性和可维护性。水下维护难度大且成本高昂(尤其是远海深水情况下)，因此为实现作业者要求的可用性，水下技术的应用高度依赖其可靠性水平，以减少生产恢复维护或失效设备更换的成本。为将水下油气生产系统集成应用的技术风险降至最低合理可行程度(ALARP)，有必要在整个项目周期内开展系统集成可靠性分析，提出系统集成可靠性、可用性和可维护性策略，在水下设施应用周期内将系统集成应用风险降到可以接受的程度。本章将分别从系统可靠性、水下控制系统和水下采油树可靠性、人因可靠性三个角度阐述水下油气生产系统集成可靠性分析技术、方法和应用示例。

3.1 水下油气生产系统可靠性研究

3.1.1 水下油气生产系统失效模式分析

下面先对水下油气生产系统进行层次界定和划分，介绍各子系统的基本组成及功能，并建立各子系统功能结构框图和典型水下油气生产系统模型；再对水下油气生产系统进行失效模式分析，从多因素失效模式角度开展水下油气生产系统的可靠性定性分析。

3.1.1.1 水下油气生产系统

水下油气生产系统是一系列安装在海底并进行采油作业的设备总集。水下油气生产系统主要由水下控制子系统、水下立管子系统、海底管线子系统、水下管汇子系统、水下井口装置及采油树子系统组成。

1) 水下控制子系统

水下控制子系统由水面控制部分、水下控制部分和控制脐带缆组成。其中，水面控制部分包括液压动力单元(HPU)、主控站(MCS)、电力/信号单元(EPU)、化学试剂注入单元；水下控制部分主要包括分配单元(SDU)、水下控制模块(SCM)及水下传感器；控制脐带缆主要包括水上脐带缆终端单元(TUTA)、水下脐带缆终端单元(SUTA)、静态脐带缆和动态脐带缆。

水下控制子系统的主要作用是:对水下生产设备的阀门、节流器等实现远程操控;水上平台和水下设备数据的接收和传送;实时监测海底井口下温度、压力和设备工作情况及报警;化学试剂的注入分配;为水下设备提供电力/信号及动力源。

水下控制子系统的工作原理是:

(1) 信号传递。由海上平台的 MCS 发出控制信号,编码后经脐带缆传送到 SCM,解码后执行。

(2) 液压传递。将液压液通过 HPU 经脐带缆向下传送到 SDU,由 SDU 分配后输送到各 SCM,从而使液压驱动阀门来实现远程控制操作。

(3) 化学药剂传递。化学药剂从 SUTA 注入并传送到 SDU,然后根据水下生产设备需求在终端进行分配。

根据水下控制子系统的工作原理及功能,构建其功能结构框图,如图 3-1 所示。

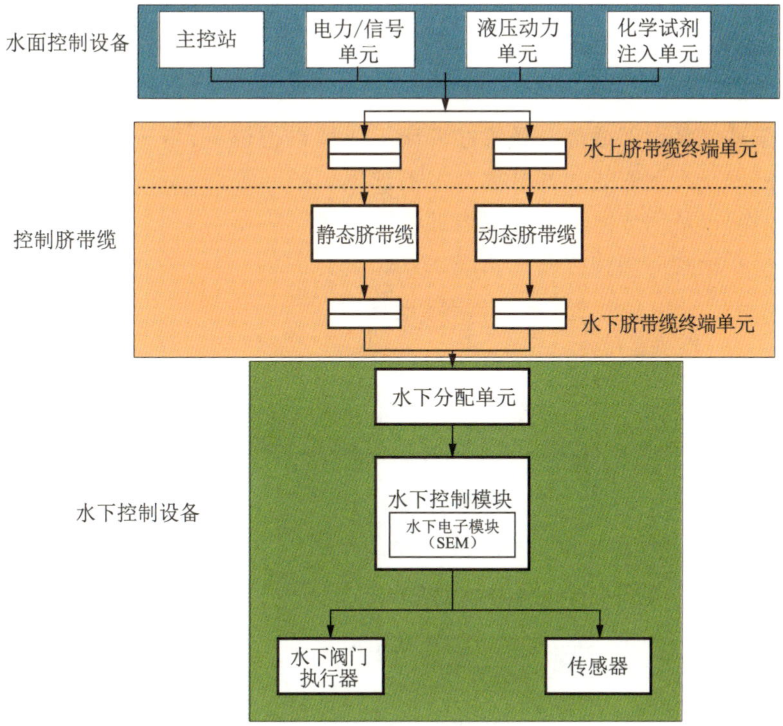

图 3-1　水下控制子系统功能结构框图

2) 水下立管子系统

水下立管子系统是连接海洋平台和海底管道或海床井口的管道系统。按油田开发的不同阶段,立管可分为钻井立管和生产立管;按立管本身特点,立管可分为刚悬链线立管(SCR)、顶部张紧立管(TTR)、柔性立管(FR)、混合立管(HR)。它们的主要区别是:SCR 是一种自由悬挂立管,可对升沉运动实现自偿,适合深水油田;TTR 一般用于张力脚平台,适合浅水油田;FR 具有较好的性能,适合全世界范围内的深水及浅水油田;HR 可以适应浮式结构和刚性立管的相对运动。目前国内外 HR 和 FR 的应用最广泛。

水下立管子系统功能结构框图如图 3-2 所示。

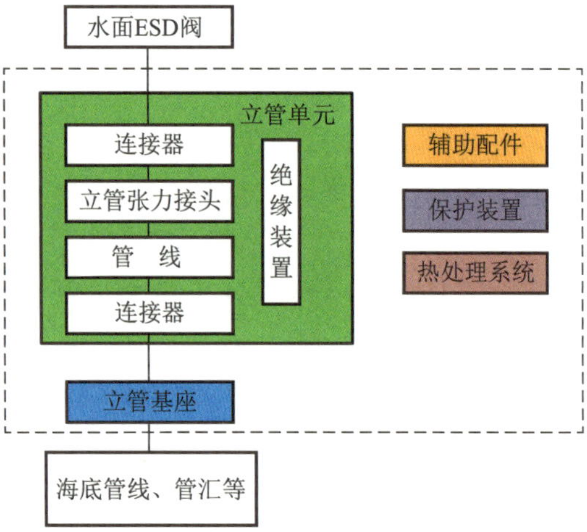

图 3-2　水下立管子系统功能结构框图

3）海底管线子系统

海底管线子系统是全部或部分悬置在海床上或埋在土壤下，用于水下生产设施连接和运输油气水资源的海底钢制管线。其被称为水下油气生产系统的“生命线”，主要用于输送油气资源、水等混合物，以及完成海上油气田内部的注水和气举任务。

海底管线子系统功能结构框图如图 3-3 所示。

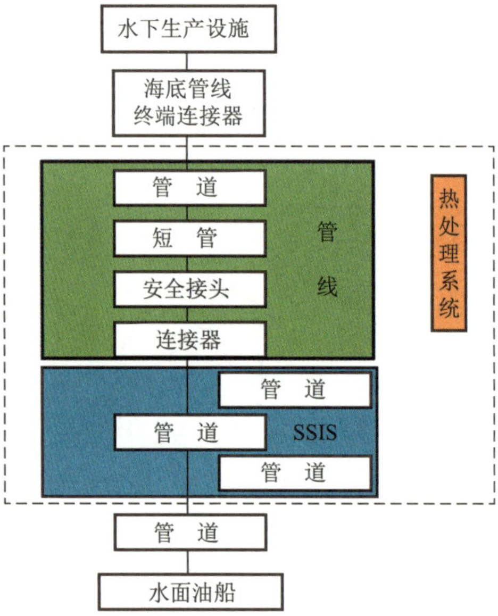

图 3-3　海底管线子系统功能结构框图

4）水下管汇子系统

水下管汇（PLEM）是由油管头和多个分支管道组成的集成系统，主要由管汇模块和清管模块两大部分组成。其主要作用及功能包括：优化水下设施布局，减少管道使用；汇集和控制油井产出的产物，并将海水注入注水井中，保持地层压力；向各油井输气，并向油井注入化学药剂；为 ROV 提供一个支撑平台，维持和保护阀门及管道运转等。

水下管汇子系统功能结构框图如图 3-4 所示。

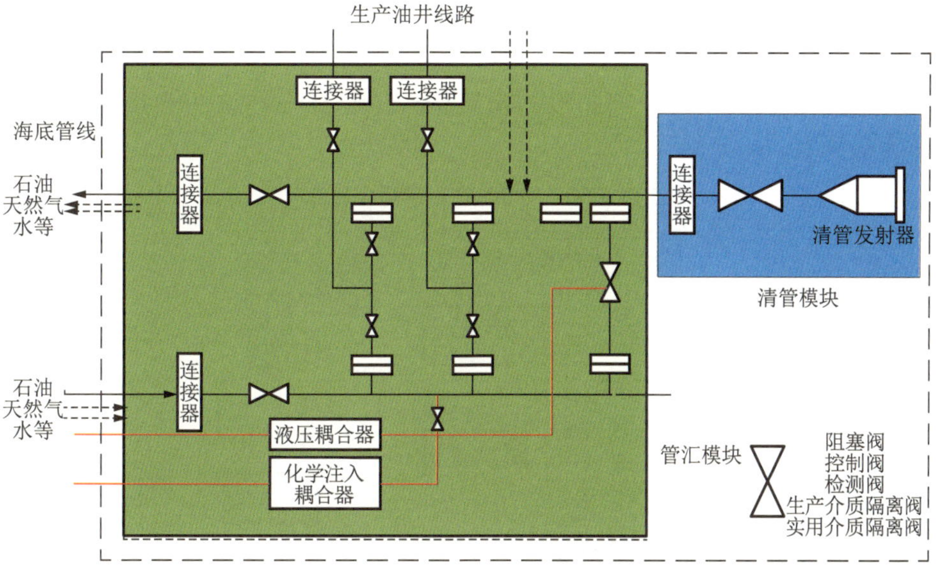

图 3-4　水下管汇子系统功能结构框图

5）水下井口装置及采油树子系统

水下井口装置及采油树子系统是重要的油气生产设备。其中，水下井口装置位于海床泥线位置，主要用于支撑并密封套管柱以及在钻井过程中支撑防喷器。水下井口装置主要包括高压井口头、防腐帽、导向设施、密封总成、机械支撑装置及连接装置等。水下采油树主要由采油树本体模块、节流模块、油管悬挂器和流动基座组成。

水下井口装置及采油树子系统功能结构框图如图 3-5 所示。

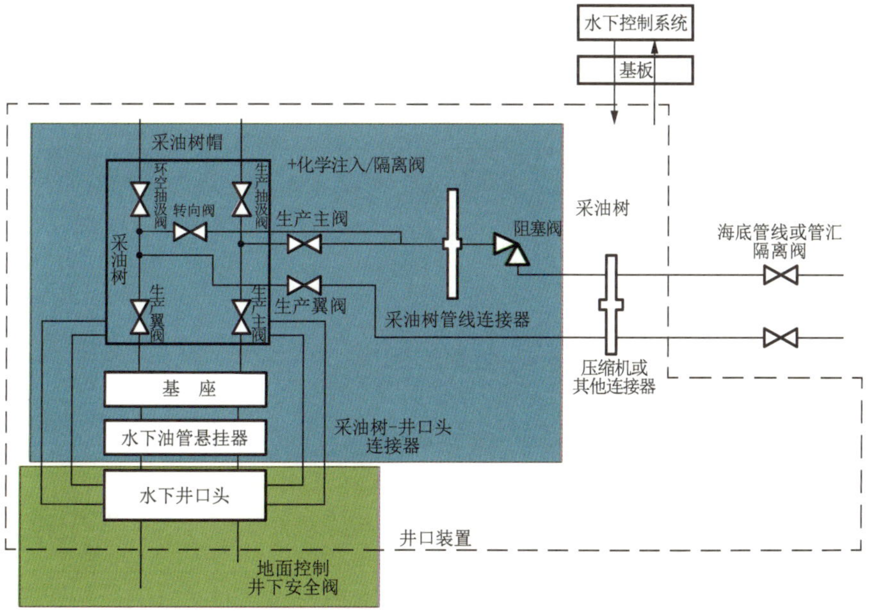

图 3-5　水下井口装置及采油树子系统功能结构框图

3.1.1.2 失效模式分析

1）确定系统分析对象及功能

对水下油气生产系统的5个子系统，可根据各子系统之间的功能及作用关系建立水下油气生产系统模型，如图3-6所示。

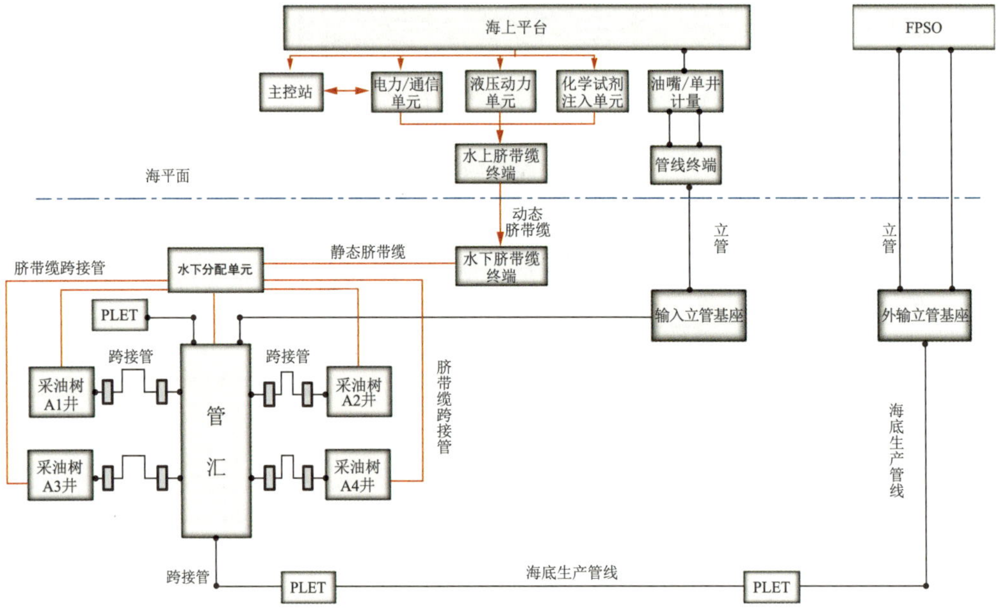

图3-6 水下油气生产系统典型模型

2）系统失效模式分析

分析数据主要来源于DNV发布的OREDA(2015版)。该资料通过实践收集了大量水下油气生产系统的可靠性及维修数据，具有重要参考价值(表3-1至表3-5)。

表3-1 水下控制子系统故障统计

英文缩写	中文名称	英文缩写	中文名称
ABW	异常磨损	LOO	低输出
AIR	仪表读数异常	LOR	冗余损失
BRD	断裂失效	OCI	线路开路
COM	综合因素/常见失效	OTH	其他失效
ELP	外部泄漏(生产介质)	PLU	堵　塞
ELU	外部泄漏(工作介质)	POW	动力不足
ERO	不稳定输出	SCI	线路短路
FTC	不能关闭/锁紧	SIG	控制/信号失效
FTF	不能按要求工作	SPO	无效操作
FTO	不能打开/解锁	STD	结构失效
FWR	运行中失效	STK	卡　住

续表

英文缩写	中文名称	英文缩写	中文名称
ILU	内部泄漏(工作介质)	TRF	传送失效
INF	绝缘/隔离失效	UNK	未知失效
LCP	关键位置泄漏	VIB	振动失效

表 3-2　水下立管子系统故障统计

英文缩写	中文名称
ELP	外部泄漏(生产介质)
ELU	外部泄漏(工作介质)
ILP	内部泄漏(生产介质)
ILU	内部泄漏(工作介质)
NON	未能立即生效
STD	结构失效

表 3-3　海底管线子系统故障统计

英文缩写	中文名称	英文缩写	中文名称
BUC	屈曲失效	INF	绝缘/隔离失效
ELP	外部泄漏(生产介质)	OTH	其他失效
ELU	外部泄漏(工作介质)	PLU	堵　塞
FTC	不能关闭/锁紧	STD	结构失效
FTO	不能打开/解锁		

表 3-4　水下管汇子系统故障统计

英文缩写	中文名称	英文缩写	中文名称
RBD	断　裂	INF	绝缘/隔离失效
COM	综合因素/常见失效	LCP	关键位置泄漏
DOP	延迟操作	OTH	其他失效
ELP	外部泄漏(生产介质)	PLU	堵　塞
ELU	外部泄漏(工作介质)	SPO	无效操作
FTC	不能关闭/锁紧	STD	结构失效
FTF	不能按要求工作	ILP	内部泄漏(生产介质)
FTO	不能打开/解锁	ILU	内部泄漏(工作介质)
HIO	高输出		

表 3-5　水下井口装置及采油树子系统故障统计

英文缩写	中文名称	英文缩写	中文名称
ABW	异常磨损	LCP	关键位置泄漏
COM	综合因素/常见失效	LOO	低输出
DOP	延迟操作	OCI	线路开路

续表

英文缩写	中文名称	英文缩写	中文名称
ELP	外部泄漏(生产介质)	OTH	其他失效
ELU	外部泄漏(工作介质)	PLU	堵　塞
FTC	不能关闭/锁紧	SCI	线路短路
FTF	不能按要求工作	SCO	清洗失效
FTO	不能打开/解锁	SIG	控制/信号失效
HIO	高输出	SPO	无效操作
ILP	内部泄漏(工作介质)	STD	结构失效
INF	绝缘/隔离失效	TRF	传送失效

3.1.2 基于模糊故障树的水下油气生产系统可靠性分析

基于模糊故障树的水下油气生产系统可靠性分析方法从“系统级—子系统级—设备级—部件级”角度进行系统约定层次划分,并建立系统故障树模型。在传统故障树基础上,通过引入模糊集合理论将各底事件失效概率模糊化,将定性分析与定量分析相结合,找出各子系统中的薄弱环节,采取措施进行重点防御保护和定时检测。

故障树分析法的基本流程为:

(1) 前期准备阶段。确定研究对象,熟悉系统,收集系统故障相关资料。

(2) 中期建树阶段。确定顶事件、中间事件和底事件,构造故障树模型。

(3) 后期分析阶段。进行 FTA 定性分析和定量分析,求解最小割集和最小路集,并计算出顶事件发生概率和底事件重要度。

1) 水下油气生产系统故障树建立

根据故障树分析法的基本步骤流程,前期准备阶段完成后,进入中期故障树建立阶段。选取“水下油气生产系统失效”为故障树顶事件,即设备功能受到影响,系统不能正常工作,然后按“系统级—子系统级—设备级—部件级”层次划分模式进行水下油气生产系统约定层次划分。确定系统级故障为顶事件(用 T 表示)、子系统级和设备级故障为中间事件(用 E 和 Y 表示)、部件级故障为底事件(用 X 表示),然后自上而下逐级构造系统故障树。

事件编码见表 3-6,故障树模型如图 3-7 至图 3-18 所示。

表 3-6　事件编码

编　码	事件名称	编　码	事件名称
T	水下油气生产系统故障	X32	模块基盘故障
M1	水下控制子系统故障	X33	蓄能器故障
M2	水下立管子系统故障	X34	备用能源装置故障
M3	海底管线子系统故障	X35	水下电力模块故障
M4	水下管汇子系统故障	X36	温度-压力传感器故障
M5	水下井口装置及采油树子系统故障	X37	压力传感器故障
E1	控制系统水下部分故障	X38	温度传感器故障

续表

编　码	事件名称	编　码	事件名称
E2	脐带缆故障	X39	流量传感器故障
E3	水下分配单元故障	X40	油气泄漏传感器故障
E4	水下控制模块故障	X41	测砂传感器故障
E5	控制系统传感器故障	X42	阀门位置传感器故障
E6	控制系统水上部分故障	X43	立管连接器故障
E7	化学注入单元故障	X44	立管绝缘装置故障
E8	液压动力单元故障	X45	立管管线故障
E9	电力单元故障	X46	立管气升装置故障
E10	主控站故障	X47	立管基座故障
E11	立管单元故障	X48	立管单向阀故障
E12	立管基座故障	X49	立管生产介质隔离阀故障
E13	立管保护装置故障	X50	立管工作介质隔离阀故障
E14	立管辅助配件单元故障	X51	立管阳极保护故障
E15	海底管线单元故障	X52	立管外部涂料层故障
E16	海底管线隔离单元故障	X53	立管弯曲限制器故障
E17	水下管汇模块故障	X54	立管浮力装置故障
E18	水下管汇清管模块故障	X55	立管密封管故障
E19	水下管汇基盘模块故障	X56	立管稳定及指引装备故障
E20	水下井口头故障	X57	张力和运动补偿装置故障
E21	水下采油树系统故障	X58	海底管道阳极保护故障
E22	水下采油树本体故障	X59	海底管道涂料层故障
E23	水下采油树油管悬挂器故障	X60	海底管道绝缘装置故障
E24	水下采油树节流模块故障	X61	海底管道连接器故障
E25	水下采油树流动基座故障	X62	海底管道安全接头故障
Y1	静态脐带缆故障	X63	海底管道柔性短管故障
Y2	动态脐带缆故障	X64	海底管道硬性短管故障
Y3	静态脐带缆线路 1 故障	X65	海底管线故障
Y4	动态脐带缆终端 1 故障	X66	海底管道控制阀故障
Y5	动态脐带缆线路 2 故障	X67	海底管道保护结构故障
Y6	动态脐带缆终端 2 故障	X68	海底管道支撑结构故障
Y7	动态脐带缆保护结构故障	X69	海底管道生产隔离阀故障
Y8	水下分配单元耦合器故障	X70	海底管道隔离阀故障
Y9	水下分配单元跨接器故障	X71	管汇化学注入耦合器故障
Y10	水下分配单元管道故障	X72	管汇模块连接器故障
Y11	水下控制模块耦合器故障	X73	管汇模块液压耦合器故障
Y12	水下控制模块阀门故障	X74	管汇模块绝缘装置故障
Y13	控制模块电力装置故障	X75	管汇模块硬管故障

续表

编　码	事件名称	编　码	事件名称
Y14	温度-压力传感器故障	X76	管汇模块保护结构故障
Y15	其他传感器故障	X77	管汇模块支撑结构故障
Y16	立管基座阀门故障	X78	管汇生产介质隔离阀故障
Y17	海底管线保护装置故障	X79	管汇工作介质隔离阀故障
Y18	海底管线连接装置故障	X80	管汇模块单向阀故障
Y19	海底管线单元管道故障	X81	管汇模块阻塞阀故障
Y20	海底隔离结构装置故障	X82	管汇模块控制阀故障
Y21	海底隔离单元管阀门故障	X83	管汇清管模块连接器故障
Y22	管汇模块耦合器故障	X84	海底清管器故障
Y23	管汇模块结构装置故障	X85	管汇清管模块硬管故障
Y24	管汇模块阀门故障	X86	管汇清管模块保护结构故障
Y25	管汇模块隔离阀故障	X87	管汇清管模块支撑结构故障
Y26	管汇模块控制类阀门故障	X88	清管模块生产隔离阀故障
Y27	清管模块清管装置故障	X89	清管模块工作介质隔离阀故障
Y28	清管模块结构装置故障	X90	管汇清管模块单向阀故障
Y29	管汇清管模块阀门故障	X91	管汇基盘导向模块故障
Y30	水下井口头导向基座故障	X92	管汇基盘桩故障
Y31	井口头故障	X93	管汇基盘保护结构装置故障
Y32	采油树模块耦合器故障	X94	井口头永久导向基座故障
Y33	采油树模块装置故障	X95	井口头临时导向基座故障
Y34	采油树模块阀门故障	X96	井口头导管头故障
Y35	采油树控制类阀门故障	X97	高压井口头故障
Y36	采油树隔离类阀门故障	X98	井口头环空密封总成故障
Y37	采油树模块管道故障	X99	井口头套管悬挂器故障
Y38	采油树模块采油树帽故障	X100	采油树化学试剂注入耦合器故障
Y39	采油树油管悬挂器耦合器故障	X101	采油树连接器故障
Y40	采油树节流模块耦合器故障	X102	采油树液压耦合器故障
Y41	采油树节流模块结构装置故障	X103	采油树防尘帽故障
Y42	采油树节流模块阀门故障	X104	采油树绝缘装置故障
Y43	采油树基座结构装置故障	X105	采油树导向架故障
Y44	采油树基座模块阀门故障	X106	采油树单向阀故障
X1	静态脐带缆液压/化学线故障	X107	采油树节流阀故障
X2	电源/信号线故障	X108	采油树控制阀故障
X3	静态脐带缆护套/盔甲故障	X109	采油树生产介质隔离阀故障
X4	静态水下脐带缆终端故障	X110	采油树工作介质隔离阀故障
X5	静态水上脐带缆终端故障	X111	采油树管线轴故障
X6	弯曲限制器故障	X112	采油树柔性管接头故障

续表

编　码	事件名称	编　码	事件名称
X7	动态脐带缆液压/化学线故障	X113	采油树硬管故障
X8	动态脐带缆电源/信号线故障	X114	采油树帽故障
X9	浮力装置故障	X115	内部采油树帽隔离阀故障
X10	动态水下脐带缆终端故障	X116	内部采油树帽堵塞器故障
X11	动态水上脐带缆终端单元故障	X117	油管悬挂器化学试剂注入耦合器
X12	动态脐带缆护套/盔甲故障	X118	油管悬挂器液压耦合器故障
X13	稳定及指引装备故障	X119	油管悬挂器电源/信号耦合故障
X14	水下分配模块蓄能器故障	X120	油管悬挂器本体故障
X15	分配模块化学注入耦合器故障	X121	油管悬挂器隔离塞故障
X16	水下分配模块光纤耦合器故障	X122	化学试剂注入耦合器故障
X17	水下分配模块液压耦合器故障	X123	采油树节流模块连接器故障
X18	水下分配模块电源/信号线	X124	节流模块液压耦合器故障
X19	光纤跨接器故障	X125	采油树节流模块流量环故障
X20	液压/化学跨接器故障	X126	采油树节流模块框架故障
X21	水下分配模块信号跨接器	X127	采油树节流模块硬管故障
X22	软管故障	X128	采油树节流模块单向阀故障
X23	硬管故障	X129	采油树节流模块节流阀故障
X24	水下分流板故障	X130	采油树节流模块控制阀故障
X25	水下控制模块化学注入耦合器	X131	采油树节流模块隔离阀故障
X26	水下控制模块光纤耦合器	X132	基座框架故障
X27	水下控制模块液压耦合器故障	X133	基座毂故障
X28	水下控制模块跨接器故障	X134	基座单向阀故障
X29	滤波器故障	X135	基座生产介质隔离阀故障
X30	电磁控制阀故障	X136	基座工作介质隔离阀故障
X31	单向阀故障		

图 3-7 中，M1，M2，M3，M4 和 M5 表示中间事件 5 个子系统发生故障，任一时间故障都会造成顶事件 T 失效。考虑篇幅，图中各子系统故障树模型使用转移符号“△”表示，以简化故障树结构。

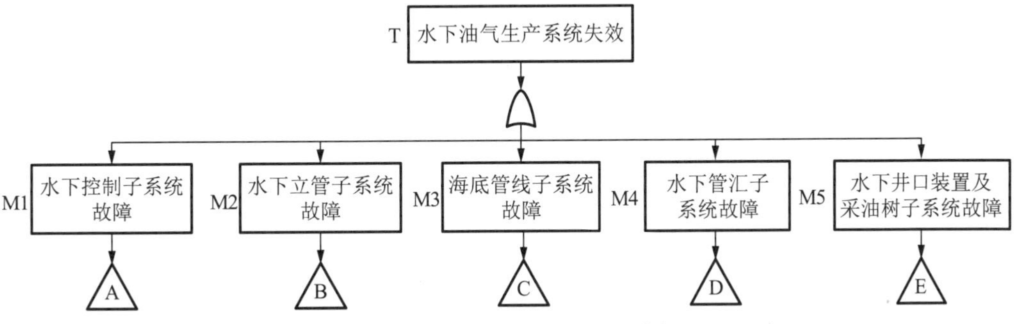

图 3-7 水下油气生产系统故障树

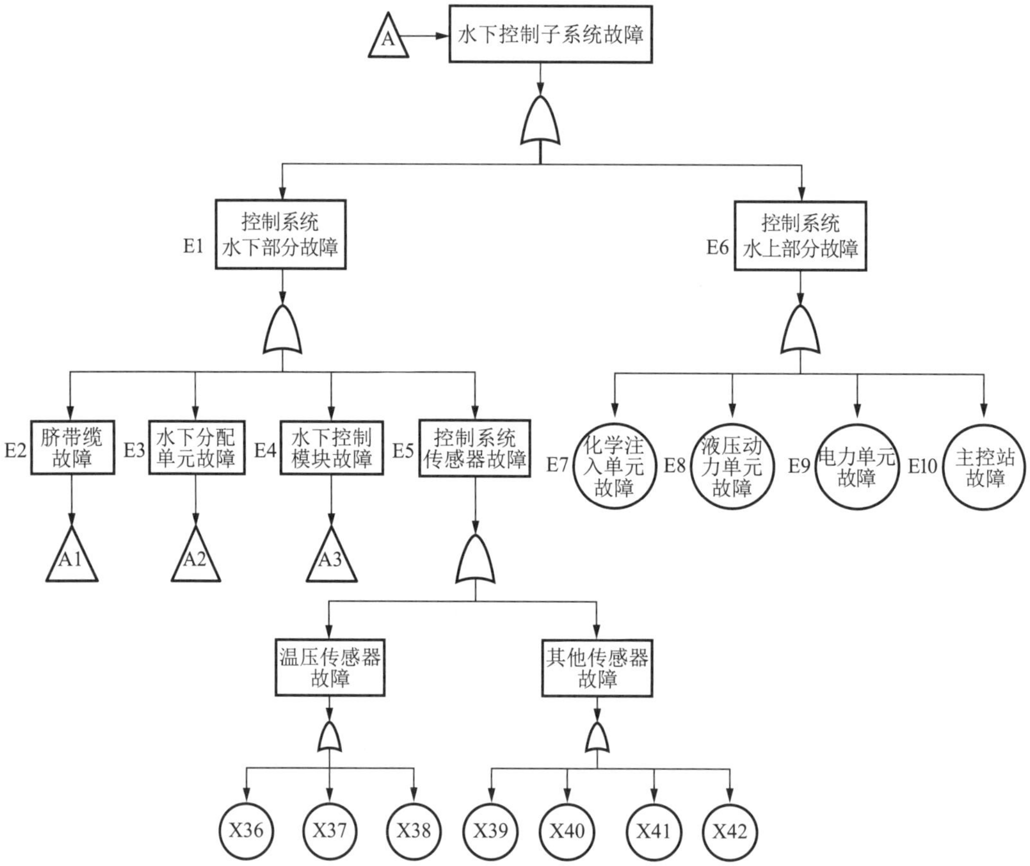

图 3-8 水下控制子系统故障分支

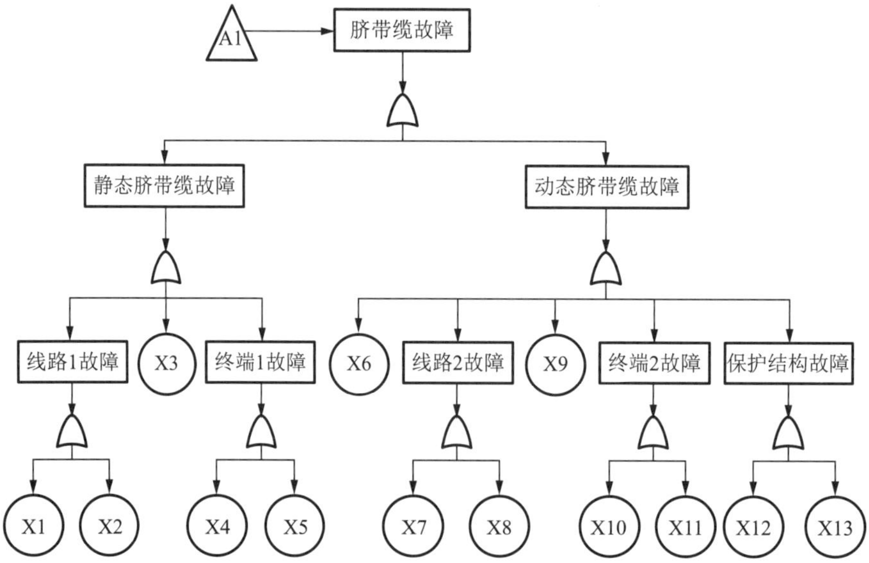

图 3-9 脐带缆故障分支

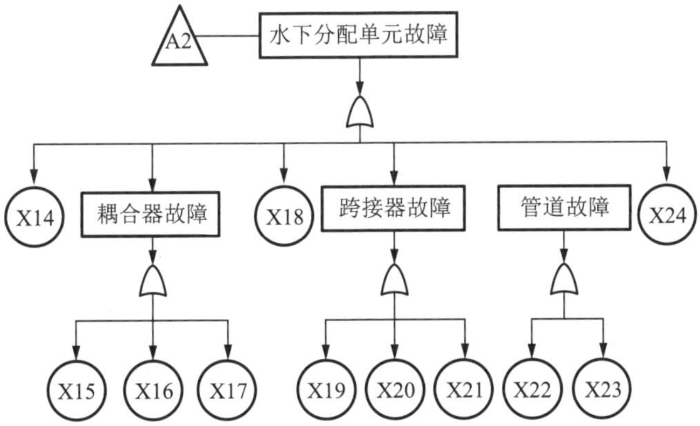

图 3-10　水下分配单元故障分支

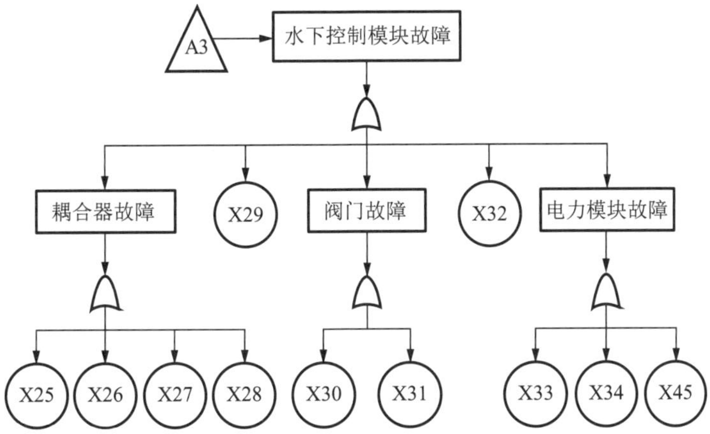

图 3-11　水下控制模块故障分支

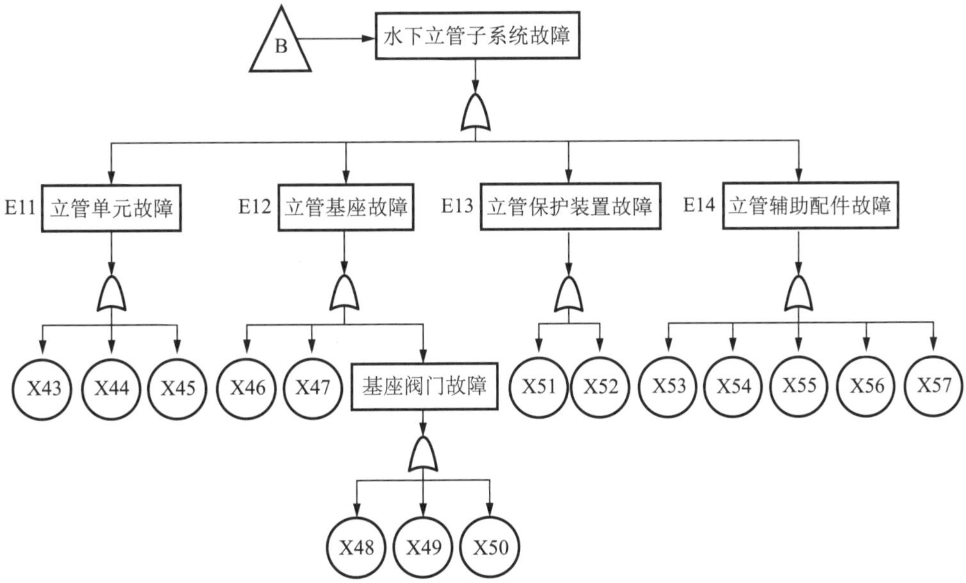

图 3-12　水下立管子系统故障

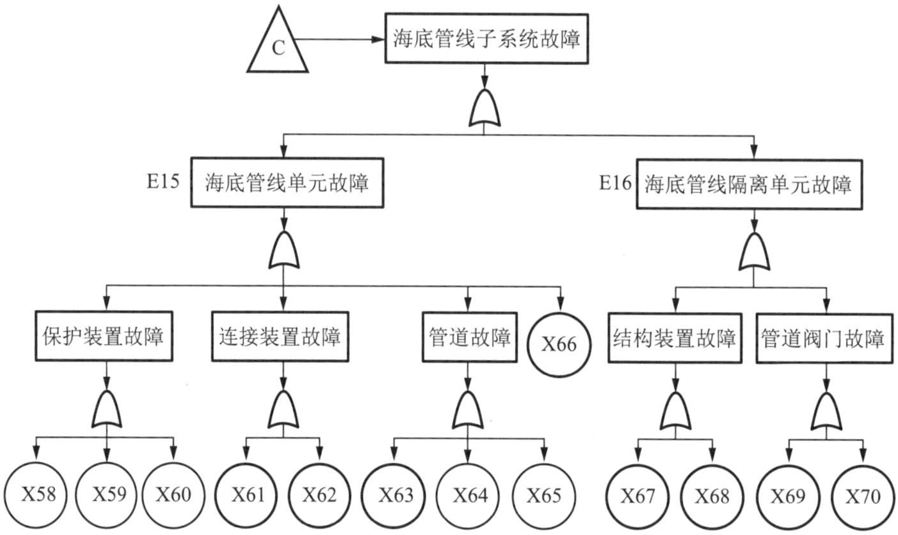

图 3-13 海底管线子系统故障树

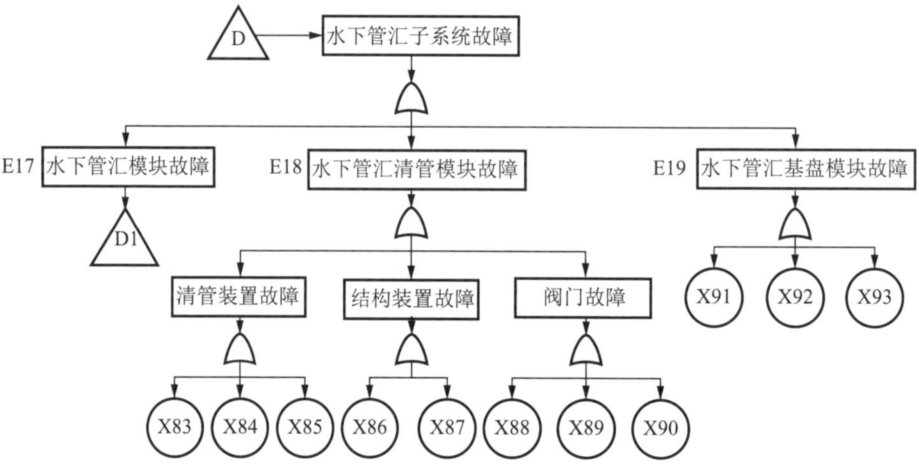

图 3-14 水下管汇子系统故障树

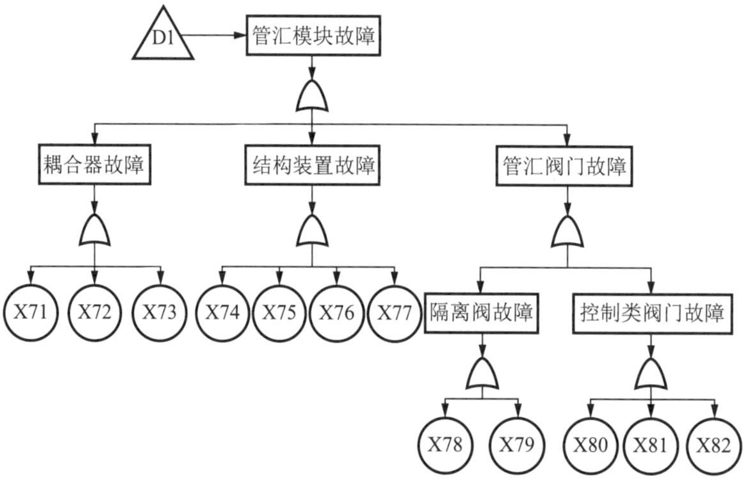

图 3-15 管汇模块故障分支

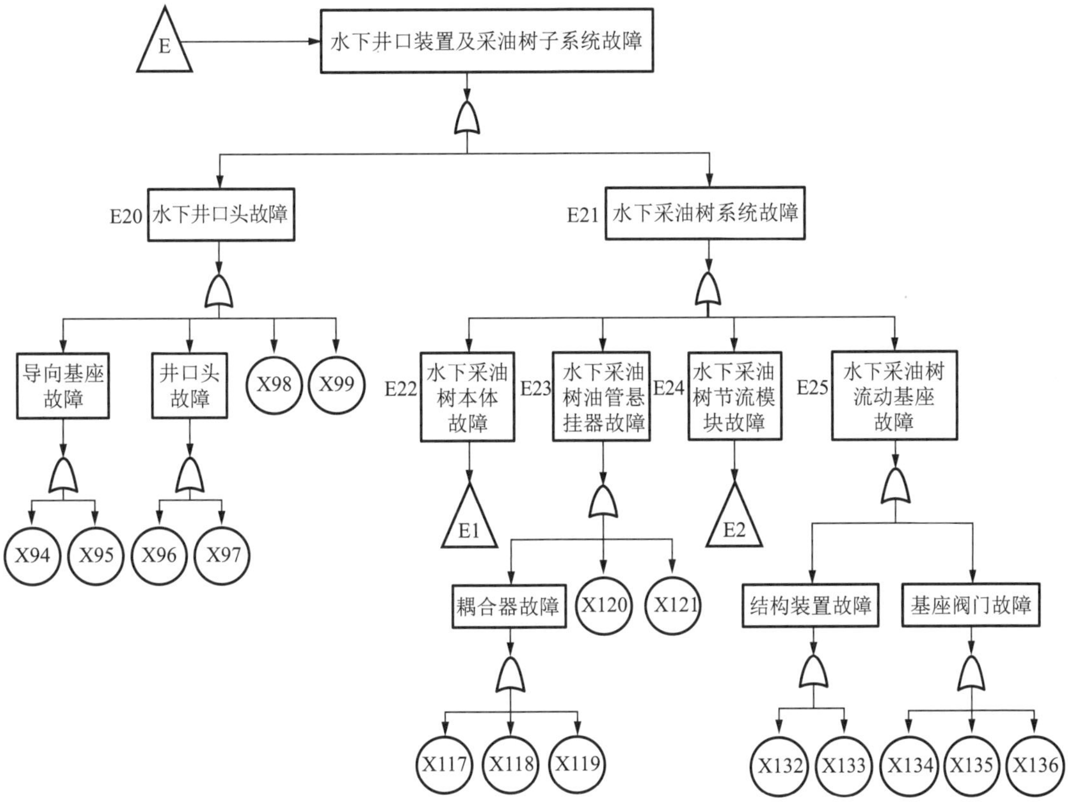

图 3-16　水下井口装置及采油树子系统故障树

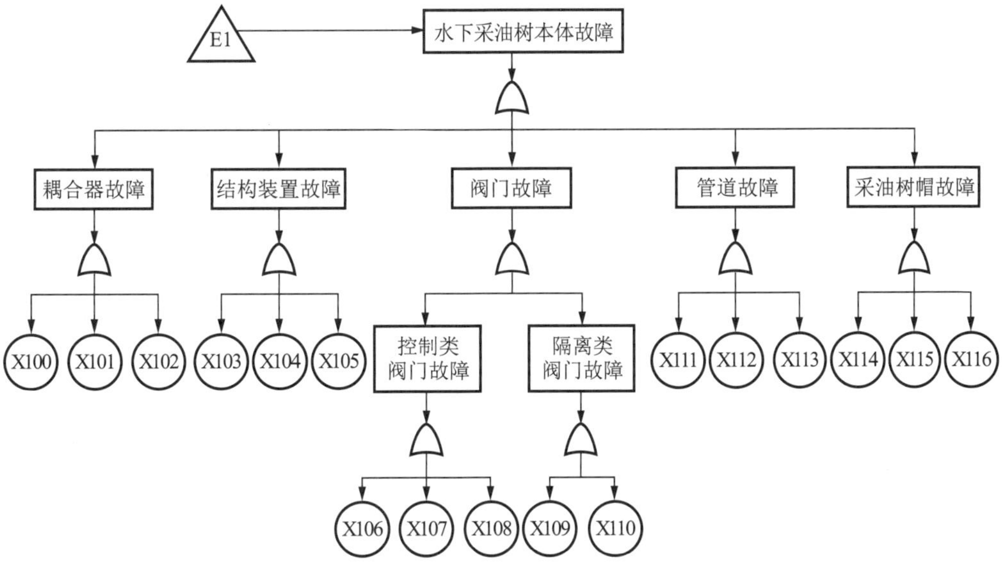

图 3-17　水下采油树本体故障分支

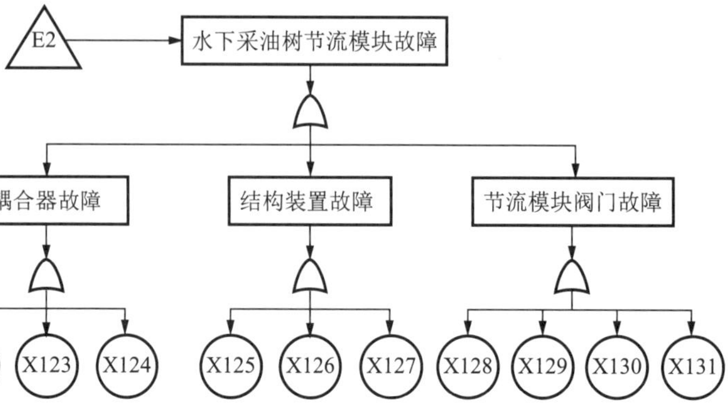

图 3-18 水下采油树节流模块故障分支

2）水下油气生产系统 FTA 定性分析

水下油气生产系统 FTA 定性分析主要是求出最小割集，即找出导致顶事件发生的全部基本事件。可根据故障树“或”门运算法则进行计算。顶事件 T 包括的底事件可表示为：

$$T=\{X1\},\{X2\},\{X3\},\{X4\},\{X5\},\{X6\},\{X7\},\cdots,\{X135\},\{X136\}$$

3）水下油气生产系统 FTA 定量分析

失效数据主要来自最新版 OREDA 可靠性数据手册，结合实际现场调研情况进行故障数据统计，可以得到底事件失效均值 m。在传统故障树基础上，引入三角模糊集合理论，将各底事件失效概率模糊化，用模糊子集描述底事件故障率。假定三角模糊函数 $\widetilde{F}_i$ 相互对称，且与失效均值 m_i 相差 -50% 的点 x 的隶属度为 0.3，与失效均值 m_i 相差 $+50\%$ 的点 x 的隶属度为 0.2，则有：

$$\begin{cases}1-(m_i-x)/\alpha_i=\alpha_i/(\alpha_i-0.5m_i)=0.3\\1-(x-m_i)/\beta_i=\beta_i/(\beta_i+0.5m_i)=0.2\end{cases}\tag{3-1}$$

求解上式，可得 $\alpha_i=0.714m_i$，$\beta_i=0.625m_i$。根据此关系式可求出基本事件失效概率的上下限数值，汇总后见表 3-7。

表 3-7 底事件概率

事件编码	事件名称	$m/(10^{-6}\cdot h^{-1})$	$\alpha/(10^{-6}\cdot h^{-1})$	$\beta/(10^{-6}\cdot h^{-1})$
X1	静态脐带缆液压/化学线故障	0.97	0.692 6	0.606 3
X2	电源/信号线故障	0.59	0.421 3	0.368 8
X3	静态脐带缆护套/盔甲故障	0.35	0.249 9	0.218 8
X4	静态水下脐带缆终端故障	0.55	0.392 7	0.343 8
X5	静态水上脐带缆终端故障	0.39	0.278 5	0.243 8
X6	弯曲限制器故障	0.47	0.335 6	0.293 8
X7	动态脐带缆液压/化学线故障	0.32	0.228 5	0.200 1
X8	动态脐带缆电源/信号线故障	0.35	0.249 9	0.218 8
X9	浮力装置故障	0.62	0.442 7	0.387 5
X10	动态水下脐带缆终端故障	6.41	4.576 7	4.006 3

续表

事件编码	事件名称	$m/(10^{-6}\cdot h^{-1})$	$\alpha/(10^{-6}\cdot h^{-1})$	$\beta/(10^{-6}\cdot h^{-1})$
X11	动态水上脐带缆终端单元故障	1.98	1.413 7	1.237 5
X12	动态脐带缆护套/盔甲故障	0.27	0.192 8	0.168 8
X13	稳定及指引装备故障	0.69	0.492 7	0.431 3
X14	水下分配模块蓄能器故障	0.28	0.199 9	0.175 1
X15	分配模块化学注入耦合器故障	0.13	0.092 8	0.081 3
X16	水下分配模块光纤耦合器故障	6.62	4.726 7	4.137 5
X17	水下分配模块液压耦合器故障	0.12	0.085 7	0.075 0
X18	水下分配模块电源/信号线故障	0.42	0.299 9	0.262 5
X19	光纤跨接器故障	12.13	8.660 8	7.581 3
X20	液压/化学跨接器故障	0.68	0.485 5	0.425 1
X21	分配模块电源/信号跨接器故障	0.24	0.171 4	0.150 1
X22	水下分配模块软管故障	3.30	2.356 2	2.062 5
X23	水下分配模块硬管故障	0.16	0.114 2	0.100 2
X24	水下分配模块分流板故障	2.74	1.956 4	1.712 5
X25	水下控制模块化学注入耦合器故障	0.28	0.199 9	0.175 0
X26	水下控制模块光纤耦合器	23.78	16.978 9	14.862 5
X27	水下控制模块液压耦合器故障	0.17	0.121 4	0.106 3
X28	控制模块电源/信号跨接器故障	0.13	0.092 8	0.081 3
X29	滤波器故障	0.02	0.014 3	0.012 5
X30	电磁控制阀故障	0.53	0.378 4	0.331 3
X31	水下控制模块单向阀故障	0.53	0.378 4	0.331 3
X32	模块基盘故障	0.29	0.207 1	0.181 3
X33	蓄能器故障	0.09	0.064 3	0.056 3
X34	备用能源装置故障	0.03	0.021 4	0.018 8
X35	水下电力模块故障	9.90	7.068 6	6.187 5
X36	温度-压力传感器故障	3.88	2.770 3	2.425 1
X37	压力传感器故障	0.72	0.514 1	0.450 1
X38	温度传感器故障	0.68	0.485 5	0.425 1
X39	流量传感器故障	3.51	2.506 1	2.193 8
X40	油气泄漏传感器故障	0.36	0.257 1	0.225 1
X41	测砂传感器故障	56.4	40.269 6	35.250 1
X42	阀门位置传感器故障	2.80	1.999 2	1.750 0
E7	化学注入单元故障	19.95	14.244 3	12.468 8
E8	液压动力单元故障	83.45	59.583 3	52.156 3
E9	电力单元故障	17.68	12.623 5	11.050 1
E10	主控站故障	123.9	88.464 6	77.437 5

续表

事件编码	事件名称	$m/(10^{-6}\cdot h^{-1})$	$\alpha/(10^{-6}\cdot h^{-1})$	$\beta/(10^{-6}\cdot h^{-1})$
X43	立管连接器故障	0.02	0.014 3	0.012 5
X44	立管绝缘装置故障	0.18	0.128 5	0.112 5
X45	立管管线故障	1.20	0.856 8	0.750 0
X46	立管气升装置故障	0.84	0.599 8	0.525 0
X47	立管基座故障	0.59	0.421 3	0.368 8
X48	立管单向阀故障	3.69	2.634 7	2.306 3
X49	立管生产介质隔离阀故障	0.58	0.414 1	0.362 5
X50	立管工作介质隔离阀故障	1.27	0.906 8	0.793 8
X51	立管阳极保护故障	0.01	0.007 1	0.006 3
X52	立管外部涂料层故障	0.09	0.064 3	0.056 3
X53	立管弯曲限制器故障	0.11	0.078 5	0.068 8
X54	立管浮力装置故障	1.71	1.220 9	1.068 8
X55	立管密封管故障	0.27	0.192 8	0.168 8
X56	立管稳定及指引装备故障	0.19	0.135 7	0.118 8
X57	张力和运动补偿装置故障	0.40	0.285 6	0.250 1
X58	海底管道阳极保护故障	3.03	2.163 4	1.893 8
X59	海底管道涂料层故障	4.07	2.906 1	2.543 8
X60	海底管道绝缘装置故障	3.03	2.163 4	1.893 8
X61	海底管道连接器故障	4.65	3.320 1	2.906 3
X62	海底管道安全接头故障	0.31	0.221 3	0.193 8
X63	海底管道柔性短管故障	0.09	0.064 3	0.056 3
X64	海底管道硬性短管故障	4.01	2.863 1	2.506 3
X65	海底管线故障	7.15	5.105 1	4.468 8
X66	海底管道控制阀故障	0.02	0.014 3	0.012 5
X67	海底管道保护结构故障	3.43	2.449 1	2.143 8
X68	海底管道支撑结构故障	23.67	16.900 4	14.793 8
X69	海底管道生产隔离阀故障	16.34	11.666 8	10.212 5
X70	海底管道隔离阀故障	1.87	1.335 2	1.168 8
X71	管汇化学注入耦合器故障	0.09	0.064 3	0.056 3
X72	管汇模块连接器故障	0.32	0.228 5	0.200 1
X73	管汇模块液压耦合器故障	0.03	0.021 4	0.018 8
X74	管汇模块绝缘装置故障	5.67	4.048 4	3.543 8
X75	管汇模块硬管故障	1.62	1.156 7	1.012 5
X76	管汇模块保护结构故障	0.90	0.642 6	0.562 5
X77	管汇模块支撑结构故障	1.03	0.735 4	0.643 8
X78	管汇模块生产介质隔离阀故障	3.31	2.363 3	2.068 8

续表

事件编码	事件名称	$m/(10^{-6}\cdot h^{-1})$	$\alpha/(10^{-6}\cdot h^{-1})$	$\beta/(10^{-6}\cdot h^{-1})$
X79	管汇模块工作介质隔离阀故障	0.20	0.142 8	0.125 1
X80	管汇模块单向阀故障	0.02	0.014 3	0.012 5
X81	管汇模块阻塞阀故障	4.21	3.005 9	2.631 3
X82	管汇模块控制阀故障	10.64	7.597 1	6.650 1
X83	管汇清管模块连接器故障	1.28	0.913 9	0.800 1
X84	海底清管器故障	4.51	3.220 1	2.818 8
X85	管汇清管模块硬管故障	0.86	0.614 1	0.537 5
X86	管汇清管模块保护结构故障	1.76	1.256 6	1.100 0
X87	管汇清管模块支撑结构故障	2.47	1.763 6	1.543 8
X88	管汇清管模块生产介质隔离阀故障	1.25	0.892 5	0.781 3
X89	管汇清管模块工作介质隔离阀故障	0.35	0.249 9	0.218 8
X90	管汇清管模块单向阀故障	0.02	0.014 3	0.012 5
X91	管汇基盘导向模块故障	0.07	0.050 1	0.043 8
X92	管汇基盘桩故障	0.42	0.299 9	0.262 5
X93	管汇基盘保护结构装置故障	0.41	0.292 7	0.256 3
X94	井口头永久导向基座故障	0.05	0.035 7	0.031 3
X95	井口头临时导向基座故障	0.41	0.292 7	0.256 3
X96	井口头导管头故障	0.25	0.178 5	0.156 3
X97	高压井口头故障	0.03	0.021 4	0.018 8
X98	井口头环空密封总成故障	0.06	0.042 8	0.037 5
X99	井口头套管悬挂器故障	0.03	0.021 4	0.018 8
X100	采油树化学试剂注入耦合器故障	0.02	0.014 3	0.012 5
X101	采油树连接器故障	0.34	0.242 8	0.212 5
X102	采油树液压耦合器故障	0.07	0.050 1	0.043 8
X103	采油树防尘帽故障	0.04	0.028 6	0.025 1
X104	采油树绝缘装置故障	26.80	19.135 2	16.750 2
X105	采油树导向架故障	0.40	0.285 6	0.250 1
X106	采油树单向阀故障	0.17	0.121 4	0.106 3
X107	采油树节流阀故障	5.53	3.948 4	3.456 3
X108	采油树控制阀故障	5.66	4.041 2	3.537 5
X109	采油树生产介质隔离阀故障	0.68	0.485 5	0.425 1
X110	采油树工作介质隔离阀故障	0.54	0.385 6	0.337 5
X111	采油树管线轴故障	0.09	0.064 3	0.056 3
X112	采油树柔性管接头故障	0.46	0.328 4	0.287 5
X113	采油树硬管故障	0.48	0.342 7	0.300 1
X114	采油树帽故障	0.52	0.371 3	0.325 1

续表

事件编码	事件名称	$m/(10^{-6}\cdot h^{-1})$	$\alpha/(10^{-6}\cdot h^{-1})$	$\beta/(10^{-6}\cdot h^{-1})$
X115	内部采油树帽隔离阀故障	0.35	0.249 9	0.218 8
X116	内部采油树帽堵塞器故障	0.11	0.071 4	0.062 5
X117	油管悬挂器化学剂注入耦合器故障	0.14	0.100 1	0.087 5
X118	油管悬挂器液压耦合器故障	0.05	0.035 7	0.031 3
X119	油管悬挂器电源/信号耦合故障	1.65	1.178 1	1.031 3
X120	油管悬挂器本体故障	0.34	0.242 8	0.212 5
X121	油管悬挂器隔离塞故障	0.11	0.078 5	0.068 8
X122	化学试剂注入耦合器故障	63.52	45.353 3	39.700 1
X123	采油树节流模块连接器故障	0.13	0.092 8	0.081 3
X124	节流模块液压耦合器故障	0.76	0.542 6	0.475 1
X125	采油树节流模块流量环故障	0.71	0.506 9	0.443 8
X126	采油树节流模块框架故障	0.11	0.071 4	0.062 5
X127	采油树节流模块硬管故障	63.52	45.353 3	39.700 1
X128	采油树节流模块单向阀故障	2.76	1.970 6	1.725 0
X129	采油树节流模块节流阀故障	14.37	10.260 2	8.981 3
X130	采油树节流模块控制阀故障	63.52	45.353 3	39.700 1
X131	采油树节流模块隔离阀故障	0.74	0.528 4	0.462 5
X132	基座框架故障	0.71	0.506 9	0.443 8
X133	基座毂故障	0.04	0.028 6	0.025 1
X134	基座单向阀故障	1.24	0.885 4	0.775 2
X135	基座生产介质隔离阀故障	0.76	0.5426	0.4751
X136	基座工作介质隔离阀故障	3.25	2.320 5	2.031 3

在故障树分析中，将传统逻辑门算子用模糊门算子代替，并利用 MATLAB 对公式进行编程求解(结果保留 4 位有效数字)，得到中间事件 M1～M5 和顶事件 T 关于 λ 截集的失效概率区间。当 $\lambda=0$ 时，底事件故障率为模糊区间，则顶事件 T 和中间事件 M1～M5 的失效概率分别为：

$$F_{T}=[0.221\ 8\times10^{-3},1.259\ 710^{-3}],F_{M1}=[0.112\ 1\times10^{-3},0.633\ 4\times10^{-3}]$$

$$F_{M2}=[0.319\ 0\times10^{-5},0.181\ 2\times10^{-4}],F_{M3}=[0.205\ 4\times10^{-4},0.116\ 5\times10^{-3}]$$

$$F_{M4}=[0.118\ 5\times10^{-4},0.673\ 4\times10^{-4}],F_{M5}=[0.748\ 0\times10^{-4},0.424\ 9\times10^{-3}]$$

即顶事件 T 的最小失效概率为 0.000 221 8，最大失效概率为 0.001 259 710。求解水下油气生产系统的可靠度 $R_{T,\lambda=0}$ 为：

$$R_{T,\lambda=0}=[0.998\ 741\ 1,0.999\ 778\ 21]$$

3.1.3 基于贝叶斯网络的水下油气生产系统可靠性分析

贝叶斯网络分析法既能正反向推理，进行可靠性定量分析，又能描述部件故障逻辑关系的不确定性。因此，在上述分析的基础上提出贝叶斯网络分析法，进行水下油气生产系统可靠性研究，借助贝叶斯网络软件 GeNle 进行系统反向故障概率推理，为系统故障诊断提供一定的指导。在系统发生故障的情况下，借助贝叶斯网络软件预测各根节点发生的后验概率，并判断各根节点和中间节点对系统的影响程度，找出系统薄弱环节。

图 3-19 所示为水下油气生产系统发生故障情况（T 为 1）时，推理的各根节点及中间节点的后验概率。限于篇幅，将各根节点用“Icon”形式表示，其余节点用“Bar Chart”形式表示。Bar Chart 表格中“YES”表示当系统发生故障时该节点发生故障的概率，“NO”表示当系统发生故障时该节点不失效的概率。图中给出的概率数值是近似值，精确值还需要进一步查看节点属性。

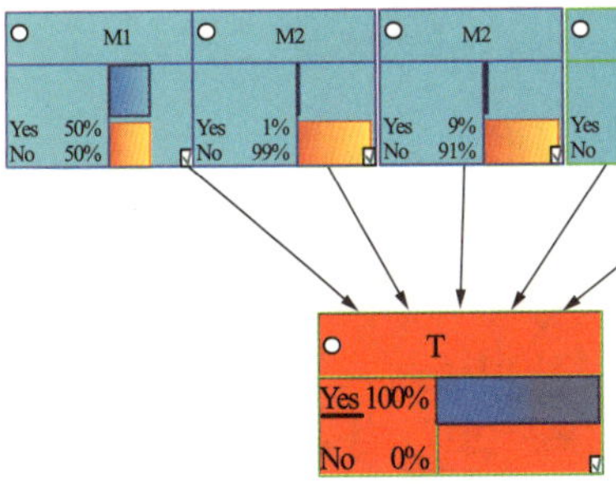

M1	M2	M3	M4	M5	T	
					YES	NO
NO	NO	NO	NO	NO	0	0
NO	NO	NO	NO	YES	1	0
NO	NO	NO	YES	NO	1	0
…	…	…	…	…	1	0
YES	YES	YES	YES	YES	1	1

（a）

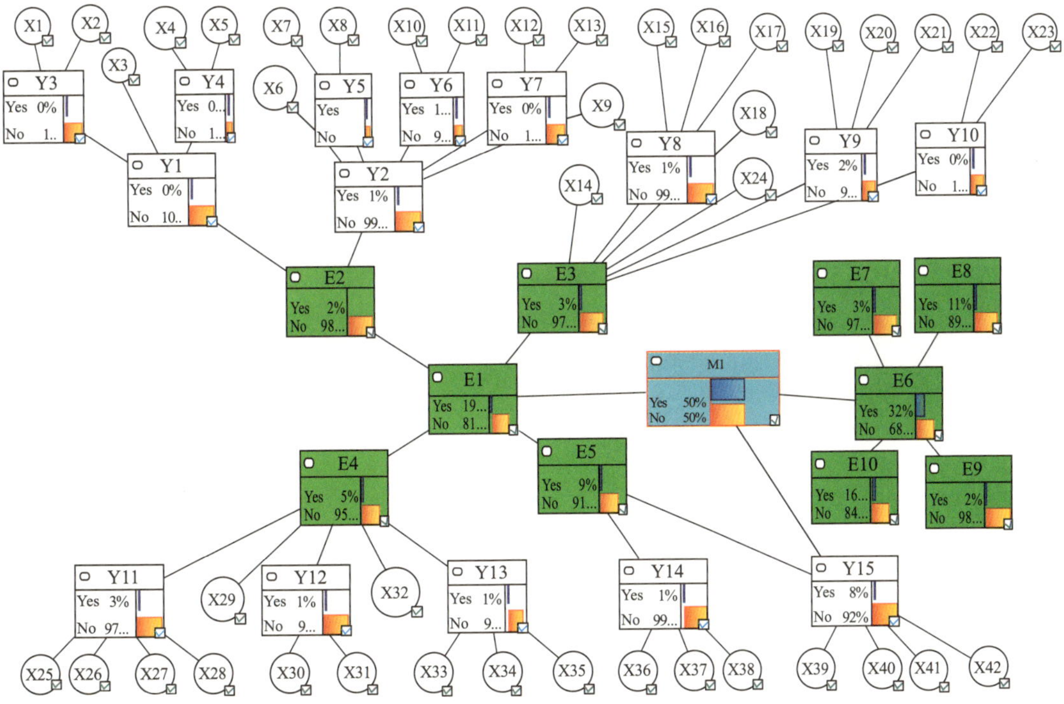

（b）

图 3-19　水下油气生产系统贝叶斯网络反向推理图

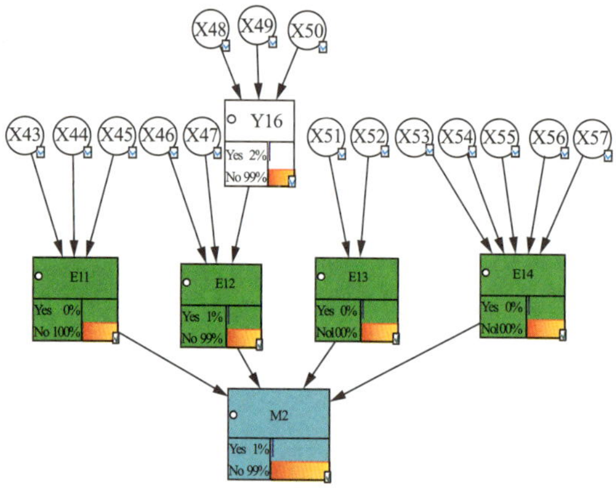

(c)

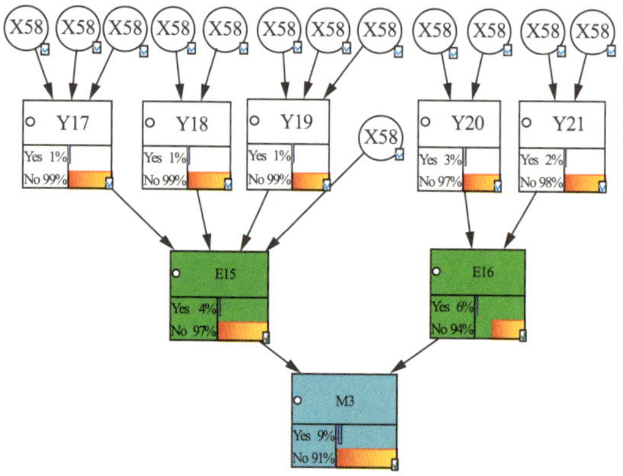

(d)

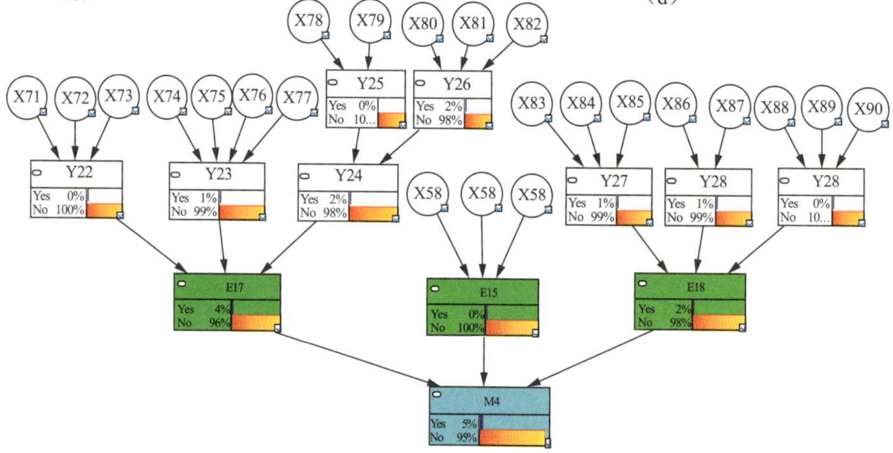

(e)

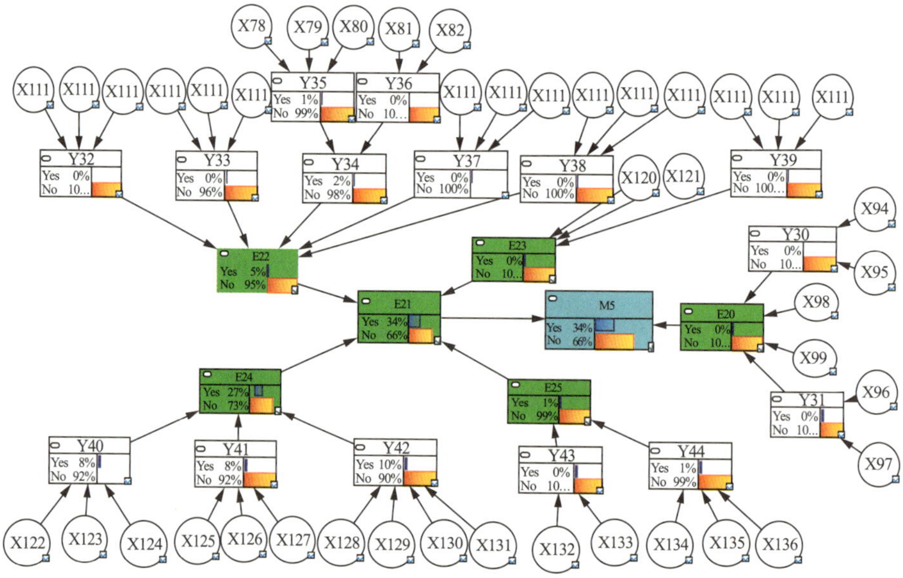

(f)

图 3-19(续) 水下油气生产系统的贝叶斯网络反向推理图

当水下油气生产系统发生故障时，5 个子系统的后验概率排序为：水下控制子系统＞水下井口装置及采油树子系统＞水下管汇子系统＞海底管线子系统＞水下立管子系统，且水下控制子系统和水下井口装置及采油树子系统是水下油气生产系统的薄弱环节。

由图 3-20 可知，当水下油气生产系统发生故障时，设备级后验概率排序为：控制系统传感器＞水上主控站＞水下采油树节流模块＞水下分配单元＞海底管线隔离单元＞水下采油树本体＞脐带缆＞水下管汇模块＞海底管线单元＞化学注入单元＞电力单元＞水下管汇清管模块＞立管基座＞水下采油树流动基座＞立管辅助配件单元＞水下采油树油管悬挂器＞立管单元＞水下管汇基盘模块＞水下井口头＞立管保护装置，且控制系统传感器、水上主控站、水下采油树节流模块、水下分配单元、海底管线隔离单元占比较大，为系统薄弱环节。当系统发生故障时，可按中间节点后验概率大小排列顺序检测相应的节点。

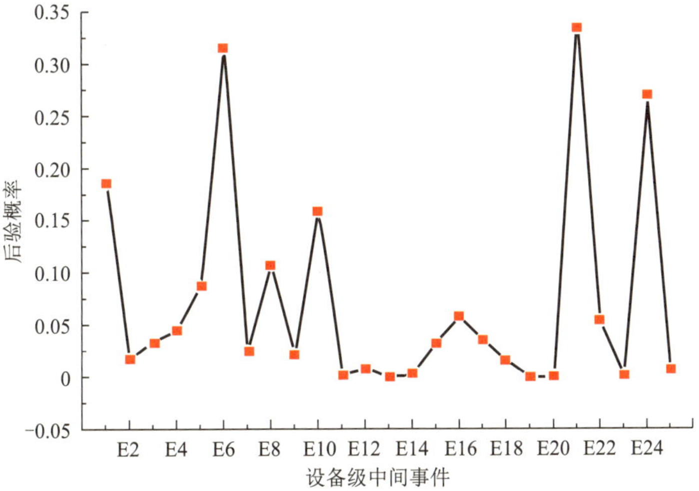

图 3-20 设备级后验概率分布

部件级后验概率分布如图 3-21 所示。

为方便识别系统薄弱环节，对各子系统进行部件概率重要度分析，可得：

(1) 在水下控制子系统中，水下控制模块光纤耦合器、水下分配模块光纤跨接器、水下分配模块光纤耦合器、动态水下脐带缆终端、温度-压力传感器、流量传感器、水下分配模块软管、阀门位置传感器、水下分配模块分流板、动态水上脐带缆终端等部件故障相对来说是薄弱环节。

(2) 在水下立管子系统中，立管单向阀、立管浮力装置、管线、立管工作介质隔离阀等部件故障相对来说是薄弱环节。

(3) 在海底管线子系统中，海底管道支撑结构、海底管道生产隔离阀、管线、海底管道涂料层、海底管道连接器、硬性短管、管道保护装置、管道绝缘装置等部件故障相对来说是薄弱环节。

(4) 在水下管汇子系统中，管汇模块控制阀、管汇模块绝缘装置、海底清管器、管汇模块阻塞阀、管汇模块生产介质隔离阀、管汇清管模块支撑结构、管模块保护结构等部件故障相对来说是薄弱环节。

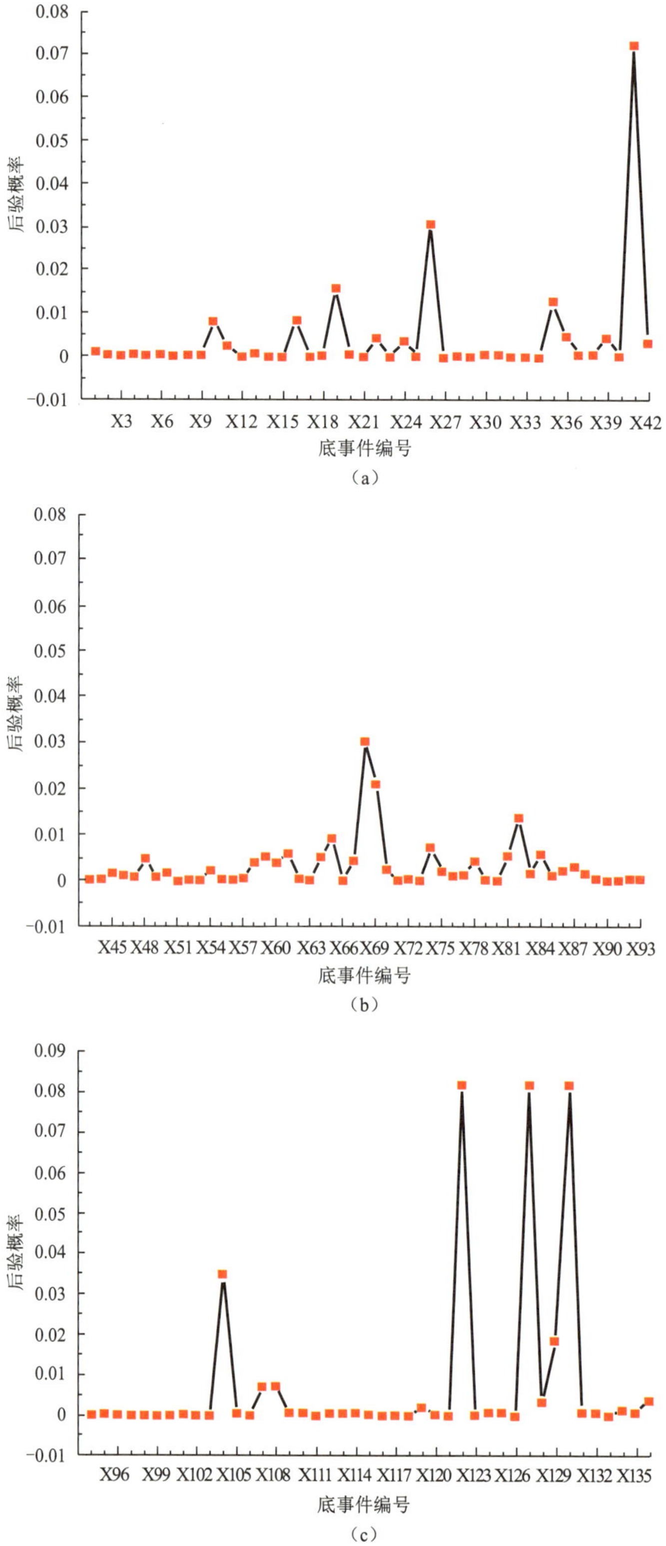

图 3-21　部件级后验概率分布

(5) 在水下井口装置及采油树子系统中，油管悬挂器化学试剂注入耦合器、节流模块硬管、节流模块控制阀、采油树绝缘装置、采油树控制阀、节流阀、基座工作介质隔离阀、节流模块单向阀、油管悬挂器电源/信号耦合器等部件故障相对来说是薄弱环节。

针对各子系统的薄弱环节，采取措施进行重点防御保护和定时检测，以防止及减少生产安全事故，保障水下油气生产系统工作有序进行。

3.1.4　水下油气生产系统可靠性分配

1) 系统可靠性框图建立

将水下油气生产系统按系统级、子系统级、设备级逐级展开，建立设备之间以串联形式组合而成的可靠性框图，如图 3-22 所示。

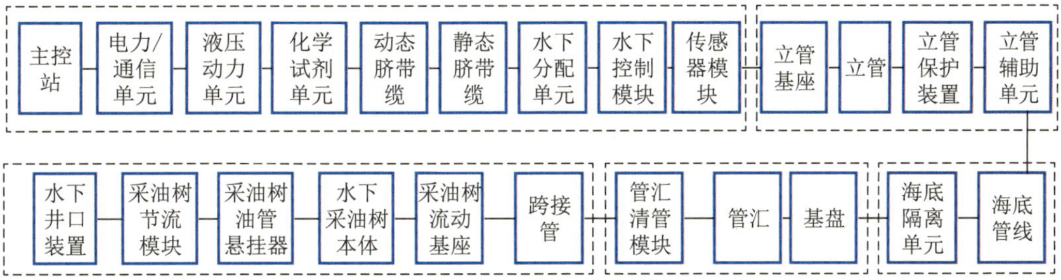

图 3-22　水下油气生产系统可靠性框图

采取一次分配和再分配结合的方案，先一次分配到子系统，再分配到设备级，并简化系统可靠性框图。简化后的系统可靠性框图由水下控制子系统、水下立管子系统、海底管线子系统、水下管汇子系统、水下井口装置及采油树子系统五大子系统串联而成，如图 3-23 所示。

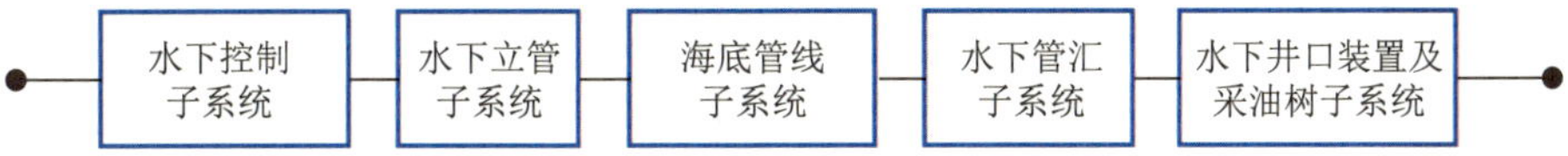

图 3-23　系统可靠性简化框图

根据水下油气可靠性框图，可得系统可靠性数学模型的计算表达式为：

$$R_s(t)=\prod_{i=1}^{5}R_i(t)\quad(1\leqslant i\leqslant 5)\tag{3-2}$$

式中，$R_s(t)$为系统可靠度；$R_i(t)$为子系统可靠度。

2) 系统可靠性分配

系统可靠性分配过程如下：

(1) 可靠性指标选择。失效率是最直接的评价指标。对复杂系统而言，选择失效率作为分配指标可使设计人员得到直观明确的分配结果。南海某国产化水下油气生产系统要求可靠度大于 99%。考虑到在可靠性分配时会出现评价因素分析不周全等情况，往往需要预留 5%～10%的分配余量，初步设计系统可靠度 $R_s=0.995$，则失效率 $\lambda_s=0.005\ 012$，并将系统中各设备的寿命按近似指数分布处理。

(2) 确定评价对象影响因素集合。综合考虑系统的复杂程度、技术工艺水平、工作环境、故障发生频率、故障后果严重程度、维修性影响因素，确定评价对象的影响因素集合 V 为：

$$V=\{v_1,v_2,v_3,v_4,v_5,v_6\}$$

(3) 建立递阶层次模型。定义目标层、准则层和对象层，构建系统递阶层次模型，如图 3-24所示。第一层为目标层 A，表示系统的总故障率；第二层为准则层 C，表示相对于目标层而选择的评价因素集合，其中 v_1 表示系统复杂程度，v_2 表示技术工艺水平，v_3 表示工作环境，v_4 表示故障发生频率，v_5 表示故障后果严重程度，v_6 表示维修性；第三层为对象层 P，分别对应各子系统，即水下控制子系统 M1、水下立管子系统 M2、海底管线子系统 M3、水下管汇子系统 M4、水下井口装置及采油树子系统 M5。

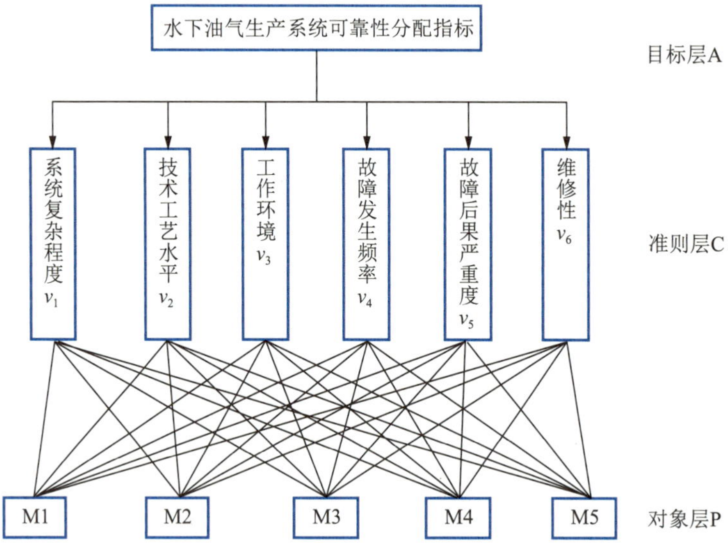

图 3-24 系统递阶层次模型

(4) 建立专家评分系统。选取与海洋及石油装备领域相关的专家进行水下油气生产系统可靠性影响因素评价，并通过专家评分搭建系统评价指标体系，通过归一化处理得到各专家权重比。

(5) 构造判断矩阵。专家分别对准则层 C 各评价因素相对于目标层 A 的重要程度进行评比。根据所记录的专家给出的如“同样重要、稍微重要、明显重要”等评价，将语言表达形式通过标度转化为具体数字，从而构建各判断矩阵$\boldsymbol{M}_{\mathrm{cp}}$。

(6) 复合分配法计算。选用 AHP 和相似产品分配法结合的复合分配法进行可靠性分配。

(7) 二次可靠性分配。将分配到各子系统的可靠性指标进行二次可靠性分配，分配到下属的设备级别。由于各子系统所处的条件差异很大，应重新构建各子系统的递阶层次模型，如图 3-25 所示。通过专家系统构建各子系统的判断矩阵，经复合分配法求解各设备级别的权重系数，最终可得到各设备单元的失效率。分配过程同上述一次分配，将直接给出最终的可靠性分配结果。

(8) 可靠性分配结果。选用 AHP 和相似产品分配法结合的复合分配法，自顶向下进行水下油气生产系统可靠性分配。分配结果见表 3-8 和表 3-9。

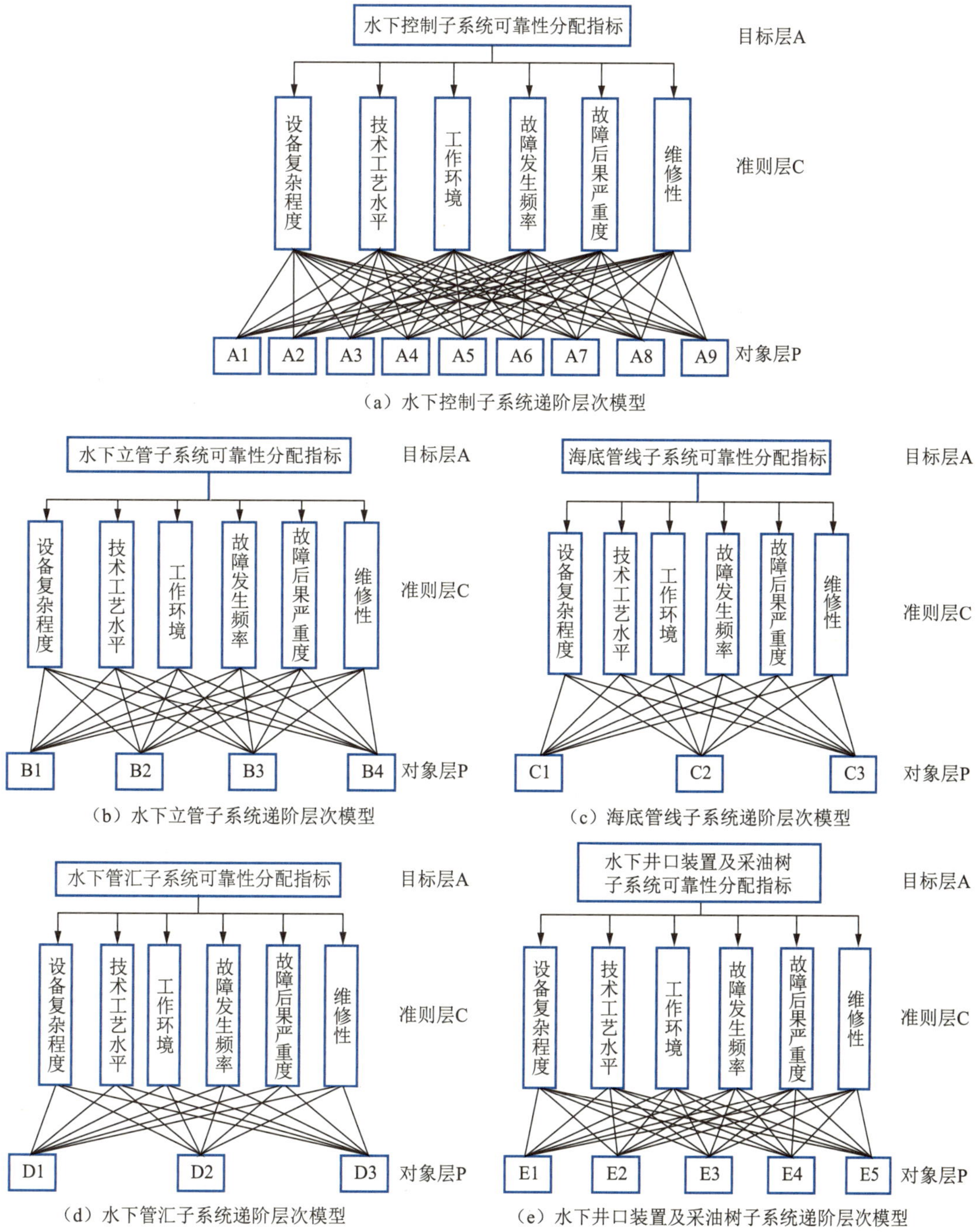

图 3-25　各子系统递阶层次模型

表 3-8　水下油气生产系统子系统级可靠性分配结果

子系统	失效率 λ	可靠度 R
水下控制子系统	0.001 263	0.998 738
水下立管子系统	0.000 311	0.999 689

续表

子系统	失效率 λ	可靠度 R
海底管线子系统	0.000 505	0.999 495
水下管汇子系统	0.000 565	0.999 435
水下井口装置及采油树子系统	0.000 971	0.999 029

表 3-9　水下油气生产系统设备级可靠性分配结果

设备级	失效率 λ	设备级	失效率 λ
主控站	4.34E-04	立管辅助单元	9.38E-06
电力/通信单元	6.19E-05	海底管线	9.23E-05
液压动力单元	2.92E-04	海底隔离单元	1.59E-04
化学试剂单元	6.98E-05	管汇模块	9.81E-05
动态脐带缆	5.90E-05	管汇清管模块	4.38E-05
静态脐带缆	4.89E-05	管汇基盘模块	3.15E-06
水下分配单元	9.39E-05	跨接管	4.68E-05
水下控制单元	1.25E-04	采油树流动基座	2.10E-05
传感器模块	2.39E-04	采油树本体	1.48E-04
立管基座	4.90E-06	油管悬挂器装置	8.02E-06
立　管	2.44E-05	采油树节流模块	7.35E-04
立管保护装置	3.86E-06	水下井口装置	2.91E-06

对我国南海某国产化水下油气生产系统进行可靠性分配研究，提出一种基于相似产品分配法和层次分析法(AHP)结合的复合分配法。通过建立系统可靠性框图和可靠性分配模型，从系统复杂程度、技术工艺水平、工作环境、故障发生频率、故障后果严重程度、维修性 6 个方面综合考虑国产化因素，并运用专家评分系统构造判断矩阵，经过可靠性一次分配和再分配，将系统可靠性指标分配到各子系统及设备单元。该分析方法及结果对我国南海首个国产化水下油气生产系统可靠性设计工作具有一定的工程意义。

3.2　水下控制系统整体可靠性技术

水下控制系统是利用水下油气生产系统对深海油气田进行开发的关键设备。相对于陆地和平台上的油气生产系统，水下油气生产系统工作条件更恶劣，更不易控制，出现故障后对环境造成的危害和经济损失更大，存在的风险更大。水下控制系统作为水下油气生产的中枢神经和大脑，是水下生产的关键设备，其系统结构复杂，技术难度大，维修困难，维修成本高。水下控制系统需要在海洋油气田几十年的整个生产过程中长时间使用且无故障免维修，由此对水下控制系统提出了极高的安全可靠性要求。

3.2.1 水下控制系统组成

水下控制系统是开发海洋油气资源的重要装备。根据系统组成结构分类,水下控制系统有 8 种典型结构,分别是直接液压控制、先导液压控制、顺序液压控制、直接电液控制、复合电液控制、全电控制、水下自治控制和集成浮漂控制。水下复合电液控制系统是主流的控制方案。

水下控制系统(以复合电液控制系统为例)工作时,由水面 MCS 发出对水下控制设备的控制信号,控制信号经编码后通过控制脐带缆向下传给水下 SCM,控制信号在 SCM 中被解码并执行,操作人员可从控制系统反馈回来的数据(如阀门位置及流道压力等)来确认执行结果。例如,当需要关闭水下采油树生产主阀时,SCM 接收到水面主控站的控制信号后进行解码处理,解码后的信号会连通开关,使对应电磁阀通电,阀芯动作,储存的液压液进入主阀驱动器,推动闸板关闭阀门。

水下控制系统可分为上部设施和水下设施两部分。水下控制系统上部设施主要包括主控站(MCS)和电力单元(EPU)、液压动力单元(HPU)、上部脐带缆终端(TUTA);水下控制系统水下设施包括水下脐带缆终端(SUTA)、水下分配单元(SDU)及水下控制模块(SCM)。MCS 和 EPU 是处于整个水下控制系统的控制层和动力层,它们通过脐带缆和脐带缆水下终端向水下采油树的生产系统输出电力及控制信号,从而实现对整个水下油气生产系统的掌控。

主控站(MCS)安装在平台或 FPSO 上,是整个水下控制系统的中枢,实现整个水下油气生产系统的控制、监测、检测、报警及紧急关停等功能;电力单元(EPU)具备控制、检测、电气隔离功能并能为水下控制模块 SCM 提供稳定的电力,以保证水下生产可以安全稳定、可靠持续运行;液压动力单元(HPU)用于水下油气生产系统的液压控制,为水下阀门的操作提供稳定、干净的液压供应;上部脐带缆终端(TUTA)连接水上设备,并将各路管线整合到脐带缆管线中;水下脐带缆终端(SUTA)连接水下设备,将脐带缆中的各路管线与水下分配单元连接;水下分配单元(SDU)为水下控制模块提供所需的动力源,分配单元包括液压分配单元(HDU)、电力分配单元(EDU)、化学药剂注入单元和通信模块;水下控制模块(SCM)控制水下采油树和生产管汇上各种控制阀门的开关状态并进行监测,以控制生产管汇内的流量,按预先设定的逻辑程序对水下设备进行控制,监控通信状态,监控液压供给压力,监测水下设备的工作状态并传递至水面,在水下设备工作异常时发出警告,在任何参数超出安全范围时自动关井,以及在紧急情况下关井。

水下控制系统信号传递路径包括:

(1) 高/低压液压液的传递路径,即液压动力源(HPU)→水面控制脐带缆终端(TUTA)→水下液压分配单元(HDU)→水下控制模块(SCM)→换向阀→水下执行机构。

(2) 电力传递路径,即电源(EPU)→水面控制脐带缆终端(TUTA)→水下电力分配单元(EDU)→水下电子模块(SEM)。

(3) 水下监测信号传递路径,即水下检测仪表→水下电子模块(SEM)→水下控制脐带缆终端(SUTU)→水面控制脐带缆终端(TUTA)→主控站(MCS)。

(4) 控制信号传递路径,即主控站(MCS)→水面控制脐带缆终端(TUTA)→水下控制脐带缆终端(SUTU)→水下电子模块(SEM)→电磁换向阀。

水下控制系统的两个重要组成部分是主控站(MCS)和水下控制模块(SCM)。

MCS是整个水下油气生产系统的核心,位于水面但却承载整个系统的运行、监控、维护及调试。从水面控制站传出的控制信号以及水下采油树的数据采集都通过SCM进行传输。水下控制系统流程框图如图3-26所示。

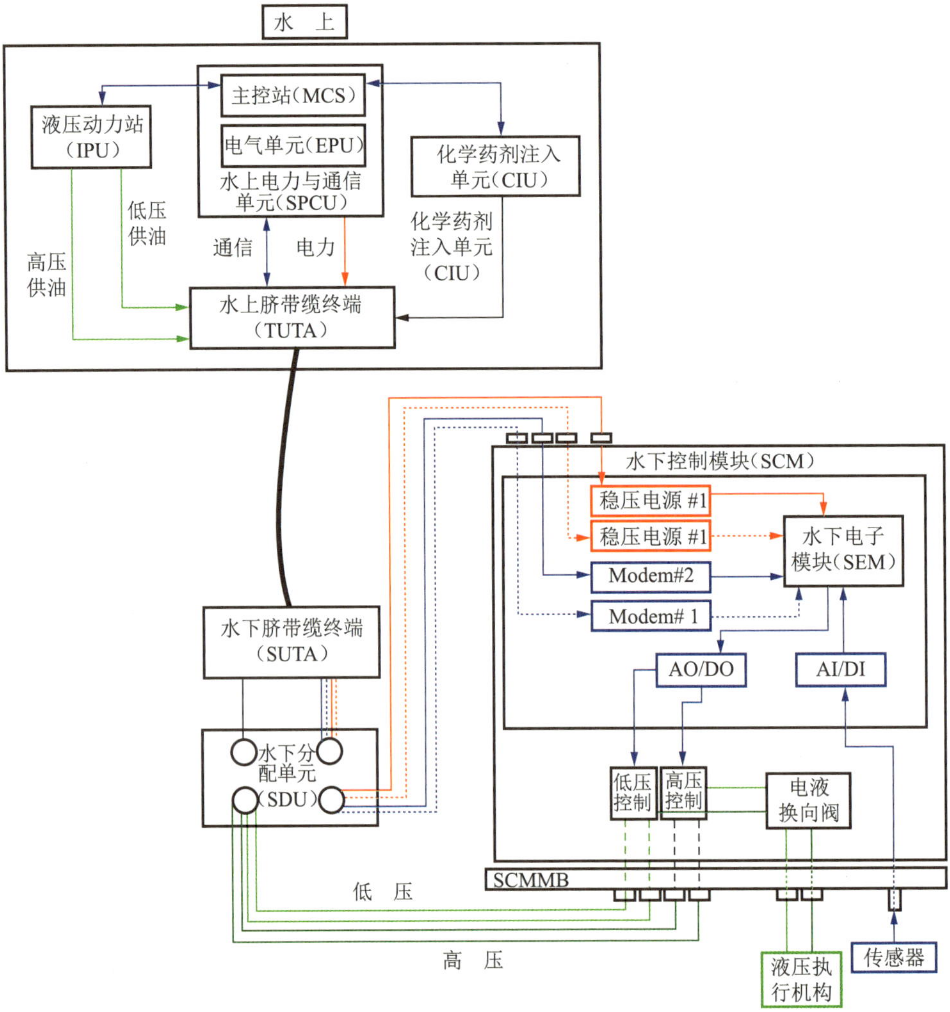

图 3-26　水下控制系统流程框图

整个控制系统考虑由位于依托设施的水面控制设备、水下控制设备和控制脐带缆等组成,主要包括液压动力单元(HPU)、供电单元(EPU)、主控站(MCS)及水面脐带缆终端(TUTA)等。水下控制设备主要包括水下脐带缆终端(SUTA)、水下分配单元(SDU)及水下控制模块(SCM)。

1) 液压动力单元(HPU)

水下复合电液系统依靠换向阀控制液压油导通和关断,控制液动力推动执行机构动作,完成对水下油气生产系统的操控。其构成和工作方式为:

(1) 向水下提供干净液压流体。

（2）冗余，包括高压 A/B 和低压 A/B。

（3）单独为水下隔离阀作业提供流体。

（4）为水下油气生产系统提供遥控/监控功能。

（5）双路电力驱动液压泵。

（6）蓄能器提供足够的控制液动力。

2）主控站（MCS）

主控站接受水上和水下生产状态，包括控制液压力流量、环空压力、choke 前后压差、电力供应单元电压等状态，同时对水下控制单元输出控制信号，具有实时监控和状态记录等功能。

主控站组成部分包括：

（1）HPCU PLC A/B，监控化学药剂注入。

（2）HPU PLC A/B，监控液压动力单元。

（3）SPCU Server A/B，生产控制单元。

（4）与上层和水下设备进行通信。

（5）2 台主控机，即服务器和 OPC 服务器。

（6）主控站需要安装在空调设备室内。

（7）人机接口，对综合系统和安全系统（ICSS）、过程关闭系统（PSD）或主控装置操作员站发出的指令做出响应。

（8）所有水下和地面设备的图形可视化。

3）电力供应单元（EPU）

水上和水下系统电力分配模块由三部分组成：一部分为水上提供电力；另外两部分为冗余设计，为水下电力供应单元。

电力供应单元包括以下部分：

（1）A 单元和 B 单元。

（2）6 个电力设备支架。

（3）6 个 SOM（高压直流 P/S），包括多功能显示、管线末端歧管/多功能显示器及备用单元。

电力供应单元安装在空调设备室内。

4）脐带缆终端

脐带缆终端连接水上设备，并将各路管线整合到脐带缆管线中。上部脐带缆终端（TUTA）包含控制液（低压和高压）流体输入/输出、电力电源、通信线路。这里需要两种 TUTA，一种用于与主脐带缆连接，另一种用于与 SSIV 脐带缆连接。TUTA 提供脐带缆之间的接口和它们在平台上各自的 CEP 供应包（如液压动力单元）。TUTA 应为所有脐带功能模块提供一个水上的连接点。TUTA 可以显示本地上所有线路进入 J 管的脐带入口之前的状态。TUTA 还包括适当数量的电气和光纤的接线盒以连接脐带缆系统中各电缆。

水下脐带缆终端（SUTA）一般包括防沉板、脐带缆终端本体，以及支座、吊耳、防落物盖板、YOKE 转臂等。结构设计要求海上吊装过程中的动态放大系数（DAF）不能超过 2，脐带缆的张力不大于 96 kN，最小弯曲半径不小于 1.2。

5）水下分配单元(SDU)

电液复合式水下分配系统包括脐带缆终端头和水下分配单元两部分，其中水下分配单元由液压分配单元和电气分配单元组成。脐带缆终端头与脐带缆相连，实现将液压和电气管线从水面到水下的分配传输。液压分配单元通过液压飞线与脐带缆终端头相连，在内部金属管路上将输入端的高、低压液压液和各类化学药剂分配输送到液压分配单元的输出端，以实现为控制设备提供液压动力和为水下生产设备提供化学药剂的功能。电气分配单元也采用电气飞线和脐带缆终端头相连的方式，并通过分线盒对输入的光(电)信号、电力实现分支输出，以实现为各水下控制模块提供控制信号和电力的功能，且电气分配系统必须设置电气线路隔离装置以实现隔离故障电路的功能。

6）水下控制模块(SCM)

水下控制模块的所有功能都是通过其内部工作性能可靠的硬件组态和基于硬件的软件组态实现的。水下控制模块的主要功能是数据采集、控制电液换向阀的导通与关闭、工作状态诊断、稳定的液压和电力供给、动力分配。

通过以上分析可知，水下控制模块内部需要配置相关功能的硬件，主要包括水下电子模块、通信模块、稳压电源模块、换向阀和电液附属元件。上述硬件结构进行组态过程中，需要考虑海水的特殊环境因素带来的系统封装问题。水下电子模块是实现水下控制模块所有控制功能的关键设备，一般采用高可靠性的水下专用控制器。通信模块负责水上与水下双向通信。

3.2.2 水下控制系统整体失效模式和危害度分析

3.2.2.1 FMECA 概述

失效模式、影响与危害度分析(failure mode，effect and criticality analysis，FMECA)主要用来分析系统所有潜在的失效模式，确定故障的相对严重程度和发生的概率，以及产品在交付使用前发现故障的可能性。FMECA 是失效模式与影响分析(failure modes and effects analysis，FMEA)方法的扩展，是在 FMEA 的基础上加上了危害度分析(criticality analysis，CA)。FMECA 是一种用于发现问题的系统化的技术，它是一种“自底向上”的方法，从系统内所有关键部件的一个情况列表开始，一次一个部件地分析整个系统。其针对系统所有可能的故障，并根据对故障模式的分析，确定故障发生对系统工作产生的影响，找出单点故障，按故障发生的严重程度及其发生的概率定性其危害性，为提高系统可靠性水平提供依据。

FMECA 的步骤为：

(1) 系统定义。确定组件清单、系统功能与任务分析，明确系统的故障判据。

(2) FMEA。包括故障模式分析、故障原因分析、故障影响分析、故障检测方法分析、补偿措施分析。一种失效影响还可能影响上一级直到最高的分析级。因此，对每个较高级别的失效影响都要进行评价。确定局部影响的目的是在评价现有的替换措施或提出推荐的修正措施时提供一个判定依据。在某些场合下，除失效模式本身外可能没有什么局部影响。确定最终影响时，通过所有中间功能级的分析来评价和定义假定的失效对最高功能级的影响。所描述的最终影响可以是多重失效的后果。这些由多重失效引起的最终影响应在工作表格中指出。

(3) CA。进行危害度分析，得出分析结果。

使用 FMECA 方法，可以确保查找到水下控制系统各设备的每个可能的故障原因。同时，FMECA 结果可为确定控制系统重要节点及回路提供指导。

根据国家标准《系统可靠性分析技术　失效模式和影响分析（FMEA）程序》（GB/T 7826—2012），下面对水下控制系统进行 FMECA 分析，得到水下控制系统各部件的常见故障及其对水下控制系统的影响。

3.2.2.2　水下控制系统 FMECA 分析表

对水下采油树控制系统功能故障进行故障模式及故障原因分析，找出系统或设备可能出现的故障模式及每个故障模式发生的原因，从而制定针对其发生原因的有效改进措施，避免或降低可能发生的故障模式。之后进行的故障影响及严酷度分析是为了找出设备或系统的每个故障模式所产生的影响，并对其严重程度进行分析。不同故障模式造成的影响不同，由此可得到 FMECA 分析表（表 3-10）。

表 3-10　FMECA 分析表

设备名称	功能	失效模式	失效原因	失效影响		检测方法	可选预防措施	危害度等级	备注
				局部影响	最终影响				
生产主阀	控制油路的通断	不动作	执行机构或液压系统故障	无法正常控制油路	威胁安全生产	根据生产主阀上下游差压判断	更　换	Ⅳ	
生产翼阀	隔离海水及控制油路通断	不动作	执行机构或液压系统故障	无法正常控制油路	威胁安全生产	根据生产翼阀上下游差压判断	更　换	Ⅳ	
环空主阀	调节环空与生产通道压力	不动作	执行机构或液压系统故障	无法正常控制环空通道	影响环空压力释放	根据环空主阀上下游差压判断	更　换	Ⅳ	
环空翼阀	调节环空与生产通道压力	不动作	执行机构或液压系统故障	无法正常控制环空通道	影响环空压力释放	根据阀门上下游差压判断	更　换	Ⅳ	
生产调节阀	控制井口压力，调节油气生产	不动作	执行机构或液压系统故障	无法正常控制油路	威胁安全生产	根据阀门上下游差压判断	更　换	Ⅳ	
修井阀	修井操作	不动作	执行机构或液压系统故障	无法正常控制环空压力	影响安全生产	根据阀门上下游差压判断	更　换	Ⅳ	

续表

设备名称	功　能	失效模式	失效原因	失效影响		检测方法	可选预防措施	危害度等级	备注
				局部影响	最终影响				
转换阀	连接环空油管	不动作	执行机构或液压系统故障	无法正常控制油路	影响注气操作	根据阀门上下游差压判断	更　换	Ⅳ	
化学药剂注入阀 A	化学药剂注入	不动作	执行机构或液压系统故障	影响化学药剂注入	导致生产流通性下降	根据管道压力判断	更　换	Ⅳ	
化学药剂计量阀	化学药剂注计量	不动作	执行机构或液压系统故障	影响化学药剂注入	导致生产流通性下降	根据管道压力判断	更　换	Ⅳ	
化学药剂注入阀 B	化学药剂注入	不动作	执行机构或液压系统故障	影响化学药剂注入	导致生产流通性下降	根据管道压力判断	更　换	Ⅳ	
顶部阻塞器密封测试阀	顶部阻塞器密封测试	泄　漏	阀体腐蚀或外力导致泄漏	影响顶部阻塞器的密封性	缩短采油树使用寿命	根据测试通道压力表检测	更　换	Ⅱ	
环空连接器密封测试阀	环空连接器密封测试	泄　漏	阀体腐蚀或外力导致泄漏	影响环空通道密封性	生产安全性下降	根据测试通道压力表检测	更　换	Ⅱ	
生产连接器密封测试阀	生产连接器密封测试	泄　漏	阀体腐蚀或外力导致泄漏	影响生产通道密封性	产出油质量下降，并影响安全生产	根据测试通道压力表检测	更　换	Ⅱ	
井口密封测试阀	井口密封测试	泄　漏	阀体腐蚀或外力导致泄漏	影响井口密封性	导致油井易出现异常故障	根据测试通道压力表检测	更　换	Ⅱ	
SCSSV 液压供给阀＃1	SCSSV 液压供给	不动作	内部接触不良或电气结构损坏	影响液压通道正常开关	SCSSV 失灵	根据液压通道压力仪表检测	更　换	Ⅲ	
SCSSV 液压供给阀＃1	SCSSV 液压供给	误动作	输入电压过小或不稳定	影响液压通道正常开关	SCSSV 失灵	根据液压通道压力仪表检测	更　换	Ⅲ	

续表

设备名称	功　能	失效模式	失效原因	失效影响		检测方法	可选预防措施	危害度等级	备注
				局部影响	最终影响				
SCSSV 液压供给阀＃2	SCSSV 液压供给	不动作	内部接触不良或电气结构损坏	影响液压通道正常开关	SCSSV 失灵	根据液压通道压力仪表检测	更　换	Ⅲ	
SCSSV 液压供给阀＃2	SCSSV 液压供给	误动作	输入电压过小或不稳定	影响液压通道正常开关	SCSSV 失灵	根据液压通道压力仪表检测	更　换	Ⅲ	
硅油注入阀	硅油注入	泄　漏	阀体腐蚀或外力导致泄漏	影响顶部堵塞器的密封性	缩短采油树使用寿命	根据舱内压力判断	更　换	Ⅲ	
环空连接器密封压力变送器	环空连接器密封压力测试	错误输出或无输出	内部电器元件失效	无法检测环空通道密封性	无法指导环空气体泄漏的应对措施	根据监控数据指示	更换或冗余设计	Ⅲ	
顶部阻塞器连接器密封压力变送器	顶部阻塞器连接器密封压力测试	错误输出或无输出	内部电器元件失效	无法检测顶部阻塞器的密封性	无法指导阻塞器泄漏的应对措施	根据监控数据指示	更换或冗余设计	Ⅲ	
生产连接器密封压力变送器	生产连接器密封压力测试	错误输出或无输出	内部电器元件失效	无法检测生产通道密封性	无法指导生产泄漏的应对措施	根据监控数据指示	更换或冗余设计	Ⅲ	
井口连接器密封压力变送器	井口连接器密封压力测试	错误输出或无输出	内部电器元件失效	无法检测井口密封性	无法及时应对井口安全故障	根据监控数据指示	更换或冗余设计	Ⅲ	
注气压力变送器	注气压力检测	错误输出或无输出	内部电器元件失效	无法检测注气压力	无法及时应对井口安全故障	根据监控数据指示	更换或冗余设计	Ⅳ	
环空压力变送器	环空压力检测	错误输出或无输出	内部电器元件失效	无法检测环空压力变化	无法及时应对因环空压力不稳造成的故障	根据监控数据指示	更换或冗余设计	Ⅳ	

续表

设备名称	功　能	失效模式	失效原因	失效影响		检测方法	可选预防措施	危害度等级	备注
				局部影响	最终影响				
化学药剂注入压力变送器	化学药剂注入压力检测	错误输出或无输出	内部电器元件失效	无法检测化学药剂注入量	影响正常生产化学药剂注入量	根据监控数据指示	更换或冗余设计	Ⅳ	
生产压力温度变送器	生产压力温度检测	错误输出或无输出	内部电器元件失效	无法测量生产通道温度	影响判断生产流动性	根据监控数据指示	更换或冗余设计	Ⅳ	
调节阀下游压力温度变送器	调节阀下游压力温度检测	错误输出或无输出	内部电器元件失效	无法测量调节阀下游道温度	影响判断生产流动性	根据监控数据指示	更换或冗余设计	Ⅳ	
生产主阀下游压力温度变送器	生产主阀下游压力温度检测	错误输出或无输出	内部电器元件失效	无法测量生产通道温度	影响判断生产流动性	根据监控数据指示	更换或冗余设计	Ⅳ	
含沙量变送器	原油含沙量检测	错误输出或无输出	内部电器元件失效	无法测量产出油的含沙量	影响判断产出油的油质变化	根据监控数据指示	更换或冗余设计	Ⅲ	
液压高压供给过滤器	液压高压供给过滤	液压系统出现故障	液压油污染	无法控制执行机构动作	威胁正常的生产	根据监控数据指示	更换或冗余设计	Ⅲ	
液压油低压供给过滤器	液压油低压供给过滤	液压系统出现故障	液压油污染	无法控制执行机构动作	威胁正常的生产	根据监控数据指示	更换或冗余设计	Ⅲ	
液压油高压供给切换电磁阀	液压油高压供给切换	不动作	电压过低或过高、电气结构老化或损坏	无法控制液压油路的方向	无法提供准确的高压供油	根据液压通道压力仪表检测	更　换	Ⅳ	
液压油低压供给切换电磁阀	液压油低压供给切换	不动作	电压过低或过高、电气结构老化或损坏	无法控制液压油路的方向	无法提供准确的低压供油	根据液压通道压力仪表检测	更　换	Ⅳ	

续表

设备名称	功 能	失效模式	失效原因	失效影响		检测方法	可选预防措施	危害度等级	备注
				局部影响	最终影响				
AMV 执行机构控制电磁阀	AMV 执行机构控制	不动作	电压过低或过高、电气结构老化或损坏	阀门不能动作	影响安全生产	根据液压通道压力仪表检测	更 换	Ⅳ	
AAV 执行机构控制电磁阀	AAV 执行机构控制	不动作	电压过低或过高、电气结构老化或损坏	阀门不能动作	影响安全生产	根据液压通道压力仪表检测	更 换	Ⅳ	
PMV 执行机构控制电磁阀	PMV 执行机构控制	不动作	电压过低或过高、电气结构老化或损坏	阀门不能动作	影响安全生产	根据液压通道压力仪表检测	更 换	Ⅳ	
PWV 执行机构控制电磁阀	PWV 执行机构控制	不动作	电压过低或过高、电气结构老化或损坏	阀门不能动作	影响安全生产	根据液压通道压力仪表检测	更 换	Ⅳ	
XOV 执行机构控制电磁阀	XOV 执行机构控制	不动作	电压过低或过高、电气结构老化或损坏	阀门不能动作	影响安全生产	根据液压通道压力仪表检测	更 换	Ⅳ	
CIV 执行机构控制电磁阀	CIV 执行机构控制	不动作	电压过低或过高、电气结构老化或损坏	阀门不能动作	影响安全生产	根据液压通道压力仪表检测	更 换	Ⅳ	
SCSSV 控制电磁阀	SCSSV 控制	不动作	电压过低或过高、电气结构老化或损坏	阀门不能动作	影响安全生产	根据液压通道压力仪表检测	更 换	Ⅳ	
SCSSV 快速回油控制电磁阀	SCSSV 快速回油控制	不动作	电压过低或过高、电气结构老化或损坏	阀门不能动作	影响安全生产	根据液压通道压力仪表检测	更 换	Ⅳ	
树体连接器解锁供油控制电磁阀	树体连接器解锁供油控制	不动作	电压过低或过高、电气结构老化或损坏	阀门不能动作	影响安全生产	根据液压通道压力仪表检测	更 换	Ⅳ	

续表

设备名称	功　能	失效模式	失效原因	失效影响		检测方法	可选预防措施	危害度等级	备注
				局部影响	最终影响				
电潜泵切换控制电磁阀	电潜泵切换控制	不动作	电压过低或过高、电气结构老化或损坏	阀门不能动作	影响安全生产	根据液压通道压力仪表检测	更　换	Ⅳ	
树体连接器解锁回油控制电磁阀	树体连接器解锁回油控制	不动作	电压过低或过高、电气结构老化或损坏	阀门不能动作	影响安全生产	根据液压通道压力仪表检测	更　换	Ⅳ	
甲醇/乙二醇注入控制阀	甲醇/乙二醇注入	不动作	电压过低或过高、电气结构老化或损坏	无法注入化学药剂	影响正常的生产	根据液压通道压力仪表检测	更　换	Ⅲ	
高压储能器	辅助能源	隔膜折断或漏气	充气压力大小影响或隔膜老化	无法确保液压元件或液压回路工作压力	影响液压元件或回路的工作	根据液压通道压力仪表检测	更　换	Ⅲ	
低压储能器	辅助能源	隔膜折断或漏气	充气压力大小影响或隔膜老化	无法确保液压元件或液压回路工作压力	影响液压元件或回路的工作	根据液压通道压力仪表检测	更　换	Ⅲ	
高压回油储能器	辅助能源	隔膜折断或漏气	充气压力大小影响或隔膜老化	无法确保液压元件或液压回路工作压力	影响液压元件或回路的工作	根据液压通道压力仪表检测	更　换	Ⅲ	
SCSSV快速回油电磁阀	SCSSV快速回油	不动作	电压过低或过高、电气结构老化或损坏	SCSSV误动作	影响正常安全生产	根据液压通道压力仪表检测	更　换	Ⅲ	
SCSSV供油电磁阀	SCSSV供油	不动作	电压过低或过高、电气结构老化损坏	SCSSV误动作	影响正常安全生产	根据液压通道压力仪表检测	更　换	Ⅳ	

续表

设备名称	功　能	失效模式	失效原因	失效影响		检测方法	可选预防措施	危害度等级	备注
				局部影响	最终影响				
安装机具供油电磁阀	安装机具供油	不动作	电压过低或过高、电气结构老化或损坏	安装机具不动作	影响正常安装耽误正常生产	根据液压通道压力仪表检测	更　换	Ⅲ	
调节阀回油速度控制单向阀	调节阀回油速度控制	不动作	设备老化或损坏	不能正常调节回油的速度	影响正常的安全生产	根据液压通道压力仪表检测	更　换	Ⅲ	
采油树液压执行机构供油控制电磁阀	采油树液压执行机构供油控制	不动作、性能降低	电压过低或过高、电气结构老化或损坏	执行机构不能正常动作	影响正常采油及安全生产	根据液压通道压力仪表检测	更　换	Ⅲ	
液压压力变送器	液压压力指示	错误输出或无输出	内部电器元件失效	无法测量生产通道压力	影响判断生产流动性	监控显示	冗余或更换	Ⅲ	
快速接头	SCM 基座对接	泄　漏	器件老化，密封失效	运输液体泄漏	严重污染	数据通信状况判断	更　换	Ⅱ	
电接头	SCM230AV 供给	供电故障	器件老化，密封失效	供电失效	机械停运	数据通信状况判断	冗余设计	Ⅱ	
光纤接头	SCM 与水上通信	通信故障	器件老化，密封失效	通信失效	无法控制采油树正常生产	数据通信状况判断	冗余设计	Ⅱ	
SEM	控　制	无输出	内部元件实效	无法控制采油树设备	威胁安全生产	监控信号	冗余设计	Ⅳ	
电源模块	供　电	不供电	内部元件实效	控制系统无法工作	威胁安全生产	监控信号	冗余设计	Ⅳ	

3.2.3　基于可靠性框图的水下控制系统可靠性分析

3.2.3.1　可靠性框图方法概述

可靠性框图(reliability block diagram，RBD)是一种图解方法，用于说明组件可靠性如何影响复杂系统的成功或失效。其一般用于大型复杂系统，是一种非常有用的可靠性工程工具。可靠性框图可以指出设计的薄弱环节，协助优化设计和验证可靠性要求。可靠性模型的建立过程如图 3-27 所示。

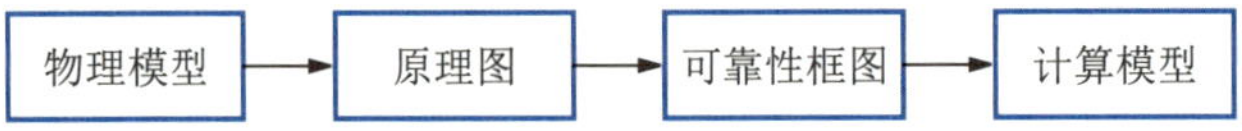

图 3-27　建立可靠性模型

可靠性框图的简单模型包括以下两种：

(1) 串联系统，即系统中任一单元故障将会影响系统正常运行，如图 3-28 所示。串联系统的可靠性表达式为：

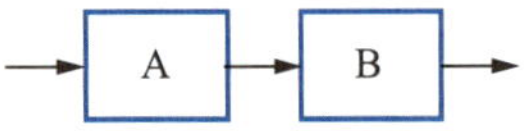

图 3-28　串联系统模型

$$R_e(t)=\prod_{i=1}^{n}R_i(t) \tag{3-3}$$

式中，$R_e(t)$位系统的可靠度；$R_i(t)$为第 i 个单元的可靠度。

(2) 并联系统，即系统所有单元都故障时才会影响系统正常运行，如图 3-29 所示。并联系统的可靠性表达式为：

$$R_e(t)=1-\prod_{i=1}^{n}[1-R_i(t)] \tag{3-4}$$

当系统是交叉连接时，难以分割为串联或并联形式，可采用下面的方法进行可靠性建模分析。交叉连接形式如图 3-30 所示。

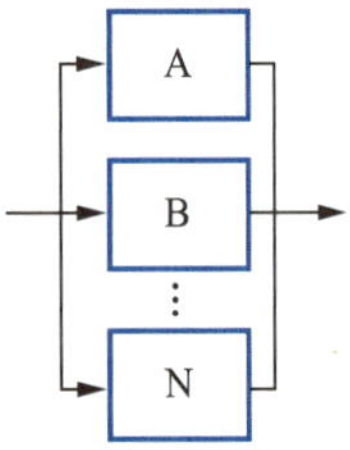

图 3-29　并联系统模型

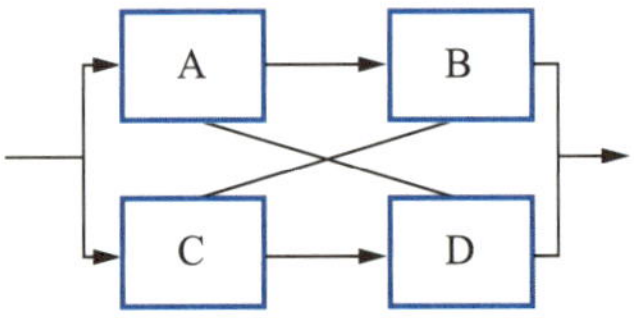

图 3-30　交叉系统模型

对复杂系统进行可靠性计算时，采用最小路集法。最小路集是系统能正常工作时，从输入端到输出端连接的所有弧的集合，若删去其中任何一个弧就不是路集。可以通过输入端到输出端的最小路集综合运算，得到复杂系统的可靠性。

$$R_s=P(\bigcup_{i=1}^{m}L_i)=\sum_{k=1}^{m}\left[(-1)^{k-1}\cdot\sum_{i\leqslant i_1<i_2<\cdots<i_k\leqslant m}P(L_{i_1}\cap L_{i_2}\cap\cdots\cap L_{i_k})\right] \tag{3-5}$$

式中，m 为路集个数；$P(L_i)$为路集的可靠性参数。

图 3-30 所示系统模型中，最小路集共 4 个：L_1 为 AB，L_2 为 AD，L_3 为 CB，L_4 为 CD。由式(3-5)可求得系统可靠性。

3.2.3.2　控制功能链路 RBD 建模

以 PMV 阀为例，其链路流程为：

(1) 控制信号。当操作员站或工程师站在水面发出指令时，MCS 发出控制信号，此时控制信号通过 EPU 中的 MODEM 将控制信号叠加在电力波上，控制信号以电力载波的形式传输到 TUTA，通过连接水上和水下的静态脐带缆传输到 UTH，由 UTH 分别分配到两个冗余的 EDU，再由 EDU 传送到 SCM，最终控制信号到达 SCM 内部的 DCV 阀，准备驱动执行机构。

（2）液压油。控制信号到达 HPU，HPU 开始供液压油，液压油经液压管线也到达 TUTA，通过脐带缆中的液压管线输送液压油至水下 HDM，HDM 对液压油进行分配，液压油的流入最终使 DCV 阀开启。

控制信号和液压油的共同作用最终完成整个链路的功能执行。因此，在可靠性框图建模时，这两条链路之间是串联的逻辑关系，如图 3-31 所示，需要分开计算后再求得整个控制功能链路可靠度。

图 3-31　控制 PMV 阀过程的可靠性框图

1）控制信号链路可靠性框图建模

控制信号链路可靠性框图如图 3-32 所示。先根据式(3-5)计算该图中 SCM 内交叉冗余部分的可靠度，再根据串并联逻辑算法计算控制信号链路可靠度。

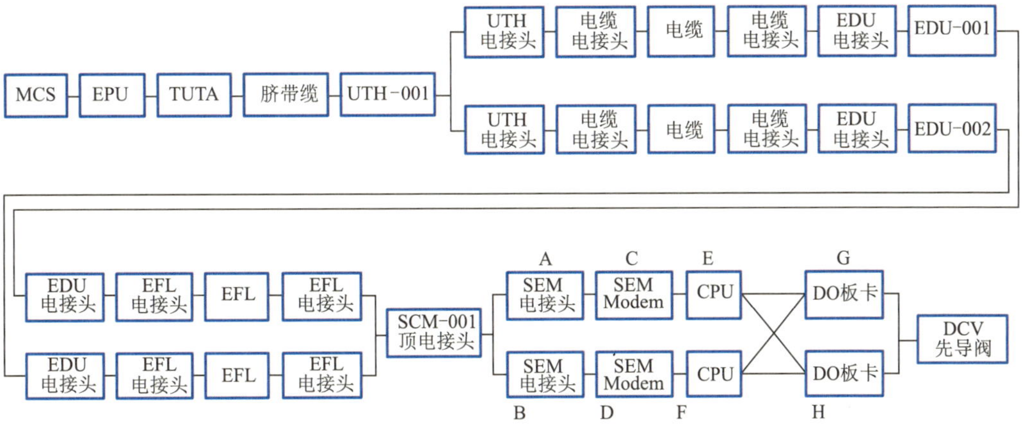

图 3-32　控制信号链路可靠性框图

在 MATLAB 中绘制控制信号链路可靠度，所得可靠度曲线如图 3-33 所示，可知系统运行 10 年后控制信号链路可靠度降低至 98%左右。

2）液压供油链路可靠性框图建模

液压供油链路可靠性框图为串联逻辑关系。根据功能链路中液压供油传递路径建立可靠性框图模型，如图 3-34 所示。

根据图 3-34，用串联算法计算出液压供油链路可靠度后，将液压供油链路与控制信号链路两部分串联，求得控制 PMV 控制功能链路的可靠度，并绘制出整条 PMV 控制功能链路可靠度曲线，如图 3-35 所示。

由图 3-35 可知，随着时间的增长，水下控制系统针对 PMV 的控制功能可靠度随之降低。实际工程应用中要求水下控制系统可靠度在 98%以上，建模结果显示系统运行 6 年后，控制功能可靠度降低至 98%以下，此时需要进行检修和维护，以维持可靠性。

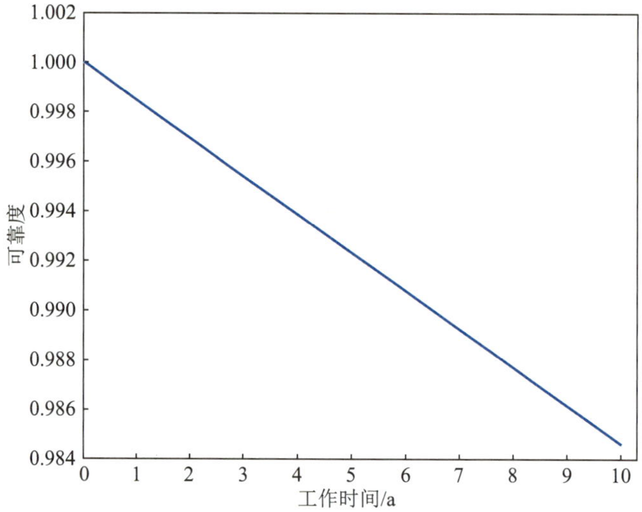

图 3-33　控制信号链路可靠度

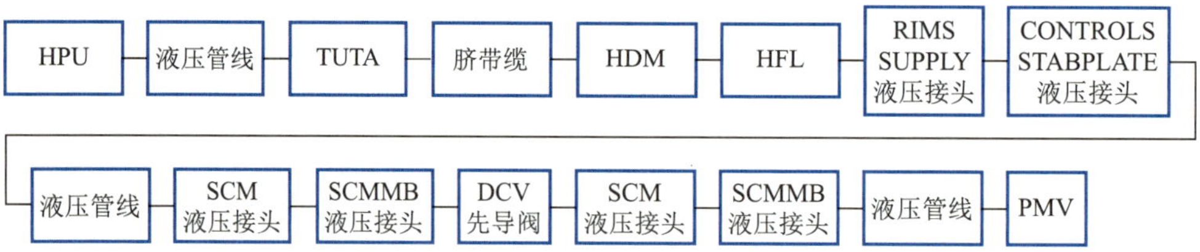

图 3-34　液压供油链路可靠性框图

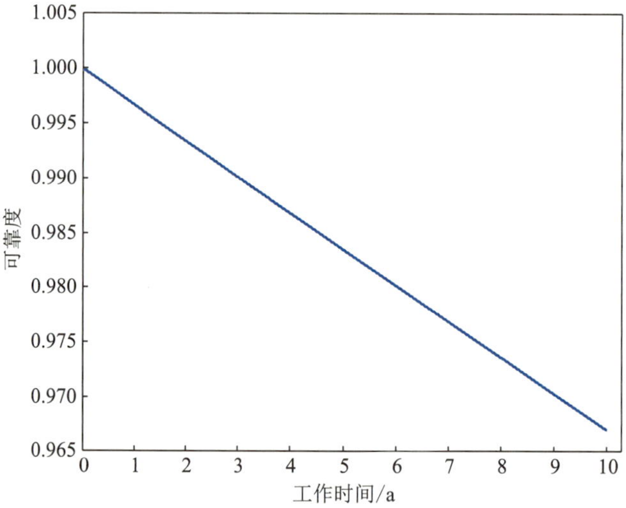

图 3-35　PMV 控制功能链路可靠度

3.2.4　水下控制系统整体安全可靠性保障措施

近年来，由于陆上石油和天然气资源日益枯竭，很多国家将目光投向海洋。在海洋油气田勘探开发中，水下油气生产系统负责产出、处理和输送油、气、水。水下控制系统作为水下油气生产系统的重要组成部分，需提供安全有效的控制功能，保证水下油气田安全运行。由于水下控制系统存在工作条件十分恶劣及难控、系统结构复杂、维修困难及成本高等问题，且出现故障后会危害海洋环境，造成重大经济损失，所以对其开展风险分析并研究提高水下控制系统集成可靠性的方法与措施是必不可少的。

3.2.4.1　冗余配置与切换

在提高水下控制系统可靠性的众多方法与措施中，国内外主要采用容错技术来实现。容错技术中最典型的代表为冗余设计。冗余控制系统一般采用多余的备用组件来增加控制系统的可靠性。水下控制系统中各单元的失效率决定着冗余控制系统的可靠性。

根据 ISO 13628-6 或 API 17F 的要求，水下控制系统的元件冗余在元件更换困难或单个元件失效将导致重大生产失效或操作能力失效时尤为重要；使用冗余元件时，宜对从主元件切换到备用元件的方法进行可靠性评估，如可行宜采用主动冗余，能够在主系统失效时实现备用系统的无缝切换；水下电力分配系统宜采用冗余设计或配有替换失效电路的备件，宜提供常规监视备用电线完整性的设施；宜考虑提供彻底隔离的冗余电气系统，水下液压分配系统宜采用冗余设计或配有替换失效的高压/低压作业管线的备件；水下化学药剂分配系统和供给管线宜与化学药剂处理系统重要部分冗余性一致；宜根据所需冗余度及其对脐带缆设计的相关影响确定脐带缆中的备用管线数量；仪表的冗余宜基于传感器的重要程度和回收性能；整个系统的冗余等级将影响系统的复杂性和可靠性，宜对系统中所有关键部件的冗余期望收益进行分析。

在工业领域中，常用的冗余设计方式有 2 单元并联冗余、表决冗余、2 乘 2 取 2 冗余等。其中，表决冗余、2 乘 2 取 2 冗余等系统复杂程度更高，元件故障率会更大。由于水下控制系统元件失效率应尽可能降低且对元件寿命有要求，所以水下控制系统不宜选择表决冗余、2 乘 2 取 2 冗余等冗余配置。有研究表明，当水下控制系统元件失效率较低时，2 单元并联冗余系统可靠度最高，平均寿命最长。因此，为保证水下控制系统长期可靠稳定运行，应采用 2 单元并联冗余配置。水下控制系统的冗余控制系统总体方案如图 3-36 所示。

在水下控制系统的冗余控制系统中，采用双冗余供电、双冗余通信、双冗余 SEM。其采用两套 PLC 机架，机架上配置冗余 CPU、以太网网络模块、冗余模块、光电转换器和机架电源；SDU 中冗余电液飞线；脐带缆中冗余液压管线及电缆；SCM 中冗余传感器、冗余流量计、冗余液压接头。

3.2.4.2　集成方案优化

水下控制系统的集成方案优化主要集中在水下分配单元和液压系统总体布置两部分。

在水下分配单元集成优化设计中，液压分配 HDU 与电力分配 EDU 集成至脐带缆终端接头 UTH，可简化水下分配单元的结构，通过脐带缆直接连接 UTH 完成，液压化学药剂及电力的分配。另外，考虑到集成式水下分配单元与单体式水下分配单元需单独下放安装，UTH 取消下部基础防泥板，放置在采油树上，与采油树集成整体吊装安放。此集成设计方案不仅可减少材料消耗和建造工作量，降低设备制造和施工成本，还可减少海上吊装或铺设安装的作业次数，降低开发成本，提高可靠性。

液压系统总体布置大体分为两种形式，一种是独立阀块式液压系统布置，另一种是集成式

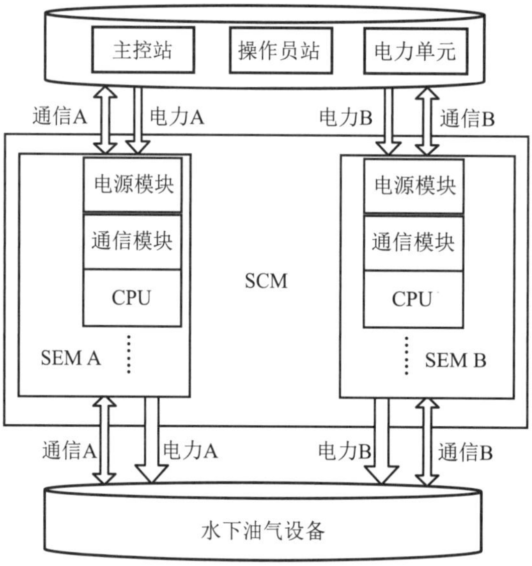

图 3-36 水下控制系统的冗余控制系统总体方案

液压系统布置。独立阀块式液压系统布置安装方便，加工相对简单，具有一定的可扩展性，但这种布置方式结构相对复杂，液压系统连接点较多，易发生漏油现象。而水下控制模块的液压系统中出现最多的失效就是密封件失效和系统泄漏失效，因此对液压系统采用集成化设计，将独立液压阀块取消，组成一种新的集成式液压阀块，通过分层布置、合理布局液压油孔，组成新式液压系统。在满足系统要求的前提下，此集成设计可设法用最少的元器件、最简单的方法实现液压系统全部功能；通过减少管路、管接头的使用，减少失效环节，提高液压系统可靠性。

3.2.4.3 子系统环境适应性改善

考虑海洋环境的特殊性和复杂程度等特点，为适应环境需要，水下控制模块应考虑密封要求、海水压力要求及防腐要求。

(1) 密封要求。水下控制模块 SCM 工作在海水环境下，为防止海水进入系统或液压油泄漏，需同时考虑 SCM 对外界海水的密封和 SCM 内部液压系统的密封。SCM 内部电子器件封装在耐压壳体内，需防止海水侵入，同时要考虑封装系统密封件拆卸和安装的方便性。此外，SEM 内部元器件必须在充满氮气的密封舱中，仍需考虑 SEM 对 SCM 内部硅油的密封，防止硅油进入 SEM 内部而造成故障。

(2) 海水压力要求。目标油田 SCM 实际工作水深约 94 m，位于浅水区域，因此 SCM 外壳体约承受来自外部海水的 0.9 MPa 的压力，同时受到内部硅油的静压力，应采用承压设计。

(3) 防腐要求。SCM 工作在海水环境中，与海水接触部分会受到腐蚀，故 SCM 设计时需要考虑防止海水腐蚀问题，在 SCM 外壳体材料选型中也要考虑留有腐蚀余量。有的 SCM 密封零件与海水及液压油同时接触，故还要考虑双重防腐。

3.2.4.4 作业操作规程优化

由于浅水采油树的液压控制阀门数量相对于深水而言有所减少，因此其 SCM 内部液压系统结构相对简单，内部补偿器体积与数量也会减少，SCM 整体结构布置更加方便。考虑减少 SCM 安装维修时的 ROV 操作，SCM 的吊装及锁紧可采用便于人工操作的方式，从某种程度上降低操作成本，提高操作可靠性。

具体优化为：增加 SCM 的基座框架，负责 SCM 的固定安装对接；蓄能器位于 SCM 下部基座框架内部，放置在采油树上，与采油树共同吊装安放；SCM 顶部保留简单吊装机构，采用人工辅助安装及脱离的方式；SCM 安装锁紧采用更适合人工操作的压板连接方式，并在 SCM 侧面配置 ROV 操作接口；调整 ROV 操作电接头至锁紧机构一侧。除吊装机构外，SCM 外部 ROV 操作接口均位于浅水 SCM 的侧面，便于人工插拔相关接头及操作。

另外，可考虑将功能接近或密封连接需求较高的电液接头集成在电液接线板上，便于 ROV 或潜水员实现快速插拔，减少操作时间，优化作业操作规程，增加可靠性。

3.2.5　水下控制系统安全可靠性管理软件

3.2.5.1　软件开发目的

软件开发目的主要是：

(1) 水下控制系统可靠性分析结果管理数据库软件开发与工程应用。水下控制系统各部分设计和集成的每个环境都需要开展可靠性分析、设计和计算验证，数据量极大。开发水下控制系统可靠性分析结果管理数据库软件，可以全生命周期追溯水下控制系统的可靠性管理过程，便于工程管理。针对目标油气田，开展可靠性分析结果管理数据库软件示范应用。

(2) 水下控制系统可靠性失效数据收集及分析管理软件开发与工程应用。传统的可靠性分析是在设计阶段进行的，并在系统运行阶段进行周期评估整改。由于水下生产是连续作业过程且呈现高温高压的特点，所以必须实时获取水下控制系统的可靠性信息，以准确判断控制系统的运行状态。开发水下控制系统运行过程中可靠性计算软件，并将其用于目标油气田控制系统生产运行过程中可靠性管理，以提高水下控制系统的安全可靠性。

3.2.5.2　软件具体功能介绍

用户通过图形组态功能构建系统结构模型，得到系统结构模型图，如图 3-37 所示。软件自动根据系统结构模型获取系统的可靠性模型，并根据可靠性模型和失效率参数得到系统可靠性随时间变化的曲线，同时为软件配置可靠性数据管理功能和辅助功能。

1) 图形组态功能

(1) 建模图管理。设计图列表中包含各油田项目的信息，可对其子文件进行展开，包含表示属于该油田项目的各设计文件，以及表示某一建模图中的模块内部结构的封装模块。

① 右键点击设计图列表中的信息行可修改其属性，其中隶属于油田项目的设计文件和封装模块与油田共享属性。

② 打开建模图。双击一个设计图列表中的信息行可打开对应的水下控制系统建模图。

(2) 模块库。点击左侧的模块库，显示配置的水下控制系统各设备对应的图形模块，拖拽鼠标可生成建模区中的图形。

(3) 文件保存。点击保存到数据库按钮，可将构建的水下控制系统模型信息保存到数据

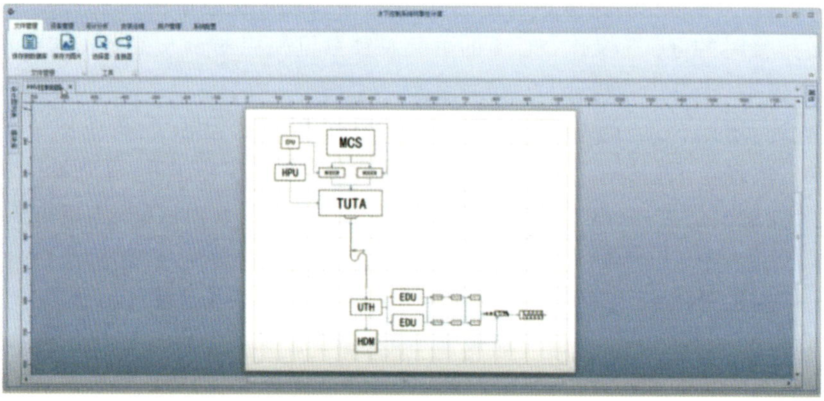

图 3-37 系统结构模型图

库中；点击保存为图片按钮，可将当前模型图以选定的图片格式输出。

（4）建模工具选择器。默认使用或点击连接器按钮后，鼠标光标代表的工具为选择器，可实现在建模区中对模块进行位置、大小调整及模块选择的功能。

（5）点击连接器按钮可将鼠标工具切换为连接器，可实现在建模区中绘制模块之间连接线的功能。

（6）模块属性。当使用选择器模块选中任意模块时，点击右侧的属性可显示该模块的对应属性。首先，对于设备结构的属性，设备位号表示该模块表示的水下控制系统模型中的设备位置编号。源位号表示在控制回路中，处于该设备位号控制端方向的其他设备位号，以分号间隔；靶位号表示在控制回路中，处于该设备位号执行端方向的其他设备位号，以分号间隔。冗余设计表示该位置对于在系统中与其他位置构成冗余的信息，包括不构成冗余的“否”选项、构成普通冗余结构的“常规冗余”选项和构成 k/n 选择器的“选择器”选项。其次，对于设备失效率的属性，仅对设计阶段的项目存在，可选择设备失效率模式，包括由用户手动输入的“厂家提供的失效率”、由通用数据库提供的“公共数据库失效率”和由软件记录的水下控制系统实际使用信息提供的“使用记录失效率”。当用户“公共数据库失效率”和“使用记录失效率”时，系统自动加载记录在数据库中的数据。运行阶段项目的模块失效率由记录的运行数据自动计算后提供。

2）可靠性模型自动构建功能

通过系统结构模型图，将各冗余结构打包，形成整体的模块节点，最后形成一个可靠性串联的模块节点集合模型。

3）可靠性计算

（1）设计阶段可靠性计算。点当选中设计阶段油田项目下的模型图时，点击设计分析菜单中的可靠性计算保存后可进行可靠性计算，未保存的信息将给出提示。选择起始时间和截止时间，可得到该时间区间内系统可靠性的变化曲线。设计阶段可靠性计算如图 3-38 所示。

（2）运行阶段可靠性计算。当选中运行阶段油田项目下的模型图时，点击安装运维菜单中的可靠性计算可实现对模型图表示的水下控制系统的可靠性计算。选择截止时间，可得到该时间点与对应项目实际投产时间构成的时间段内系统可靠性的变化曲线。运行阶段可靠性计算如图 3-39 所示。

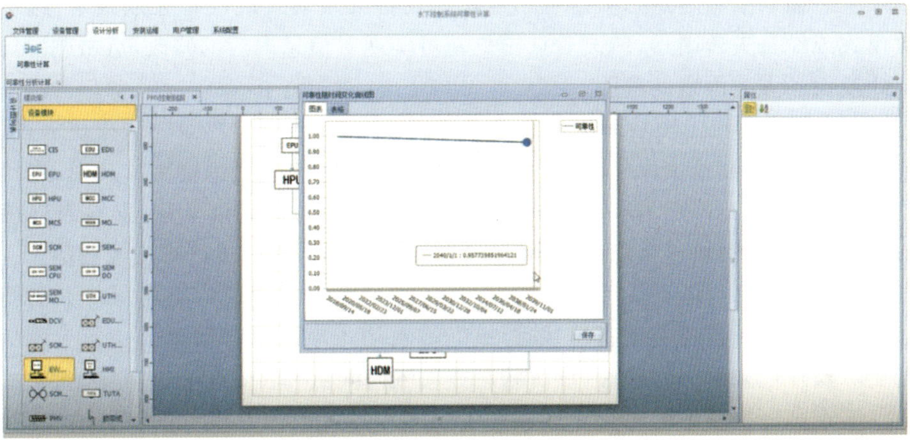

图 3-38　设计阶段可靠性计算

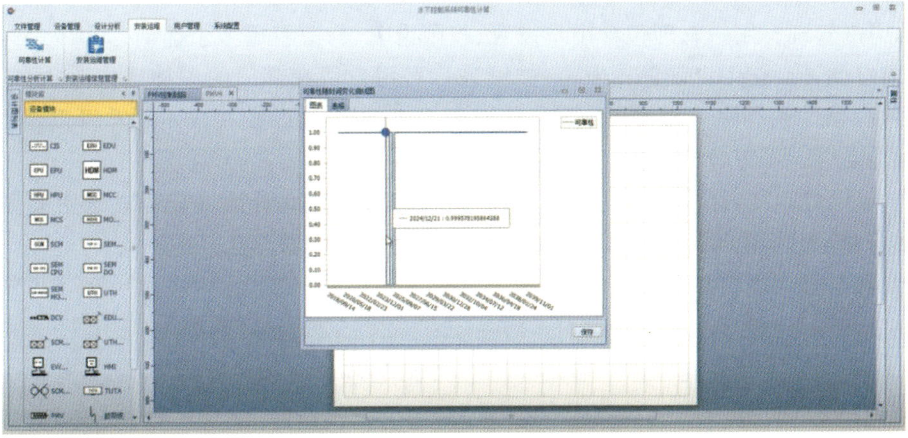

图 3-39　运行阶段可靠性计算

4）可靠性数据管理功能

（1）设备管理功能。设备管理菜单包括设备资产管理、设备种类管理、设备失效原因管理。模块库配置包含四大项，前三项用于记录水下控制系统各设备的基础信息，最后一项用于模块库中模块信息的增删查改。

① 设备资产管理。在设备资产管理用户界面，以设备编号表示实际的各设备资产。输入各项信息后，点击新建按钮即可创建设备信息。其中，失效率数据模式的选择与属性栏一样，提供由用户直接输入或从数据库调取的 3 个选项。选中已有的设备资产信息，修改后点击更新可实现对信息内容的修改，点击删除可实现设备资产信息的删除。

② 设备种类管理。在设备种类管理用户界面，可输入各设备种类与模块之间的关联信息，录入该类设备的公共数据库失效率以供所有与该类对应的设备或模块调用。输入信息后，点击新建可创建新的设备种类；选中已有设备种类信息，修改后点击更新可实现对信息内容的修改，点击删除则可实现设备种类信息的删除。点击统算失效率，可根据运行数据更新使用记录失效率。

③ 设备失效原因管理。在设备失效原因界面，可进行各类设备的设备失效模式和设备失

效因素的录入。输入信息后点击新建可创建新的设备失效模式或设备失效因素;选中已有的设备失效模式或设备失效因素,修改后点击更新可实现对信息内容的修改,点击删除可实现设备失效模式或设备失效因素的删除。

(2) 模块库配置。点击模块库配置面板中的添加按钮,在用户界面输入模块名称、对应设备种类、连接点的位置和模块尺寸,并加载绘制的 svg 图形即可创建模块。其中,连接点和模块尺寸均以像素表示,连接点的初始坐标设置为模块图形的左下角坐标;未输入连接点的模块,以默认连接点作为模块连接点。选中已有的模块信息,可对其进行修改或删除。

(3) 安装运维管理。在安装运维管理界面,可进行各设备模块信息的运行数据管理。当用户创建一个表示实际设备的设备编号时,根据输入的入库时间自动生成一条入库信息。根据发生的实际操作选取对应的操作、设备状态并输入时间点和位置信息。其中,每次故障在完成维修前仅需在第一次发生的时间点选取失效模式和失效因素。将各项信息输入完成后,点击新建可插入新的运行记录;选中一项运行记录,可实现对该记录的修改和删除操作。

5) 辅助功能

(1) 用户管理。用户管理包含用户设置、权限设置、修改密码 3 个选项。

① 用户设置。在用户设置界面,左侧可进行对用户所在部门的添加或修改,右侧可进行用户的添加、修改或删除。为用户分配代表权限等级的用户角色,可决定用户可以使用软件中的哪些菜单。

② 权限设置。在权限设置界面,可进行用户角色的添加、修改或删除。选中右侧列表中的菜单名称,即可为用户角色添加或取消相应的菜单操作权限。

③ 修改密码。在修改密码界面,输入当前登录账户的旧密码,即可为当前登录账户更改密码。

(2) 参数配置。在参数配置界面,可为软件中各可选项添加新的选项,并设置任一选项为该可选项的默认值。

(3) 查看日志。在查看日志界面,可输入开始日期和截止日期并查询这段时间内哪些用户对软件进行了哪些操作。

3.3 水下采油树可靠性评估与管理技术

水下油气生产系统以其显著的技术优势和良好的经济效益,得到了各大石油公司的广泛关注和应用。水下采油树的出现,解决了在深水中使用固定式平台而使成本急剧上升的问题。水下采油树可用于边际油气田开发,位于军事管理区、航道区域及自然保护区等油气田区块的开发,从而使相应区块油气田的开发变为可能。

20 世纪 60 年代以来,世界上已有 1 200 多套水下采油树应用在超过 400 个采油项目中。这些采油树的国外生产商(如 FMC,Vetco,Cameron,Dril-Quip 等)经过多年的研发,实现了深水井的完井、控制和生产开发。目前国外水深 3 000 m 内的水下油气生产系统在设计、建造、安装技术上已经成熟。深水油气田开发的水下采油树的可靠性要求越来越高。据报道,深水项目要求水下油气生产系统的可靠性大于 95%,尼日利亚 AKPO 油田要求达到 98.35%,南海某气田要求水下油气生产系统的可靠性大于 98%。

国内制造商在水下采油树研制方面已取得一定突破，攻克了部分水下采油树研发的关键技术，试验验证了一批浅水水下采油树。但由于对使用目的、运行指标及操作环境的认识不够，比较缺乏测试认证与技术保障，且形成样机的技术成熟度较低，整体处于试验验证阶段，系统性不足，工程应用风险大，与大规模工程化应用尚有一定距离。开展水下采油树系统整体可靠性研究，有助于提高工程应用的可靠度，提高产品成熟度。

3.3.1　水下采油树可靠性推荐做法

作为一个单独的工程学科，可靠性工程起源于 20 世纪 50 年代的美国。军事电子系统的日趋复杂化导致失效率攀升，造成可用性大幅度下降并使得费用增加。美国国防部和电子工业部门在 1952 年联合设立了电子设备可靠性咨询组。电子设备可靠性咨询组的报告断定，要摆脱由于低可靠性所造成的开发和所有权费用的螺旋上升问题，在电子设备的研制周期内，作为整体性的活动，必须制定严格的规定。该报告还建议可靠性的正式演示验证（换算为超过某规定的 MTBF 的统计置信度）应被确立为采购部门进行设备验收的条件。

3.3.1.1　系统可靠性模型

设想一个由两个独立部件组成的系统，每个部件都显示出恒定的瞬时故障率。如果任何一个部件的失效都会导致该系统的失效，那么该系统可由可靠性框图表示（可靠性框图并不一定代表系统的工作逻辑或功能划分），如图 3-40 所示。

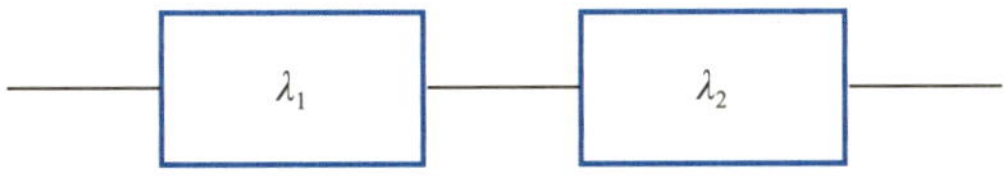

图 3-40　串联系统

图中，λ_1和λ_2表示两个部件的瞬时故障率，系统的瞬时故障率可表示为λ。瞬时故障率是恒定的，经过工作时间 t 后，两个部件的可靠度 R_1和 R_2分别为 $\exp(-\lambda_1 t)$和$\exp(-\lambda_2 t)$。系统的可靠度则是两个部件不失效的组合概率，即 $R_1R_2=\exp[-(\lambda_1+\lambda_2)t]$。一般的，对 n 个统计独立部件串联，其可靠度 R 为：

$$R=\prod_{i=1}^{n} R_i \tag{3-6}$$

式中，R_i为第 i 个部件的可靠度。

这就是乘积法则或串联法则：

$$\lambda=\sum_{i=1}^{n}\lambda_i \quad 和 \quad R=\exp(-\lambda t) \tag{3-7}$$

这是最简单的基本模型，“元件计数”可靠度就是以它为基础的。

如果有冗余的分系统或部件，那么整个系统的失效逻辑模型将更复杂。而且，如果系统失效是由事件而不是由部件失效引起的（如接口问题），则模型也应包括这些内容，如用另外的方框表示。

最简单的冗余系统（双冗余系统）的可靠性框图如图 3-41 所示。这个系统包括两个统计独立部件，可靠度分别为 R_1和 R_2。如果其中任意一个或两个部件工作，则系统正常运行。因此，系统可靠度 R 等于部件1或部件2生存的概率。

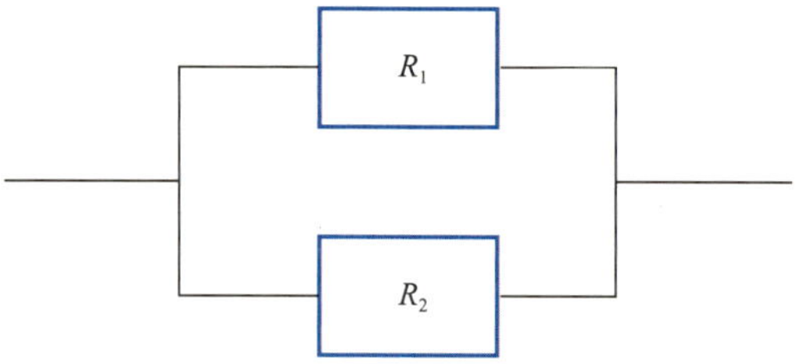

图 3-41　双冗余系统

该概率为：

$$(R_1+R_2)=R_1+R_2-R_1R_2 \tag{3-8}$$

对恒定瞬时故障率的情况，有：

$$R=1-\prod_{i=1}^{n}(1-R_i) \tag{3-9}$$

式中，R_i 为第 i 个部件的可靠度；n 为并联的部件数。

如果两个部件的工作冗余系统中，$\lambda_1=\lambda_2=0.1$ 次失效/1 000 h，则系统在 1 000 h 期间的可靠度为 0.990 9。这比简单的无冗余单元的可靠度(0.904 8)有显著增加。这样大的可靠性增益经常为给系统进行冗余设计而增加额外的费用提供了合理论据。该增益通常会超过预计不确定性的数值范围。

可用性定义为当需要时产品可用的概率，或产品可用时间占整体时间的比率。因此，可修复产品的可用度是其失效率 λ 及修复率或更换率的函数。产品可用时间占整体时间的比率称为稳态可用度。简单的单元具有恒定失效率 λ 和恒定平均修复率 μ。其稳态可用度 A 等于：

$$A=\frac{\mu}{\lambda+\mu}=\frac{MTBF}{MTBF+MTTR} \tag{3-10}$$

式中，$MTBF$ 为平均无故障工作时间；$MTTR$ 为平均修复时间。

如需执行计划维修，并要使系统停止工作，则必须将之包括到可用度公式中。通过更换备件进行修复的备件的可用性常需要进一步予以考虑，这取决于原先备件的使用情况和更换单元的修复率。

3.3.1.2　框图分析

系统的失效逻辑可用可靠性框图表示，它可以显示系统各零部件之间的逻辑联系。可靠性框图不一定必须与系统功能设计的方框示意图相同。上文已介绍了简单的串联系统和并联系统的可靠性框图的例子。对含有复杂交互作用的系统，可靠性框图的构建可能相当困难，且对构成系统失效的不同定义，需要不同的可靠性框图。

进行框图分析时要将整个可靠性框图简化成一个简单的体系，使之能用串联或并联排列的公式进行分析，但必须假定各方框的可靠度是统计独立的。这种技术也称为框图分解，如图 3-42 所示。

复杂的可靠性框图可用割集或合集方法进行分析。割集是通过画一条经过系统各方框的线，显示出可能导致系统失效的最小数量的失效方框。合集(或路集)则是通过画一条经过各方框的线，当这些方框全部都在工作时才会使系统工作。图 3-43 所示为生成割集和合集的方

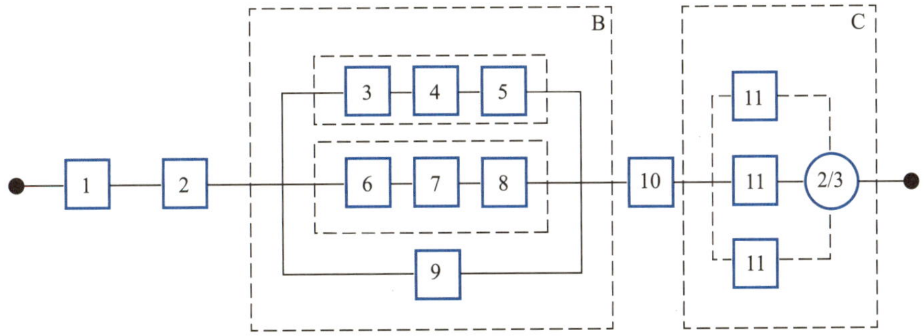

图 3-42　框图分解

法，在该系统中有 3 个割集和 2 个合集。

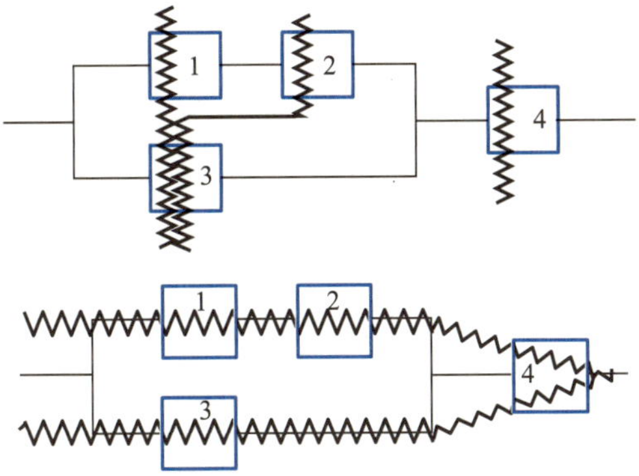

图 3-43　割集和合集

从割集和合集得到的关于系统可靠度的近似边界 R_s 为：

$$R_s > 1 - \sum_{i=1}^{N} \prod_{j=1}^{n} (1 - R_i) \tag{3-11}$$

$$R_s < \sum_{i-1}^{T} \prod_{j-1}^{n} R_i \tag{3-12}$$

式中，N 为割集的数量；T 为合集的数量；n 为第 j 个割集或合集中的方框数。

对简单的系统，可不采用割集和合集方法，而采用分解方法，不仅简单方便，也能给出精确的结果。但是，对复杂的系统，采用分解方法导出精确可靠度较为困难，需要采用割集和合集方法。随着系统复杂程度的增加，近似值可收敛于系统的精确可靠度值，且当各方框的方块可靠度高时，这种收敛将更快达到。但是，在系统分析中通常并不判定或评定合集。

割集和合集方法适用于计算机应用，适合可能有各种各样配置的大型系统的分析，如飞机控制、发电或大型工厂安装的控制和仪表测量系统。该方法的局限（类似分解方法）是所有方框的可靠度必须是统计独立的。

3.3.1.3　故障树分析

故障树分析（fault tree analysis，FTA）由美国贝尔电报公司的电话实验室于 1962 年开发。它采用逻辑方法形象地进行危险分析的工作。其特点是直观明了、思路清晰、逻辑性强，可以定性分析，也可以定量分析，体现了以系统工程方法研究安全问题的系统性、准确性和预测性。它是安全系统工程的主要分析方法之一。一般来说,安全系统工程的发展是以故障树分析为主要标志的。

故障树分析是以故障树为模型,对系统进行可靠性分析的一种方法,也是系统安全分析方法中应用最广泛、自上而下逐层展开、采用图形演绎形式的分析方法。在系统设计进程中,对可能造成系统失效的各种因素(包括硬件、软件、环境、人为因素)进行分析,画出逻辑框图(失效树),从而确定系统失效原因的各种可能组合方式或其发生概率,以计算系统失效概率,采取相应的纠正措施,从而提高系统可靠性。近年来,随着计算机辅助故障树分析的出现,故障树分析在航天、核能、电力、电子、化工等领域得到了广泛应用。

故障树分析程序一般为:

(1) 熟悉系统。详细了解系统状态及各种参数,绘出工艺流程图或布置图。

(2) 调查事故。收集事故案例,进行事故统计,设想给定系统可能发生的事故。

(3) 确定顶上事件。要分析的对象即顶上事件。对所调查的事故进行全面分析,从中找出后果严重且较易发生的事故并作为顶上事件。

(4) 确定目标值。根据经验教训和事故案例,经统计分析后求解事故发生的概率(频率),并作为要控制的事故目标值。

(5) 调查原因事件。调查与事故有关的所有原因事件和各种因素。

(6) 画出故障树。从顶上事件开始,逐级找出直接原因的事件,直至达到所要分析的深度,并按逻辑关系画出故障树。

(7) 分析。按故障树结构进行简化,确定各基本事件的结构重要度。

(8) 事故发生概率。确定所有事故的发生概率并标在故障树上,进而求出顶上事件(事故)的发生概率。

(9) 比较。比较可维修系统和不可维修系统并进行讨论,前者要进行对比,后者求出顶上事件发生概率即可。

(10) 分析。

原则上是上述 10 个步骤,在分析时可视具体问题灵活处理。如果故障树规模很大,可借助计算机进行。目前我国故障树分析一般都考虑到第 7 步进行定性分析为止,也能取得较好效果。

常用的建树方法为演绎法,从顶事件开始,由上而下逐级进行分析:

(1) 分析顶事件发生的直接原因,将顶事件作为逻辑门的输出事件,将一切引起顶事件发生的直接原因作为输入事件,根据它们之间的逻辑关系用适当的逻辑门连接起来。

(2) 对每个中间事件,用同样的方法逐级向下分析,直到一切输入事件都不需要继续分析为止(此时故障机理或概率分布都是已知的)。

建树步骤为:

(1) 分析系统,判明故障。

(2) 选定故障并作为顶事件。

(3) 确定故障边界条件、失效因素及发生的概率。

(4) 建立故障树。

3.3.1.4　马尔可夫分析

系统或零部件可能处在两个状态(如失效、非失效)之一，并能在离散或连续的基础上定义与这些状态相关联的概率，可利用状态空间(或状态时间)分析及估算未来时刻处于一个或另一个状态的概率。在可靠性和可用性分析中，失效概率与返回到可用状态的概率、失效率和修复率是所关心的变量。

最广为人知的状态空间分析技术是马尔可夫分析。马尔可夫方法可在下列主要约束条件下予以应用：

(1) 从一个状态变到另一个状态的概率必须保持恒定，即该过程必须是均匀的。因此，仅当恒定瞬时故障率或失效率的假设被证明是正确时，才能使用这种方法。

(2) 系统的未来状态独立于所有过去的状态，但最接近的前一个状态除外。这对可修复系统的分析是重要的约束，因为这意味着经过修复能够使系统返回到“如新”的状态。不过，上述约束不是太严格。马尔可夫分析能有效运用于系统可靠性、安全性和可用性分析，特别是可应用于框图分析不能直接应用的经维修的系统。这种方法可用于分析如发电和通信领域的复杂系统，能方便地用计算机程序进行分析。

可通过单个部件来举例说明马尔可夫方法。这个部件处于两个状态(即失效 F 和可用 A)中的一个状态。从 A 转到 F 的概率是 $P_{A\text{-}F}$，而从 F 转到 A 的概率是 $P_{F\text{-}A}$。

如果一个系统比单部件系统复杂得多，且仅就少数几个增量进行分析，上面使用的树状图方法会变得难以处理。

对更复杂的系统，可以使用矩阵方法，特别是当它们能由计算机程序简便地予以解决时更是如此。例如，对单个可修复部件，在任何时间间隔末尾的可用概率能利用随机转移概率矩阵导出。

还可以使用马尔可夫方法估算系统可用度。假定系统的失效率和修复率(λ,μ)在时间连续系统内是恒定的，在稳定状态，其随机转移概率矩阵 $\boldsymbol{P}$ 为：

$$\boldsymbol{P}=\begin{bmatrix}1-\lambda & \lambda \\ \mu & 1-\mu\end{bmatrix} \tag{3-13}$$

3.3.1.5　蒙特卡罗仿真

在蒙特卡罗仿真中，要反复评估被分析系统的逻辑模型，每次运行使用不同的分布参数值。参数值的选择是随机的，但其概率受相关分布函数的控制。

采用合适的计算机软件，可以用蒙特卡罗仿真进行系统可靠性和可用性建模。蒙特卡罗仿真不涉及复杂的数学分析，是很有吸引力的替代方法。对复杂系统建模，它是一种相对容易的方法，且输入算法易于理解。对失效和修复率参数等的输入假设的性质没有约束，所以可以使用非恒定值。它还易于为修理工作排队规则，便于修理优先序和“拆配”(从不工作的系统上拆下可使用的备件)等问题的建模。

蒙特卡罗分析存在的一个问题是大量的计算机使用时间。因为每个事件(失效、修理、移动等)都必须利用输入分布对每个单元进行抽样，在合理的时间内对适度的大型系统进行仿真需要数小时计算机运行时间。而且，概率事件仿真会产生易变的结果，要有效模拟实际寿命的可变性，通常必须执行多次运行，以获得所关注的输出参数(如可用度、引起的修理次数和修理设施的利用等)的平均值和方差的估计量。此外,它也可以评估变异的影响。

为保证产品可靠性,只进行传统的安全系数计算是不够的,还需要进行可靠度计算。

应力强度分布干涉理论以应力强度干涉模型为基础,可清楚揭示机械零件存在故障且有一定故障率的原因。零件的强度和应力均为呈一定分布状态的随机变量,两者具有相同的量纲,因而其概率密度曲线可置于同一坐标系中(图 3-44)。

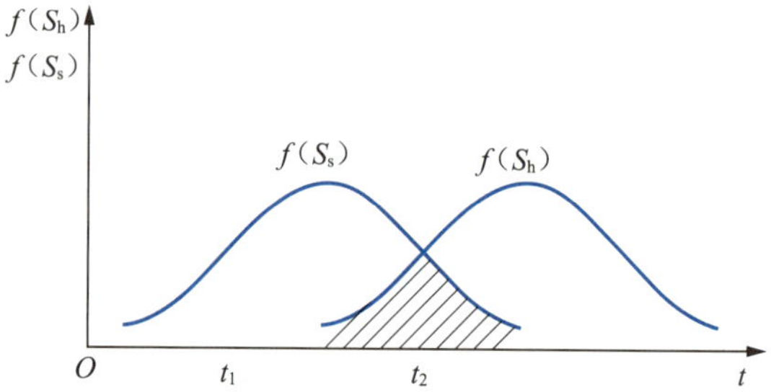

图 3-44 应力强度干涉模型

干涉模型中的应力和强度概念可相应推广,将引起失效的因素都归于"应力"的范畴,将能阻止失效的因素都归于"强度"的范畴,于是应力强度干涉模型可推广至刚度、动作、磨损等与时间相关的可靠性问题。

将此概念进一步推广,还可将模型用于复杂系统的综合可靠性分析。

两者的概率密度曲线不重叠时,如图 3-44 中 t_1时刻所示,两者互不干涉,强度分布 $f(S_h)$ 大于应力分布 $f(S_s)$,不存在发生失效的可能性。但工程实践表明,随着使用时间的延长,零件的强度存在退化的趋势,退化到一定程度时,如 t_2时刻,两者的概率密度曲线可能发生重叠干涉。相交的阴影区域面积的大小代表零件可能出现故障概率的大小。如应力和强度的概率分布曲线已知,可根据干涉模型计算相应零件的可靠度(强度大于应力的概率)或失效概率(强度小于应力的概率)。可靠度计算流程如图 3-45 所示。

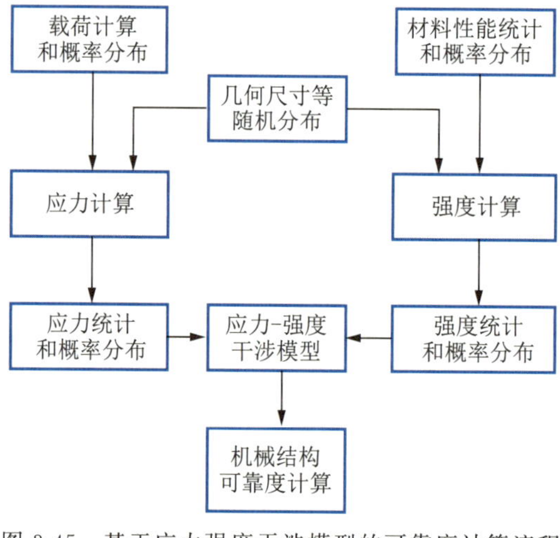

图 3-45 基于应力强度干涉模型的可靠度计算流程

在机械可靠性设计中,应力和强度都是广义的。一般来说,施加在产品或零件上的物理量,如载荷、应力、压力、温度、湿度、冲击值等,统称为产品或零件所受的应力,用 y 表示;而产品或零件能够承受这种应力的能力,统称为产品或零件的强度,用 x 表示。若强度 x 小于应力 y,产品或零件就不能完成规定的功能而失效。欲使产品或零件在规定的时间内可靠地工作,必须满足:

$$z=x-y\geqslant 0 \tag{3-14}$$

其中,应力 y 及强度 x 都是某些变量的函数,即

$$x=f_x(x_1,x_2,\cdots,x_n) \tag{3-15}$$

$$y=f_y(y_1,y_2,\cdots,y_n) \tag{3-16}$$

一般认为，y 和 x 是相互独立的随机变量，于是 z 也是随机变量。产品或零件的可靠度 R 就是 z 取值大于等于 0 时的概率，即

$$R=P(z\geqslant 0) \tag{3-17}$$

累积失效概率 P_p 为：

$$P_p=1-R=P(R<0) \tag{3-18}$$

从干涉模型可见，任一设计都存在失效概率，即可靠度 $R<1$，故设计时能做的仅是将失效概率控制在一个可接受的限度内。

将应力强度干涉模型导入 ANSYS 中，形成 ANSYS 中的 PDS（概率设计）模块。进行结构可靠性分析计算时，首先建立分析模型并加载及约束，提取最大应力，然后导入 PDS 模块，设定随机参数的分布规律，选定分析方法（蒙特卡罗法）模拟抽样，得到分析结果。判断是否满足要求，若不满足则进行可靠性优化及参数灵敏度分析。可靠性分析流程如图 3-46 所示。

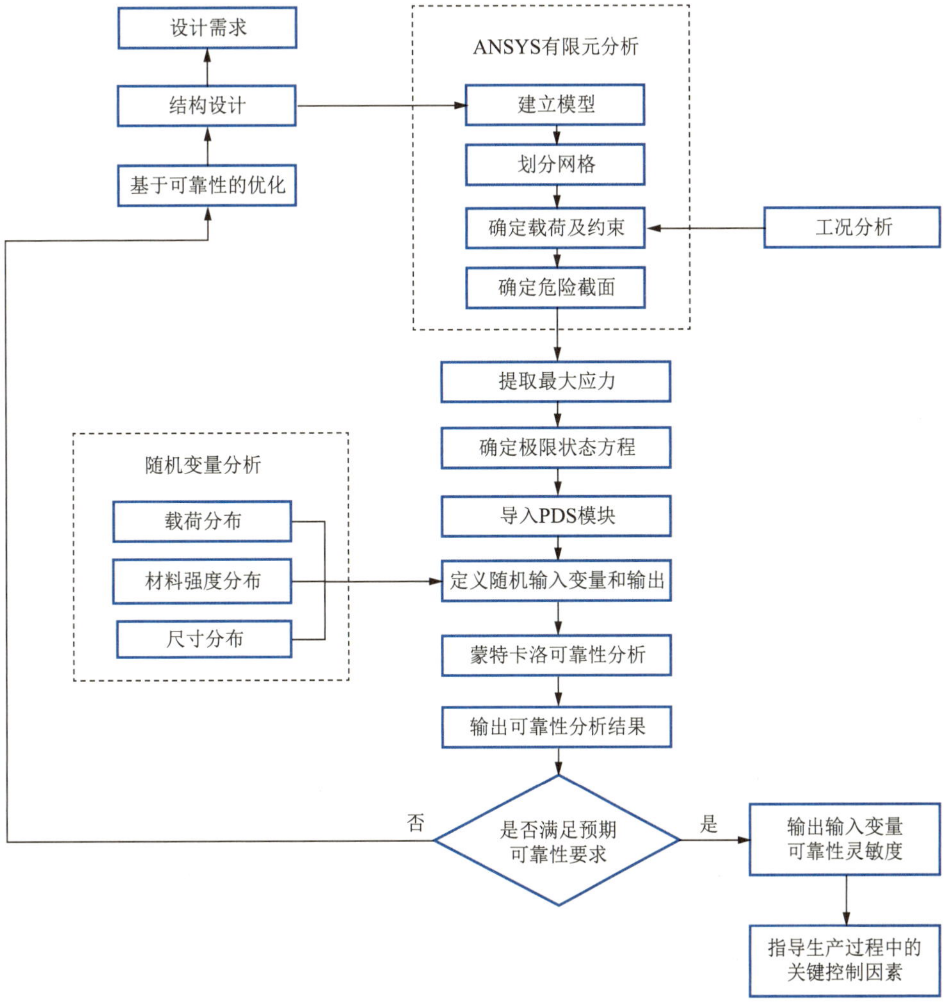

图 3-46　基于应力强度干涉模型的可靠性分析流程

3.3.1.6 层次模糊评价可靠性设计

层次分析法(analytic hierarchy process,AHP)通过分析复杂系统所包含的因素及相关关系,将问题条理化、层次化,构造一个层次分析结构模型。将每一层次的各要素两两比较,按照一定的标度理论,得到相对重要程度的比较标度并建立判断矩阵,计算判断矩阵的最大特征值及特征向量,得到各层次要素对上层次某要素的重要性次序,从而建立权重向量。

层次分析法的主要步骤为:

(1) 根据标度理论,构造两两比较判断矩阵 $\mathbf{A}$。

$$\mathbf{A}=(a_{ij})_{n\times n} \quad (i,j=1,2,\cdots,n) \tag{3-19}$$

式中,$a_{ij}=1$,$a_{ij}=1/a_{ji}$。

(2) 将判断矩阵 $\mathbf{A}$ 的各列进行归一化处理。

$$\overline{a}_{ij}=a_{ij}/\sum_{k=1}^{n}a_{kj} \quad (i,j=1,2,\cdots,n) \tag{3-20}$$

(3) 求判断矩阵 $\mathbf{A}$ 各行元素之和$\overline{w}_i$。

$$\overline{w}_i=\sum_{j=1}^{n}\overline{a}_{ij} \quad (i=1,2,\cdots,n) \tag{3-21}$$

(4) 对$\overline{w}_i$ 进行归一化处理,得到 w_i。

$$w_i=\overline{w}_i/\sum_{i=1}^{n}\overline{w}_i \quad (i=1,2,\cdots,n) \tag{3-22}$$

(5) 根据 $\mathbf{A}\mathbf{w}=\lambda_{\max}\mathbf{w}$,求出最大特征根和特征向量。

(6) 一致性检验。计算一致性指标 $CI=\dfrac{\lambda_{\max}-n}{n-1}$;找出相应的平均随机一致性指标 RI;计算一致性比例 $CR=CI/RI$。当 $CR<0.1$ 时,可接受一致性检验,否则对 $\mathbf{A}$ 进行修正。

对多层模糊评价,复杂系统中考虑的因素多,且各因素之间有层次之分。多层次模糊综合评价方法能比较好地解决系统安全评价问题。其具体步骤如下:

(1) 建立评价子目标集 U。

$$U=\{U_1,U_2,\cdots,U_s\} \tag{3-23}$$

(2) 根据上述层次分析法的计算结果建立子目标权重分配集 A。

$$A=\{A_1,A_2,\cdots,A_s\} \tag{3-24}$$

且满足条件 $0<A_i\leqslant 1$, $\sum_{i=1}^{s}A_i=1 \quad (i=1,2,\cdots,s)$。

(3) 各子目标 U_i 受各指标 $u_{i1},u_{i2},\cdots,u_{ik}$ 的影响,则指标集 u_i 为:

$$u_i=\{u_{i1},u_{i2},\cdots,u_{ik}\} \quad (i=1,2,\cdots,s) \tag{3-25}$$

(4) 根据层次分析法的计算结果,确定各指标 u_i 的权重分配 $\mathbf{w}_i$。

$$\mathbf{w}_i=(w_{i1},w_{i2},\cdots,w_{ik}) \quad (i=1,2,\cdots,s) \tag{3-26}$$

(5) 根据企业安全状况,选择若干评价集组成一个评价集合 V。

$$V=\{V_1,V_2,\cdots,V_m\}$$

(6) 请若干专家对各指标通过投票进行评价,得到评价矩阵 $\mathbf{R}_i$。

$$
\boldsymbol{R}_i=\begin{bmatrix} r_{11} & r_{12} & \cdots & r_{1m} \\ r_{21} & r_{22} & \cdots & r_{2m} \\ \vdots & \vdots & \vdots & \vdots \\ r_{k1} & r_{k2} & \cdots & r_{km} \end{bmatrix}
$$

(7) 求得各子目标的综合评价向量 $\boldsymbol{B}_i$。

$$
\boldsymbol{B}_i=\boldsymbol{w}_i \cdot \boldsymbol{R}_i \quad (i=1,2,\cdots,s) \tag{3-27}
$$

(8) 形成子目标评价矩阵 $\boldsymbol{B}$。

$$
\boldsymbol{B}=[\boldsymbol{B}_1 \quad \boldsymbol{B}_2 \quad \cdots \quad \boldsymbol{B}_s]^{\mathrm{T}} \tag{3-28}
$$

(9) 求总目标评价向量 $\boldsymbol{C}$。

$$
\boldsymbol{C}=\boldsymbol{A} \cdot \boldsymbol{B} \tag{3-29}
$$

(10) 取最大隶属度，得到安全等级。

3.3.1.7 数据融合方法

多传感器数据融合是一种针对单一传感器或多传感器数据或信息的处理技术，可通过数据关联、相关和组合等方式获得对被测环境或对象的更加精确的定位、身份识别，以及对当前态势和威胁的全面且及时的评估结果。

1) 数据融合的层次

多传感器数据融合与经典信号处理方法之间存在本质区别，关键在于数据融合所处理的多传感器信息具有更复杂的形式，而且可在不同的信息层次上出现，每个层次代表对数据不同程度的融合过程。这些信息抽象层次包括数据层(像素级)、特征层和决策层，相应的数据融合主要有数据级、特征级和决策级 3 种方式。不同信息层次上的数据融合方式的主要特点、主要方法及主要应用见表 3-11。

数据级融合是指在融合算法中，要求进行融合的传感器数据间具有精确到一个像素的匹配精度的任何抽象层次的融合；特征级融合是指从各传感器提供的原始数据中进行特征提取，然后融合这些特征；决策级融合是指在融合之前，各传感器数据源都经过变换并获得独立的身份估计。信息根据一定准则和决策的可信度对各自传感器的属性决策结果进行融合，最终得到整体一致的决策。

表 3-11　不同信息层次上的数据融合方式的主要特点、方法及应用

类　型	所属层次	主要优点	主要缺点	主要方法	主要应用
数据级融合	最低层次	原始信息丰富，并能提供另外两个融合层次所不能提供的详细信息，精度最高	耗时长，实时性差，原始数据易受噪声污染，需融合系统具有较好的容错能力	HIS 变换、PCA 变换、小波变换及加权平均等	多源图像复合、图像分析和理解
特征级融合	中间层次	实现对原始数据的压缩，减少大量干扰数据，易实现实时处理，并具有较高的精确度	在融合前必须先对特征进行相关处理，将特征向量分类成有意义的组合	聚类分析法、贝叶斯估计法、信息熵法、加权平均法、D-S 证据推理法、表决法及神经网络法等	主要用于多传感器目标跟踪领域、融合系统，主要实现参数相关和状态向量估计

续表

类　型	所属层次	主要优点	主要缺点	主要方法	主要应用
决策级融合	高层次	所需要的通信量小，传输带宽低，容错能力比较强，可应用于异质传感器	判决精度降低，误判率升高，同时数据处理的代价比较高	贝叶斯估计法、专家系统、神经网络法、模糊集理论、可靠性理论及逻辑模板法等	结果可为指挥控制与决策提供依据

2）数据融合的方法

多传感器数据融合涉及多方面的理论和技术，如信号处理、估计理论、不确定性理论、最优化理论、模式识别、神经网络和人工智能等。很多学者从不同角度提出了多种数据融合技术方案。图 3-47 所示为比较常用的数据融合方法，主要分为经典方法和现代方法两大类。

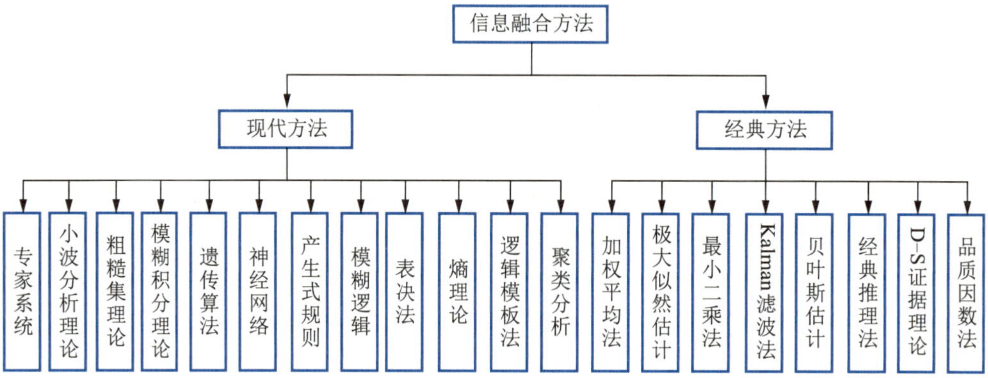

图 3-47　常用数据融合方法

3）数据融合方法的结合

下面介绍几种数据融合方法的结合：

（1）模糊逻辑与 Kalman 滤波相结合。经典最优 Kalman 滤波理论对动态系统提出了严格的要求，即当观测几何信息、动力学模型及统计信息可靠时，Kalman 滤波计算性能较好。但在实践中很难满足这一条件，在使用不精确或错误的模型和噪声统计设计 Kalman 滤波器时会导致滤波结果失真，甚至使滤波发散。基于模糊逻辑的自适应 Kalman 滤波数据融合算法可使用模糊逻辑调整 Q 和 R 的值，使之可以更好地符合协方差的估计值，可用于建立集中式、分布式和混合式的自适应 Kalman 滤波多传感器融合算法。近年来，模糊 Kalman 滤波算法在实际中得到了非常广泛的应用，如目标跟踪、图像处理及组合导航等。

（2）小波变换和 Kalman 滤波相结合。在实际中，不同传感器数据采集系统采集的数据具有不同的分辨率，因而需要多分辨率数据的融合技术和方法，以更好地利用不同分辨率数据的互补信息，达到更佳的融合效果。Kalman 滤波对非平稳信号具有较强的估计能力，能对信号的所有频率成分同时进行处理。同时，小波变换具有高分辨力，对高频分量采用逐渐精细的时域和频域步长，可以聚焦到分析对象的任意细节。因此，小波变换与 Kalman 滤波结合可取得良好的融合效果。

（3）模糊理论和最小二乘法相结合。最小二乘法的准则是选取 X 使估计性能指标（估计误差的平方和）达到最小。它以误差理论为依据，在诸多数据处理方法中误差最小、精确性最好，并在处理数据过程中不需要知道数据的先验信息。可利用模糊理论中的相关性函数对多传感器的相互支持程度进行计算，应用基于最小二乘原理的数据融合方法，对支持程度高的传感器数据进行融合。

3.3.1.8　可靠性分配

有时需要将整个系统的可靠性要求分解为单个分系统的可靠性。这一点对大型系统很常见，特别是涉及不同设计组或子承包商时更是如此。主承包商或系统设计组需要提早保证分系统应具有满足系统要求的可靠性，故在分系统的技术规范中必须包括相应的值。

可靠性分配的起点是画出显示系统结构的可靠性框图，然后考虑与每一方框相关联的复杂性、风险和现有的经验，将系统要求按比例分配下去。考虑这种早期预计中所固有的不确定性是重要的，且不是将各方框的可靠性累计以达到系统要求，而是通过累计达到更高一些的可靠性。从中导出的分配比例和技术规范应考虑各分系统不同的工作条件。例如，一个雷达系统的分系统的工作时间可能只占整个系统工作时间的一半，这应在可靠性框图中示出，而向它分配的失效率应与系统或分系统的工作时间相关联。

3.3.2　基于蒙特卡罗仿真的水下采油树可靠性评估

在很多情况下，直接计算结构的可靠性十分困难。这是因为：一是直接计算结构可靠性需要知道各随机变量的分布类型和概率密度函数，很多情况下缺乏这样的数据；二是通常情况下功能函数是非线性的甚至是不能显式表达的隐式函数，这时无法根据公式直接求解；三是即使能得到功能函数的显式表达形式，通常其形式也是非常复杂的，不借助近似数值方法难以计算求解。

随着模拟次数的增加，蒙特卡罗法的计算结果将逐渐趋于精确解，其收敛速度与基本随机变量的维数、功能函数的复杂程度无关，也较容易与有限元分析相结合，具有直接解决问题的能力。同时，数值模拟的误差也较易确定，故此法常用于检验其他算法。

应用随机抽样法解决工程技术问题的步骤为：

(1) 根据提出的问题构造一个简单、适用的概率模型或随机模型，使问题的解对应该模型中随机变量的某些特征(如概率、均值和方差等)。也就是说，所构造的模型在主要特征参量方面与实际问题或系统相一致。

(2) 根据模型中各随机变量的分布在计算机上产生随机数，设计和选取合适的抽样方法，对每个随机变量进行随机抽样。原则上应使产生的随机数和对应的随机变量服从相同的分布。例如，均匀分布随机变量生成均匀分布随机数，正态分布随机变量生成正态分布随机数等。根据概率模型的特点和随机变量的分布特性选择合适的抽样方法，可选用的抽样方法有直接抽样法、方向抽样法、重要性抽样法、分层抽样法等。选择合适的抽样方法的目的是降低模拟结果的估计量方差，提高模拟精度，或在保证精度的前提下提高计算效率。

(3) 按所建立的模型进行仿真试验、计算，求出问题的各随机解。

(4) 统计分析模拟试验结果，给出问题的概率解和各项可靠性指标。

随机抽样法的特点是明显的。在结构可靠性的设计分析中，该方法具有模拟的收敛速度与基本随机变量的维数无关，极限状态函数的复杂程度与模拟过程无关，更无须将状态函数线性化和随机变量“当量正态化”等特点，具有直接解决问题的能力。同时，数值模拟的误差也容易确定，从而确定模拟的次数和精度。上述特点决定了随机抽样法在结构可靠性设计分析中有广泛的应用空间。

随机抽样法的缺点主要是计算量太大，特别是对机械结构这种高可靠性问题，要想得到精确的可靠性概率，所需要的计算工作量往往是目前的计算能力无法满足的。虽然随着高速计算机的发展和数值模拟方法的改进，这个问题有所缓解，但是还没有从根本上解决。

3.3.2.1 有限元法在可靠性分析中的作用

有限元法是计算确定性结构的强有力工具。在结构设计过程中，建立有限元模型并分析在各种荷载下的结构响应已成必不可少的步骤。特别是在大型复杂问题中，有限元解几乎是唯一可以运用到实际工程中的解。因此，在结构可靠性分析中结合有限元法，将有限元计算得到的数据运用到可靠性分析中具有重要意义。

基于响应面的可靠性分析方法通过有限的采样数据模拟出结构极限状态函数的多项式形式，然后进一步得出可靠性指标。基于改进均值法的可靠性分析方法同样不需要了解结构的极限状态方程。这种方法中需要得到的数据是极限状态函数的函数值及其对各设计变量的导数值，而这些导数值是通过不同的响应函数值差分近似得到的。

通过以上分析可知，这两种方法都需要利用一些结构在不同设计变量下的响应值数据。这些数据如果完全依靠试验得到，无论是财力还是时间，花费都是巨大的，而且由于条件的限制，在有些场合是难以实现的。这时人们自然想到在结构可靠性分析中引入有限元方法，以有限元的数值模拟计算结果为基础数据，进行可靠性分析。有限元法可以借助商业化专用软件求解，计算精度高，反应时间短且可反复计算求解，可满足结构可靠性分析中需要对各设计随机变量多次计算的要求。因此，可以利用有限元法的辅助来高效、准确、快速地实现结构可靠性分析计算。

3.3.2.2 蒙特卡罗仿真参数随机性

在机械可靠性设计领域，所有的设计参数都具有随机性。所采用的设计值是基于多次试验测试得到的实际数据由统计方法得到的统计量，它们都服从一定的分布规律。由此可知，可靠度是由一系列设计参数的分布形式所决定的。

设计变量的随机性主要体现在如下方面：

(1) 载荷。所承受的载荷都不是确定值，而是依据某种规律变化的随机变量。

(2) 几何尺寸。概率统计理论中一般认为零件的几何尺寸均服从正态分布。

(3) 材料的机械性能。多数呈正态分布，有的则呈对数正态分布及威布尔分布。

(4) 工况变化。主要是环境与工作条件的变化。

(5) 不确定因素的存在。

随机变量的统计数据来源主要有：

(1) 真实情况的观察与统计。特点是较真实，但耗费的人力、财力、物力很大。

(2) 模拟真实情况的测试。特点是数据的真实性稍差，但经济性比第一种情况好，不过仍然耗费很大。

(3) 标准试件的专门试验。特点是结果与真实值较接近，但需要对数据进行必要的修正，误差很低。

(4) 利用手册、产品目录或其他文献中的数据。特点是通常比较粗略，数据库也比较稀少。

(5) 运用“3σ”准则。若已知 $\sigma_b=330\sim360$ MPa，则有均值 $E(\sigma_b)=(360+330)/2=345$ MPa，方差 $D(\sigma_b)=[(360-330)/6]^2=25$。

(6) 运用变异系数 C。若已知 $\sigma_b=34.5$ MPa，可估计 $C=0.1$，则方差 $D(\sigma_b)=(0.1\times34.5)^2\approx11.90$。

可靠性计算是在零件基本设计完成后、零件加工制造前完成的，属于可靠性预计的计算。因此，随机变量的统计数据通常由上述第五种或第六种方法得到。

3.3.2.3　油管悬挂器可靠性计算

水下采油树是水下油气生产系统的关键部分，是油气从地层到管路的生产控制装置之一。其安全可靠性不仅直接影响油气生产效率，还对海洋油气作业的安全评估有很大影响，所以对采油树进行可靠性评估十分必要。采油树部件众多，可靠性计算主要针对其主要部件，如油管悬挂器、顶部阻塞器、采油树帽等。可以应力强度干涉理论为基础，利用 ANSYS 中 PDS 模块进行计算。

油管悬挂器作为采油树中最主要的部件，其结构较其他部件相对复杂，对采油树整体可靠性的影响也比较大。下面将以油管悬挂器主体结构为模型在 ANSYS 中建模。

对结构的几何尺寸(如长度、内外径和壁厚等)，由于测量和加工误差的影响，最终制造件的尺寸具有一定的随机性，服从一定的分布规律。一般来说，零部件的尺寸误差符合一定范围内的正态分布。

$$f(x)=\frac{1}{\sqrt{2\pi}\sigma}e^{-\frac{(x-\mu)2}{2\sigma 2}}\quad(a<x<b)\tag{3-30}$$

变异系数 C 为：

$$C=\frac{\sigma}{\mu}\tag{3-31}$$

变异系数表示随机变量的相对分散程度。对工程应用来说，常用的变异系数在 0.03～0.1 之间。对油管挂的加工偏差，规范中没有明确给出，但是高可靠度海洋结构对制造要求较高，故变异系数均取最小值 0.03。

经过材料加工制造中一系列的工艺处理，加工制造后的材料参数存在一定的随机性。确定性设计中所用材料参数一般为统计均值。材料的随机性变异系数可参照表 3-12 选取。

表 3-12　材料性能的变异参数

变异参数	变异系数范围	变异参数	变异系数范围
金属拉伸强度极限	0.05～0.1	钢的弹性模量	0.03
金属拉伸屈服极限	0.05～0.1	铸钢的弹性模量	0.04
金属疲劳极限	0.05～0.1	金属的断裂韧性	0.05～0.13
焊接结构疲劳极限	0.05～0.1		

根据油管悬挂器的主体尺寸，建立简化分析模型，施加确定的内压、下部油管重力及台肩处约束，进行 ANSYS 静力学分析。图 3-48 和图 3-49 所示分别为模型的网格划分应力云图。

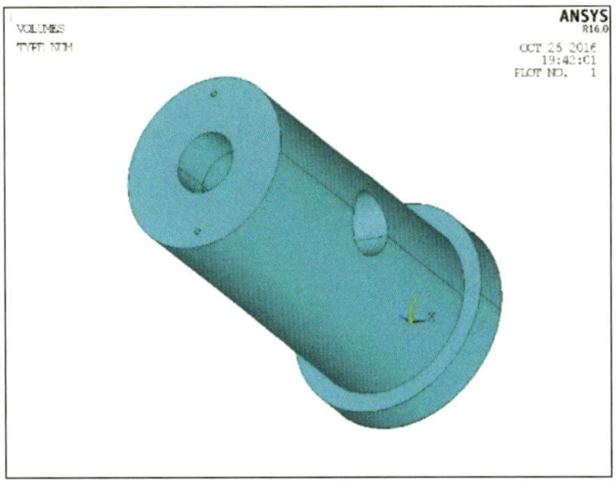

图 3-48　主体模型

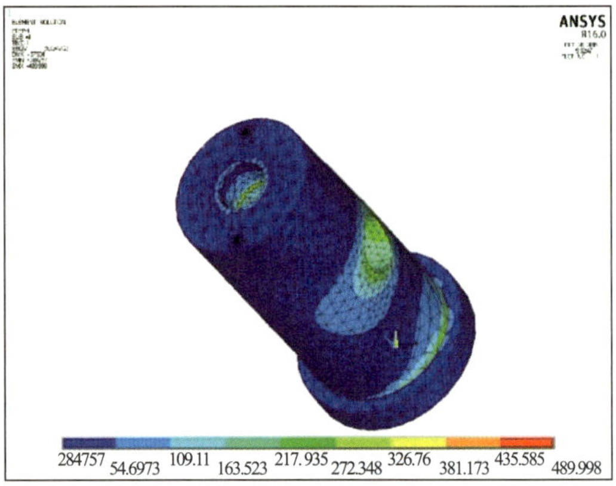

图 3-49　网格划分应力云图

油管悬挂器主要设计参数见表 3-13。

表 3-13　油管悬挂器主要设计参数

参　数	符　号	均　值	变异系数	标准差	上下限	分布类型
油管挂主体外半径	R2	185 mm	0.03	5.5 mm	[180,190]	截断高斯分布
生产通道半径	R4	57.15 mm	0.03	1.7 mm	[52,62]	截断高斯分布
材料屈服极限	Yield	517 MPa	0.08	41.36 MPa		高斯分布
弹性模量	Young	2.06×10^5 MPa	0.08	1.65×10^4 MPa		高斯分布
泊松比	Possion	0.3	0.08	0.024		高斯分布
生产通道内压	Innerpre	69 MPa	0.08	5.52 MPa		高斯分布
油管重力	TLoad	1.96×10^6 N	0.08	1.5×10^5 N		高斯分布

保存静力学分析文件，导入 PDS 模块，然后根据设计参数的随机性分析，设定各影响参数为输入参数。选择 Z 为输出参数，并选择 Monte-Carlo 方法，设定模拟执行次数为 1 000 次，进行可靠度模拟计算。

Z 值取样历程及抽样分布直方图分别如图 3-50 和图 3-51 所示，可以看出 Z 值取样比较均匀且基本符合正态分布。通过 Z 值样本历史下均值和标准差变化曲线，可判断计算次数是否满足要求。当均值和标准差趋于水平时说明已收敛，表明计算次数足够，否则需要增加计算次数。从图 3-52 和图 3-53 可以看出，计算结果满足要求，Z 值的均值为 263 MPa。

从分析结果中可直接读出状态函数 Z 值大于或小于某一数值的概率，$Z>0$ 的概率即结构可靠性。分析结果中 $Z<0$ 的概率为 0，说明此分析中结构强度完全能满足需要。但是从 Z 的样本图中可以看到 Z 的最小值近似为 118 MPa，所以为保证可靠性，不建议更换材料。从输出的累积失效概率曲线（图 3-54）可读出不同 Z 值时的失效概率，可据此判断在目标可靠度下目前所具有强度裕量，为优化设计提供定量依据。

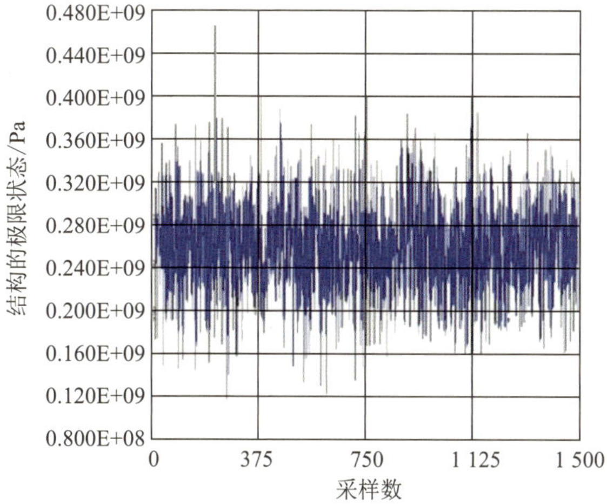

图 3-50　*Z* 值取样历程

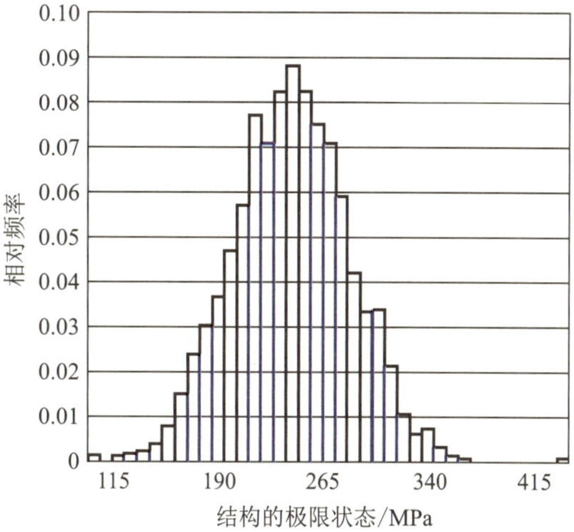

图 3-51　*Z* 值抽样分布直方图

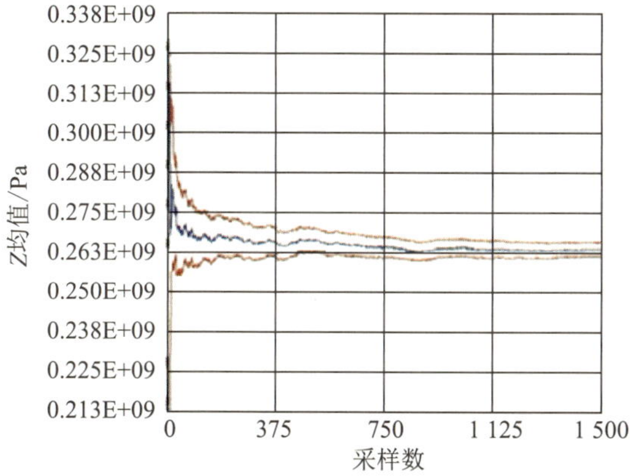

图 3-52　*Z* 值的均值

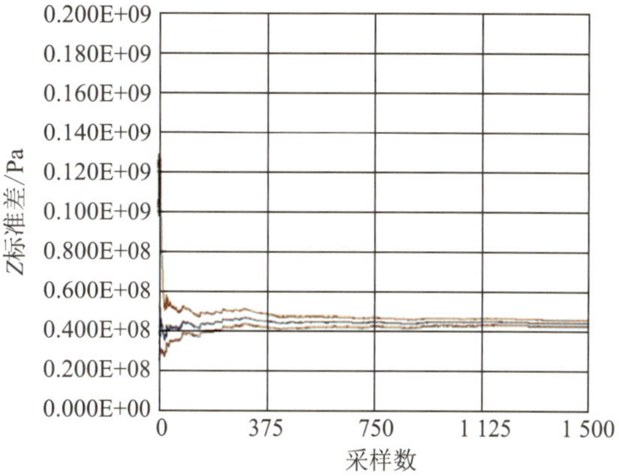

图 3-53　*Z* 值的标准差

图 3-55 所示为输入参数对系统可靠性的敏感度分析，其反映了输入参数对系统可靠性的影响程度。调整敏感度大的参数，对系统可靠度的影响更明显。其为可靠性优化设计参数调整优先性提供了指导和依据。从图中可以看出，可靠度对材料屈服强度最敏感，然后依次是生产通道内压、生产通道半径。

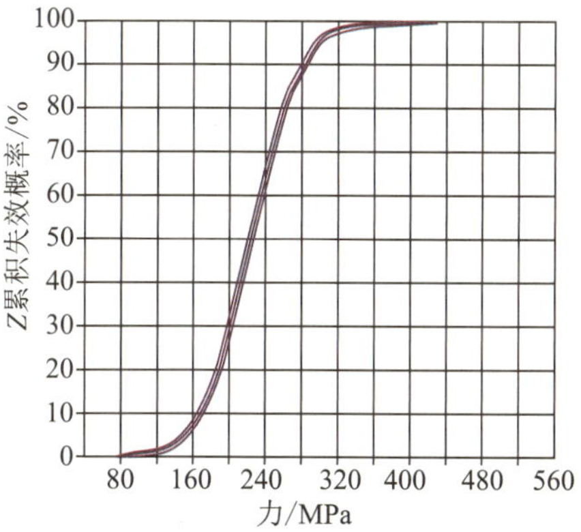

图 3-54　*Z* 值的累积失效概率分布

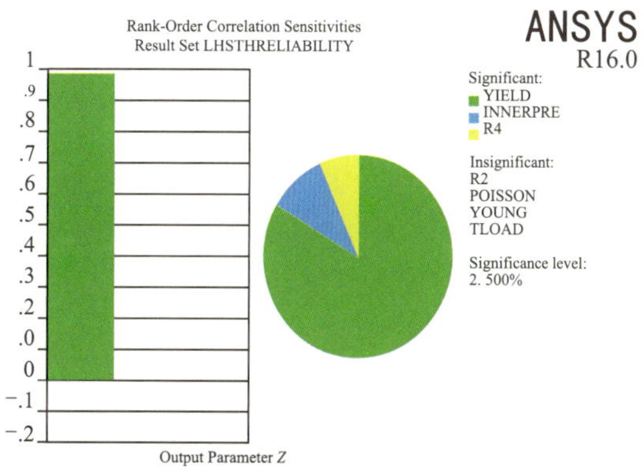

图 3-55　*Z* 值的灵敏度排序

分析可知，所设计的油管悬挂器结构性能可靠。屈服强度是材料的特性，因此在同样达到海底设备标准的情况下，可通过替换其他材料来降低生产成本。

3.3.3 基于故障树的水下采油树管理技术

3.3.3.1 划分系统层次

水下采油树安装回收过程的可靠性评估中需要划分系统层次。划分约定层次的基本原则取决于所期望的结果和设计信息的可用性。可以参考以下指导原则：

(1) 根据设计构思和规定的输出要求选择系统的最高层次。

(2) 最低层信息对功能的定义和描述最有用，选择合适的分析层次受先前经验的影响。

(3) 在确定最低分析层次时，规定或预定的维护和修理等级是有价值的指导。

根据以上原则，按照水下采油树关键部件的安装顺序确定水下采油树安装回收阶段的系统层次，如图 3-56 所示。

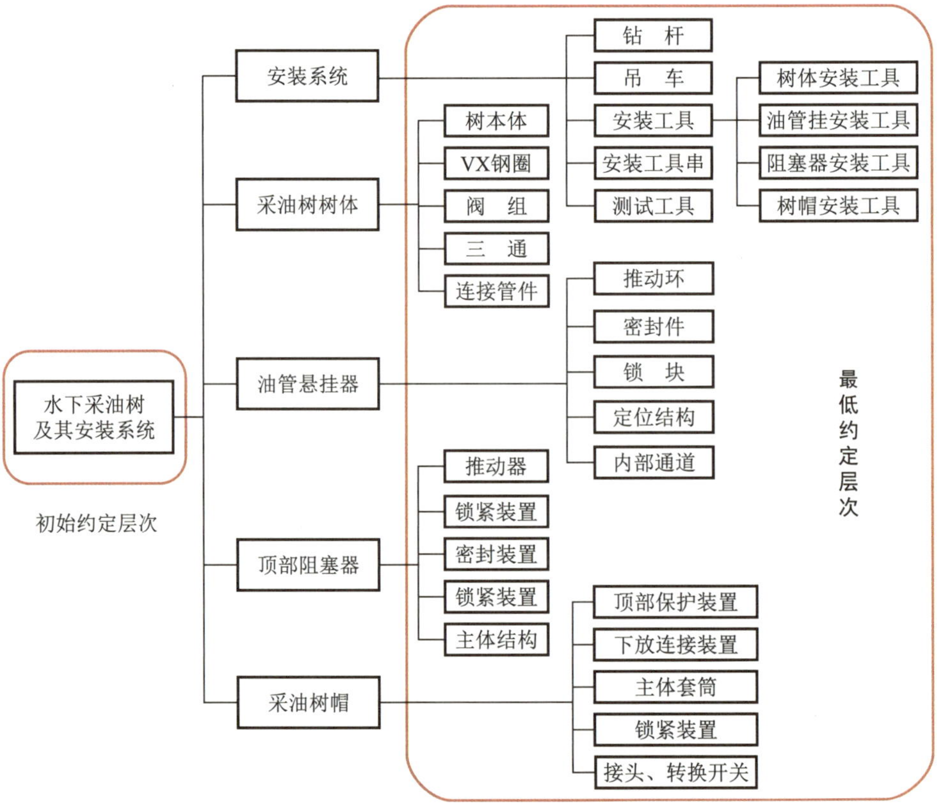

图 3-56 水下采油树系统层次图

3.3.3.2 故障类型

故障判据一般应根据规定的产品功能要求、相应的性能参数和允许极限确定，在 FTA 计划中予以明确表述，并经过有关人员审查和批准。

水下采油树的故障判据规定为：

- ABW 异常磨损

- COM 综合原因
- ELP 外部泄漏-工艺介质
- ELU 外部泄漏-辅助介质
- FTC 无法关闭/锁定
- FTF 未实现正常功能
- FTO 打开/解锁失败
- HTF 加热故障
- ILP 内部泄漏-工艺介质
- ILU 内部泄漏-辅助介质
- INF 隔离失效
- LCP 密封失效
- LOB 屏障失效
- NON 启动不及时
- OTH 其他失效
- PLU 堵塞
- SPO 误操作
- STD 结构失效
- UNK 未知失效

3.3.3.3　故障树绘制

对采油树下放安装过程进行分析，划分为 6 个主要步骤，即采油树树体下放安装、油管悬挂器下放安装、顶部堵塞器下放安装、利用 ROV 安装采油树帽、连接采油树与管汇上的湿式电接头、连接采油树上的飞线接头。绘制其中 4 个主要设备的故障树，如图 3-57 至图 3-60 所示。

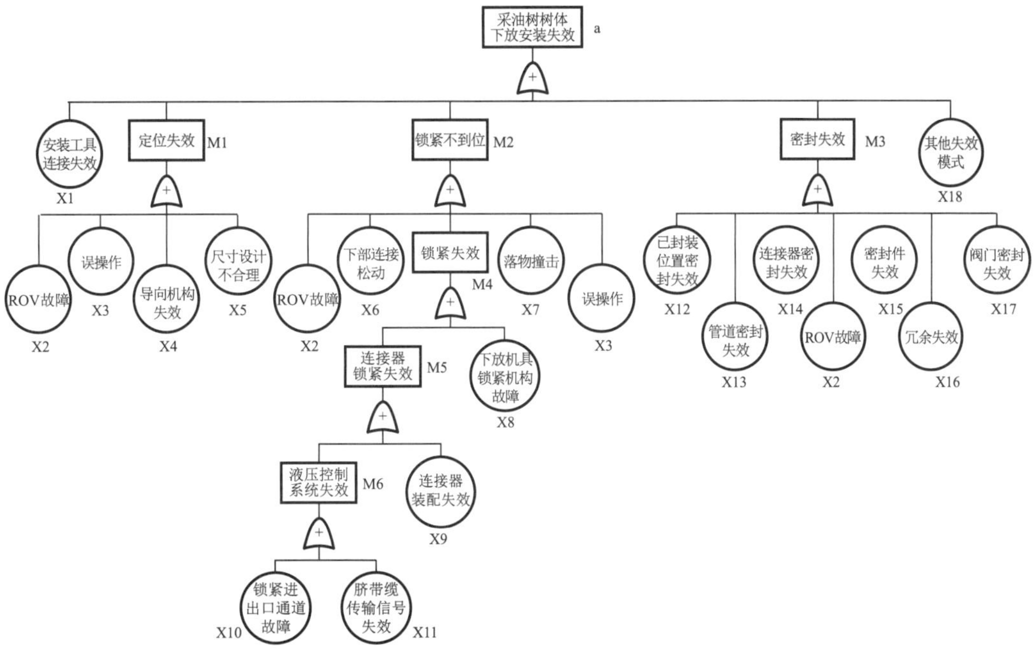

图 3-57　采油树树体故障树

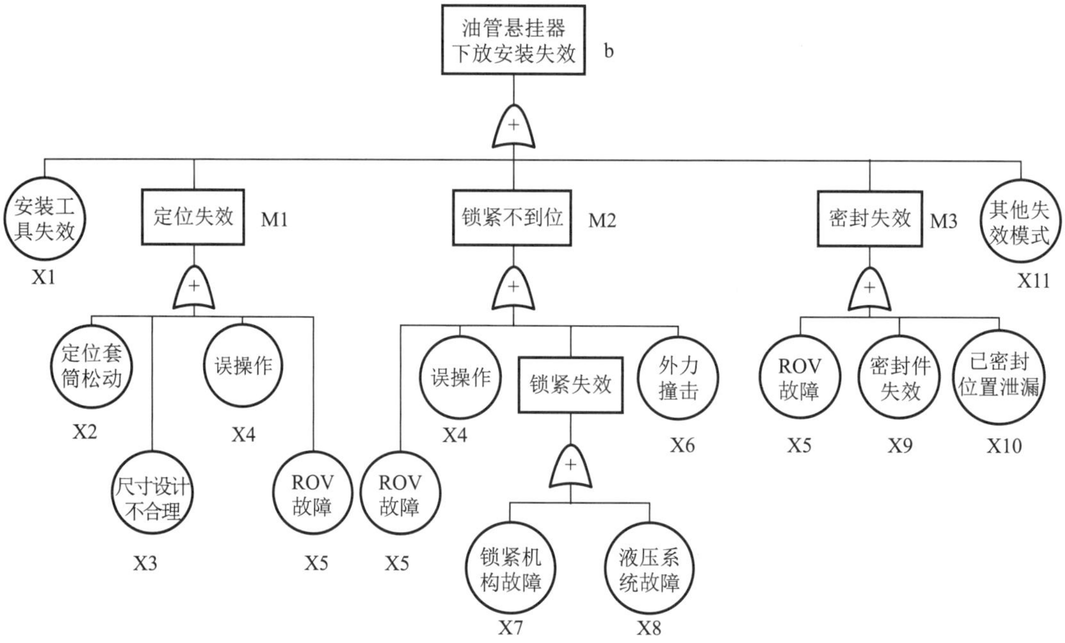

图 3-58　油管悬挂器故障树

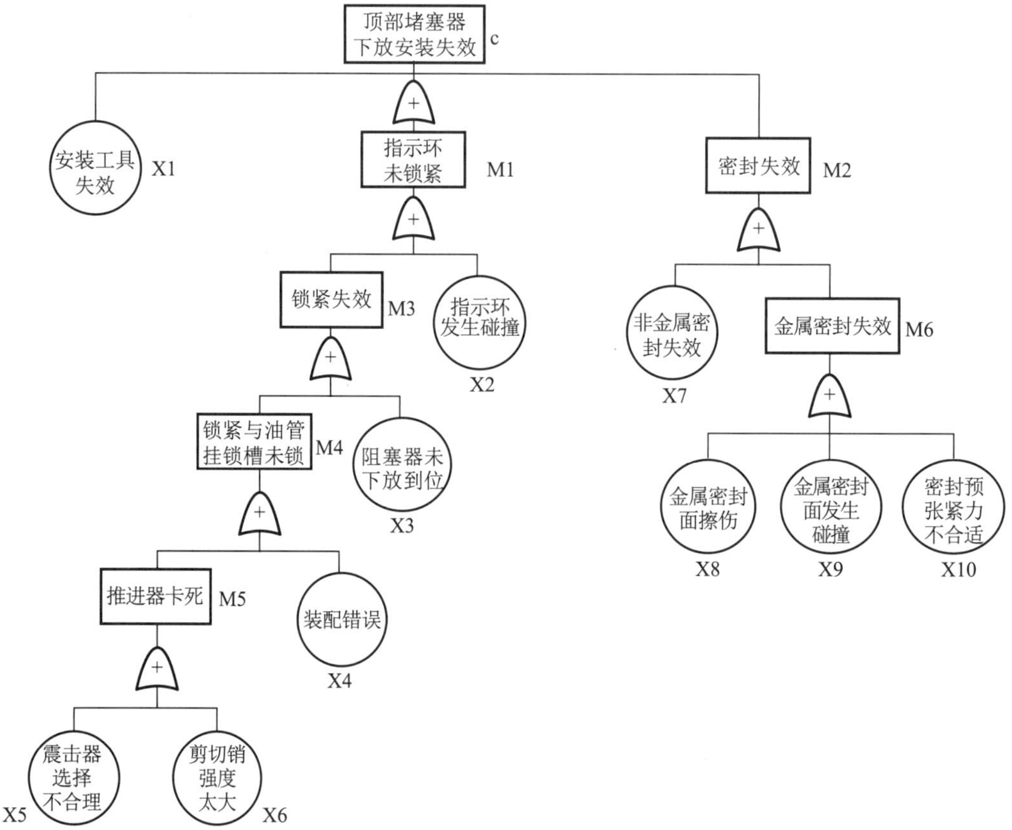

图 3-59　顶部堵塞器故障树

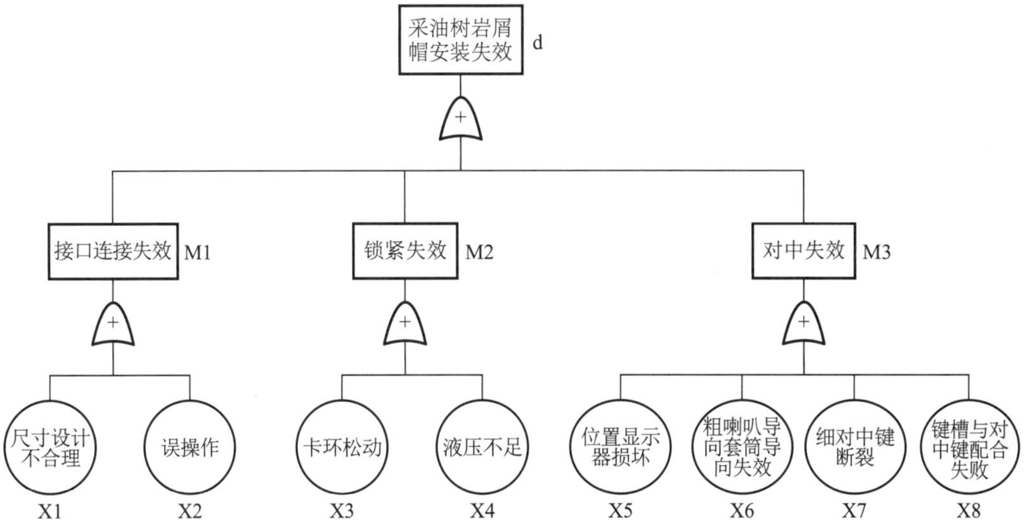

图 3-60　采油树岩屑帽故障树

卧式采油树失效可分为采油树树体下放安装失效、油管悬挂器下放安装失效、顶部堵塞器下放安装失效和采油树帽安装失效。根据部件划分，可对顶事件 S 采油树下放安装失效进行故障树分析，划分为 4 个子事件，分别为 a，b，c 和 d。分别对每个子事件进行故障树分析，得到构成各部件失效的基本零件，即底事件。

以采油树树体的下入分析过程为例，介绍水下采油树故障树可靠性计算。

通过相应的数据采集，确定各基本事件的发生的概率（表 3-14）。经过计算，得到采油树 90％置信度条件下的失效概率 $Q=0.2734/10^6$ h。

表 3-14　采油树树体基本事件失效频率

基本事件	失效频率	基本事件	失效频率	基本事件	失效频率	基本事件	失效频率
X1	0.017	X6	0.012	X11	0.015	X16	0.017
X2	0.008	X7	0.014	X12	0.023	X17	0.022
X3	0.033	X8	0.012	X13	0.010	X18	0.013
X4	0.011	X9	0.010	X14	0.023		
X5	0.028	X10	0.013	X15	0.035		

3.3.3.4　重要度分析

以采油树树体的分析过程为例，介绍重要度分析过程。

概率重要度系数反映基本事件概率的增减对顶上事件发生概率影响的敏感度，可理解为 i 部件取 1 时顶事件发生概率与 i 部件取 0 时顶事件发生概率的差。概率重要度系数 I_i^{Pr} 的计算公式为：

$$I_i^{\mathrm{Pr}}=\frac{\partial g(\boldsymbol{Q}(t))}{\partial \boldsymbol{Q}_i(t)}=g(1_i,\boldsymbol{Q}(t))-g(0_i,\boldsymbol{Q}(t)) \tag{3-32}$$

计算结果见表 3-15。

表 3-15 采油树树体基本事件概率重要度系数

基本事件	I^{Pr}	基本事件	I^{Pr}	基本事件	I^{Pr}	基本事件	I^{Pr}
X1	0.739 2	X6	0.735 4	X11	0.737 7	X16	0.739 2
X2	0.732 5	X7	0.736 9	X12	0.743 7	X17	0.742 9
X3	0.751 4	X8	0.735 4	X13	0.733 9	X18	0.736 2
X4	0.734 7	X9	0.733 9	X14	0.743 7		
X5	0.747 5	X10	0.736 2	X15	0.753 0		

一般情况下，减少概率大的基本事件的概率要比减少概率小的基本事件的概率容易，而概率重要度系数并未反映这一事实，因此它不是从本质上反映各基本事件在事故树中的重要程度。

临界重要度系数可从敏感度和概率双重角度衡量各基本事件的重要度。临界重要度系数 C 与概率重要度系数的关系为：

$$C_i = \frac{q_i}{Q} I_i^{Pr} \tag{3-33}$$

计算结果见表 3-16。

表 3-16 采油树树体基本事件临界重要度系数

基本事件	C	基本事件	C	基本事件	C	基本事件	C
X1	0.046 0	X6	0.032 3	X11	0.040 5	X16	0.046 0
X2	0.021 4	X7	0.037 7	X12	0.062 6	X17	0.059 8
X3	0.090 7	X8	0.032 3	X13	0.026 8	X18	0.035 0
X4	0.029 6	X9	0.026 8	X14	0.062 6		
X5	0.076 6	X10	0.035 0	X15	0.096 4		

以临界重要度系数对各基本事件进行排序，为 X15，X3，X5，X12，X14，X17，X1，X16，X11，X7，X10，X18，X6，X8，X4，X9，X13，X2。

选取临界重要度系数高的前 4 个基本事件，得到下放安装过程中最应注意的 4 个方面（4 个关键设备），见表 3-17。

对基本事件的重要度进行排序，可得到影响事故发生的关键事件。

表 3-17 下放安装过程中临界重要度系数高的基本事件

关键设备	基本事件	C	关键设备	基本事件	C
采油树树体	密封件失效	0.096 4	采油树堵塞器	非金属密封失效	0.188 8
	误操作	0.090 7		密封预张紧力不合适	0.145 1
	尺寸设计不合理	0.076 6		金属密封面擦伤	0.126 6
	已密封部位密封失效	0.062 6		金属密封面发生碰撞	0.108 2
油管悬挂器	误操作	0.173 3	采油树岩屑帽	误操作	0.241 0
	已密封部位密封失效	0.119 6		细对中键断裂	0.188 5
	锁紧机构故障	0.108 9		液压不足	0.151 5
	安装工具失效	0.087 8		粗喇叭导向套筒导向失效	0.114 8

3.3.4　水下采油树服役期间可靠性维护

大多数系统都需要维修，也就是在系统出现故障时对其进行修理，使其能够继续运行。实施这种修理和其他维修的简便程度决定了系统的维修性。

被维修的系统的维修形式可分为修复性维修(corrective maintenance，CM)和预防性维修(preventive maintenance，PM)。修复性维修包括将一个系统从失效状态恢复到运行或可用状态的全部活动。因此，修复性维修的工作量由可靠性决定。修复性维修活动通常无法予以计划，有时修理工作虽可被推迟，但在发生失效时必须进行修理。

修复性维修可用平均修复时间予以量化。但平均修复时间包含若干活动，通常可以分为如下 3 组：

(1) 准备时间。找到维修工作人员、旅程、准备工具和测试设备等的时间。

(2) 有效维修时间。实际开展维修工作的时间。

(3) 延误时间(后勤时间)。工作一旦开始后等待备件的时间。

有效维修时间包括在实际修复开始前研究图纸等花费的时间以及验证修理是否合乎要求所花费的时间。它还可能包括在使设备成为可用前编写修理后文件(必须完成此文件时)的时间，如对飞机上设备进行的维修。也可将修复性维修规定为平均有效修复性维修时间，因为它仅是设计时可以影响的有效时间(不包括文件编写)。

预防性维修试图通过防止失效发生，使系统维持在运行的或可用的状态。可以是通过保养，如清洁与润滑，或通过检验发现并纠正初期的失效，如裂纹的检测或校准。预防性维修对可靠性有直接影响。当打算进行预防性维修时，就要有计划地完成。预防性维修是以完成规定的维修任务所花费的时间和规定的频度予以度量的。

维修性直接影响可用性。修理失效之处和进行日常预防性维修期间都将使系统处于不可用状态。因此，可靠性和维修性之间有着紧密的联系，且二者都影响可用性和费用。在稳定状态下，即在瞬时状态稳定后，并假定维修活动以恒定的频率进行，可用性可表示为：

$$\text{可用性}=\frac{MTFB}{MTFB+MTTR}\times\frac{PM\ \text{周期}}{PM\ \text{周期}+PM\ \text{时间(总时间)}} \tag{3-34}$$

式中，PM 周期为完成全部 PM 任务的时间。

系统的维修性由设计决定。设计确定了各种特征，如可达性、便于测试、诊断和修理，以及对校准、润滑和其他预防性维修活动等的要求。

下面介绍如何通过设计来优化维修性，如何对维修性进行预计和度量，并说明如何根据可靠性优化预防性维修计划，使不能工作时间和费用最小。

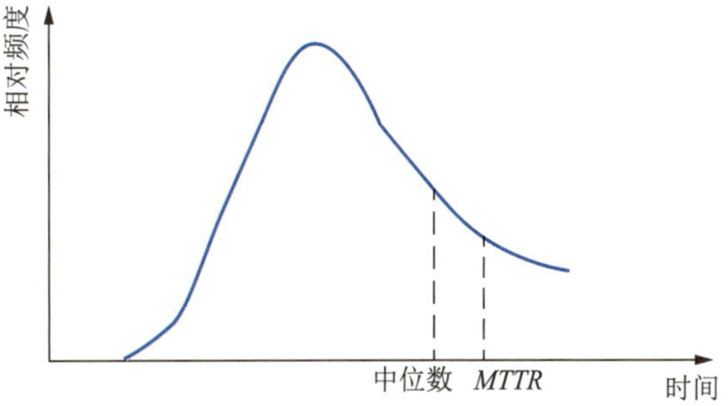

图 3-61　维修时间的对数正态分布

数据分析已经表明，维修时间趋向于对数正态分布(图 3-61)。这种分布也符合人们的经验和直觉，即对一项作业或一组作业来说，当工作完成得相当快是有可能的，但在比通常情况短得多的时间中，完成这样的工作相对是不太可能的；反之，发生问题是相对可能的，这导致需要比通常情况长得多的时间才能完成工作。

除不同作业之间的变异性一般会导致修理时间的对数正态分布外，还有由于学习引起的变异性。根据数据的采集方式，这种变异性可包括在作业之间的变异性中，如经验水平不同的技术人员同时工作的情况。然而，平均时间和变异性应随经验和训练的增加而减小。

通过研究所维修零件的失效前时间分布和系统失效率趋势，可使预防性维修的效能和经济性最大化。

一般来说，如果零件的瞬时故障率是递减的，任何更换都会增加失效概率；如果瞬时故障率是恒定的，更换将不改变失效概率；如果零件的瞬时故障率是递增的，则在理论上以任何时间定期进行更换都会增加系统的可靠性。但是，如果零件具有某无失效寿命（威布尔 $y>0$），则在此时间前进行更换将保证不发生失效。这些情况显示在图 3-62 中。

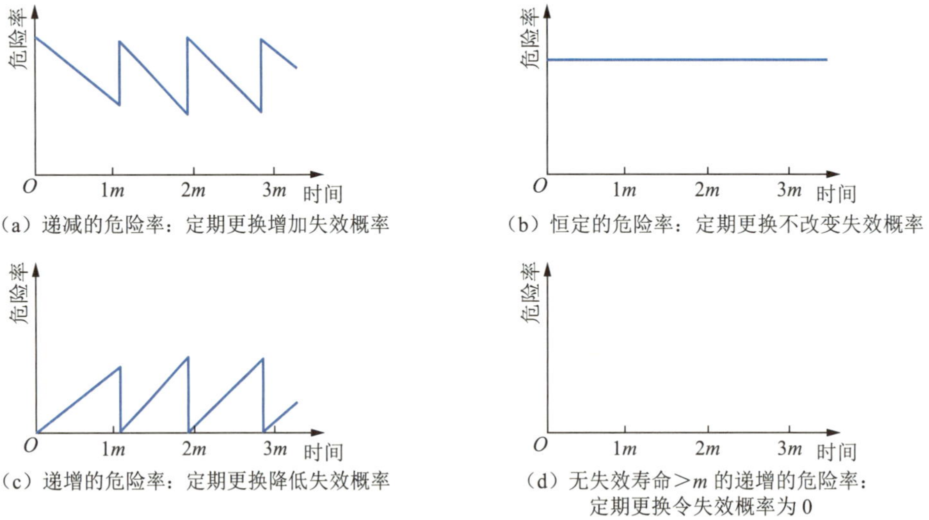

（a）递减的危险率：定期更换增加失效概率

（b）恒定的危险率：定期更换不改变失效概率

（c）递增的危险率：定期更换降低失效概率

（d）无失效寿命>m 的递增的危险率：定期更换令失效概率为 0

图 3-62　可靠性和定期更换理论的关系

上述都是理论上的考虑，其中假设更换活动不会引起其他的缺陷，且失效前时间的分布已被界定。这些假设虽必然会被提出问题，但在制定预防性维修策略时，考虑零件的失效前时间分布明显是最重要的。

除考虑被更换零件的失效前时间分布，从理论上决定更换对可靠性的影响外，还必须考虑维修活动对可靠性的影响。例如，根据水龙带泄漏情况，数据显示高压水龙带在无失效寿命后瞬时故障率呈递增趋势。因此明智的维修策略可以是（比方说）在达到 80% 的无失效寿命后即更换该水龙带。但是，如果更换行动增加了从水龙带端接头泄漏的概率，那么在失效时再更换水龙带也许更经济。

还必须从对系统的影响和不能工作时间与修理费用两个方面考虑失效的影响。仍以水龙带为例，如果水大量流失，后果将很严重，但一般接头的泄漏只是轻微的，不会影响工效或安全。从费用的观点看，优化更换策略的好例子是更换白炽灯和荧光灯。对办公室和路灯这类大量安装的单元，在预计的比例失效前按预定时间更换所有单元将更经济，而不是每个单元失效时再更换。但是如在家里，失效时更换则更经济。

为优化预防性更换，还需要了解主要失效模式的失效前时间的分布参数、所有失效模式的影响、失效的费用、定期更换的费用、维修对可靠性的可能影响。

上述已经考虑了失效突然发生而没有给出任何告警的零件。如果刚出现的失效可被检测到，即通过检查、非破坏性试验等方法检测出来，还必须考虑缺陷蔓延试验引起的失效的速率、检查或测试的费用。

注意，由所有失效模式的影响可知，失效模式、影响与危害度分析（FMECA）是制定维修计划不可或缺的输入。

考虑可靠性的各方面情况，这种系统性地制定维修计划的方法称为以可靠性为中心的维修（reliability-centered maintenace，RCM）。图 3-63 所示为此方法的基本逻辑。以可靠性为中心的维修已得到广泛应用，如用于飞机、工厂的各类系统等。

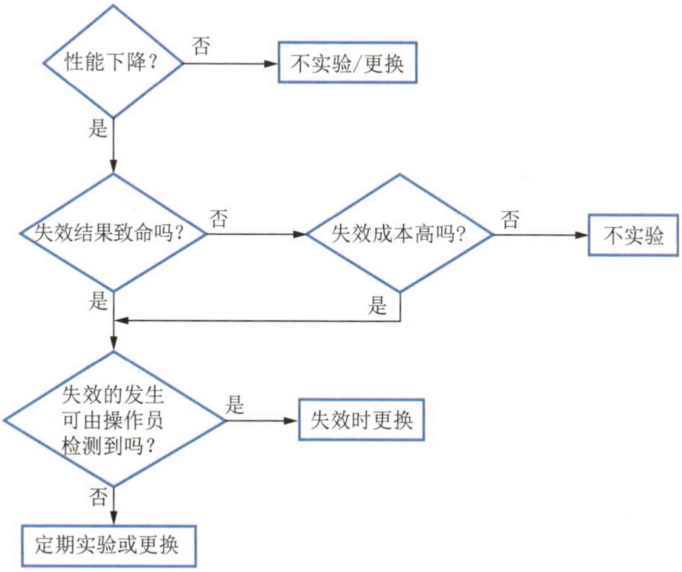

图 3-63　RCM 的基本逻辑

要维修的系统应被设计成可使维修任务容易完成的，且要考虑可能的维修人员和用户的经验及受训情况，进行诊断、修理和定期维修所需的技能水平不宜太高。容易接近和搬运，使用标准工具和设备即可维修而不是必须使用专用设备，以及无需棘手的调整和校准等特征都是希望维修系统所具备的特点。只要可行，就应排除对计划维修的需求。虽然设计人员不能对维修人员的工效进行控制，但是能直接影响系统的固有维修性。

根据有关系统的经验，设计规则和检查清单等应包括指南，以帮助维修性的设计并对设计评审组进行指导。

维修性的设计与易于生产的设计紧密相关。如果产品易进行组装和测试，维修起来通常会容易一些。在此方面，电子电路测试性的设计特别重要，因为电路的测试性对失效诊断的简易性和准确性影响很大，从而影响维修和后勤费用。

互换性是可修复系统易维修的设计的另一个重要方面，可更换的零部件和组件必须设计成更换后不需要调整或再校准。界面的容差必须被规定得能保证更换的单元是可互换的。

3.4 水下油气生产系统人因可靠性

3.4.1 水下油气生产系统及人因可靠性简介

3.4.1.1 水下油气生产系统概述

水下油气生产系统是由水下井口等一整套水下生产设备及海底管道组成的油气生产系统，包括用于开采石油的相关设施（如水下井口和水下采油树）、用于油气运输的介质（如水下管汇和海底油气管道）、用于控制和信号传输的设施（如控制系统和脐带缆）、用于处理油气的设施（如油气处理设施）等，如图 3-64 所示。其中的大部分设施都安置在海底，与水面的生产系统相比，这些设施受水深和海面风浪的影响小。但由于这些设施处于海底，水下油气生产系统的相关操作不能直接进行，一般通过信号传输对水下设备进行远程控制，导致在操作和维修方面，水下操作的流程更复杂、难度更大，维修维护的费用也更昂贵。

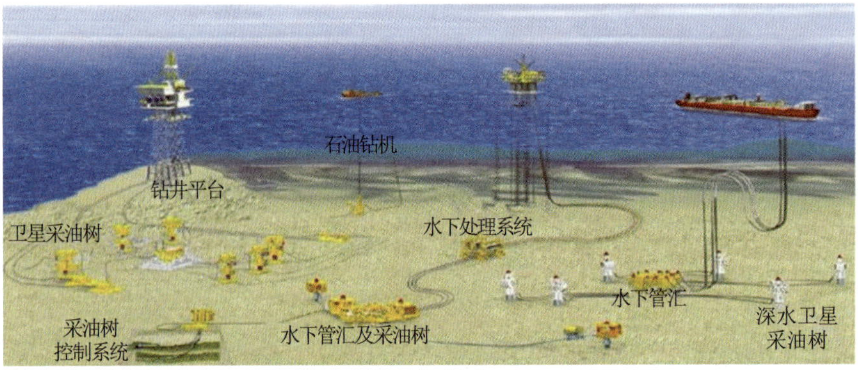

图 3-64　水下油气生产系统示意图

早期在对水下油气资源进行勘探和开采时，一般只在浅水域工作，将水下油气生产系统放入水下并在水下进行人工控制和操作。操作方式一般是通过密闭潜舱内的潜水员或由潜水员直接潜入水底进行人工操作。但这种开采系统的局限性非常大，随着科学技术在海洋领域的不断拓展，人工潜水对系统进行操控的方式逐渐被弃用，改而使用全液压水下油气生产系统。

随着油气开采工作的进一步推进，采油难度因采油深度的加大而变得更大，回接距离和难度也相应地增大，此时的情况已超出全液压水下油气生产系统的工作环境范围。在工作过程中该类系统会产生严重的压降损失，导致存在远超系统标准响应时间限制的情况。在系统作业过程中，还面临低温水域环境的影响，以及大面积油气田开采难度增加，同时高温油气流体也考验着系统的性能。这些愈加艰难的开采因素进一步推动了电液复合式水下油气生产系统的研发。该系统最初的研发工作起始于 FMC，Aker 及 Cameron 等大型石油公司，如图 3-65 所示。

随着油气开采不断从浅水区域向深水区域迈进，复杂且恶劣的作业环境将极大地影响系统的工作，同时油气田的开采范围和回接距离也随之加大，深水作业极大地考验着系统的性

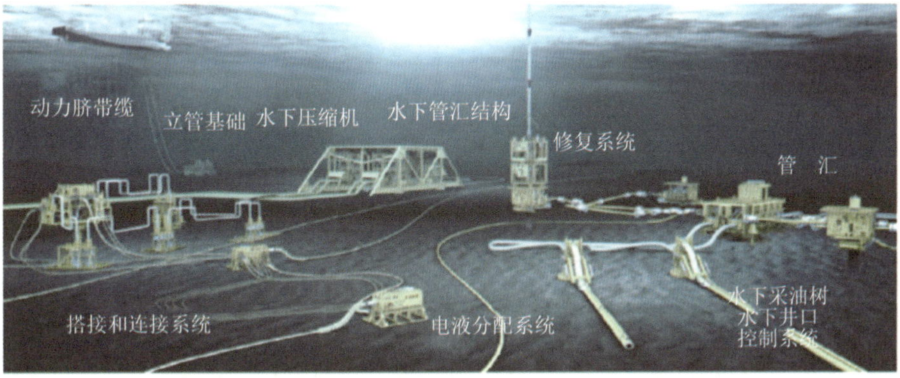

图 3-65　Aker 公司的电液复合式水下油气生产系统

能。液压系统已不能适应此时的开采条件，因为深海区域的温度比较低，系统的液压油黏度高，会使液压动力产生很大的损失。加之深海压力大，液压油难以流动，将进一步影响系统的正常工作。综合考虑以上影响因素，同时考虑节约深水区域的开采成本，诞生了全电式水下油气生产系统。首次亮相的全电式水下油气生产系统由 Cameron 公司研发，2008 年开始投入使用。荷兰 K5F 油气田成为其首次作业，如图 3-66 所示。

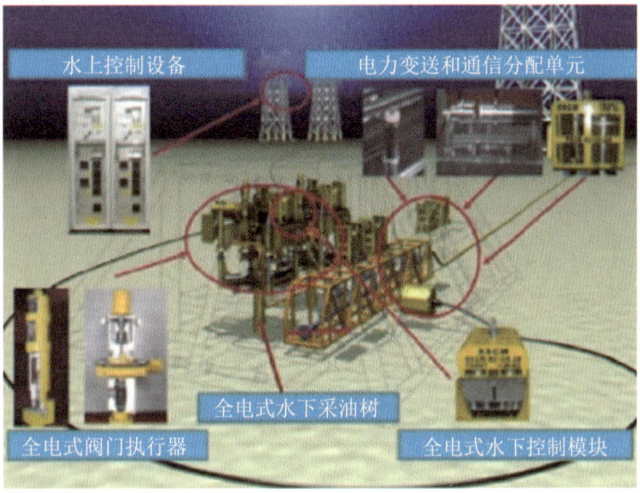

图 3-66　Cameron 公司的第一代全电式水下油气生产系统

水下油气生产系统包含许多设备和系统，将该系统简略分解的结果如图 3-67 所示。

3.4.1.2　人因可靠性研究背景及意义

随着石油行业科技信息化的发展，新装备和新技术不断应用到水下油气生产系统中，促进了水下油气生产系统设备设施的现代化。然而，系统中的人在作业和管理时的核心能力却没有得到显著提高，使其成为制约水下油气生产系统安全的瓶颈。

对绝大多数技术系统，人都将参与从设计到制造、操作、管理、维护、升级、淘汰或处置的生命周期的各阶段。人犯的错误往往会导致意外事故或事件，这些以人因差错为直接或间接起因而发生的事故称为人因事故。人因事故起源于环境、组织和人为三大因素，人因可靠性分析

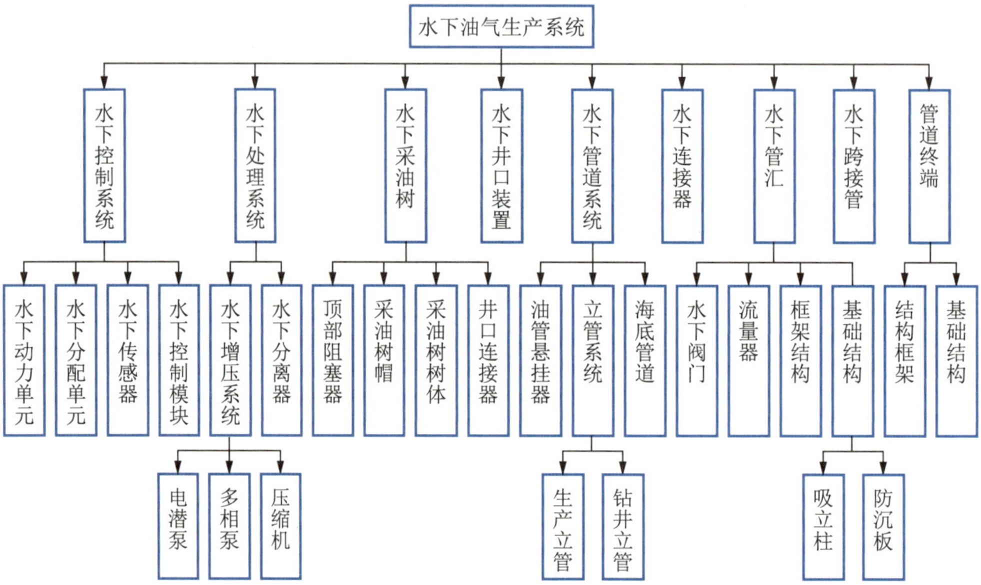

图 3-67　水下油气生产系统简略分解图

是避免灾难、提高人类效能以及系统工程师设计的优先考虑事项。据统计，60%～90%的事故是由人为错误和组织错误引起的，剩下的部分才是由技术缺陷导致的。因此，在海洋工程中的设计、建筑、工作等各阶段必须考虑人因失误对系统行为的影响，确保系统在正常或紧急状态下有足够的可靠性。

在水下油气生产系统领域，人的可靠性分析刚刚起步，还没有形成系统的理论基础和方法。目前，石油天然气行业主要通过制定相应管理考核的规章制度、发布各种类型的安全操作和使用手册来减少和防范人员操作引起的相关失误。水下油气生产系统的安全规范虽逐渐完善，但人员失误等问题依旧没能得到有效解决。人因可靠性分析是降低人员操作风险的重要手段之一，通过对人因失误场景分析，找出可能出现的影响因素，计算相应失误的概率，然后设计改进措施，从而减少失误概率和后果，这是系统可靠性研究不可或缺的部分。

在这样的背景条件下，对水下油气生产系统开展人因可靠性研究，据此减少传统方法中在安全管理和维护维修方面的缺陷，建立适应水下油气生产系统人因可靠性的评估体系。根据风险评估结果，可以减少操作人员的失误率，找出针对性的人员失误控制措施，完善现有的人因风险管控制度。在此基础上，可针对相关工作人员的特点制定有效干预策略，并使制定的人因失误干预策略更有价值和效果，由此降低失误率，提高系统工作效率，将海底开采的油气资源的经济效益最大化，并最大化提高水下工作系统的可靠性和人员的安全系数。

3.4.2　水下油气生产系统人因可靠性主要分析方法

3.4.2.1　水下油气生产系统的失误分析基础理论

1）人因失误的定义与特点

许多领域都对人因可靠性开展了一定的研究，因此对人因失误概念的认识和定义很多。

Sträter 认为如果人的行为不能满足系统的要求即人因失误，Swain 认为如果人的行为影响系统的正常运行或者导致异常情况的发生即人因失误，而 Reason 认为人的行为在没有受到外界因素的影响下，如对个人生理和心理的影响，人没有达到理想目的和效果即为人因失误。综合以上各种人因失误的定义，可将水下油气生产系统的人因失误定义为工作人员不能准确、及时和有效地完成系统规定的操作。

人因失误的特点包括：

(1) 人发生的错误会出现重复性。通过一定的教育培训和现场管理的监督手段，虽可一定程度上减少错误的产生，但人惯性思维的固有存在，使得人发生的错误无法完全消除。

(2) 人发生的错误会具有潜在性。显性的错误往往容易被发现，人在操作过程中可避免这些错误的发生。一些潜在的错误常常被忽略，但潜在的错误如果被一些影响因素促使而发生，可能造成不可预计的影响。

(3) 任务情景和环境因素会促使人发生错误。情景和环境会影响人的活动，一些人因可靠性方法可分析情景和环境对人活动的影响，如认知可靠性和失误分析方法将情景因素分为 9 个方面进行考虑。

(4) 人会受固有的行为可变性影响。受限于人本身的认知能力，并受外界因素的影响，人不可能与机器一样，从精确度上保持每一次任务的完成都相同，而这些变化的动作可能导致人因失误的发生。

(5) 人具有主观能动性。与机器不同，人具有主观能动性的特点，能在平常的操作过程中不断规范自己的操作和改正自己的操作失误。但外界因素(如教育培训、压力和疲劳等)会对人的主观能动性产生一定的影响。

2) 水下油气生产系统中的人为失误机理

水下油气生产系统中的操作是一个复杂的人机交互过程，人通过收集系统的相关信息，如每个组成部分的情况、设备设施的运行状态、预警和指令信息的反馈等，对当前水下油气生产系统的情况进行判断，从而进行相应的操作。其中，人的操作行为由状态感知、分析决策和行为执行三部分构成，整体上是一个复杂多变的信息处理过程，如图 3-68 所示。

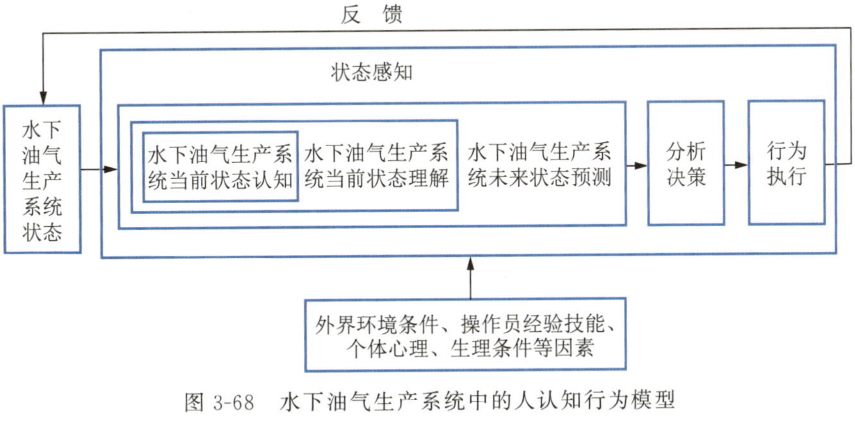

图 3-68　水下油气生产系统中的人认知行为模型

可以看出，在人的认知行为中三个步骤都会受到外界因素的影响，包括教育培训、身心状态和组织管理等因素等影响，从而导致人因失误的发生，包括状态感知失误、决策失误和操作失误。

状态感知失误是由于人受到外界因素影响导致注意力不集中，从而对当前系统状态的感知出现片面疏漏或感知疏忽的状况。状态感知失误的影响因素主要包括身体状况、心理情绪和外界环境影响等。

决策失误通常是状态感知失误引起的，工作人员在对系统进行判断的过程中，需要对收集得到的信息进行删减和归纳，从而得出正确的结论并进行决策。决策失误的影响因素主要包括个人的知识技能、积累的经验和环境因素等。

操作失误通常是状态感知失误和决策失误引起的。操作失误的影响主要包括身体状况、个人的知识技能和操作的熟练度等。

3.4.2.2 水下油气生产系统的人因风险因素分析

1）人因可靠性风险识别

水下油气生产系统的操作人员长期漂浮在海上，这些人员的工作特点和工作环境等因素与海洋平台的其他人员和大型船舶相似。因此，水下油气生产系统的人因事故风险因素可结合海洋平台与大型船舶考虑。

相关文献的分析总结表明水下油气生产系统的人因失误具有多样性，包括：

（1）与水下油气生产系统操作环境相关的风险，主要体现在工作环境和海洋环境两方面。在工作环境方面，可从物理方面（如环境噪声及平台振动）、化学方面（如空气污染）和人自身需求方面（如温度和空气湿度）等进行分析，主要包括表 3-18 中的客观因素。在海洋环境方面，一般指人因失误时所处的海况，主要包括热带气旋、冰害、地震、海啸、台风等。

表 3-18　工作环境风险因素

序　号	风险因素	具体内容
1	环境噪声	来源于设备组件（如涡轮）、操作行为（如钻孔开采）及通风设备等
2	平台振动	平台受到海洋环境的影响而产生振动，引起人体的局部振动
3	温度和空气湿度	温差变化幅度大、空气湿度低等导致人员出现不适反应
4	空气污染	一部分来源于环境，另一部分来源设备（如发动机产生的烟尘）
5	化工药剂影响	操作和工艺过程中使用的化学药剂（如混凝剂）
6	照明条件	布置和环境等因素导致的操作室内采光和照明不足

（2）与人员配置和组织管理等相关的风险，见表 3-19。

表 3-19　人员配置和组织管理风险因素

序　号	风险因素	具体内容
1	运输过程	海洋平台一般在距离海岸线 60～100 km 处，在良好大气条件下通过直升机运输，在恶劣天气中通过拖船运输，行程有时长达 8 h
2	运输时间	在良好大气条件下直接到达平台，在恶劣天气中使用吊篮到达平台；有时需要长时间等待，加上交通工具出发时间和到达时间存在不确定性，往往存在许多改变计划的情况
3	平台上停留时间	工作人员一般在平台上工作 28 天、休假 28 天

续表

序号	风险因素	具体内容
4	换班工作制度	换班制度一般为中午至午夜的连续工作制，共 12 h，从开始工作时间 18 点到第二天6 点
5	较长的停留时间	在紧急情况下人员有时需要继续停留到下一次轮班，当天的交班可能持续长达数小时
6	娱乐和运动条件	一般是两名工作人员两个星期内待在小舱室，很少有机会进行娱乐运动

(3) 与工作背景和工作内容的相关风险可能直接或间接影响心理和身体健康，进而影响作业中的安全，见表 3-20。

表 3-20　工作背景和工作内容风险因素

序号	分析角度	风险因素	具体内容
1	工作背景	安全意识	自我保护意识不强，缺乏组织强调及宣贯
2		监督规范	对不安全行为有严厉制止的人员、流程
3		职业规划	对职业生涯没有规划，充满不确定性
4		决策技能	参与作业决策低，缺乏工作控制力
5		人际和合作关系	因为社会或物理隔离，与其他工作人员缺乏合作交流
6		工作和家庭关系	工作和家庭需求的冲突，在家支持度低
7	工作内容	设备设施	可靠性、可用性、适用性，设备和设施
8		工作内容设计	设计的内容缺乏多样性或短的工作周期，零散的或无意义的工作，未充分利用工作内容
9		工作量大小	超负荷工作，缺乏控制，高水平的时间压力
10		时间安排表	轮班工作，不灵活的工作日程安排，不可预知的时间

2) 人因可靠性影响因素的筛选

人因可靠性影响因素主要从两个方面进行分析：一是结合国内外研究现状进行分析；二是结合海洋工程特点和船舶工程特点进行综合分析。

水下油气生产系统是一个复杂的以人为主导的系统，因此在相关研究中必须考虑生产责任人、生产组织、生产管理、生产设备、生产环境五大因素，并以这五大因素作为分析方向，重点研究这些方向内的子影响因素。

水下油气生产系统人因可靠性主要影响因素见表 3-21。

表 3-21　水下油气生产系统人因可靠性主要影响因素

标识	影响方面	标识	影响因素	简单描述
F1	个人	F11	知识技能	专业知识和技能储备少，未在工作前进行安全评估
		F12	情景意识	对任务场景的熟悉程度较低，作业安全意识较低
		F13	生理状况	生理上患有疾病
		F14	情绪状态	心理上不舒服，容易出现情绪波动等
		F15	疲劳	身体处于疲劳和劳累的状态
		F16	注意力集中	工作时工作人员的注意力不集中
		F17	工作压力	工作量过多、任务频率较大和一定的时间紧迫性

续表

标　识	影响方面	标　识	影响因素	简单描述
F2	组　织	F21	监督审查	对工作没有有效的监督，人员不遵守操作步骤
		F22	职员分工	人员分工混乱，工作职务和任务分配不合理
		F23	人员选拔	人员选拔制度和人员与工作岗位的配置不合理
		F24	奖罚措施	激励奖励不够，问责监督措施过于严格
		F25	团队合作	人员之间合作较少，存在较大竞争关系
F3	管　理	F31	教育培训	未进行上岗前培训或培训不足，与实际工作任务差距较大
		F32	工作时间	工作时间长度过长、强度过大和时间安排不合理等
		F33	人员沟通	人员之间不能有效沟通
		F34	规章制度	规章制度和作业流程不完善，存在漏洞
F4	设　备	F41	技术条件	操作形式复杂，不容易进行操作流程
		F42	人机界面	人机操作界面的可读性和清晰度较低
		F43	设备维护频率	设备的维修管理程度、维修次数和质量状况不满足要求
		F44	系统操作条件	设备和系统的功能分配不合理，操作复杂
F5	环　境	F51	噪声和振动	操作环境或工作设备发出的噪声影响工作
		F52	工作场所温度	工作环境温度不利于工作的进行
		F53	设备布置	设备数量不够和摆设位置不合理
		F54	平台的运动	工作环境的晃动对工作产生影响

3.4.2.3　水下油气生产系统的任务场景分类研究

一方面，在水下油气生产系统中存在许多不同的任务场景，每个场景中不同的因素可能造成不同人为失误的发生；另一方面，工作场景变化多样，不同场景可能包括不同任务情境，复杂度较高。因此，准确量化人因可靠性概率的重点是合理对任务场景进行分类。根据水下油气生产系统中的操作任务，可将操作任务场景分为时间、过程和应急3种相关类型。

(1) 以时间为中心的场景。需要工作人员在一段时间持续工作的任务场景被称为时间相关型场景，如人员对某些设备长时间的调试和需要等。这些场景需要工作人员长时间工作，并会造成和加速工作人员的疲劳。在这种任务情景下，工作人员起始的状态良好，此时的人因失误概率处于较低的水平。随着任务的进行和时间的推移，人因失误会随着疲劳的加剧而增大，调试人因失误概率随之增加。长时间的工作是造成人为失误的主要因素。

(2) 以过程为中心的场景。水下油气生产系统存在一些需要按照一定程序进行操作的任务场景，这些操作有多个步骤，称这些场景为过程相关型场景。在过程相关型场景中，人因可靠性注重的是每个步骤的失效模式和失效概率，可采用认知可靠性与失误风险分析方法进行研究。

(3) 以应急为中心的场景。以应急为中心的场景主要是故障发生时，工作人员需要在一定时间内识别系统失效的原因，并采取一定的调控措施以进行控制。这种情景下的人因可靠性量化可采用人的认知可靠性方法进行研究。

3.4.2.4　水下油气生产系统的典型场景人为失误分析

1）投运阶段的人为失误分析

在投运阶段，液压动力单元的功能测试要求工作人员长时间的持续工作，工作时间的长短对人员的疲劳程度影响很大，属于典型的以时间为中心的场景。对其进行人因可靠性评估时，测试的一般流程见表 3-22。

表 3-22　测试的一般流程

序　号	流　程	目　的
1	将低压泵开关均切换到自动位置	泵正常启动
2	手动操作低压泵出口压力至表压 320 bar 以下	确认低压泵出口压力为表压 345 bar
3	手动操作低压泵出口压力至表压 290 bar 以下	确认低压泵出口压力为表压 345 bar
4	手动操作高压泵出口压力至表压 620 bar 以下	确认高压泵出口压力为表压 690 bar
5	手动操作高压泵出口压力至表压 600 bar 以下	确认高压泵出口压力为表压 690 bar
6	手动操作低压泵出口压力至表压 290 bar 以下	确认相关警报均已消除

假设连接函数为指数函数，失效概率函数 $h_0(t)$ 为两参数的威布尔分布：

$$h_0(t)=\frac{\beta t^{\beta-1}}{\alpha^{\beta}} \tag{3-35}$$

参考文献中的 3 种不同任务场景，根据长时间持续工作的特点，外界变量选择人员疲劳程度（A）、健康状况（B）、监督审查（C）、技术条件（D）、人员沟通（E），基于场景的描述根据预测与健康管理方法选择影响指数，权重系数参考相关文献，见表 3-23。

表 3-23　影响指数和权重系数

影响因素	A	B	C	D	E
场景 1 影响指数	1	0	0	1	0
场景 2 影响指数	1	1	1	1	1
场景 3 影响指数	1	2	2	2	2
权重系数	0.21	0.21	0.21	0.19	0.18

根据公式可知人因可靠性函数 $R_{hp}(t)$ 为：

$$R_{hp}(t)=e^{-\int_0^t \frac{\beta s^{\beta-1}}{\alpha^{\beta}}\cdot e^{\gamma Z}\,ds} \tag{3-36}$$

发生人因失误的概率 $F_{hp}(t)$ 为：

$$F_{hp}(t)=1-R_{hp}(t) \tag{3-37}$$

2）泵维护过程中的人为失误分析

合理的维护工作可以延长泵的使用寿命，也是维持系统有效运行的保障。维护过程会对泵的寿命和工作效率产生很大影响，属于典型的以过程为中心的场景。泵的维护流程包括表 3-24 中的步骤。

表 3-24 泵的维护流程

序 号	步 骤	序 号	具体步骤
1	准备工作	1.1	对设备进行诊断
		1.2	执行并记录初始气体测试
		1.3	确定最合适的隔离方法
2	隔离泵	2.1	进行压力测试
		2.2	隔离泄漏测试
		2.3	执行机械隔离
3	泵的测试	3.1	检查管路中的流体和压力
		3.2	电机功率试验
		3.3	测试压力和隔离
		3.4	重新连接泵
4	确保泵处于安全状态	4.1	检查管路和设备是否有障碍物
		4.2	使阀门处于关闭状态
5	恢复泵的工作状态	5.1	进行试验压力
		5.2	从管道和泵中清除空气
		5.3	打开阀门，加满泵，检查是否有泄漏

根据认知可靠性与失误风险分析方法，确定其中涉及的认知能力、可能发生的失误模式和对应的基本失误概率，见表 3-25。

表 3-25 认知模式失误分析

序 号	认知模式	失误模式	基本失误概率
1	观 察	观察目标错误	0.001 0
2	观 察	动作目标错误	0.003 0
	执 行	动作顺序错误	0.000 5
3	观 察	观察目标错误	0.001 0
	执 行	动作目标错误	0.001 0
4	执 行	动作顺序错误	0.000 5
	观 察	观察目标错误	0.003 0
5	执 行	动作目标错误	0.001 0

计算可得该操作的人因失误的基本概率 $HEP_0=0.011$。分析操作的任务环境，通过认知可靠性与失误风险分析方法的数据表得到 CPC 评分。共有 3 种场景，见表 3-26。

表 3-26 泵维护过程的 CPC 评分

CPC	场景 1	场景 2	场景 3
CPC1	85	75	30
CPC2	80	70	40
CPC3	87	60	35

续表

CPC	场景 1	场景 2	场景 3
CPC4	90	65	30
CPC5	88	65	40
CPC6	85	60	30
CPC7	15	20	5
CPC8	85	70	35
CPC9	90	65	30

根据得到的影响指数，通过认知可靠性与失误风险分析方法计算得到 CPC 对人因失误的修正系数，从而可计算在不同任务场景下发生的概率，见表 3-27。

表 3-27　影响指数和修正系数

CPC	场景 1	场景 2	场景 3
CPC1	0.8	0.8	0
CPC2	0.8	0.8	0
CPC3	1.2	0	0
CPC4	1.4	0	0
CPC5	0.4	0	1.2
CPC6	1.2	1.2	1.4
CPC7	0	0.8	0.8
CPC8	1	1	0
CPC9	1.2	1.2	0
β	8	5.8	3.4
HEP	0.000 11	0.000 39	0.001 55

可以看出，场景 1 下的人因可靠性最高，CPC 能够提高人因可靠性，有利于人员的操作，而场景 3 下的人因失误概率最大，CPC 会降低人因可靠性。场景 1 和场景 3 的人因失误概率约相差 10 倍。在以过程为中心的操作中，主要影响因素是动作顺序的规范化。在场景 1 下，操作人员观察目标和动作顺序的正确度较高。而在场景 3 下，操作人员整体的正确度较低，导致人因失误概率产生巨大差异。

3）故障恢复过程中的人为失误分析

在水下油气生产系统发生故障时，需要工作人员快速辨别系统故障的原因，并采取相应的应急措施，短时间内的正确反应有利于减少失效和恢复系统稳定性，属于典型的以应急为中心的场景。

不同工作人员之间难免存在差距，如由于健康状况、知识经验等的不同，完成同样的操作会存在差别。选取两名工作人员在良好的人机界面上进行操作，分别对两位工作人员进行分析。工作人员 A 受过良好的培训，曾经处理过类似的情况，具有一定的操作经验，属于技能型，恢复操作对其来说是正常的压力水平；工作人员 B 受过正常的训练，但没有这方面的经验，需要按照程序步骤一步步进行，属于规则型，恢复操作对其来说是正常的压力水平。假设一般情况下需要 5 min 的时间完成这项任务，相关系数通过前文人的认知可靠性方法参数表选取，可计算得到两名工作人员发生人因失误的概率，见表 3-28。

表 3-28 工作人员参数选取和失误概率

工作人员	a	b	c	K_1	K_2	K_3	HEP
A	0.407	1.2	0.7	−0.22	0	−0.22	0.002 9
B	0.601	0.9	0.6	0	0.28	−0.22	0.205 7

3.4.3 水下油气生产系统人因可靠性评估模型构建

3.4.3.1 人因可靠性模型构建的流程

水下油气生产系统人因可靠性模型由因素确定、模型建立、数据处理和模型评估 4 部分组成。首先确定人因可靠性的主要影响因素，然后根据影响因素之间的关系建立贝叶斯网络模型，对数据处理后输入人因概率模型，最后根据敏感性计算结果评估人因可靠性，如图 3-69 所示。

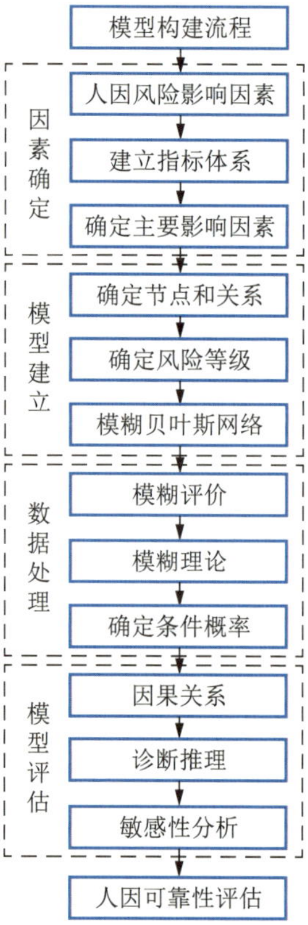

图 3-69 水下油气生产系统人因可靠性模型构建流程图

3.4.3.2 人因风险影响因素的确定

通过查阅文献和专家访谈，收集整理水下油气生产系统人因风险影响因素，建立合理的指标体系。针对不同的目标子系统，筛选并确定影响人因可靠性的主要因素，建立评估对象的指标体系，为建立模糊贝叶斯网络模型做准备。

1）建立指标体系的目的

贝叶斯网络拓扑结构由两部分组成：一部分是各节点，包括父节点、中间节点、根节点，表示各节点的基本信息；另一部分是节点间的有向边，表示节点与节点之间的关系。

(1) 确定建立贝叶斯网络的基本指标集合。建立贝叶斯网络拓扑结构前需要确定评价的基本指标，以此确定贝叶斯网络的各节点。

(2) 确定人因风险影响因素之间的关系。建立水下油气生产系统整体的人因风险评估指标体系，并按照合理的标准细化指标体系，将指标因素进行分类和汇总，根据合理的维度进行层次划分，确定各影响因素之间的隶属关系。

2）确定人因可靠性影响因素的流程

确定主要人因可靠性影响因素的流程包括 4 个步骤：

(1) 人因风险影响因素的收集。通过查阅相关数据文献和专家访谈等方式，全面收集和整理水下油气生产系统人因风险评估所涉及的影响因素。

(2) 评价指标体系结构的确定。从合理性、可操作性及科学性原则出发，根据影响因素的相互关系确定合适的层级，并据此形成指标体系结构层次。

(3) 人因可靠性主要影响因素的筛选和确定。因为水下油气生产系统子系统的多样性及事件的动态性，所以评价指标体系的各影响因素不是固定的组成。指标体系的影响因素需要根据对象的特性和结合现实情景进行筛选。

(4) 主要影响因素体系的建立。在主要影响因素筛选和确定的基础上，建立子系统的指标体系，确保指标体系能够全面反映子系统的人因风险概率水平。

3.4.3.3　模糊贝叶斯网络模型的构建

在水下油气生产系统子系统指标体系建立的基础上，根据指标因素和层级关系，确定与贝叶斯网络结构的对应关系，并通过引入影响因素的模糊风险评级，建立模糊贝叶斯网络模型。

1) 贝叶斯网络结构的建立

贝叶斯网络是一种基于概率图的方法，是用于进行推断和描述不确定的模型。贝叶斯网络主体部位用于描述节点之间的关系和影响程度的大小，每个节点包含每个变量的基本信息要素，表现形式为有向无环图，呈网络结构。为更加清晰明了地描述节点之间的相互关系，贝叶斯网络采用图形表示节点与节点的关系。有向的连接用于描述节点间的关系，不同的条件概率用于描述各节点间相互影响的程度。

在确定各节点的前提下，根据贝叶斯网络拓扑结构的构建原理，通过有向边将各节点进行连接，从而形成一个非循环有向图，并按照根节点指向中间节点和中间节点指向目标节点的原则，建立评估人因风险的贝叶斯网络结构。

2) 风险因子的等级划分

在实际的人因风险管理过程中，很难精准和定量地计算人因风险，可根据半定量的方法进行人因风险等级的划分。结合水下油气生产系统操作人员及其设备的特征，对人因风险等级进行划分。等级划分的依据是事故的性质与危害程度。按照该划分标准，将水下油气生产系统人因风险等级划分为 5 级，见表 3-29。

表 3-29　可能性风险等级划分

风险等级	人因失误发生描述
5	非常可能发生
4	高发生率
3	中等发生率
2	低发生率
1	几乎不可能发生

依据任务完成及设备损坏情况对影响因素重要度等级进行划分，见表 3-30。

表 3-30　影响因素重要度等级划分

风险等级	重要度	描　述	
		任　务	设　备
5	灾难性	无法完成	严重损坏

续表

风险等级	重要度	描 述	
		任 务	设 备
4	严重性	无法完成	功能丧失，大规模维修
3	关键性	可能完成	局部轻度损坏
2	临 界	不能及时完成	无影响
1	可忽略的	不影响	无影响

参考美国核管理委员会文件 NUREG-1921 中的人因失误恢复分析，将人因失误恢复等级划分为 5 级，见表 3-31。

表 3-31 人因失误恢复等级划分

风险等级	失误恢复可能性	描 述			
		有效操作监督	非预期响应警报	完善的错误机制恢复措施	充足操作时间
5	不可恢复	均不满足			
4	不大可能恢复	满足其中 1 项			
3	可能恢复	满足其中 2 项			
2	很可能恢复	满足其中 3 项			
1	几乎肯定恢复	各项均满足			

由于水下油气生产系统人因风险因素的风险评价很难进行精确表达，所以引入相关的语言评价，采用 5 个自然语义值描述等级程度。为方便后续人因概率量化和计算，将模糊的评价等级通过三角模糊数转化为数据指标，确立风险等级与三角模糊数的对应关系，见表 3-32。

表 3-32 风险等级与三角模糊数对应关系

等 级	风险等级	三角模糊数
5	非常大(VH)	(0.8,0.9,1.0)
4	大(H)	(0.6,0.7,0.8)
3	中等(M)	(0.4,0.5,0.6)
2	小(L)	(0.2,0.3,0.4)
1	非常小(VL)	(0.0,0.1,0.2)

3) 数据收集

进行数据收集时，采用专家评分法，通过专家匿名评价及问卷调查的形式对人因风险影响因素进行评价，以弥补无法直接获取贝叶斯网络根节点概率的缺陷。在评价过程中，专家依靠个人知识储备和经验进行评判，得到的评价结果是模糊语言，并具有一定的主观倾向，因此需要对专家评价结果进行处理，汇总为较一致的评估结果。

风险等级值均由专家评定，考虑到专家对设备和任务的熟悉程度及知识背景差异对结果的影响，对各位专家分配相应的权重。如果采用匿名评分法，可以根据专家的情况分配权重；如果采用公开评分法，可以采用专家组内相互给分(0,5,…,95,100)的方式计算各专家的权重。计算公式如下：

$$W_i = \frac{\sum_{\substack{j=1 \\ j\neq 1}}^{n} q_{i,j}}{\sum_{i=1}^{n} \sum_{\substack{j=1 \\ j\neq 1}}^{n} q_{i,j}} \qquad (i=1,2,\cdots,n) \tag{3-38}$$

式中，W_i 为第 i 位专家的权重；$q_{i,j}$ 为第 j 位专家赋予第 i 位专家的分值；n 为专家人数。

3.4.3.4　数据处理及人因概率的量化

使用模糊理论对专家评价结果进行解模糊，再通过人因概率量化模型计算根节点概率，最后根据贝叶斯网络的诊断推理进行敏感性分析。

1）专家评价结果解模糊

专家评判以模糊语言表示，需要对评价结果进行解模糊处理。常用的解模糊方法主要有梯形模糊数、三角模糊数和 LR 型模糊数等。三角模糊数可与风险评价等级很好地匹配，且其含义简单明了，函数的处理方式较容易，能简化运算过程，故选择三角模糊数作为隶属函数对专家评价结果解模糊。

三角模糊数由上限、下限和中间的可能值组成。假设人因风险评估隶属集为 A，三角模糊数的上限和下限分别为 l 和 u（表示模糊的程度，$u-l$ 的值越大，模糊的程度越高）。当隶属集 A 的隶属度为 1 时，取值为 m，则三角模糊数表示为 $A=(l,m,u)$。隶属度函数 $f(x)$ 表示为：

$$f(x)=\begin{cases} \dfrac{1}{m-x}x-\dfrac{l}{m-l}, & x\in[l,m] \\ \dfrac{1}{m-u}x-\dfrac{u}{m-u}, & x\in[m,u] \\ 0, x\in(\infty,l]\cup[u,\infty) \end{cases} \tag{3-39}$$

假如两个三角模糊数分别为 $f_1=(l_1,m_1,u_1)$ 和 $f_2=(l_2,m_2,u_2)$，两个模糊数的和为：

$$f_1+f_2=(l_1+l_2,m_1+m_2,u_1+u_2) \tag{3-40}$$

如果存在精确数 k，则有：

$$\frac{f_1}{k}=\left(\frac{l_1}{k},\frac{m_1}{k},\frac{u_1}{k}\right) \tag{3-41}$$

2）人因概率的量化

解模糊完成后，需要将三角模糊数汇总并转化为人因概率，从而得到贝叶斯网络根节点的发生概率。转化过程由均值化、概率计算和归一化组成。

均值化是通过算术平均的方法，去除极端值的影响，使评价结果更加客观和合理。根据专家人数，将解模糊后的评价数据进行算术平均。计算公式为：

$$\overline{P}=\frac{p_1+p_2+\cdots+p_n}{n}=(\overline{l},\overline{m},\overline{u}) \tag{3-42}$$

式中，$\overline{P}$ 为模糊的人因概率平均值；p_n 为第 n 个专家评价结果转化得到的三角模糊数；n 为专家人数；$\overline{l}$，$\overline{m}$，$\overline{u}$ 分别为人因概率模糊数的 3 个平均值。

概率计算基于均值面积法,将模糊的人因概率值转化为准确的概率值 P'。计算公式为:

$$P'=\frac{\bar{l}+2\bar{m}+\bar{u}}{4} \tag{3-43}$$

归一化是将各影响因素的概率进行归一化处理,使不同风险等级下影响因素的概率值的和为1,以便更好地比较人因概率的大小。计算公式为:

$$P_i=\frac{P'_i}{\sum_{i=1}^{n}P'_i} \tag{3-44}$$

式中,P_i 为归一化后人因概率值;P'_i为某人因风险因素的发生概率。

得到每个根节点的概率后,需要将人因概率代入贝叶斯网络,推理计算贝叶斯网络中间节点的概率和子系统的人因概率。

3.4.3.5 结果敏感性分析及风险评估

1)敏感性分析

得到根节点的人因概率后,需要通过贝叶斯网络的因果推理计算中间节点和子系统的人因概率。因果推理是从根节点到中间节点和目标节点的推理,根据已知根节点代表的因素发生的概率,结合贝叶斯网络的结构和参数,由贝叶斯公式计算结果发生的概率。计算公式为:

$$P(A|B)=\frac{P(A)P(B|A)}{P(B)} \tag{3-45}$$

式中,$P(A)$为先验概率,表示事件 A 发生的概率,且不考虑事件 B 的影响;$P(A|B)$为中间节点的条件概率,表示在事件 B 发生的前提下发生事件 A 的概率。

当贝叶斯网络包含多个节点时,根据链式计算定理可得到联合概率分布。计算公式为:

$$P(X)=P(x_1,x_2,\cdots,x_n)=\prod_{i=1}^{n}P(x_i|P_{ai}) \tag{3-46}$$

式中,$P(X)$为联合概率;$X=\{x_1,x_2,\cdots,x_n\}$为节点集;P_{ai} 为节点 x_i 的中间节点的概率。

得到贝叶斯网络每个节点的先验概率后,需要通过诊断推理计算节点的后验概率,为敏感性分析做准备。诊断推理是从目标节点到根节点的推理,是在已知目标事件发生的概率前提下求人因风险影响因素概率的过程。计算公式为:

$$P(B_i \mid A)=\frac{P(A|B_i)P(B_i)}{\sum_{i=1}^{n}P(A|B_i)P(B_i)} \tag{3-47}$$

敏感性分析是分析子系统对每个人因风险影响因素的敏感程度,得到每个节点的先验概率和后验概率后,通过两者概率的差距比较各影响因素敏感程度大小。对比结果可为子系统的人因可靠性评估依据。

2)风险系数的计算

模糊贝叶斯网络得到的影响因素发生的可能程度在一定程度上反映的是发生人因失误的可能性。为考虑后果影响程度和恢复程度的影响,在此基础上引入风险系数,以更全面地评价水下油气生产系统的风险水平。风险系数由风险等级确定,首先进行风险因子的均值化。计算公式为:

$$F_{x,k}=F_{1,x,k}w_1+F_{2,x,k}w_2+\cdots+F_{z,x,k}w_k \tag{3-48}$$

$$d_{x,k}=d_{1,x,k}w_1+d_{2,x,k}w_2+\cdots+d_{z,x,k}w_k \tag{3-49}$$

式中，$F_{x,k}$ 为专家赋予任务步骤 x 中第 k 种失效模式的风险因子 a,b,c 的等级值；$d_{x,k}$ 为专家赋予任务步骤 x 中第 k 种失效模式的重要度等级值；z 为专家人数；w_i 为第 i 位专家的权重。

模糊系统的输出是模糊集，难以直接比较及确定人因失误模式的严重程度，故应用重心解模糊法处理模糊集。

$$D_F=\frac{[(uF_{x,k}-lF_{x,k})-(mF_{x,k}-lF_{x,k})]}{3}+lF_{x,k} \tag{3-50}$$

式中，D_F 为模糊集 $F_{x,k}$ 解模糊后的值；$uF_{x,k}$，$mF_{x,k}$，$lF_{x,k}$ 分别为风险因子的最大等级值、最可能等级值和最小等级值。

最后计算风险系数 P_f 解模糊值。计算公式为：

$$P_f=D_aD_bD_c \tag{3-51}$$

式中，D_a，D_b，D_c 分别为专家赋予任务步骤 x 中第 k 种失效模式的风险因子 a,b,c 解模糊后的值。

3）防范措施的改进和完善

在确认人因风险等级后，应结合该类型人因风险因素的特点和影响程度提出必要的改进措施，减少风险因素的传递和作用。发挥应急控制和管理的功能，加强目标的保护程度，从而防止该风险因素的发生或降低损害程度。同时，对子系统中敏感程度较大的人因风险因素，针对这些敏感风险因素提出相应的改进和防范措施，有针对性地修复和完善子系统的预警防范系统，从而提高风险评估、预警和防范的能力，降低水下油气生产系统的人因风险发生水平。

3.4.4　水下油气生产系统人因可靠性分析软件开发与应用

3.4.4.1　水下油气生产系统人因可靠性评估软件概述

随着水下油气生产系统应用的不断增加，系统可靠性和风险管理中的人因风险影响问题不断得到重视。水下油气生产系统人因可靠性评估软件的主要功能是通过结合可靠性数据并引入严重度指标，建立屏障和操作风险分析模型，对水下油气生产系统可靠性的人因风险影响因素（如个人、任务、技术、管理和组织因素等）进行量化分析，实现计入人为因素的水下油气生产系统的可靠性评估。

1）软件用途

所开发的水下油气生产系统人因可靠性分析软件如图3-70所示，可对统计数据进行信度分析、效度分析、权重分析、敏感性分析、人因可靠性分析。该软件通过对水下油气生产系统进行人因可靠性分析、人因失误场景分析，找出可能出现的影响因素，计算相应失误的概率，提出相应的建议措施，以减少人为操作失误概率，提高海底石油和天然气生产的效率和盈利能力，增强水下油气生产系统的可靠性、经济效益和安全性。

2）软件技术路线

水下油气生产系统人因可靠性分析软件技术路线如图3-71所示。针对水下油气生产系

图 3-70　水下油气生产系统人因可靠性分析软件

统，对采集的可靠性数据进行信度和效度分析，通过熵值法、层次分析法、拉格朗日数乘数法确定失效权重，建立系统的可靠性数学模型及可靠性框图，通过贝叶斯网络和模糊理论，结合可靠性数据对水下油气生产系统子系统或单元进行敏感性分析和可靠性分析，得出系统的失效概率和可靠度随时间的变化曲线，根据分析结果对系统进行反馈改进，实现计入人为因素的水下油气生产系统的可靠性评估。

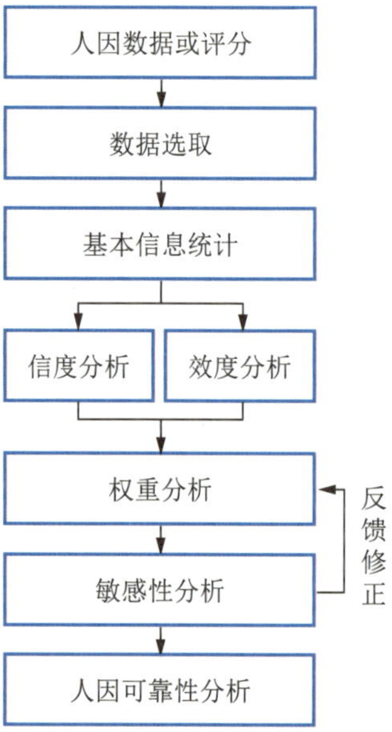

图 3-71　水下油气生产系统人因可靠性分析软件技术路线

3.4.4.2　水下油气生产系统人因可靠性评估软件功能

水下油气生产系统人因可靠性分析软件主要包括信度分析、效度分析、权重分析、敏感性分析、人因可靠性分析五个模块。

1）信度分析

信度分析是采用同样的方法分析同一对象重复测量时所得结果的一致性程度。在信度分析模块中，采用 Cronbach 信度分析方法，以专家打分表格为统计对象，通过计算评价模型下各题目的方差与综合得分的方差，得到专家打分问卷的 Cronbach α 信度系数，从而确定可靠性程度。Cronbach α 信度系数计算公式为：

$$\begin{cases} \alpha = \dfrac{nr}{[(n-1)r+1]} \\ r = \dfrac{S_{\mathrm{T}}}{\sum\limits_{i=1}^{n} S_i} \end{cases} \tag{3-52}$$

式中，n 为问卷中题目总数；r 为综合信度系数；S_{T}为全部题目方差；S_i为第 i 题的方差。

2）效度分析

效度分析是对问卷测量数据有效性的分析。该方法可反映问卷调查内容是否有效反映调查目的。在效度分析模块中，使用 KMO 分析检验方法对专家调查问卷调查结果原始变量之间的简相关系数和偏相关系数的相对大小进行检验，得到 KMO 值，以验证数据的效度水平。

3）权重分析

权重分析是对多因素进行分析对比，计算每个因素对最终结果影响大小的定量参考值。在权重分析模块中，用层次分析法和熵值法分别计算专家问卷中各因素权重值，并用拉格朗日乘数法组合两组权重值，得到综合权重值，以判定各因素在后续分析中所占权重。

4）敏感性分析

敏感性分析是对每个影响因素的敏感程度的分析。在敏感性分析模块中，在每个影响因素之间建立贝叶斯网络模型，对数据进行均值化、解模糊化、归一化处理后得出各失效情况下各因素的先验概率与后验概率，得到水下油气生产系统对各人因风险因素的敏感性结果。

5）人因可靠性分析

可靠性分析是计算系统与其部件在建造、运行与维护过程中可靠度的研究方法。在可靠性分析模块中，综合权重分析与敏感性分析结果，计算水下油气生产系统在运行过程中的可靠度，并采用指数分布函数对可靠度数据与运行时间进行拟合，得到系统整体可靠度随时间的变化曲线。可靠度拟合函数为：

$$R(t) = 1 - \int_0^t \lambda \mathrm{e}^{-\lambda\xi} \mathrm{d}\xi = \mathrm{e}^{-\lambda t} \tag{3-53}$$

式中，$R(t)$为可靠度随时间变化函数；λ 为综合敏感性分析得到的分布指数。

3.4.4.3　水下油气生产系统人因可靠性评估软件应用示例

水下油气生产系统人因可靠性评估软件以专家评分表格为输入对象，对水下油气生产系统的人因可靠性进行评估，对统计数据进行信度分析、效度分析、权重分析、敏感性分析和人因可靠性分析，找出可能出现的影响因素，计算相应失误的概率，并提出相应的建议措施。

输入软件的专家评分表样例见表 3-33。

表 3-33　专家评分表样例

专家评分	影响因素								
	工作能力	健康状况	疲劳程度	工作压力	监督审查	职员分工	奖罚措施	团队合作	员工培训
专家 1	2	2	2	3	2	2	2	2	2
专家 2	4	3	5	4	4	4	3	1	2
专家 3	4	5	5	4	4	3	4	5	5
专家 4	2	2	1	3	2	4	2	4	2
专家 5	3	2	3	2	1	3	2	4	2
专家评分	影响因素								
	工作时间	人员沟通	规章制度	技术条件	人机界面	操作条件	工作噪声	温度湿度	环境平稳
专家 1	3	3	3	3	2	2	2	2	2
专家 2	1	1	2	1	2	2	2	3	2
专家 3	3	3	3	5	3	4	2	1	3
专家 4	3	1	3	2	3	2	3	1	3
专家 5	3	1	3	2	4	2	3	1	3

1）信度分析结果

以专家打分表格为统计对象，计算得到专家打分问卷的 Cronbach α 信度系数，计算结果见表 3-34。Cronbach α 信度系数计算结果大于 0.7，证明数据基本可信。

表 3-34　专家评分表信度分析结果

问卷样本数	问卷问题数	Cronbach α 信度系数
5	18	0.837 9

2）效度分析结果

以专家打分表格为统计对象，计算得到专家打分问卷的 KMO 值效度系数，计算结果见表 3-35。KMO 值效度系数大于 0.5，证明问卷问题基本有效。

表 3-35　专家评分表效度分析结果

问卷样本数	问卷问题数	KMO 值效度系数
5	18	0.55

3）权重分析结果

以专家打分表格为统计对象，用层次分析法和熵值法分别计算专家问卷中各因素权重值，并用拉格朗日乘数法对权重进行组合，得到客观合理的权重系数。计算结果见表 3-36。

表 3-36　影响因素权重分析结果

序　号	影响因素	层次分析法		熵值法		综　合	
		权　重	排　序	权　重	排　序	权　重	排　序
A1	工作能力	0.109	2	0.036	11	0.068	7
A2	健康状况	0.189	1	0.061	8	0.117	1

续表

序　号	影响因素	层次分析法		熵值法		综　合	
		权　重	排　序	权　重	排　序	权　重	排　序
A3	疲劳程度	0.059	6	0.107	2	0.087	3
A4	工作压力	0.059	7	0.023	14	0.040	12
A5	监督审查	0.087	3	0.088	6	0.095	2
A6	职员分工	0.044	9	0.023	15	0.035	13
A7	奖罚措施	0.087	4	0.035	12	0.060	10
A8	团队合作	0.044	10	0.095	4	0.070	6
A9	员工培训	0.022	14	0.071	7	0.043	11
A10	工作时间	0.022	15	0.046	9	0.035	14
A11	人员沟通	0.042	11	0.114	1	0.075	5
A12	规章制度	0.012	17	0.009	18	0.011	18
A13	技术条件	0.048	8	0.103	3	0.077	4
A14	人机界面	0.026	13	0.028	13	0.029	15
A15	操作条件	0.087	5	0.039	10	0.064	8
A16	工作噪声	0.019	16	0.016	16	0.019	16
A17	温度湿度	0.034	12	0.091	5	0.061	9
A18	环境平稳	0.01	18	0.015	17	0.013	17

由计算结果可知，健康状况、监督审查、疲劳程度、技术条件和人员沟通影响因素的权重较大，说明其对人因可靠性最终分析结果的影响较大，是主要影响因素。

4）敏感性分析结果

在确定主要影响因素的基础上，借助 Netica 软件构建人因风险评估贝叶斯网络模型，如图 3-72 所示。

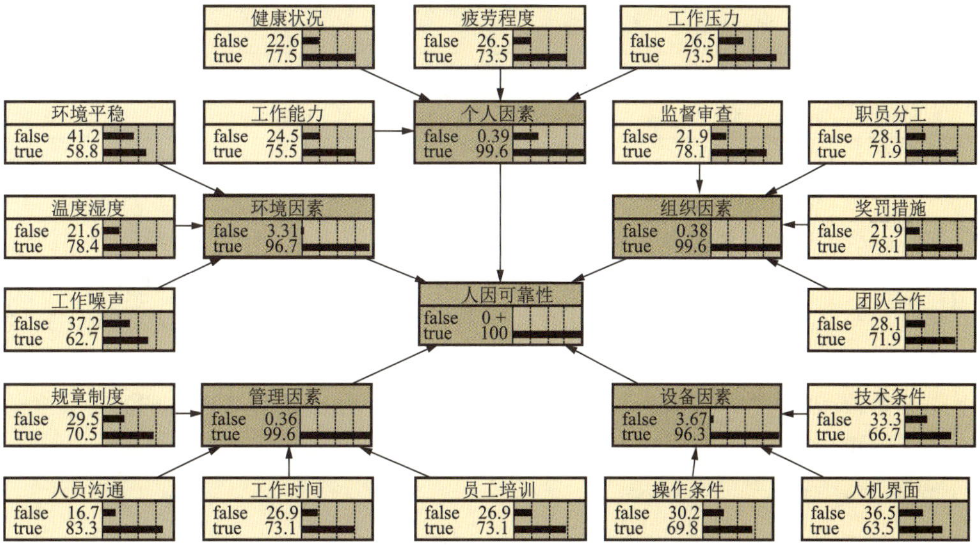

图 3-72　贝叶斯网络结构（Netica）

水下油气生产系统的贝叶斯网络主要有总指标、一级指标和二级指标。每个指标之间的关系由人为因素的失误风险机理决定。上下层变量之间的信息是由下至上进行分析推理得到的，两者之间的联系一般由因果关系直接决定。"false"和"true"两种节点状态代表不同含义，前者表示该节点的因素在系统中没有作用或者说不发生，后者代表的含义则相反，即发生作用。

对贝叶斯网络数据进行均值化、解模糊化、归一化处理，得出各失效情况下各因素的先验概率和后验概率，进而得到水下油气生产系统对各人因风险因素的敏感性结果。计算结果见表3-37。

表 3-37　各人因风险因素敏感性分析结果

准则层	影响因素	发生概率	后验概率	变化百分比
个人因素	工作能力	0.245 1	0.628 5	0.383 4
	健康状况	0.225 5	0.578 2	0.352 7
	疲劳程度	0.264 7	0.678 7	0.414 0
	工作压力	0.264 7	0.678 7	0.414 0
组织因素	监督审查	0.218 8	0.575 8	0.357 0
	职员分工	0.281 3	0.740 3	0.459 0
	奖罚措施	0.218 8	0.575 8	0.357 0
	团队合作	0.281 3	0.740 3	0.459 0
管理因素	员工培训	0.269 2	0.747 8	0.478 6
	工作时间	0.269 2	0.747 8	0.478 6
	人员沟通	0.166 7	0.463 1	0.296 4
	规章制度	0.294 9	0.819 2	0.524 3
设备因素	技术条件	0.333 3	0.090 8	0.242 5
	人机界面	0.365 1	0.099 5	0.265 6
	操作条件	0.301 6	0.082 2	0.219 4
环境因素	工作噪声	0.372 5	0.112 5	0.260 0
	温度湿度	0.215 7	0.065 2	0.150 5
	环境平稳	0.411 8	0.124 4	0.287 4

5）人因可靠性分析结果

综合以上权重分析及敏感性分析结果，计算不同情景下人员的人因失误概率与水下油气生产系统在运行过程中的可靠度，并采用指数分布函数对可靠度数据与运行时间进行拟合，输出水下油气生产系统的人因失误概率及可靠度随时间的变化曲线。输出结果如图 3-73 和图 3-74 所示。

由图可知，人因失误概率随连续工作时间增加而升高，水下油气生产系统的可靠度随运行时间增加而降低。

6）提出应对措施

根据人因可靠性分析结果，可对识别出来的主要影响因素采取针对性措施，降低人因差错发生的概率或减少可能造成后果的严重程度。为提高水下油气生产系统的可靠性和安全性，针对影响人因可靠性程度较大的健康状况、监督审查、疲劳程度、技术条件和人员沟通因素，提出相应措施和建议，以预防和减少水下油气生产系统的人因失误。

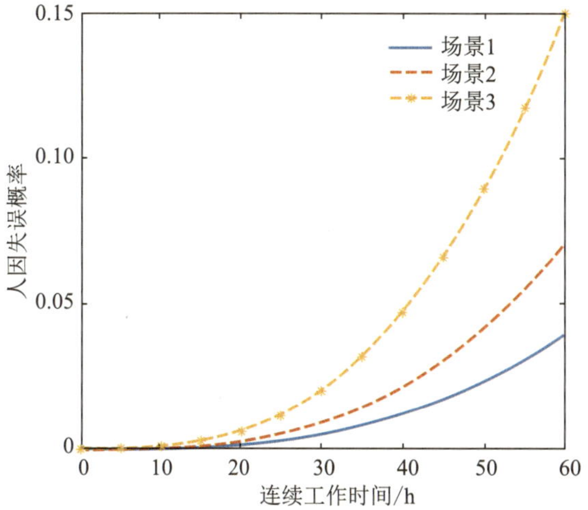

图 3-73　人因失误概率变化曲线

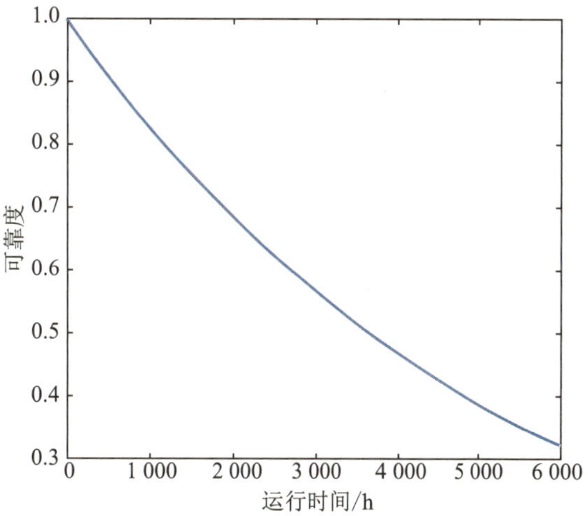

图 3-74　可靠度变化曲线

(1) 完善相关规定和程序。在水下油气生产系统运行期间，要提供程序化规程和纸质后备，这些规程应该包括在工作人员面对不同运行条件下的海上突发事件时，相应的异常操作规程和应急操作过程，以便工作人员使用和参考。同时，通过定期评估，以及吸收和归纳操作经验及专家意见等，修正和完善其中的薄弱环节，剔除不适用的程序和规程。

(2) 提供工作指导。指导性文件能帮助工作人员明确自己的职责，提升工作效率，在面临不同任务的处置过程中降低人因失误操作。工作人员的岗位教育不能只限于增强知识技能，还应包括提高团队合作和安全意识等方面。

(3) 组织人员培训。为保证水下油气生产系统能够正常运转以及在突发事故情况下快速和高效进行应急响应，应对水下油气生产系统的不同工作人员进行良好且全面的培训考核，使工作人员拥有娴熟的专业技能，从容应对各种突发事件。

(4) 加强信息沟通与交流。水下油气生产系统的工作人员之间应互相帮助，分享经验与知识。工作人员从操作实践中不断地积累知识，探究更好的解决办法，再将其归纳至水下油气生产系统的相关培训及操作规程中，将有利于减少人因事故的发生。

3.5　本章小结

本章分别从系统可靠性、水下控制系统和水下采油树可靠性、人因可靠性三大方面对水下油气生产系统集成可靠性分析技术、方法和应用示例进行了介绍。通过可靠性分析，可以找出从水下生产设备、单元到系统的薄弱环节，提出可靠性改进建议，从而为水下油气生产系统设计、制造、运行维护的整个生命周期的可靠性和完整性管理提供保障。

第 4 章 基于光纤通信的水下油气生产系统安全监测与故障诊断系统

全球经济水平的提高导致陆地和浅水油气资源的匮乏程度提高，各国逐渐将目光投放到充满未知的深海。虽然海底油气水合物等矿产资源勘探开发技术发展至今已经数年，但是深海环境的未知性使得各国对深海资源的探索依旧狂热。全球海洋探测技术的快速发展使得获取深海资源规模信息变得比以前更容易。目前全海域已探知的油气资源储存量高达 770×10^8 bbl(1 bbl=159 L)油当量，已探知的深海区域油气资源占总当量的六成以上。

根据统计，深海油气资源的总油当量超过目前全海域油气资源规模，且近年来发现的比较有开采价值的油气资源皆来自深海或者超深海，目前等待开采的水域还有很多。常规深度的开采技术已经日益成熟，为深海域开采提供了有利条件。虽然深海域开采成本高于常规水深，但是深海域油田的油储规模和每日开采量远远超过常规水深，因此单位开采成本并没有随水深的增加而继续增加，且开采设备使用的原材料成本和技术成本随着科技的进步而呈下降趋势，故全球各大油气公司认为深水油气开采利益巨大，对深海资源的开发热潮还会持续。

随着中国经济的快速发展，石油天然气等能源产业在国家经济中的地位愈加显著。近年来，国家大力倡导国家能源安全与能源储备，客观上对中国能源产业提出了更高的要求，同时也为能源产业提供了更多的发展空间。实现高效安全生产，实行数字化远程管理，有效控制生产过程中的关键技术环节，以及大规模生产所要求的统一、协调、高效、远程调度指挥、监管、控制是目前众多大型企业所期盼的。然而，海上油田特殊的地理位置及较陆地油田狭窄且高度集中的设备区域，使得海上平台间的海底运输管线和海底电缆、水下生产设施等基本处于无监控、无人看管状态，面临人为或自然因素破坏的风险，且其对安全防范的要求越来越高，常规方案并不能达到实时监控和长期监控的目的，因此急需能长期在水下工作的监控设备对系统进行监控。

为实现水下油气生产系统的安全监测，对外部风险进行提前预警，解决水下油气生产系统的监控盲区问题，需要研制水下声矢量监测系统，填补水下油气生产系统安全监测和预警的空白。基于光纤通信，借助安装在水下油气生产系统各类设备中的传感器，可完成数据的实时采集，并实现数据的实时传输。对所采集数据进行分析可实现对油气生产动态信息的实时监测，安装水下声矢量监测系统可实现对外部风险进行提前预警，从而解决水下油气生产系统的监控盲区问题。

4.1　水下油气生产系统安全监测与故障诊断的功能需求分析

4.1.1　水下油气生产系统的安全环境及风险分析

影响海上油气田平台及水下生产设施的安全因素主要包括以下两方面：

（1）自然不可抗力因素。如风、浪、流、地震、腐蚀、海冰、海生物等引起基础冲刷、基础动力软化、位移、材料老化、机械疲劳和损伤累积等现象。

（2）人为因素。随着人类对海洋的开发，渔船、游轮、大型施工作业船等船舶在浅海及近海来往频繁，海管、海缆、导管架、水下油气生产系统等设施的安全受到很大威胁，如船舶对海上平台导管架主结构的冲击、海底施工作业限制、挖沟船的影响、对海底管缆的刮碰等。渔业生产拖网及非法海上挖沙船舶随意抛锚，对南海油气田已建的水下油气生产设施及水下管缆造成了很大的威胁，如流花 4-1 的水下生产设施、番禺 35-2 的脐带缆都曾受到渔船抛锚的破坏（图 4-1 和图 4-2）。

图 4-1　流花 4-1 SPDU 被渔网刮倒在海床

图 4-2　脐带缆电缆外皮上疑似抛锚导致的黑色划痕

4.1.2 目标油田安全监测与故障诊断辅助系统功能需求

目标油田安全监测与故障诊断辅助系统功能需求包括：

(1) 水面目标监测。针对目标油气田水下设备安全和环境监测的要求，需要一套水下声矢量监测系统，解决水下油气生产系统的监控盲区问题，填补水下油气生产系统安全监测和预警的空白。对水下油气生产系统进行全天候实时监测，判定侵入目标的位置和位移，降低船只在附近停留或作业等行为对水下设备造成损坏的风险，从而保证水下油气生产设施的安全。通过矢量水听器实现对水下目标远程探测、跟踪与分类识别，并通过光纤通信方式将目标监测结果传输至指挥中心。

(2) 水下目标监测。针对目标油气田水下设备安全和环境监测的要求，需要一套水下CCTV系统，对水下油气生产系统进行全覆盖和实时360°监测，减少远程遥控无人潜水器(ROV)巡检次数，实现对水下油气生产系统情况不间断观察，并通过光纤通信方式将目标监测结果传输至指挥中心。

(3) 水下信息传输。针对目标油气田水下设备监测的供电和信号传输需求，需要一套水下接驳系统，为水下不同用电需求的设备供电及实现电信号的传输；需要一套水下数据传输系统，实现电信号转光信号，借助脐带缆中的光纤，搭建一条信息高速公路，实现大数据采集和水下信息传输。

(4) 安全监测与故障诊断辅助系统集成平台。针对目标油气田集成化和安全预警的要求，需要一套安全监测与故障诊断辅助系统集成平台，通过SCM采集水下生产设施各设备的温度、压力、流量、阀位等信号，将这些信号传输至平台上的主控站，再由主控站通信到集成平台上，完成MCS主控系统中诊断监测的外围设备信息、声矢量监控系统、CCTV监控系统的异构数据集成，实现多元数据的统一采集、处理、预警、存储和应用。通过安全监测与故障诊断辅助系统集成平台将数据上送至陆上专家决策平台，以实现异地远程管理，帮助管理人员对水下生产设施的安全状态进行实时监控和远程管理。

在集成平台上可查看以前某段时间内关键参数的变化情况，从而找出设备及参数的运行情况，分析事故的原因；可实现基于历史数据的回放功能，追溯事故发生前后的数据情况及设备状态。

4.2 基于CCTV的水下环境监测系统

4.2.1 概 述

建立基于光纤通信的在线监测系统的目的是通过调研国内外水下常规监控系统，对监控方法进行研究和探索，研制一套能够实现水下油气生产系统运行状态监控的系统平台，对水下油气生产系统的运行故障进行有效监管。其有利于突破在水下长距离摄像和水下成像系统长时间工作的瓶颈，减少ROV定期巡视次数，利用远程监控对水下油气生产系统进行不间断观察；在现有研究基础上，对深海视频监控系统光场分布和图像质量进行研究；对海洋污损生物的生长机理进行研究，设计防护装置，以达到提高监控系统成像寿命的目的。

4.2.2　系统简介

4.2.2.1　主要功能及技术指标

深海视频监控系统安装在水下管汇的底板上，通过水下成像系统采集水下采油树和周围环境的运行状态信息。采集到的监控视频数据通过光纤传递到海上平台上，海上平台通过光纤与深海视频监控系统的各个设备通信并进行控制。深海视频监控系统的安装位置和观察对象——水下油气生产系统的典型结构如图 4-3 所示。

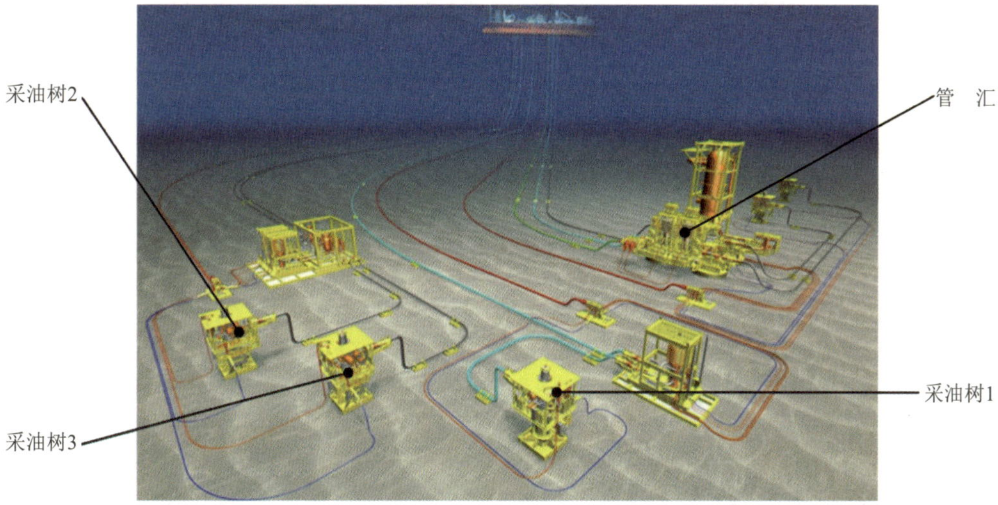

图 4-3　水下油气生产系统典型结构

深海视频监控系统的可靠性直接影响整个生产系统的运行稳定性，而水下油气生产系统是水下油气田开采过程的重要环节，因此深海视频监控系统的技术指标关系着水下油气田能否顺利开采。深海视频监控系统技术指标见表 4-1。

表 4-1　深海视频监控系统技术指标

序　号	技术要求	具体参数
1	设计水深	1 500 m
2	最大观察距离	水质能见度距离的 1.1 倍
3	环境温度	3～30 ℃
4	应用水域	南海北部
5	观察范围	全方位观察水下油气生产系统
6	设计寿命	5 a
7	可回收性	可在 ROV 辅助操作下对系统关键部件进行下放与回收
8	电　力	40 A，24 V DC
9	通信协议	Modbus/TCP

4.2.2.2 系统总体设计

深海视频监控系统工作原理如图 4-4 所示，主要由水下成像系统、控制舱和电机舱组成。水下成像系统主要包括照明舱和摄像舱，照明舱为水下采油树及周围环境提供光源，摄像舱对水下采油树及周围环境进行全覆盖视频监测；海洋防护装置能够防止海洋生物的附着对水下成像系统的影响；海上平台发出控制信号通过控制舱对照明灯、电机、海洋防护装置和舵机进行控制；通过编程笔记本可实现控制系统的程序更新。

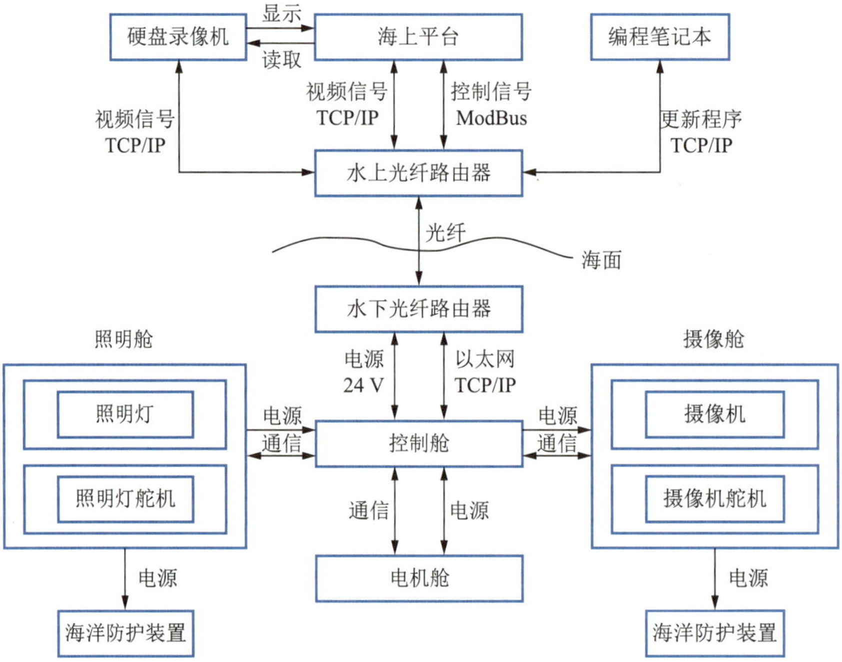

图 4-4 深海视频监控系统工作原理图

机械结构主要包括摄像舱、照明舱和连接轴。摄像机和照明灯在±60°范围内的俯仰运动功能由舵机实现，海洋防护装置固定在摄像舱和照明舱上，发射出的紫外线对两舱室的玻璃罩进行完全覆盖；电机舱为水下成像系统提供±180°的水平旋转运动；控制舱为水下成像系统和海洋防护系统提供电力和通信信号；安装与解锁结构包括基座和支架，用于实现设备的可回收功能。水下成像系统、控制舱、电机舱和海洋防护系统均搭载在安装与解锁结构的支架上，系统出现问题时，可将该部分提至岸上进行检修，如图 4-5 所示。

4.2.3 系统机械结构设计与制造

4.2.3.1 系统结构设计

结合深海视频监控系统的工作原理，进行深海视频监控系统结构设计。具体系统结构设计包括：进行整体结构布局设计，对水下照明舱进行结构设计并分析其耐压性能，且为简化设计，水下摄像舱结构与水下照明舱结构基本相同；对水下电机舱输出转矩和压力补偿体积进行计算；对整体支架和对接锁紧基座进行结构设计并分析水下对接锁紧过程。

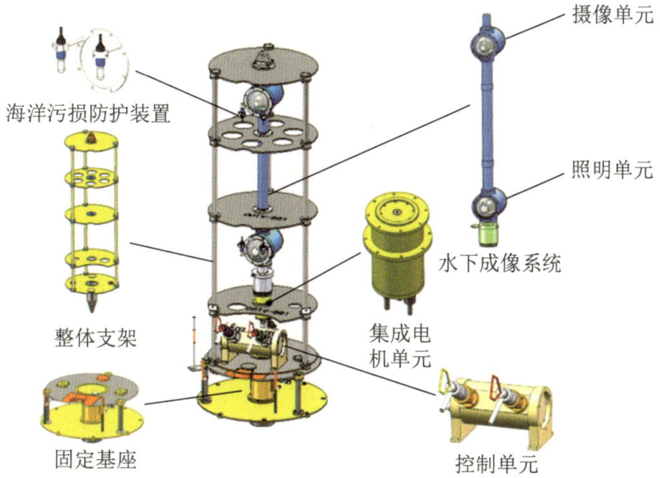

图 4-5　深海视频监控装置总体结构

1）水下照明舱及摄像舱

水下照明舱与摄像舱的结构类似，以照明舱为例进行介绍。水下照明舱和摄像舱的结构分别如图 4-6 和图 4-7 所示。水下照明舱的主要功能是提供可调整角度的水下照明，辅助水下摄像机实现对水下油气生产系统的全覆盖视频监测。

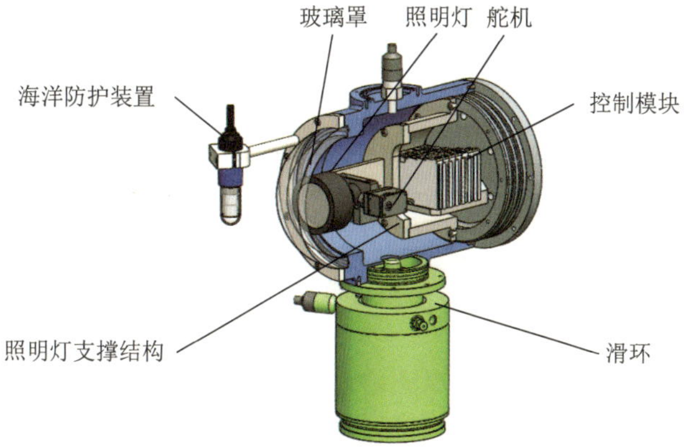

图 4-6　照明舱结构示意图

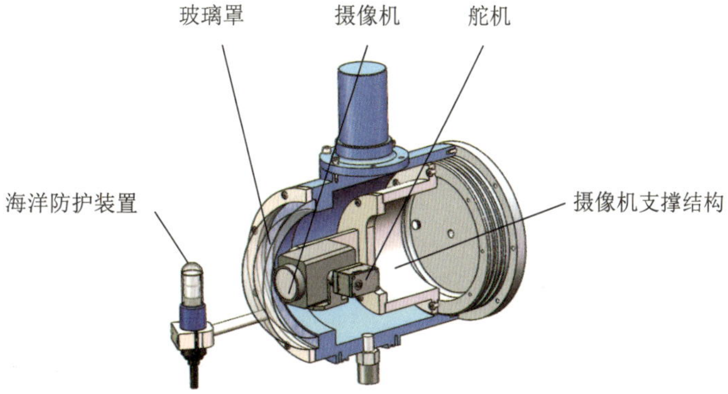

图 4-7　摄像舱结构示意图

圆柱舱体的耐压性能高且易于加工制作，因此将照明舱体设计为中空圆柱体。为应对海水的腐蚀与深水压力，耐压壳体的材料需要具备良好的耐腐蚀性及物理特性。所设计舱体、舱盖和玻璃法兰的材料选用 316L 不锈钢，牌号 022Cr17Ni12Mo2。该材料具备出色的耐氯化物侵蚀性能，常用于海洋环境，其性能见表 4-2。

表 4-2 316L 不锈钢性能

弹性模量/GPa	泊松比	抗拉强度/MPa	屈服强度/MPa	密度/(kg·m^{-3})
193	0.3	480	177	7 980

结合前端玻璃半球罩的尺寸和舱体内部设备的结构及尺寸，初选壳体整体长度 $L=245$ mm，壳体内径 $D_i=188$ mm，根据经验预选壳体壁厚 $\delta_c=18$ mm，许用外压力为 18.11 MPa。

根据国家标准《压力容器》(GB 150—2011)，计算出照明舱筒的许用外压力为 16.3 MPa，可以满足最大工作水深 1 500 m、承受 15 MPa 压力的设计要求。同时，计算可得失稳时的临界压力 $p_{cr}=836.72$ MPa，因此水下照明舱筒不会发生失稳。

对舱体进行有限元强度校核仿真，应力与应变如图 4-8 和图 4-9 所示，舱体的最大等效应力为 118 MPa，与舱盖连接圆环处出现的应力(176.79 MPa)由端面效应引起，可不加考虑，低于材料屈服极限，满足 15 MPa 的工作要求；舱体受压，呈现径向收缩变形，在舱体中段出现最大位移 0.001 mm，变形量极小。

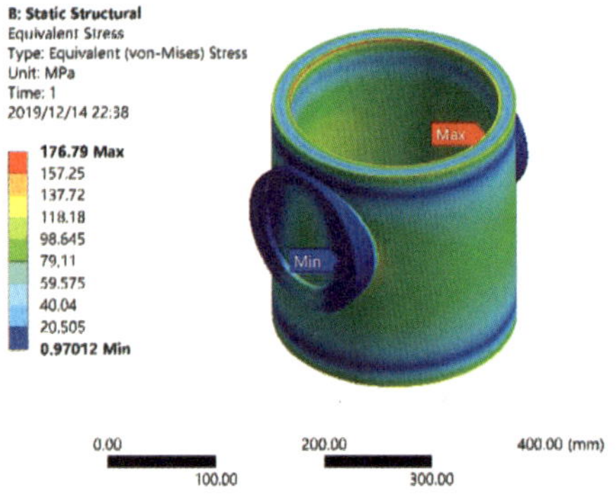

图 4-8 舱筒应力云图

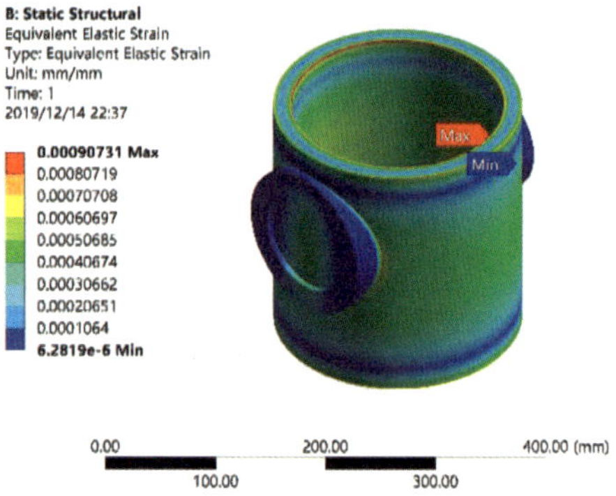

图 4-9 舱筒应变云图

为保证照明灯光线的透光率，照明单元前端采用半圆形硼硅酸盐冕玻璃 BK7。BK7 具备良好的透射性，且硬度非常高。BK7 玻璃通过 3M 公司的玻璃-金属环氧树脂胶水与照明单元壳体前端端面连接。后端盖用螺钉与壳体连接。照明单元整体应力云图和应变云图分别如图 4-10 和图 4-11 所示。忽略应力集中的地方，照明单元等效最大应力小于 316L 材料的屈服极限，满足 1 500 m 的工作要求。

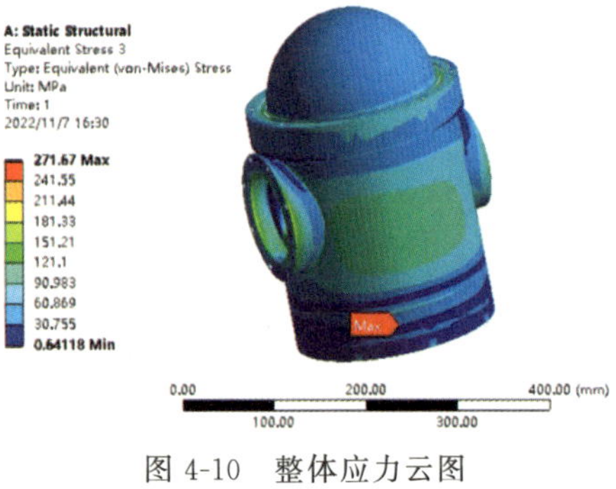

图 4-10 整体应力云图

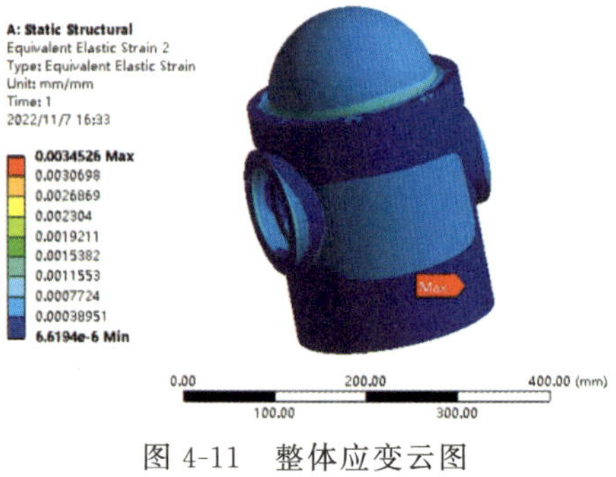

图 4-11 整体应变云图

2）水下电机舱

随着深海视频监控系统工作时间的推移，水下成像系统的质量会由于海洋污损生物的附着而逐渐增大，所以设计时应考虑海洋污损生物的附着质量。海洋污损生物的平均密度为 1 400 kg/m^3，附着厚度约为 50 mm。电机舱（图 4-12）需要承担的轴向质量为水下成像系统和海洋污损生物附着的质量之和，约为 125 kg，转动惯量约为 0.15 $kg \cdot m^2$，电机工作时需要的力矩约为 3.75N · m。可选用额定扭矩 0.413 N · m 的科尔摩根电机，搭配减速比为 1∶160的谐波减速器。

由于电机舱的外载荷为 15 MPa，输出法兰与外壳之间是转速为 1 r/min 相对运动，故选择压力补偿型密封形式，采用压力补偿器（图 4-13）和旋转动密封圈结合的方式。压力补偿方式不仅可减小电机舱整体质量，还可减轻旋转动密封的压力。电机舱液体系统的体积为 0.7 L，计算可得深海视频监控系统布放在南海区域时电机舱所需的液体补偿体积为0.085 L。选择补偿体积为 0.25 L 的压力补偿器，即使系统发生泄漏，过大的补偿体积也可提供充足的回收时间。

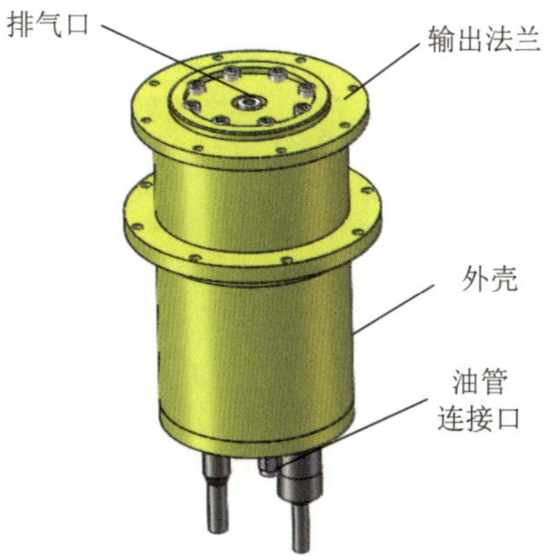

图 4-12　电机舱示意图

图 4-13　压力补偿器

3）安装对接机构

深海视频监控系统的安装与解锁结构包括基座和支架（图 4-14 和图 4-15）。安装结构由基座的导向裙口、导向筒、导向键和支架的中心对接轴组成，锁紧功能由基座的锁紧耳，T 形操作把手，带“几”字形槽锁紧筒、弹簧和支架的锁紧轴共同完成，达到将支架和基座固定成整体的目的，以抵抗水下洋流和设备工作过程中产生的振动等。

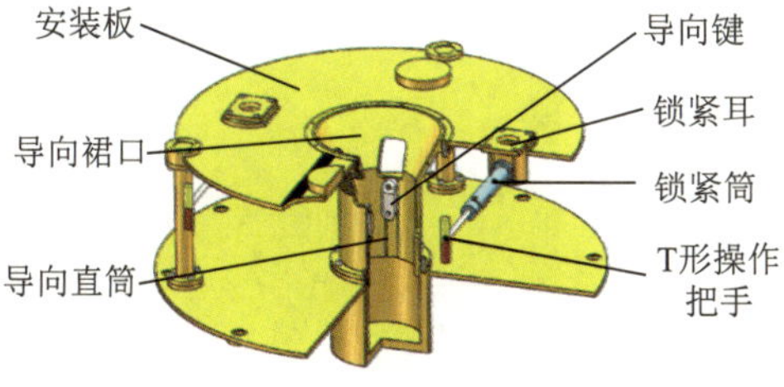

图 4-14　基座结构示意图

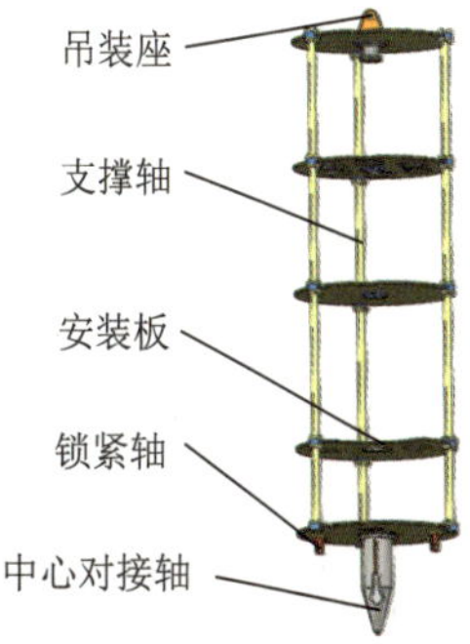

图 4-15　支架结构示意图

对接时，通过 ROV 将支架及搭载在支架上的其他舱体下放，在 ROV 的帮助下将支架下放到基座的导向裙口范围内，中心对接轴沿导向裙口的斜面自动滑入导向筒部分，此时导向键的斜面与中心对接轴键槽斜面接触。继续下放，直至导向键进入中心对接轴键槽直线部分，最终基座与支架安装板接触，至此完成基座与支架的对接过程。

4.2.3.2 系统测试

1）高压舱测试

深海视频监测系统高压舱试验主要是验证系统能否在水下 1 500 m 正常工作，因此需要对水下仪器舱进行 1 500 m 水深压力测试。将深海视频监控系统电器舱整体放入高压舱(图 4-16)；完全放入后高压舱后，密封高压舱，开启加压设备(图 4-17)，每次增加 1 MPa，并保持 4 min，观察是否快速掉压，直到加至 16.542 MPa(系统设计为在水下 1 500 m 正常工作，即水压 15 MPa，为验证系统可靠性，设置水压为正常工作水压的 1.1 倍，即 16.5 MPa)。持续加压 4 h，最后读出压力计的数值 16.438 MPa。经分析，掉压原因是下放绳子为柔性材质，水压增加后吃水较慢。另外，一些大面积平面类的零件会产生微变形。因此，少量掉压为正常现象。测试结果如图 4-18 至图 4-21 所示，舱内未进水且通信正常，视频传输正常。

图 4-16　下放至高压舱

图 4-17　打压

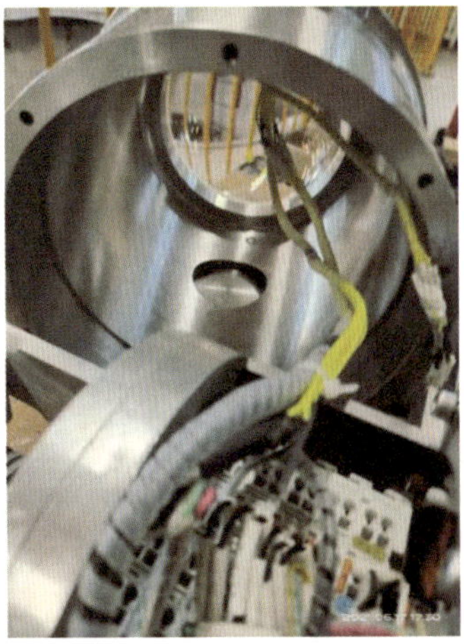

图 4-18　照明舱拆开内部图

图 4-19　摄像舱拆开内部图

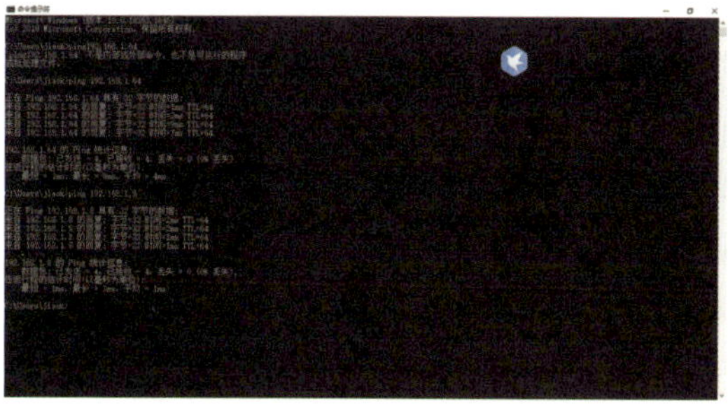

图 4-20　网络传输情况

图 4-21　视频监控图

2）湖试试验

湖试试验是为了更好地模拟海水下工作环境，观察设备在水下的运行状态，发现不足之处，同时验证是否能够满足设计指标。

通过赛氏盘测量(图 4-22)，得到水质能见度为 1.1 m 左右(图 4-23)。

图 4-22　赛氏盘

图 4-23　测量能见度

下放深海视频监测系统(图 4-24)至 40 m 水深处，同时在大于水质能见度 1.1 倍处(>1.21 m)下放目标物(图 4-25)。

图 4-24　下放深海视频监测系统

图 4-25　下放目标物

通过上位机控制深海视频监测系统旋转，使摄像机对准目标物。观测结果如图 4-26 所示。

试验证明，深海视频监测系统满足设计指标，可以在 1 500 m 水下 360°监测，且观测距离不低于水质能见度的 1.1 倍。

图 4-26　观测结果

4.2.4　关键技术

4.2.4.1　海洋微生物防污技术

南海区域的优势种主要是藤壶和牡蛎。硬性海洋污损生物牡蛎呈 4～5 层甚至更多层层叠附着，成为生物群落的主干；藤壶也是南海区域的优势种，可以附着在牡蛎或者结构物表面，在此基础上形成 2～3 层重叠附着，其群落附着速度快于牡蛎群落。在牡蛎和藤壶上还会形成苔藓虫、藻类等软性污损生物的附着区域，由此形成硬性海洋污损生物占主要地位的群落。

海洋污损生物的附着对长期视频监测系统是致命的——照明灯发出的光无法照射出去，而摄像机也无法接受外界光线。因此，需要在现有海洋污损生物辅助机理及防护技术的基础上，设计生物污损防护装置，保障深海视频监控系统的工作寿命。

1）污损生物附着机理

海洋生物污损通常可分为两类：一类污损是由海洋微生物附着在物体表面并繁殖而引起的微生物污损；另一类污损是大型藻类及原生动物附着及繁殖而形成的大型生物污损。图 4-27所示为一些污损微生物，图 4-28 所示为大型污损生物藤壶。

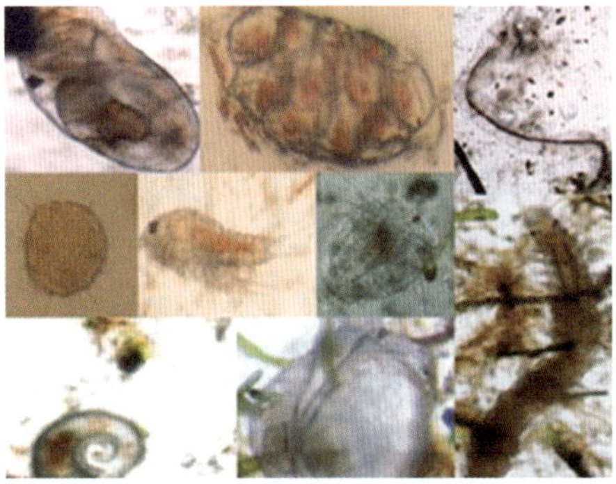

图 4-27　污损微生物

图 4-28　大型污损生物藤壶

物体从浸入海水到其表面最终形成大型污损生物群落的过程大致可分为 4 个阶段，如图 4-29 所示。

第一阶段，有机大分子的附着累积，导致结构物表面的润湿性增加，该过程一般在生物附着前的 1 min 内完成；第二阶段，1～2 h 后细菌等微生物受范德华力、布朗运动等影响，开始在结构物表面附着，由于细菌在完成全部附着动作前可以被外力移动，所以该过程是可逆的；第三阶段，硅藻等软性海洋污损生物分泌黏液并黏附在结构物表面；第四阶段，被藤壶、腔肠动物

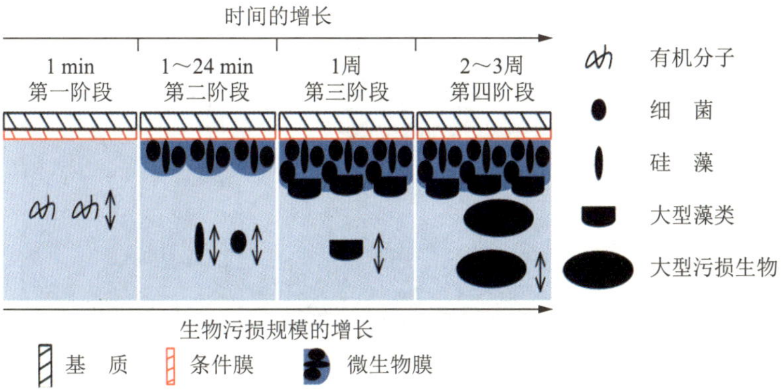

图 4-29　海洋污损生物附着过程

等大型动物附着。海洋生物完整的附着过程一般需要数天时间，一旦附着完成，常规手段很难将其完全去除。常见海洋污损防护手段均只在前两个阶段起作用。对海洋污损生物附着机理的研究有助于进一步理解和分析现有生物污损防护技术，为之后的生物污损防护方案提供理论支持。

2）生物污损防护方案

在调研国内外各种生物污损防护技术后，通过对污损生物辅助机理的分析，发现 4 种防护技术发挥作用的阶段不同。防污涂料技术主要在第一阶段和第二阶段起作用，通过降低物体表面的表面能，使微生物不易吸附在物体表面；物理防污技术主要在第三阶段起作用，使用有毒的铜离子杀死微生物，同时机械刷可以破坏微生物膜的发展；电化学防污技术主要在第二阶段起作用，通过电解海水得到的氯气直接杀死微生物，同时营造不适合微生物生存的水质环境；紫外线防护技术主要在第二阶段起作用，通过紫外线辐射直接灭杀微生物并使微生物无法繁殖。

3）生物污损防护装置

使用玻璃罩并配合金属舱，组成密封环境，将摄像机和照明灯置入密封舱内，以防止污损生物对镜头的附着。采用半球形玻璃罩，同时将摄像机入射光瞳中心及俯仰电机轴心线设置在半球玻璃罩球心上，与摄像机光轴不同角度的外界物体的反射光线将以相同折射率进入摄像机，降低玻璃罩对图像画面的扭曲。

水下紫外线杀菌与空气中紫外线杀菌有很大差异。空气中紫外线的消毒距离可达 1 m，但是海水对紫外线的吸收能力较强，紫外线光的照射距离极短，一般仅几厘米。此外，不同海域的污损生物种类不同，生长速度也有差异，需要的最小紫外线辐射强度也不同。澳大利亚海事司的实验表明，使用紫外线抑制生物污损的紫外线辐射强度阈值约为 1 $\mu W/cm^2$，而加拿大海域的实验测量得到的阈值是 10 $\mu W/cm^2$。在研究设计过程中，以阈值 10 $\mu W/cm^2$ 为紫外线辐射最小强度，以保证较好的防污效果。试验结果如图 4-30 所示。

为不影响摄像机的视线和照明灯的照射，紫外线灯必然与摄像舱的垂直面有一定的角度。由于寿命限制，必须使用 2 个紫外线模块。摄像机不影响的视线角度与辐射面积角度一致时最好，可将问题简化为 2 个圆柱发射的光与球面相切的几何问题。对求解结果取整后，设计紫外线杀菌灯夹具结构。

图 4-30　未使用紫外线灯和使用紫外线灯的结果

紫外线杀菌灯对半球玻璃的防护效果如图 4-31 和图 4-32 所示。可对半球玻璃的关键区域，即摄像机接受光线和照明灯发出光线的区域进行有效防护。

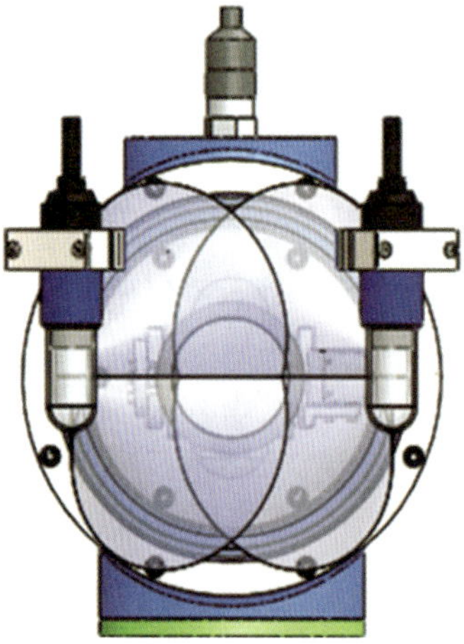
图 4-31　紫外线防护区正视效果

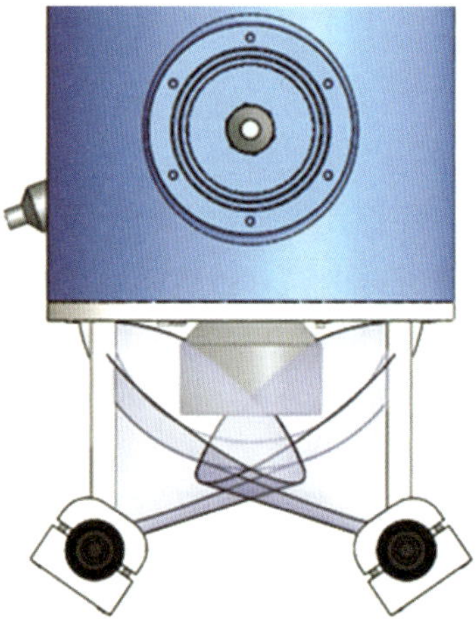
图 4-32　紫外线防护区俯视效果

4.2.4.2　成像技术

水下成像效果的主要指标是衬度，即图像上不同区域间明暗程度的差异。从水下视频监测系统的成像过程可以看出，影响水下视频监测系统成像衬度的主要因素是照明灯光束在传输路径上产生的后向散射，叠加到进入摄像机的直射光上，造成散射噪声。

水下视频监测系统的成像画面如果不能满足人眼衬度视觉阈值，成像画面将存在大量噪声，表现为成像画面背景很亮或有很多噪点，目标物与背景将无法被区分，视频监测系统将无法获取有效的目标物图像。人眼衬度视觉阈值一般取 0.02。

水下目标物成像衬度 C 定义为：

$$C=\frac{L_o-L_b}{L_b} \tag{4-1}$$

式中，L_o为目标物在摄像机处的亮度；L_b为背景亮度。

后向散射计算比较复杂，忽略多次散射，简化后向散射计算模型如图 4-33 所示。

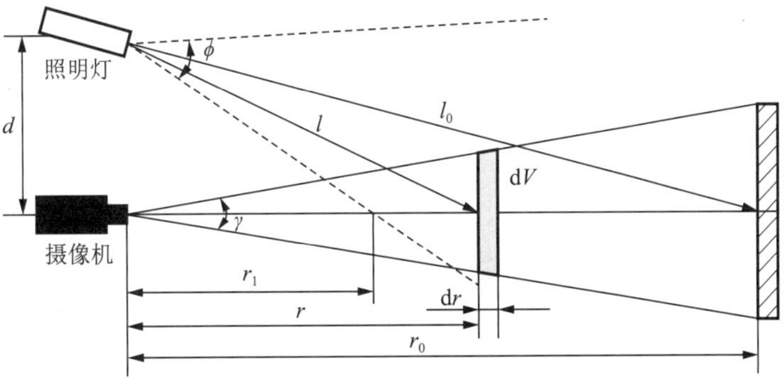

图 4-33　简化后向散射计算模型

对距摄像机 r 处的散射体积元 $\mathrm{d}V=\mathrm{d}s\mathrm{d}r$（其中 $\mathrm{d}r$ 为摄像机光轴上的长度元，$\mathrm{d}s$ 为与摄像机光轴垂直的以摄像机视角为边界的面积元），摄像机所接收到的散射体积元 $\mathrm{d}V$ 产生的光照强度 $\mathrm{d}I(\theta)$ 及亮度 L 分别为：

$$\mathrm{d}I(\theta)=\beta(\theta)E(l)\mathrm{d}V \tag{4-2}$$

$$L=\frac{\mathrm{d}I}{\mathrm{d}A} \tag{4-3}$$

根据亮度定义式(4-3)，散射体积元 $\mathrm{d}V$ 产生的后向散射亮度 $\mathrm{d}L(r)$ 为：

$$\mathrm{d}L(r)=\mathrm{d}I(\theta)/\mathrm{d}s=E(l)\beta(\theta)\mathrm{d}r \tag{4-4}$$

与光源距离为 l 的散射体积元的光照度 $E(l)$ 可由式(4-5)表示。将式(4-5)代入式(4-4)，经传输距离 r 后，摄像机接收到的由散射体积元 $\mathrm{d}V$ 产生的后向散射亮度 $\mathrm{d}L(r)$ 为：

$$E_{\mathrm{o}}=E_{\mathrm{od}}+E_{\mathrm{os}}=\frac{I_0}{l^2}\mathrm{e}^{-cl}+\left(2.5-1.5\lg\frac{2\pi}{\phi}\right)\cdot\left[1+7\left(\frac{2\pi}{\phi}\right)^{\frac{1}{2}}\mathrm{e}^{-kl}\right]\cdot\frac{I_0 k}{4\pi l}\mathrm{e}^{-kl} \tag{4-5}$$

$$\mathrm{d}L(r)=\beta(\theta)\mathrm{e}^{-cr}\left\{\frac{I(\theta)}{l^2}\mathrm{e}^{-cl}+\left(2.5-1.5\lg\frac{2\pi}{\beta}\right)\cdot\left[1+7\left(\frac{2\pi}{\beta}\right)^{\frac{1}{2}}\mathrm{e}^{-kl}\right]\cdot\frac{I(\theta)k}{4\pi l}\mathrm{e}^{-kl}\right\}\mathrm{d}r \tag{4-6}$$

式中，l 为照明灯与目标物的距离；I_0 为照明灯的初始光强；ϕ 为光源光束的全张角，取水下照明灯的全张角 $\pi/2$；k 为漫射光的体积衰减系数，一般水质情况为 $c/k=2.7$。

水下视频监测距离较远，设定监测距离为 16.5 m，水下设备体积为 5 m×5 m×5 m，当摄像机对整个水下设备进行观察时，从水下设备的顶部到底部，能进入摄像机的后向散射光线的体积散射角为 153°～173°。图 4-34 所示为一些海域的体积散射系数实际测量值，在 153°～173°范围内，体积散射系数变化不大。为简化计算，认为进入摄像机的后向散射光体积散射系数为定值，取 16.5 m 处的 $\beta(163°)=1\times10^{-2}$。

水下视频长期监测系统需要对水下油气生产系统进行全覆盖视频监测，因此应对不同摄像机俯仰角度的摄像机成像衬度进行分析。

当摄像机向水平面下方观察时，简化水下全视景后向散射模型如图 4-35 所示，此时照明灯与散射体积元的光路距离 l_1 为：

$$l_1=\sqrt{(d\cos\theta)^2+(r-d\sin\theta)^2} \tag{4-7}$$

当摄像机向水平面上方观察时，简化水下全视景后向散射模型如图 4-36 所示，此时照明灯与散射体积元的光路距离 l_2 为：

$$l_2=\sqrt{(d\cos\theta)^2+(r+d\sin\theta)^2} \tag{4-8}$$

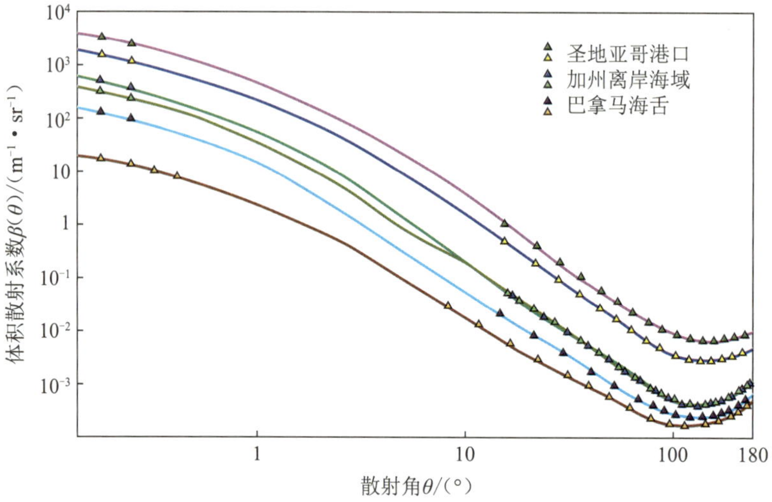

图 4-34　体积散射系数实际测量值

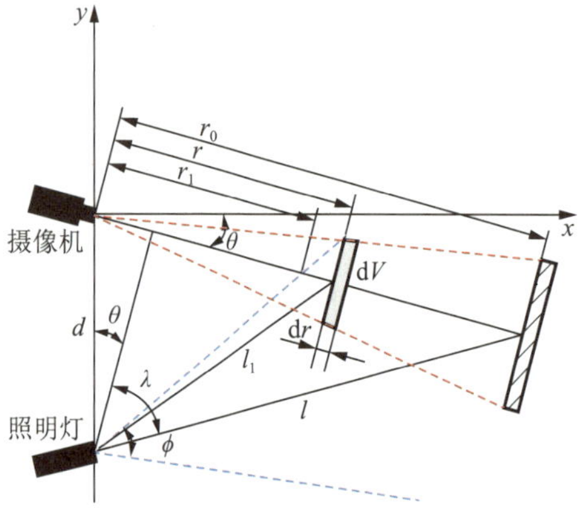

图 4-35　摄像机观察水平面以下

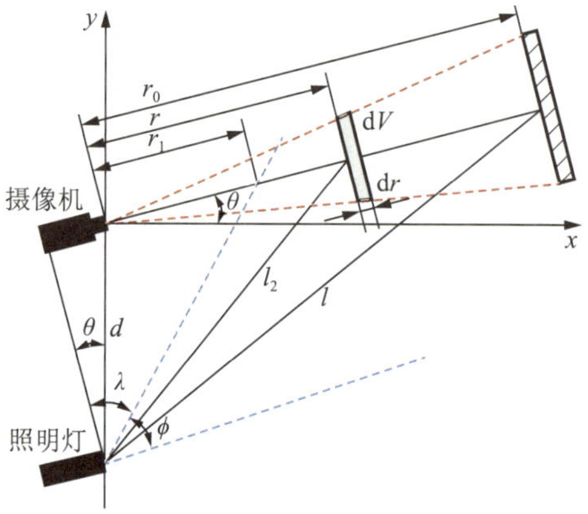

图 4-36　摄像机观察水平面以上

照明灯发出光束的最内侧光线与摄像机光轴交点为$(r_1,0)$，将 $dL(r)$在$[r_1,\infty]$区间积分，可得沿光轴方向摄像机接收到的背景亮度 L_b为：

$$L_b=L(r_1,\infty)=\int_{r_1}^{r_0}dL(r) \tag{4-9}$$

目标物与摄像机的距离为 r_0，将 $dL(r)$在$[r_1,r_0]$区间积分，可得沿光轴方向摄像机接收到的目标物与摄像机之间水体产生的亮度 L_p为：

$$L_p=L(r_1,r_0)=\int_{r_1}^{r_0}dL(r) \tag{4-10}$$

由上式可知，对距离摄像机为 r_0处、亮度为 L_o的漫反射目标物，所设计的水下视频监测系统的摄像机成像衬度 C 为：

$$C=\frac{L_o+L_p-L_b}{L_b} \tag{4-11}$$

对相同摄像机与目标物距离，不同摄像机与照明灯距离，当摄像机进行－90°～＋90°的俯仰运动时，计算摄像机成像衬度，并计算不同监测距离时摄像机向上最大成像角度。

如图 4-37 所示，摄像机向上观察时的成像衬度比向上下观察时低很多。摄像机在监测距离 r_0 为 16.5 m 时的有效观察角度为−90°～+25°。这是因为随着摄像机向上旋转，照明灯也向上旋转，其发出光束的最内侧光线与摄像机光轴交点越来越靠近摄像机，可增大摄像机视角与照明灯光束的重叠范围，后向散射光因此增强。

图 4-38 所示为监测距离为 16.5 m 时，不同摄像机与照明灯距离下摄像机对不同俯仰角度的成像衬度。可以看到，摄像机与照明灯距离 d 为 1 m 时，其在各角度的摄像成像衬度均比摄像机与照明灯距离 d 为 1.5 m 时低很多，高于成像衬度阈值的成像范围仅为+10°～−75°。因此，调高是有效的，满足要求。

如图 4-39 所示，随着监测距离的增大，摄像机有效观察角度范围迅速减小，即深海视频监控系统对近处物体的视频监测效果较好，对远处角度较高目标物的观察效果较差。

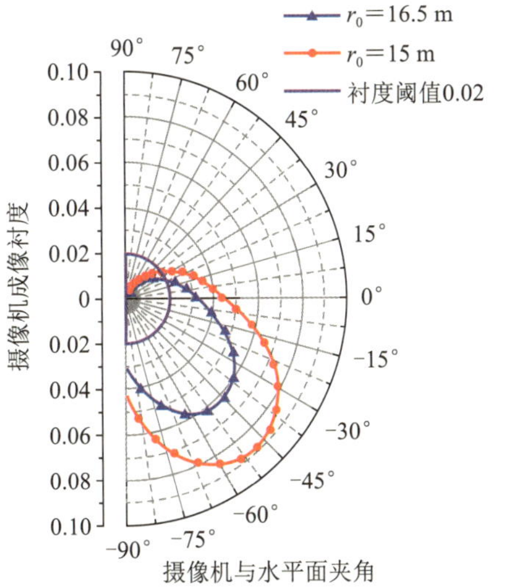

图 4-37　摄像机成像衬度与监测距离的关系

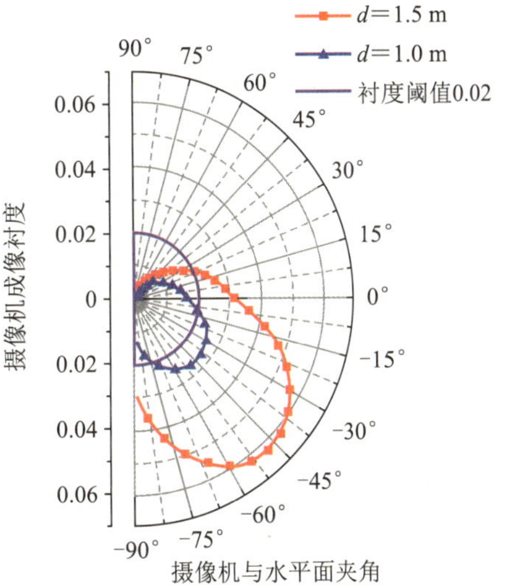

图 4-38　摄像机成像衬度与摄像机与照明灯距离的关系

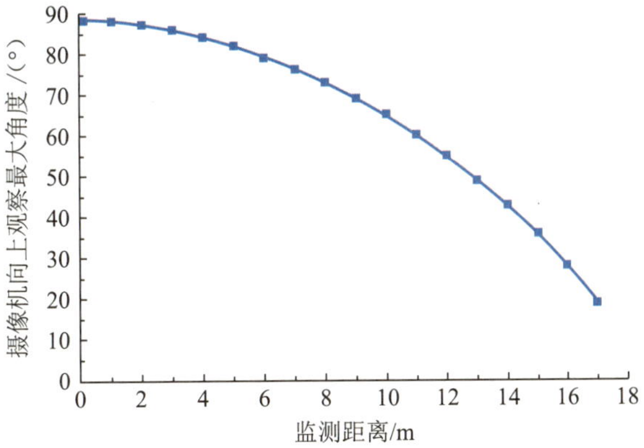

图 4-39　摄像机向上最大观察仰角与监测距离

水下油气生产系统设备均安装在海底，水下视频长期监测系统一般观察水平面左右的目标物。通过以上分析可知，水下视频长期监测系统可对水下油气生产系统进行全覆盖监测。

4.3 基于声矢量的水面环境监测系统

4.3.1 概　述

为实现水下油气生产系统的安全监测，对外部风险进行提前预警，解决水下油气生产系统的监控盲区问题，需要研制水下声矢量监测系统，填补水下油气生产系统安全监测和预警的空白。

基于光纤通信，通过安装在水下油气生产系统各类设备上的传感器，可完成数据的实时采集，并实现数据的实时传输。通过对采集数据的分析，实现对油气生产动态信息的实时监测，通过安装水下声矢量监测系统实现对外部风险的提前预警，解决水下油气生产系统的监控盲区问题。

水下传感器的研制可实现水下油气生产系统关键零部件的国产化，带动相关产业链的发展，降低我国开发深水油气田的工业成本，提升我国的海洋石油工业的国际竞争力。

水下声矢量监测系统的研制中，通过轻量化的系统实现设备长时间在水下平稳运行，实现全部设备国产化，对水下油气生产系统的安全监测和军事安防业务的扩展具有重要的现实意义和战略意义。

4.3.2 系统简介

4.3.2.1 主要功能及技术指标

针对水下设备环境监测的要求，设计一套水下声矢量监测系统，对水下油气生产系统进行全天候实时监测，判定侵入目标的位置和位移，降低船只在附近停留或作业等行为对水下设备造成损坏的风险，从而保证水下生产设施的安全。

水下声矢量监测系统主要由水声探测体和数据处理系统组成，对水下油气生产系统进行全天候实时安全监测，实现对目标的远程探测、跟踪与分类识别，并通过光纤通信方式将探测数据和处理结果传输至指挥中心平台，通过数据处理系统判定侵入目标的位置和位移。矢量水听器信号输入给信号调理电路，然后经模数转换电路数字化后进入控制和信号处理模块，以进行水下目标检测和识别。

水下声矢量监测系统的主要技术指标为：目标监测距离 3 km；目标定位精度小于 10%R（R 为目标距离）；目标识别中，信噪比、信干比大于 6 dB，能准确识别出水面和水下目标；最大工作水深 500 m；矢量水听器的寿命 5 年；电子设备寿命 5 年。

4.3.2.2 系统总体构成

水下声矢量监测系统组成框图如图 4-40 所示。

水下声矢量监测系统主要由水声探测体和数据处理系统组成，对水下油气生产系统进行全天候实时安全监测，实现对水下目标远程探测、跟踪与分类识别，并通过光纤通信方式将探测数据和处理结果传输至指挥中心平台，通过数据处理系统判定侵入目标的位置和位移。水下声矢量监测系统采用固定安装方式。矢量水听器信号输入给信号调理电路，然后经模数转换电路数字化后进入控制和信号处理模块，进行水下目标检测和识别。

水声探测体由矢量水听器、仪器舱和导流罩组成，主要接口包括电源接口和光纤通信接口。矢量水听器置于导流罩内部，导流罩具有良好的透声性能；信号处理硬件系统置于仪器舱内部。硬件系统主要包括信号调理模块、数据采集与处理模块、通信发射和接收模块、数据存储与控制模块等。整个水声探测体通过螺栓固定在管汇平台上。

数据处理系统控制和协调整个水下声矢量监测系统的运行，主要由数据处理软件和处理平台组成。由高性能计算机实现数据处理和显示，具有控制管理、数据处理、信息处理等功能。可通过光纤通信网络为水下探测节点下达指令并及时反馈，实时接收水中目标探测与识别以及各分析系统和状态信息；通过显示终端实时显示水中目标运动轨迹及系统工作参数。

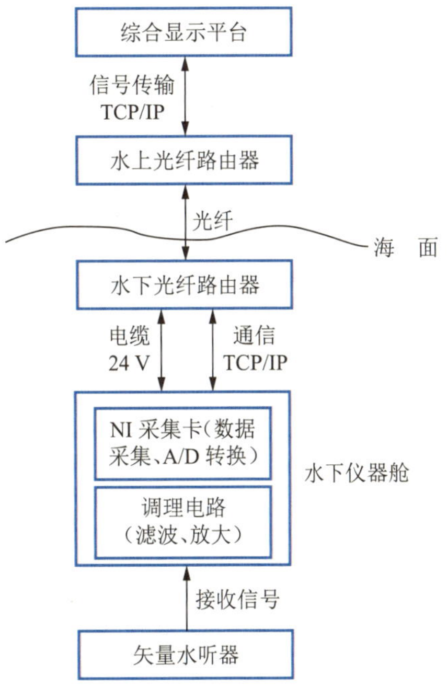

图 4-40　水下声矢量监测系统组成框图

4.3.3　系统机械结构设计与制造

4.3.3.1　系统结构设计

1）矢量水听器设计方案

同振式矢量水听器的工作原理是，将其放在水中某一相对自由的空间内，直接拾取声场中水质点的振动信息。同振式矢量水听器工作时，用弹性元件悬挂在刚性固定的悬挂框内，并在声波和弹性元件共同的作用下产生振动。其内部敏感元件由于惯性产生声-电转换。同振式矢量水听器平均密度接近水介质的密度。几何中心与重心完全重合。声场中工作时，由于波尺寸 ka 远小于 1，水听器将以与其几何中心处水质点相同的幅度和相位振动。

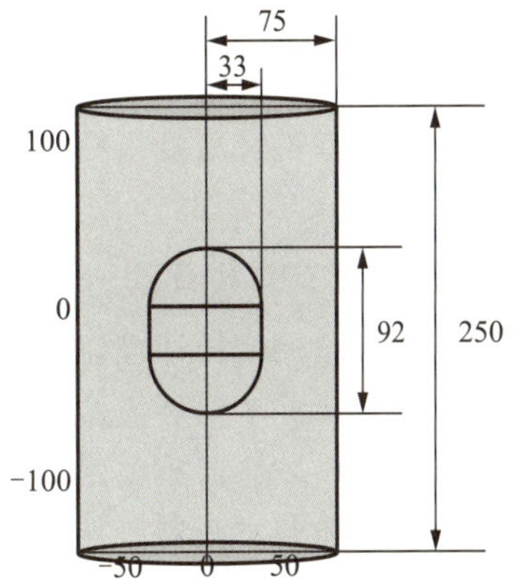

图 4-41　矢量水听器悬挂框设计安装图

矢量水听器悬挂框设计安装如图 4-41 所示。

根据声学理论基础，同振球型矢量水听器的振速比 $|v_s/v_0|$ 为：

$$\left|\frac{v_s}{v_0}\right| = \frac{3\rho_0}{2\bar{\rho}+\rho_0} \tag{4-12}$$

同振式矢量水听器的接收灵敏度 M_s 为：

$$M_s = M_0\left|\frac{v_s}{v_0}\right| = M_0\frac{3\rho_0}{2\bar{\rho}+\rho_0} \tag{4-13}$$

式中，M_0 为矢量水听器内部传感器灵敏度；ρ_0，$\bar{\rho}$ 分别为水介质的密度和矢量水听器平均密度。

同振式矢量水听器每个通道的振速分量 v_x，v_y 和 v_z 为：

$$\begin{cases} v_x = v_s \cos\theta\cos\varphi \\ v_y = v_s \cos\theta\sin\varphi \\ v_z = v_s \sin\theta \end{cases} \tag{4-14}$$

式中，θ 为仰角，以平行于 xOy 水平面为 0°；φ 为水平方位角，以 x 轴正方向为 0°。

从上式可以看出，同振式矢量水听器的接收灵敏度只与矢量水听器内部传感器灵敏度 M_0 和密度比 $\bar{\rho}/\rho_0$ 有关。单矢量水听器各通道呈余弦指向性，且与频率无关。

水听器的尺寸主要包括最大线度 a 及外半径 r。矢量水听器工作时要满足：

$$ka \ll 1 \tag{4-15}$$

即

$$\frac{2\pi f a}{c} \ll 1 \tag{4-16}$$

当 $f = 2\ 000$ Hz 时，可得出水听器最大线度 a 的取值范围。研究中水听器制作时取 $a = 92$ mm。

水听器的外直径 r 主要由压电陶瓷圆环的外半径 b 决定。对径向极化的压电陶瓷圆管，两电极间的电势差 V 为：

$$V = \int_a^b E r \mathrm{d}r = -\int_a^b [g_{33} T_r + g_{31}(T_\theta + T_x)] \mathrm{d}r \tag{4-17}$$

管端不受力，代入边界条件，积分后可得到开路接收声压灵敏度为：

$$\left|\frac{v}{v_0}\right| = b\left(g_{33}\frac{1-\rho}{1+\rho} + g_{31}\right) \tag{4-18}$$

其中，$\rho = a/b$，$g_{33} = 1.26\times10^{-2}\ \mathrm{V\cdot m/N}$，$g_{31} = -5.2\times10^{-3}\ \mathrm{V\cdot m/N}$。

当电压通道的灵敏度指标为 −190 dB 时，取 $b = 30$ mm 可以满足，即此时水听器外半径 $r = 33$ mm。

2）水下机械结构设计

基于声矢量的水面环境监测系统的水下结构如图 4-42 所示。

基于声矢量的水面环境监测系统的水下结构部分构成为：矢量水听器 2 只；水密电子舱 1 套；透声导流罩 1 套；前放电路 2 套；数据采集设备 1 套；电压转换 1 套。

水下仪器舱与水听器悬挂架用螺钉连接，水听器悬挂架外使用导流罩抑制系统的流噪声。

水下仪器舱内部装有矢量水听器前放电路和数据采集控制装置等，设计要保证仪器舱在水下 500 m 的耐压水密性。水下仪器舱和水听器悬挂架所用材料全部选用钛合金，可保证耐压和抗海水腐蚀性能；导流罩采用玻璃钢材料，可保证良好的透声性能。

水下仪器舱采用圆柱体结构，采用圆盘形上盖，利用水密橡胶圈进行密封，外圈使用螺钉进行固定，如图 4-43 所示。

水下仪器舱上盖留有 2 个矢量水听器输入电缆口，1 个输出电缆口。

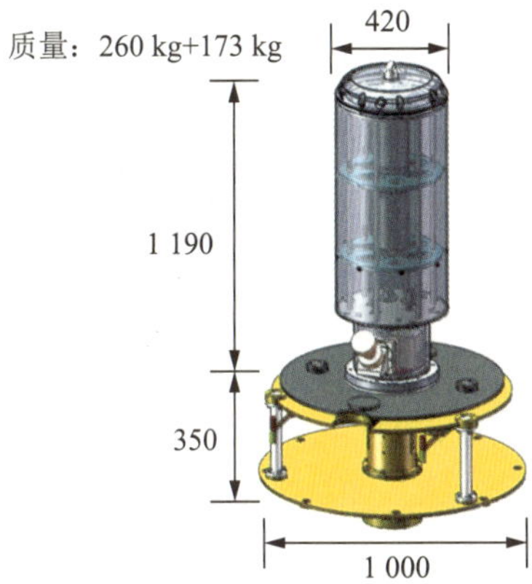

图 4-42　水下结构示意图

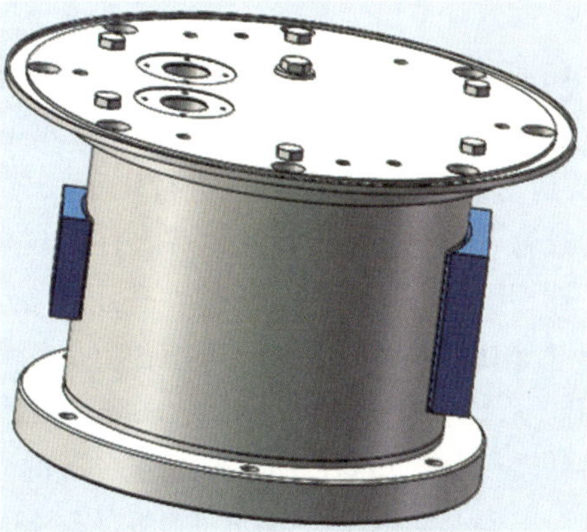

图 4-43　水下仪器舱三维设计图

4.3.3.2　制造及测试

水下声矢量监测系统制造工作于 2020 年 11 月下旬完成。系统总体实物图如图 4-44 所示。系统总体最大直径420 mm，高度 1 190 mm，质量 150 kg，与设计参数相符。

图 4-44　系统总体实物图

测试试验主要内容为基于声矢量的水面环境监测系统高压舱试验。基于声矢量的水面环境监测系统高压舱试验主要是验证系统能否在水下 500 m 正常工作，因此要对水下仪器舱进行 500 m 水深压力测试（按照 1.1 倍的安全系数，进行 1.1×5.0 MPa=5.5 MPa 压力试验）。

考核指标为：

（1）水下仪器舱打压后仪器舱内部不进水。

（2）打压后通电测试，显控界面能否实时显示矢量水听器采集到的信号。

试验项目包括：

（1）基于声矢量的水面环境监测系统机械结构设备组装。

（2）高压舱试验。

2021 年 6 月 7 日在哈尔滨工程大学船海实验楼高压舱开展试验。试验所用设备见表4-3。

表 4-3　试验测试主要仪器设备

序　号	名　称	数　量	备注说明
1	基于声矢量的水面环境监测系统	1 套	包括矢量水听器 2 只，水听器支架 1 座，导流罩 1 个，水下仪器舱 1 个，CRIO-9031 采集设备 1 台，NI-9239 采集板卡 2 块，前放电路板 2 块，电压转换模块电路板 1 块，系统安装工具 1 套
2	计算机	1 台	对采集到的数据进行存储并进行后续数据处理
3	高压舱	1 台	对设备进行打压
4	航　车	1 架	吊装设备

开启仪器舱，检查各器件完整性，连接仪器舱内的仪器，包括 NI、前放电路板及电压转换

电路等。

图 4-45 所示为水下仪器舱组装图，将 CRIO-9031 采集设备、2 块前放电路板、1 块电压转换电路板固定在水下仪器舱中。进行通电调试，设备运行正常后盖上舱盖，进行水下仪器舱密封。

将仪器舱密封，并用吊车将其吊入打压仪器内。

图 4-46 所示为设备吊装过程。高压舱密封后，开启加压设备，每次增加 1 MPa，并保持 1 min，观察是否快速掉压，直到加至 5.540 MPa（系统设计为在水下 500 m 正常工作，即水压 5 MPa。为验证系统可靠性，设置水压为正常工作水压的 1.1 倍，即 5.5 MPa）。加压持续 4 h，最后读出压力计的数值为 5.433 MPa。经分析，掉压原因是水听器外壳为柔性材质，水压增加导致外壳收缩，故少量掉压为正常现象。

图 4-45　水下仪器舱组装

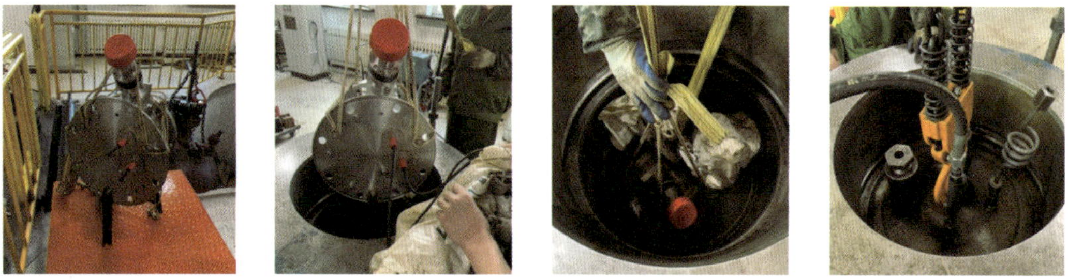

图 4-46　设备吊装过程

图 4-47 所示为高压舱密封加压过程。加压结束后，打开水下仪器舱，经检查水下仪器舱内无漏水现象，如图 4-48 所示。

图 4-47　高压舱密封加压

图 4-48　水下仪器舱内部情况

将水听器、仪器舱、电脑等通过电缆连接，启动水下声矢量监测系统，检测水听器能否正常采集到信号并传输到检测系统平台上，同时观察显控界面的时域波形显示区域及功率谱波形显示区域。

敲击水听器，显控界面可显示敲击的冲击信号。发射 800 Hz 固定频率的信号，水听器可以正常采集，并能在检测系统平台上显示出来。信号采集结果如图 4-49 所示。

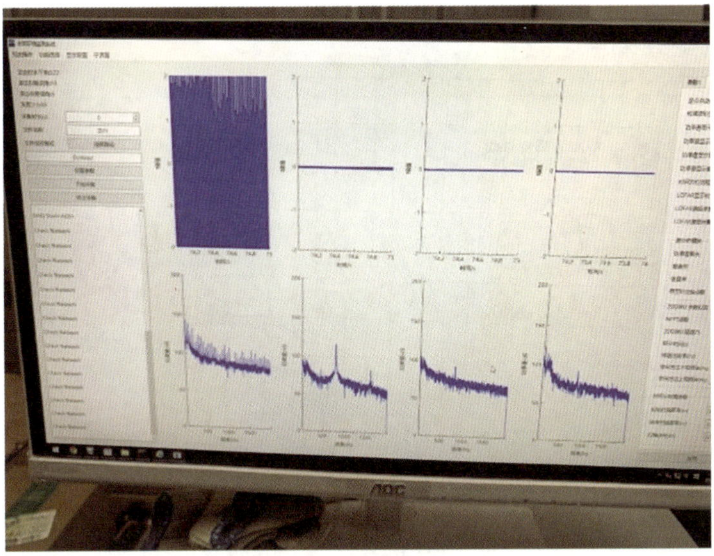

图 4-49　信号采集

4.3.4　系统软件设计开发

系统软件是基于 C++的 Qt 类库，采用 MVC 框架模块化设计方法和多线程技术开发。软件具备与 NI CRIO 分布式采集系统建立网络连接和实时数据通信、处理及显示功能。

软件主要功能为与数据采集端实时通信、实时显示采集数据及实时给出处理结果。数据显示方式包括采集信号的时域波形、功率谱、时间-方位历程图、二维定位图、三维定位图及目标识别结果。时间-方位历程图能显示监测目标的方位随时间的变化，二维显示方式能显示监测目标与水下设备的水平位置关系，三维显示方式能更加直观地显示监测目标与水下设备的真实位置关系。

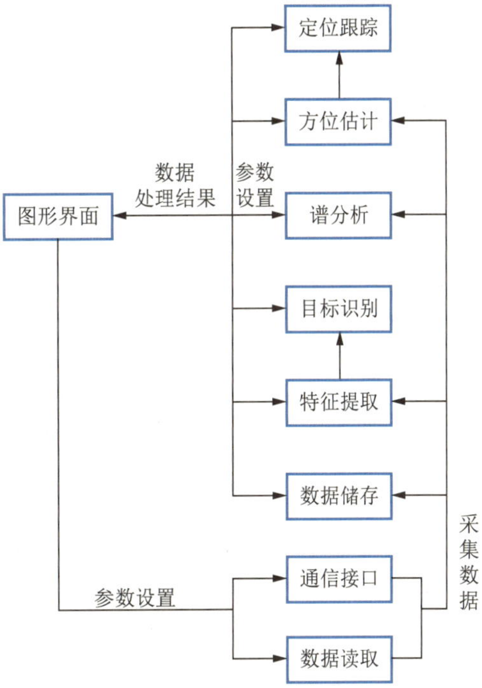

图 4-50　数据处理与显示模块结构图

数据处理部分包括时频分析、定位跟踪、目标识别。数据显示部分可显示采集信号的时频域波形、目标定位结果及目标识别结果。

基于 MVC 方法，软件分为接口层、算法层、界面层三层。接口层的功能是读取时域波形数据，主要包括接口模块、数据读取模块、数据储存模块；算法层用于数据的处理，包括谱分析模块、方位估计模块、定位跟踪模块、特征提取模块及识别模块；界面层用于用户输入并显示数据处理结果。各模块间的数据流向如图 4-50 所示。

软件界面设计主要包括登录及主监测界面和数据处理模块两部分。登录软件后即可进入主监测界面，如图 4-51 和图 4-52 所示。

图 4-51　初始界面及用户登录界面

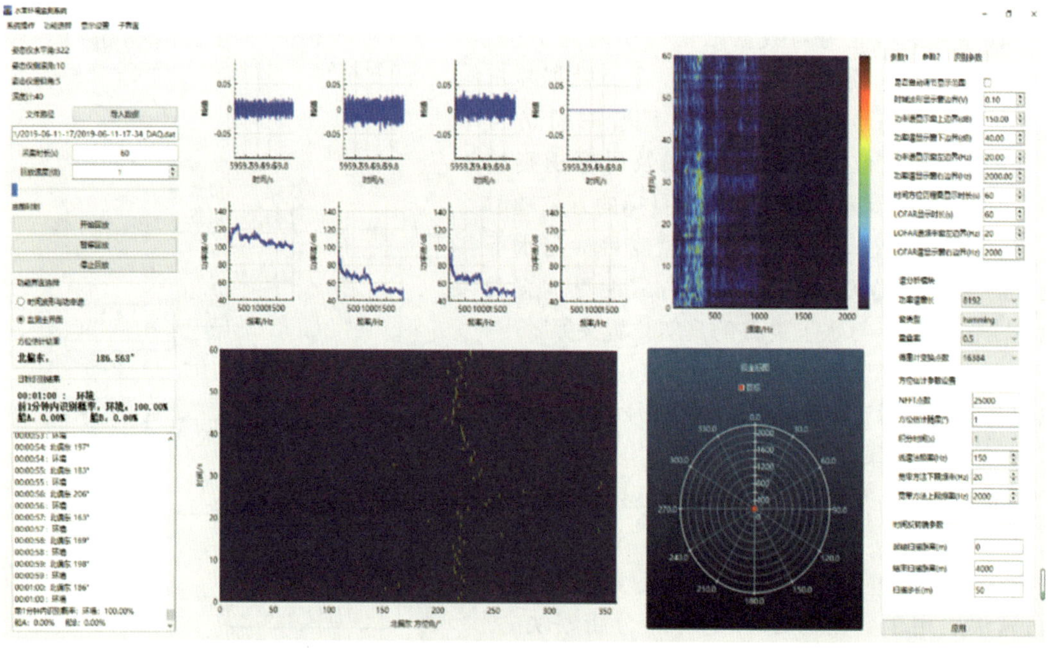

图 4-52　实时处理界面（主监测界面）

数据处理模块可分为时频分析处理模块、定位跟踪处理模块及目标识别处理模块三部分。

1）时频分析处理模块

时频分析处理模块能得到采集数据的时域波形和功率谱。时域波形可直观反映采集通道得到的数据波形。功率谱是功率谱密度函数的简称，定义为单位频带内的信号功率，表示信号功率随着频率的变化情况，即信号功率在频域的分布状况。功率谱表示信号功率随频率的变化关系，如图 4-53 和图 4-54 所示。

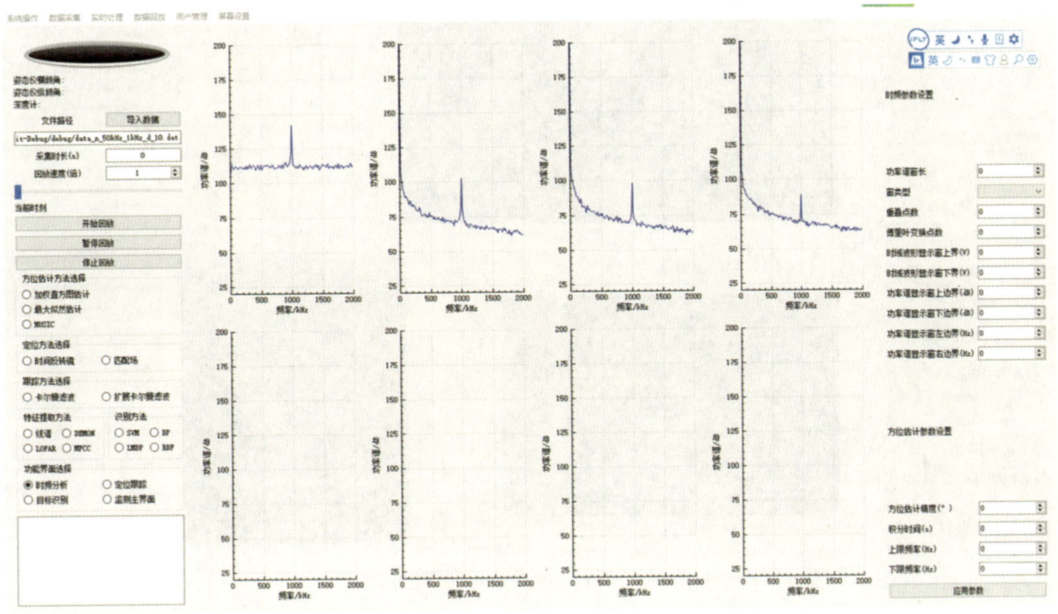

图 4-53　实时处理界面（时频分析界面）

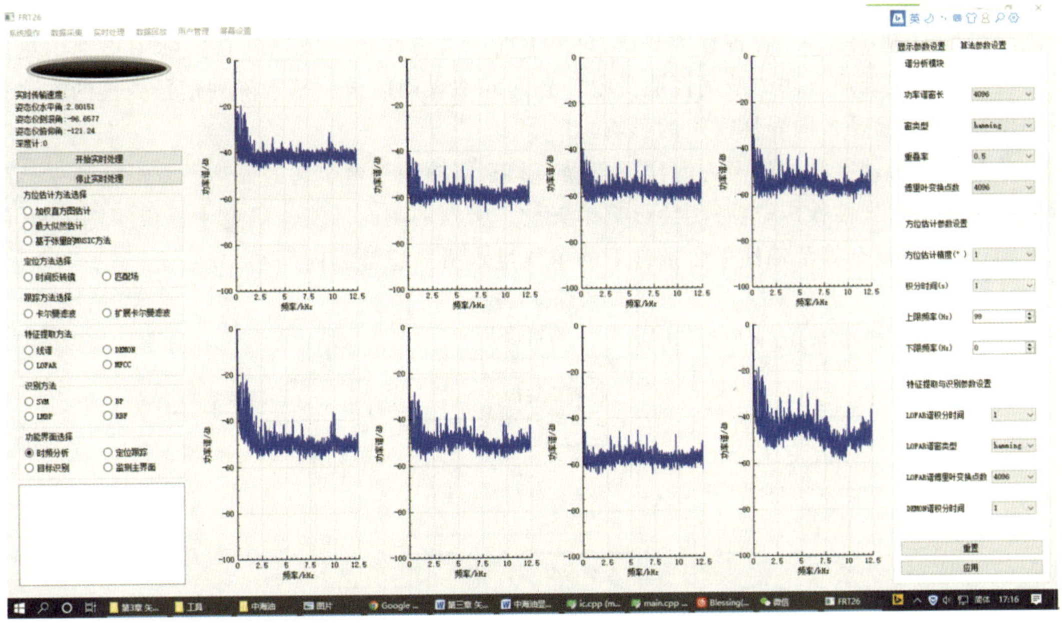

图 4-54　实时处理界面（数据回放界面）

2）定位跟踪处理模块

定位跟踪处理模块能计算监测目标的位置信息（包括目标的方位角、水平距离、深度、经纬度）及其运动轨迹，如图 4-55 所示。

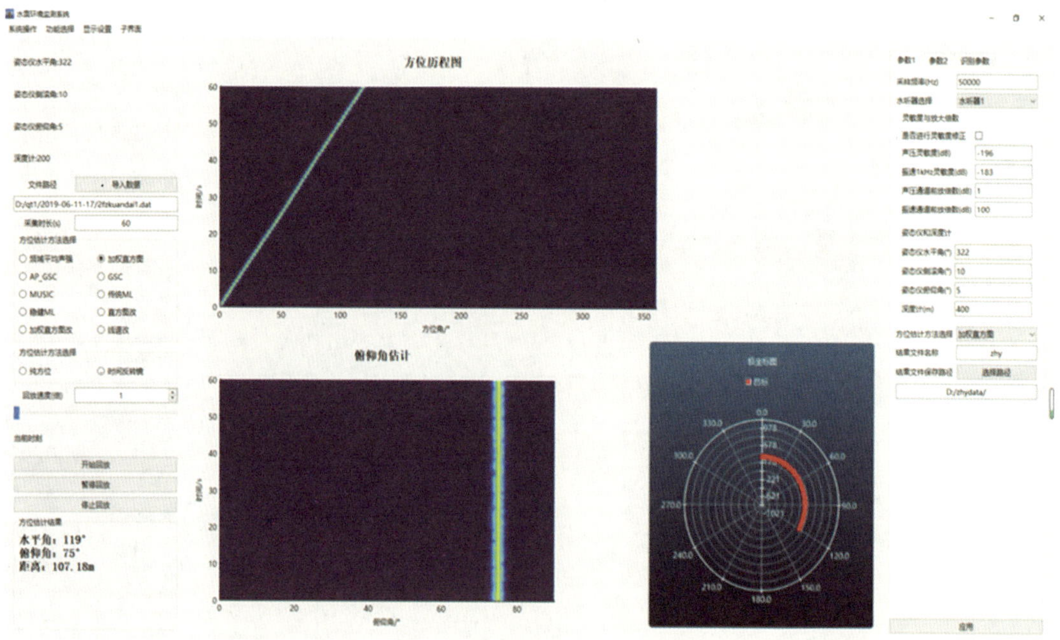

图 4-55　目标测向定位显示界面

目前单矢量水听器的测向方法主要有两类：一类是以平均声强器、互谱声强器、加权互谱直方图统计法为代表的传统处理方法；另一类是将声压和振速通道等效为阵列基元，进而采用阵列信号处理的方法。二者各有优缺点，总体上前一类方法比较成熟并在实际中得到了更广泛的应用。传统处理方法的最优性能受限于各向同性噪声假设。基于阵列信号处理的方法估计精度高，但容易受各向异性噪声的影响。

单矢量水听器接收的噪声为海洋环境噪声和管汇输油平台引起的噪声。管汇输油平台引起的噪声是各向异性噪声，这必然会影响单矢量水听器的测向性能。研究中提出了图 4-56 所示方案，以解决复杂管汇输油平台条件下的单矢量水听器稳健测向问题。

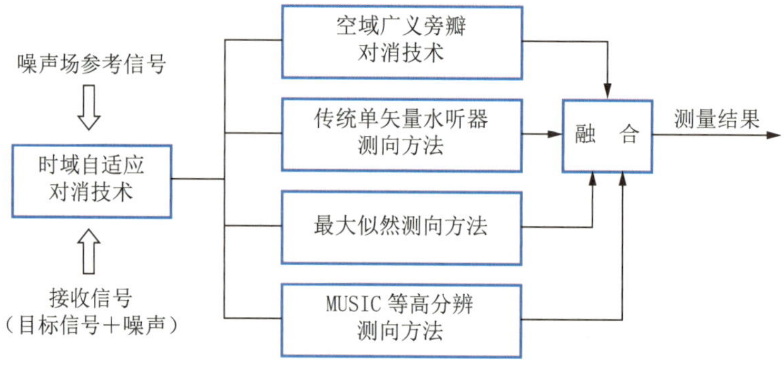

图 4-56　复杂管汇输油平台条件下的单矢量水听器稳健测向方案

矢量水听器在实现水下声目标定位跟踪方面有多种途径，结合研究中所涉及的实际海洋环境，提出了单矢量水听器水面目标纯方位定位方法、水中目标单基元定位方法、水下目标跟踪滤波方法 3 种解决方案。

上述 3 种方法各有优缺点。第一种方法基于平均声强器对目标进行纯方位定位，是比较成熟的单矢量水听器定位方法，应用比较广泛，当噪声为同性噪声场时效果较好。第二种方法根据单矢量水听器平均声强器测出目标方位，再利用目标移动带来的多普勒现象进行 Dopplerlet 匹配投影法分析，以实现对目标的测距。第三种方法是目标跟踪滤波方法，是在对系统可观测信号进行测量的基础上，根据一定的滤波准则，对系统的状态进行估计的理论和方法。滤波的重点转化成利用所有观测信息估计状态的概率分布函数。研究中主要采用卡尔曼滤波、粒子滤波和概率数据关联方法进行目标跟踪。

研究中提出了图 4-57 所示方案，以解决复杂管汇输油平台条件下的单矢量水听器定位问题。

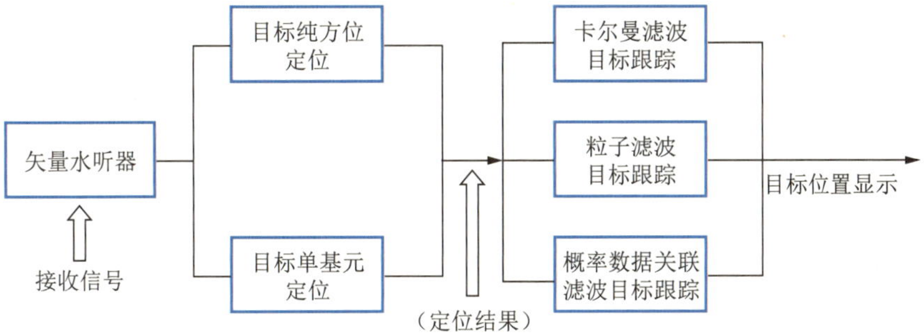

图 4-57　复杂管汇输油平台条件下的单矢量水听器定位方案

3）目标识别处理模块

目标识别处理模块能选择不同识别算法，显示监测目标的识别结果，如图 4-58 所示。

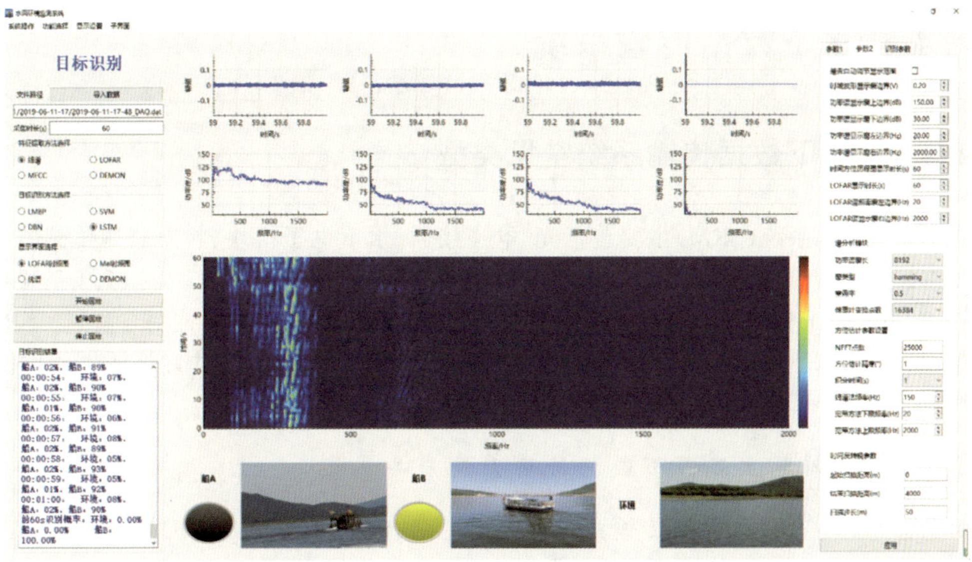

图 4-58　实时处理界面（目标识别界面）

水下目标识别技术是利用声呐和计算机对水面和水下目标进行辨认的技术。目标识别的效果主要依赖于特征提取和分类识别算法。研究中通过对矢量声呐接收信号的分析，进行频域、时频域、听觉域特征提取，实现水下目标的有监督识别和无监督识别。

采用理论研究、矢量特征提取与识别算法仿真研究和试验研究相结合的方法，系统研究基于矢量水听器的识别技术。具体研究方案为：

(1) 从理论上研究水面及水下目标辐射噪声机理，研究水中目标低速航行时的机械噪声特性，研究水中目标高速航行时的螺旋桨噪声特性。

(2) 理论研究矢量综合信息分析与线谱、连续谱、LOFAR 谱、DEMON 谱、听觉谱特征提取算法，通过算法仿真分析不同信噪比下水中目标特征提取的性能并验证算法仿真的正确性，为进一步的实测数据处理提供可靠的算法程序。

(3) 理论研究基于声矢量特征的 LMBP 神经网络、径向基函数神经网络、支持向量机等有监督识别算法，开展自组织竞争网络无监督识别算法研究，并通过计算机仿真验证算法的可行性与正确性。

(4) 在理论分析及信号处理算法仿真研究基础上，进一步开展基于矢量声呐的水下目标识别外场试验研究，分析试验数据，对实测水中目标数据进行信号处理，提取水中目标矢量特征，实现水下目标的分类识别(区分出水面目标和水下目标)。

图 4-59 所示为水下目标识别技术框图。在对数据进行特征提取的过程中经常会出现信息丢失的问题，深度学习方法可解决该问题。研究中选择深度学习中的长短时记忆(LSTM)神经网络，可直接将矢量声呐接收到的数据输入网络，网络可进行自主特征提取，减少前期提取特征的过程，避免信息丢失问题的出现。将矢量声呐接收到的数据进行预处理后，将数据和其对应的输出一起输入 LSTM 网络中，网络自主进行学习和训练，通过反向传播算法和优化器调整网络参数，得到参数训练好的网络。再将未知标签的样本放入训练好的网络中，从而实现对未知标签样本的分类和识别。

4.4 水下数据传输系统

4.4.1 水下数据传输系统常见类型

水下数据传输系统(SRM)主要包括光/电连接器、水下电子模块、状态监测传感器等，用于接收主控站的命令，控制水下设备，同时采集 SRM 自身和水下控制模块 SCM、安防设备(水下 CCTV、声矢量 HPH)的信息，并发送给主控站，实现水下控制系统的控制与监测。SRM 特别适用于长距离水下生产控制系统传输、大数据信号传输控制系统、多井口等复杂水下生产控制系统。

4.4.1.1 国际主流水下数据传输系统产品类型

目前世界上生产水下数据传输系统的公司主要有 Aker Solution，FMC，Cameron，GE。这些公司生产的水下数据传输系统的工作原理大都十分相似，只是在外观、结构和配置上有一定的区别。

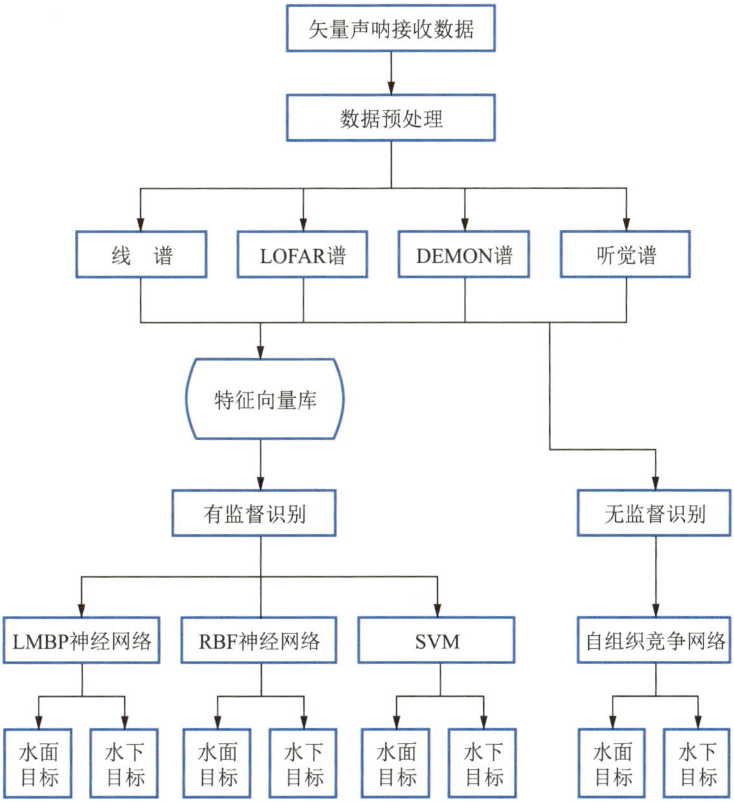

图 4-59　水下目标识别技术框图

(1) Aker Solution 公司的水下数据传输系统。Aker Solution 是一家国际化公司，在石油和天然气、炼油和化工等行业得到了广大用户的认可。该公司有专门的水下生产设施建造基地，目前已经发展了多代产品。

(2) FMC 公司的水下数据传输系统。FMC 公司是一家全球领先的、为能源工业提供技术解决方案的公司。该公司可对技术成熟的系统和产品进行设计、制造和服务，其产品包括水下生产和处理系统、水面井口系统、高压力流体控制设备、油气工业的船舶装载系统。FMC 水下数据传输系统具有弹性、可扩展性和可升级性，采用标准模块化设计。FMC 公司的水下数据传输系统工作水深超过 3 000 m，采用单点吊装机构，顶部有部分供水下机器人操作的光、电接头，锁紧机构采用十字锁紧式锁紧机构。

(3) GE 公司的水下数据传输系统。GE 公司是一家世界领先的、为海洋及陆地石油和天然气田提供钻探及生产设备的供应商。GE 公司的水下数据传输系统多为标准模块化设计。该公司的水下数据传输系统为长方体形状，工作水深可达 3 000 m，保护罩内充满硅油，通过压力补偿器装置使保护罩内外压平衡，电气连接器则安装在顶部。该水下数据传输系统内部有两个相对独立的水下电子模块，可完成电控系统的冗余功能，采用单点吊装结构，锁紧形式为中间单轴锁紧十字锁紧结构形式，通过两个定位销实现导向。

(4) Cameron 公司的水下数据传输系统。Cameron 公司是一家面向石油和天然气生产及过程工业提供一流流体控制设备、成套系统的集成和服务供应商。Cameron 公司的水下数据传输系统是水下复杂管汇系统的数据中转核心。该公司涉足水下数据传输系统已有超过 30

年的历史，目前可提供技术先进、具有弹性、可靠性的模块化水下数据传输系统。该公司的水下数据传输系统在外观上与其他公司有较大差别，将压力补偿器安装在水下数据传输系统壳体外部，可大大减小水下数据传输系统壳体的体积。其工作水深为 3 000 m，光、电接头安装在水下数据传输系统侧面。其具有两个单独的水下电子舱模块，双电子舱模块可提高整个系统的性能。

综上所述，国外公司生产的水下数据传输系统从外形上可以分为圆形和方形。虽然水下数据传输系统的形状各异，但是基本功能相同，内部组成也基本一致。国外公司生产的水下数据传输系统的最大使用水深可达 3 000 m，具备冗余的 SEM，兼容多种标准通信接口，支持电力载波或光线通信，通信速率可达 1 Gbit/s。此外，水下数据传输系统通常设计为可回收式结构，并配备水下数据传输系统安装基座（SRM Mounting Base，SRMMB），以方便后续的维修和更换，保证系统的可靠性。

4.4.1.2 国内水下数据传输系统研究现状

国内在水下数据传输系统领域的研究起步较晚，且水下数据传输系统还没有成熟的产品。总体来说，国内目前还处于初期探索阶段，国内海洋石油开发所用水下数据传输系统基本上是直接从国外购买。

据公开报道，国内仅有在“十三五”期间，江苏亨通集团与中海油研究总院有限责任公司合作，依托工信部“水下油气生产系统化示范应用创新专项”课题，对水下数据传输系统研制和测试技术进行研究，并自主设计了 1 台水下数据传输系统工程样机。目前已经完成第三方（DNV）取证（包含设计、制造、测试等环节），以及陆基系统联调测试。作为国产第一代水下数据传输系统，该系统为国产化水下数据传输系统的研究及应用积累了宝贵经验，为水下控制模块的发展提供了重要基础。

4.4.1.3 国内水下数据传输系统的基本特点

根据对国内外水下数据传输系统的调研，可归纳出水下数据传输系统的基本特点为：

（1）内部电子模块均采用保护罩或外壳体进行保护，保护罩内一般充入硅油，并通过压力补偿装置与海水连接，实现内外压平衡，以减小水下数据传输系统外壳所受的压力。

（2）压力补偿装置大多放置于壳体内部，也有的悬挂于水下数据传输系统外部。

（3）水下电子模块均采用圆柱形承压结构进行保护和密封。

（4）电气插拔接头根据实际工作情况安装在底部或者顶部。

（5）均设有锁紧机构，当水下数据传输系统落座至配套安装基础上后可对其进行锁紧。

（6）顶部设有吊装机构及水下机器人操作接口，方便吊装及水下机器人的操作。

通过对水下数据传输系统基本特点的分析，可知水下数据传输系统设计过程中的关键技术主要包括以下方面：

（1）水下密封技术。水下数据传输系统在设计过程中需要保证壳体的密封性能满足要求。

（2）水下锁紧技术。为保证落座至配套安装基础后不会受外力等因素而发生分离、倾翻等状况，水下数据传输系统需要具备锁紧功能。

（3）水下小型化技术。深水工作的设备体积直接决定了设计及安装成本，故应尽量保证水下数据传输系统结构紧凑。

(4) 水下冗余技术。由于水下维修成本较高，为提高系统的可靠性，电控系统部分需要设计成冗余结构，以保证部分结构/部件/器件出现故障时仍能继续工作。

(5) 其他水下技术。水下数据传输系统在设计时应注意一些其他因素的影响，如需要预留水下机器人接口、海洋防腐蚀、需要其他设计之间的联合工作等。

4.4.2 水下数据传输系统主要组成部件及功能

4.4.2.1 水下数据传输系统功能

水下数据传输系统整体安装在管汇内部，首次布放时可预先在离岸端或施工船上集成于管汇内部，随管汇整体布放。后续回收操作及再次布放安装操作可由水下机器人辅助完成，从而实现水下机器人可回收安装布放操作。

水下数据传输系统通过 SPS-SDU-001，SPS-EDB-001 及 SPS-EDB-002 上连至脐带缆终端单元，并通过湿插拔(电)连接器下连至 SPS-SCM-001，SPS-SCM-002，CCTV 及 HPH。其主要功能是实现水下控制系统通信带宽分配和管理、电能转换和分配管理。

通信带宽分配和管理：将 SPS-SDU-001 通过光纤传过来的光信号转为电信号，并将脐带缆终端的控制指令向下传递给 SPS-SCM-001，SPS-SCM-002，CCTV 及 HPH；同时将 SPS-SCM-001，SPS-SCM-002，CCTV 及 HPH 探测的数据信号和视频信号向上传输给脐带缆终端，保证系统信号的双向传输及带宽分配。脐带缆终端再通过光纤接线箱、交换机送到主控站 MCS。系统链路如图 4-60 所示。

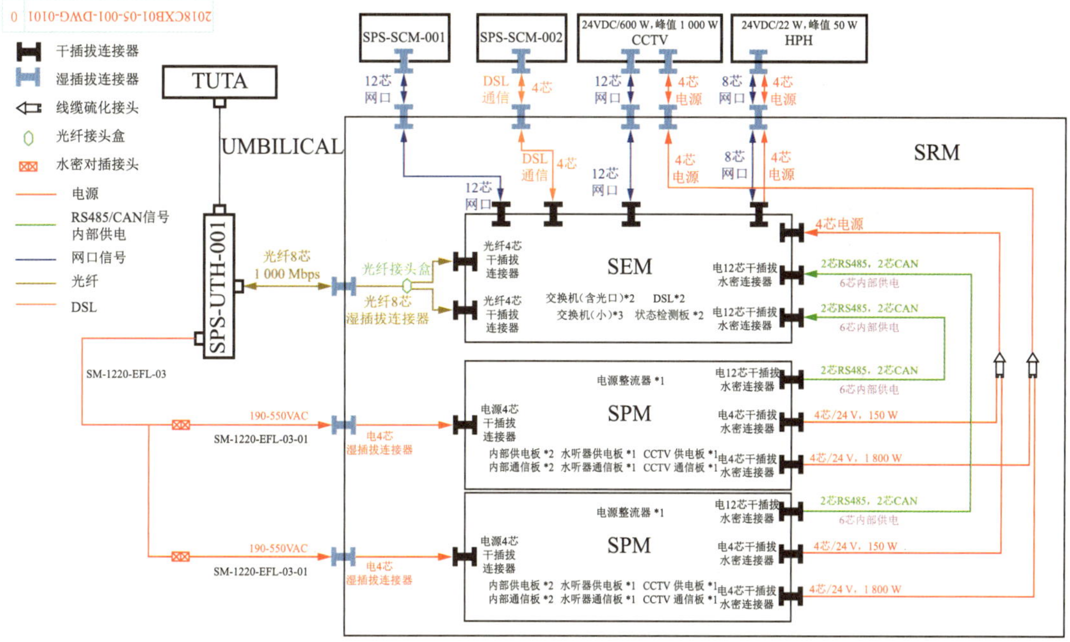

图 4-60　SRM 系统总体框图

4.4.2.2 水下数据传输系统组成

基于光纤通信的水下数据传输系统主要由传输系统主体、传输系统安装基座、传输系统导向防护罩、ROV 专用安装工具组成。

传输系统主体内置有电源管理模块(SPM)和控制管理模块(SEM)。电源管理模块包含内部供电模块、外部供电模块、电源管理模块、通信/控制模块、状态检测模块、接地检测模块、干插拔连接器等;控制管理模块包含交换机、光模块、电力载波模块、通信/控制模块、状态检测模块、接地检测模块、干插拔连接器等。

水下数据传输系统与其他水下接口设备(主要包含 SPS-SDU-001,SPS-EDB-001,SPS-EDB-002,SPS-SCM-001,SPS-SCM-002,CCTV 及 HPH)之间通过水下湿插拔连接器与飞线进行供电、通信的连接。

4.4.2.3 水下数据传输系统结构及功能

水下数据传输系统主体采用圆柱形壳体设计,壳体内部容积较大,电源管理模块和控制管理模块、压力补偿器都置于壳体内部,适合安装在深水管汇中,方便与安装工具配合,也方便维修和更换。总体结构如图 4-61 和图 4-62 所示。

在水下 ROV 协助下,驱动水下数据传输系统上的解锁接口和吊装工具接口,实现整体相对管汇而单独可回收安装。腔体的设计采用圆柱形,能够避免应力集中在水中带来的损伤。设计时,一方面要满足外压强强度要求,另一方面必须根据海水环境的腐蚀条件计算腐蚀余量,同时在腔体上采用机械结构指示的方法,并与水下导向保护罩上的位置指示功能配合工作。为顺利锁紧,采用二次导向设计。第一次由导向罩进行粗导向,第二次由导向针进行精确导向。

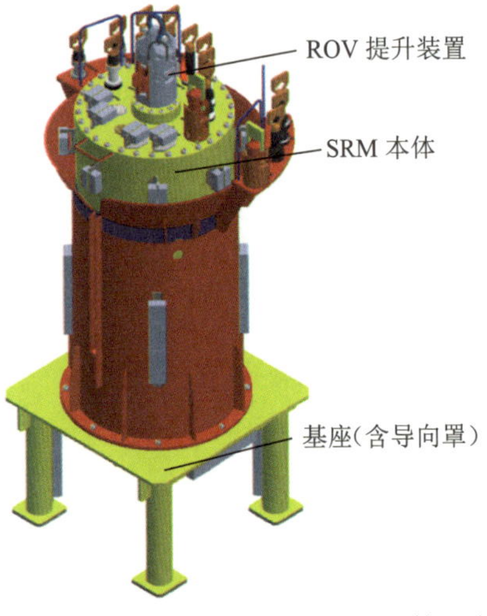

图 4-61 SRM 安装至导向罩后整体示意图

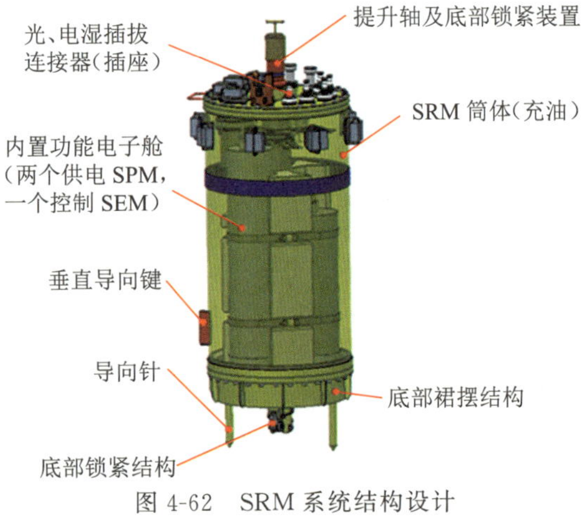

图 4-62 SRM 系统结构设计

水下数据传输系统各部分功能如下:

(1) 水下数据传输系统壳体。水下数据传输系统壳体(图 4-63)的主要功能是保护水下数据传输系统内部元器件不受海水的侵蚀,并避免运输、安装和回收过程中的磕碰对内部元件造成损坏。其主要由上顶板和外套筒构成，上顶板上安装有光、电湿插拔接头及压力补偿器。水下数据传输系统壳体内部充满硅油，并通过压力补偿装置与海水连接，实现内外压平衡，以减少水下数据传输系统外壳所受的压力。由于压力补偿器的作用，水下数据传输系统壳体不需承受过大的压力，对密封的要求也相对较低，所以采用 O 形密封圈端面密封形式。同时，为满足水下数据传输系统的可回收安装要求，上顶板上需要设计吊装结构。

(2) 水下数据传输系统锁紧机构。水下数据传输系统需要设计锁紧机构，以保证在承受外部干扰力的情况下能够始终保持与安装基座对接安装稳定。由于水下数据传输系统需要实现 ROV 辅助安装与回收，所以锁紧机构在设计过程中必须预留 ROV 操作接口，并且能够通过 ROV 操作进行锁紧及解锁（脱开）。所设计的锁紧机构主要由驱动部分、传动部分及锁紧部分组成，如图 4-64 所示。驱动部分位于水下数据传输系统的上顶板中心处上方，锁紧部分位于下顶板中心处下方。

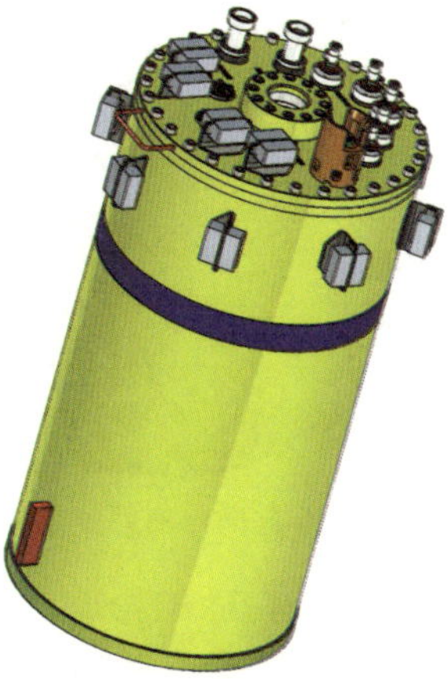

图 4-63　水下数据传输系统壳体

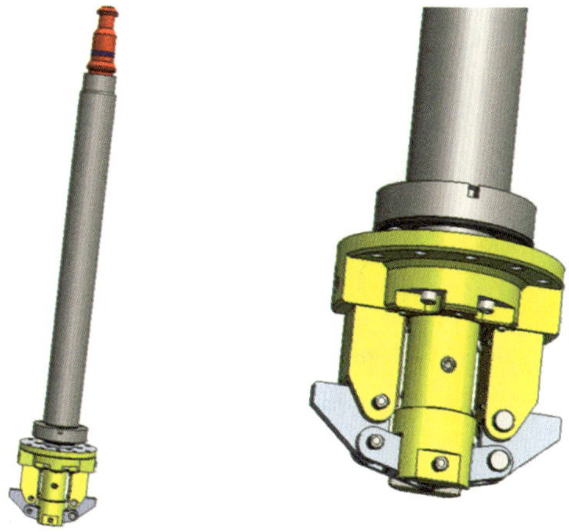

图 4-64　水下数据传输系统锁紧机构

(3) 水下数据传输系统导向防护罩及基座。水下数据传输系统导向防护罩用于导向并定位水下数据传输系统至一个可控范围内，为水下数据传输系统的精确定位做准备。安装基座预先焊接至管汇中，用于给水下数据传输系统提供支撑及锁紧固定。水下数据传输系统导向机构由喇叭口、筒体、导向槽以及转动定位和对接完成标记线组成，同时兼有 Parking 功能。导向防护罩设计如图 4-65 所示。其中，喇叭口和筒体用于定位水下数据传输系统的对中位置，导向槽用于定位水下数据传输系统的转动位置，标记线用于识别水下数据传输系统的各导向阶段，Parking 用于湿插拔连接器临时存放。

水下数据传输系统导向防护罩和水下数据传输系统基座安装在水下管汇上。当水下数据传输系统进行水下安装作业时，工程船首先下放水下数据传输系统到管汇的上部，ROV 观察水下数据传输系统的对接位置是否符合要求。如不符合对接要求，则工程船将根据 ROV 的观察调整水下数据传输系统位置，同时 ROV 辅助定位。当水下数据传输系统的位置符合对接要求时，工程船继续下放水下数据传输系统。在水平移动和倾斜方面，水下数据传输系统通过自身壳体与导向防护罩筒体的相互约束实现导向定位；在转动方面，水下数据传输系统首先通过 ROV 进行辅助定位，当水下数据传输系统的导向键底面达到导向机构喇叭口上的转动定位标志线时，水下数据传输系统通过本体上的导向键与导向防护罩上的导向槽的相互约束实现自动导向定位；水下数据传输系统经过导向定位后，工程船继续下放水下数据传输系统至导向机构的指定位置，等待与水下数据传输系统基座进行精确对接定位。

(4) 水下数据传输系统吊装工具。水下数据传输系统吊装工具是水下数据传输系统安装提升和吊放过程中的专用工具，也适用于具备 ROV 作业条件的水下设备的布放与回收。可在水下通过 ROV 辅助安装至水下数据传输系统中心轴的蘑菇头上以及解锁脱离蘑菇头。水下数据传输系统吊装工具如图 4-66 所示。

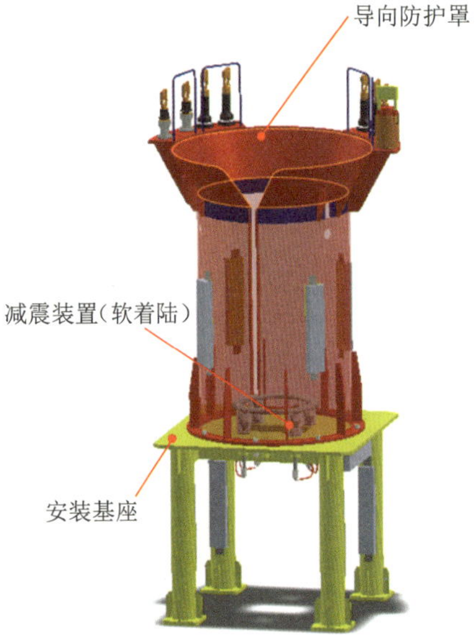

图 4-65 水下数据传输系统可回收安装辅助结构设计

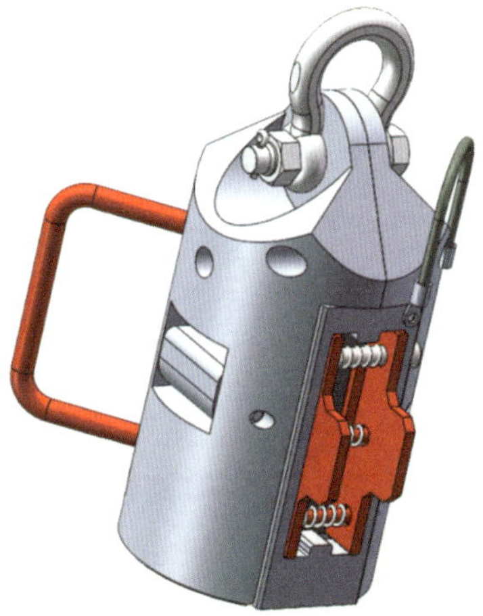

图 4-66 水下数据传输系统吊装工具

上述设计全部为机械结构连接，与水下电气、液压控制相比，可靠性高，结构简单，成本低。锁紧模块利用特定的凸轮形锁牙与扭力弹簧的弹性，在水下设备的提升轴蘑菇头插入提升装置后，可实现提升轴的自动锁紧。解锁模块采用门闩结构原理，配合 ROV 操作，实现对提升轴的解锁。适配的水下设备提升轴和 ROV 抓握柄均按照行业标准设计，通用性强。

4.4.2.4 水下数据传输系统电源管理模块硬件及功能

电源管理模块主要由内部控制模组、外部件控制模组、电源变换器和压力平衡器组成。

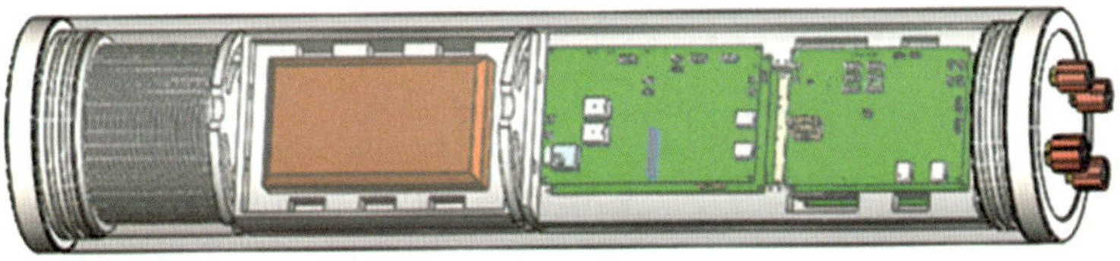

图 4-67 电源管理模块内部结构图

电源管理模块主要是为外部负载提供电能，同时对系统的运行状态(温度、湿度、压力、姿态等)进行监测，主要由电源变换器、状态监测板(电压、电流监测，接地检测等)、电源转换板、通信/控制板等组成。系统内部供电负责系统内部各功能模块的正常工作，与外部供电隔离。对于系统外部供电，水下数据传输系统能够对供电状态进行状态监测(电压、电流监测，接地检测)，并具有继电保护功能，可以迅速切断故障线路。外部供电主要给 CCTV、水听器及 SCM

提供电能。具体连接关系如图 4-68 所示。

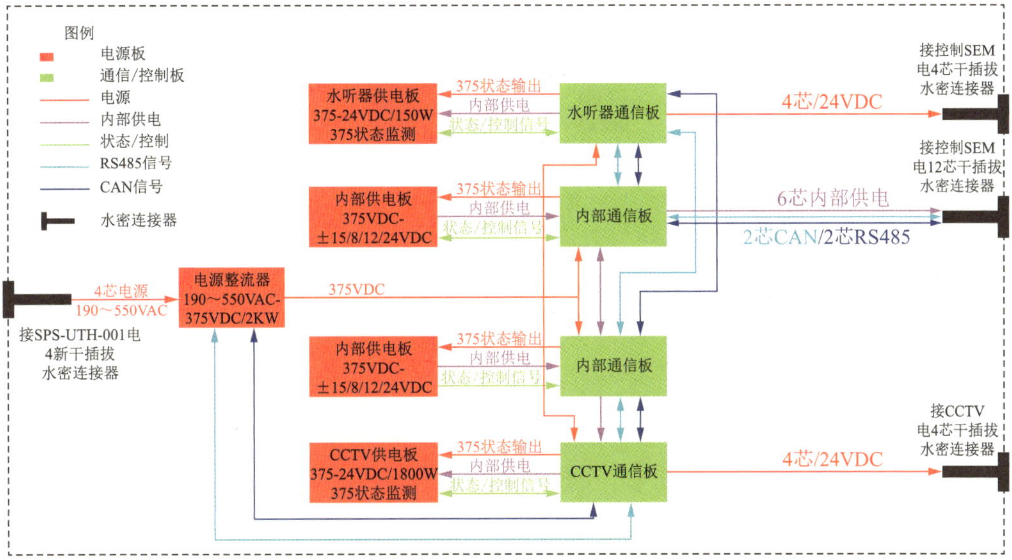

图 4-68　电源管理模块硬件系统框图

4.4.2.5　水下数据传输系统电子舱控制管理模块硬件及功能

控制管理模块主要由 PCB 控制板、非网管交换机、电力载波模块、交换机等组成，如图 4-69所示。

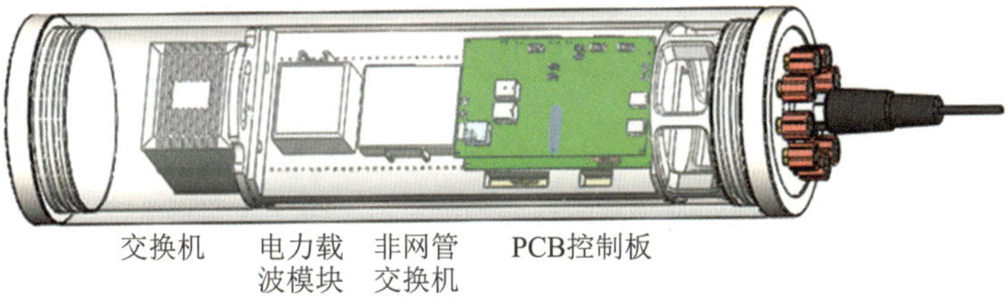

图 4-69　水下数据传输系统总体框图

控制管理模块是水下数据传输系统的数据交换中心，主要功能是接收电源管理模块的运行状态参数和传感器采集的科学数据并向上转发，同时可以向下传递控制指令，调整系统的运行状态。控制管理模块由状态监测板（电压、电流监测，接地检测等）、通信/控制板、非网管交换机、网管交换机及电力线载波模块等组成。通信方案设计为双路通信，两台交换机互为备份，每台交换机均为两路独立供。各模块之间的关系如图 4-70 所示。

4.4.3　水下数据传输系统设计与分析

4.4.3.1　水下数据传输系统设计要求

依据水下生产控制系统整体功能及 CCTV 和水听器的具体需求确定水下数据传输系统需要具备的功能及需要达到的具体详细指标；水下数据传输系统的整体设计主要考虑利用光

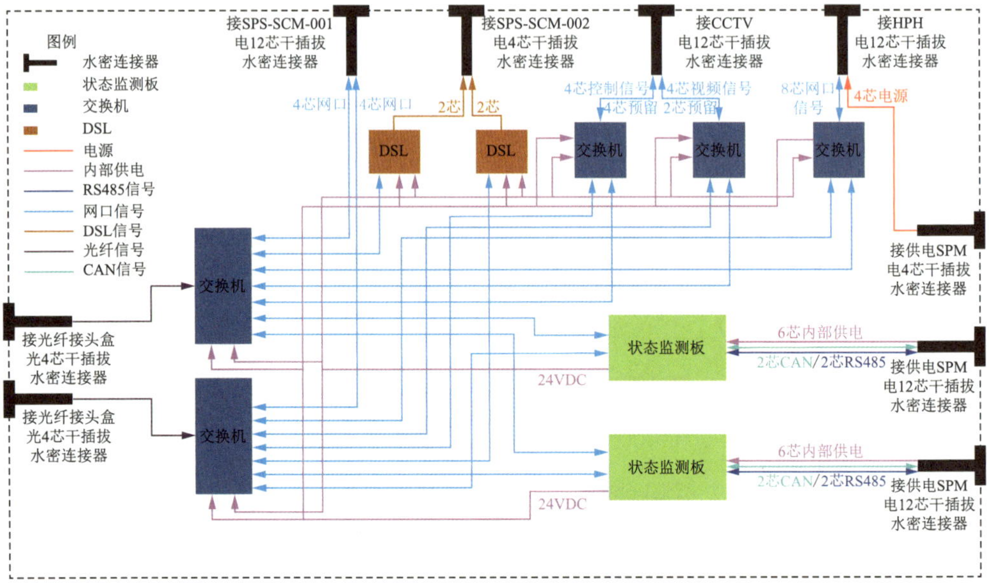

图 4-70　控制管理模块硬件系统框图

纤作为主链路实现脐带缆终端与水下设备的通信；电源管理模块和控制管理模块置于水下数据传输系统中，形成光纤、电力通信链路，共同调节并影响水下控制系统中光纤通信传输；水下数据传输系统按照规范要求进行测试，获得第三方 DNV 认证；系统封装和耐压及框架结构优化，便于可靠布放和维护，并进行系统性能测试，包括试验室测试、环境试验、海试，对整体加工质量的要求较高。

4.4.3.2　水下数据传输系统结构设计要求

基于光纤通信的水下数据传输系统的基本及典型技术要求为：

(1) 设计水深 1 500 m。

(2) 设计寿命 20 a。

(3) 与 UTH 之间的通信用光飞线连接。

(4) 与 UTH 之间的电力传输用电飞线连接。

(5) 可实现回收维护与再安装作业(不包括 SRM 的基座)。

(6) 实现 ROV 辅助安装与回收。

4.4.4　水下数据传输系统设计关键技术

水下数据传输系统主筒体含有 1 个控制管理模块和 2 个电源管理模块，两个电源管理模块互为备份；控制管理模块内通信设计方案为双路冗余备份。电源管理模块负责给控制管理模块、HPH 和 CCTV 提供可靠的电能，并将供电状态参数传输给控制管理模块；控制管理模块负责系统内部供电状态参数和外部传感器数据的上传，同时可以接收控制指令，对供电模块和传感器进行相关控制。

4.4.4.1　高可靠性技术

水下数据传输系统起着承上启下的作用，对系统的可靠性要求较高。在系统设计时需要对每个测控功能开展失效模式、影响与危害度分析(FMECA)，同时基于危害性和可操作性分析(hazard and operability analysis, HAZOP)和保护层分析(layer of protection analysis, LOPA)组合分析方法量化水下控制系统每个测控功能的可靠性要求，再根据各测控功能的共性及水下数据传输系统整体结构，确定水下数据传输系统的可靠性要求。

4.4.4.2　水下压力补偿高压密封技术

水下数据传输系统的外部需要承受 1 500 m 水深的压力，如果采用耐压壳体设计，会大大增加壳体的体积及质量，且密封性能的可靠性也会降低；如采用压力补偿方式，则会大大降低壳体的承压，有利于保证密封和可靠性。

压力补偿是保证水下数据传输系统运行的主要措施之一。压力补偿器是一个弹性元件，在水下数据传输系统中发挥压力补偿作用。传统的压力补偿器一般是一些具有弹性变形量的薄壁容器，能够将外接的压力通过出口传输到内部液压油中。常见的压力补偿器有皮囊式、金属薄膜式、波纹管式及滚动膜片式，如图 4-71 所示。

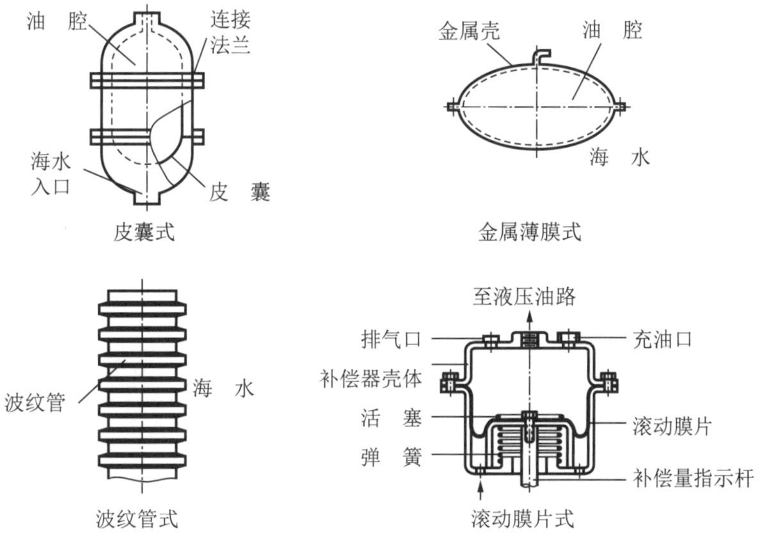

图 4-71　压力补偿器种类

压力补偿器虽形式多样，但共同特点是均带有弹性元件，允许有一定的弹性形变，通过弹性元件感应外界海水压力，并将其传递到水下数据传输系统外筒体内部，使筒体内的压力与外界海水压力相等。

由对国外水下数据传输系统及类似水下产品的调研可知，水下数据传输系统压力补偿器的安装方式一般分为外置式补偿及内置式补偿两种。两种形式的补偿原理基本一致，都是将水下数据传输系统及压力补偿器内部充满硅油，外部与海水接触，将电控器件放在水下电子模块(SEM 和 SPM)耐压壳体中。这样只需水下电子模块的壳体制成耐压结构，可有效减少承压外壳体的体积和重量，降低加工成本及加工难度。

外置式补偿方式的压力补偿器通常安装在水下数据传输系统外部，通过一些固定结构将其安装在水下数据传输系统外壳体上，可随水下数据传输系统一同进行安装及回收。这样做虽会减小水下数据传输系统的体积，利用承压设计，但会给后续安装带来不便。为避免在安装及运输过程发生磕碰，压力补偿器通常选用具有较厚外壳的补偿器形式，补偿器相对笨重。同时，如果将补偿器安装到水下数据传输系统外部，则需单独的管线将其与水下数据传输系统壳体内部连通，从而对系统可靠性造成影响。

内置式补偿方式的补偿器安装在水下数据传输系统壳体内部，虽会增加水下数据传输系统壳体的体积，但由于有水下数据传输系统壳体的保护，补偿器可以选用结构简单的皮囊式补偿器，且水下数据传输系统的整体结构会相对规整，方便安装及回收。

由于设备全部安装在管汇内部，对尺寸/体积要求较为苛刻，且设计完成后需要多次对水下数据传输系统进行长距离运输以完成相关试验，故补偿器选用内置式设计方案，补偿器形式采用皮囊式补偿器，整体结构相对紧凑、简洁。

4.4.4.3 电子舱模块壳体设计与优化技术

水下数据传输系统壳体采用压力补偿方式，可以有效降低壳体质量，但是控制管理模块和电源管理模块内部均为电子器件，不能承受高压，所以需要将控制管理模块和电源管理模块设计成耐压壳体的结构。在设计过程中，控制管理模块壳体既要满足强度要求，又要尽量减轻质量，而这两个参数之间是矛盾的，所以在设计过程中应对控制管理模块和电源管理模块的壳体结构进行优化。

4.4.4.4 深海防腐蚀技术

深海防腐蚀技术主要是通过防腐油漆、牺牲阳极及选择合适材料的方式进行水下数据传输系统外防腐。在设计时需要制定腐蚀控制方案，并纳入系统设计中。

1）防腐油漆

ISO 12944-5 建议使用环氧类、聚氨酯类或硅酸乙酯类油漆。NACE 0108-2008 同样推荐使用厚度大于 350 μm 的两层高固体环氧涂料。

2）牺牲阳极

外防腐所使用的牺牲阳极形式为细长加芯型。这种形式的阳极的利用系数 μ[即电流输出 I_a（单位为 A）与净阳极质量 M_a（单位为 kg）之比]高，且是水下设备阴极保护的首选。外防腐所使用的阳极成分确定为以金属铝为主要成分的铝-锌-铟-硅牺牲阳极。该类牺牲阳极可以应用于水下数据传输系统防腐设计中。

水下数据传输系统服役于深海环境，全浸区腐蚀性较强，故不仅结构要求采用高性能防腐蚀涂料保护，对关键部位的材料本身也有较高的耐腐蚀要求，且结构中的薄弱处焊点耐腐蚀性也要满足设计要求。焊接工艺评定及焊接操作过程中对焊接材料的选择均要考虑水下数据系统结构耐腐蚀性的要求。在设计使用寿命内，一旦破坏将造成较大的损失，因此对其质量的要求极其严格，特别是在制造过程中重要的环节对焊接质量的要求更为严格，涉及密封位置要求100％无损探伤，同时要制定措施，严格控制质量的各个环节。

4.4.4.5　吊装锁紧设计技术

通过对国外主要公司水下数据传输系统及类似水下产品的研究，可总结出吊装锁紧方式主要分为单锁紧和双锁紧两种。

单锁紧的水下数据传输系统的结构相对简单，锁紧机构只有一个，一般都在水下数据传输系统的中间，锁紧过程中通过 ROV 进行操作，但一旦锁紧机构出现问题，将影响水下数据传输系统的工作。

双锁紧一般适用于体积较大的水下数据传输系统及水下设备，其结构相对复杂，具有两个独立的锁紧机构，分布在水下数据传输系统两边，锁紧时需要 ROV 进行两次操作，过程复杂，成本较高，但其具有较高的可靠性，在一个锁紧机构出现问题的情况下，还能够正常工作。

所设计的水下数据传输系统体积相对较小，质量相对较轻，且对成本有一定的限制，所以采用单锁紧形式的水下数据传输系统。设计全部为机械结构连接，如图 4-72 所示。锁紧模块利用特定的凸轮形锁牙与扭力弹簧的弹性，可实现提升轴的自动锁紧。解锁模块采用门闩结构原理，配合 ROV 的操作，实现对提升轴的解锁。与水下电气、液压控制相比，其可靠性高，结构简单，成本低。适配的水下设备提升轴和 ROV 抓握柄均按照行业标准设计，通用性强，适用于具备 ROV 作业条件的水下设备的布放与回收。

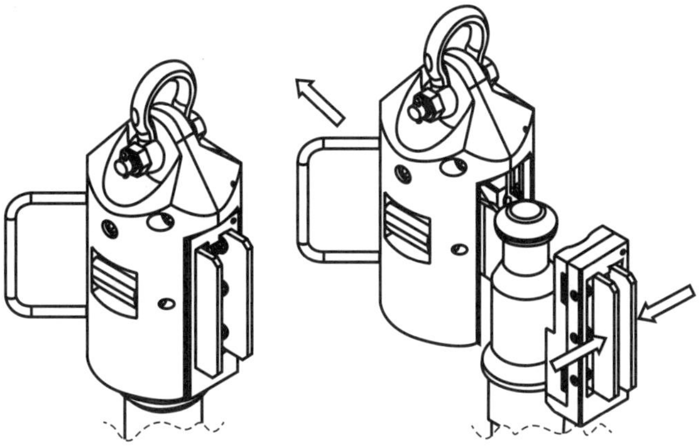

图 4-72　提升安装工具设计图

4.4.4.6　安装锁紧(自锁紧)设计技术

国外水下控制设备与水下安装基座之间的锁紧形式主要有楔形锁紧方式、十字锁紧方式、弹簧钢片锁紧形式及连杆锁紧形式等。目前使用最多的是楔形锁紧方式及十字锁紧方式，其结构如图 4-73 至图 4-75 所示。

水下数据传输系统底部采用连杆式锁紧机构设计，通过 ROV 实现水下数据传输系统的锁紧和解锁。当水下数据传输系统对接定位完成后，ROV 通过对水下数据传输系统顶部的蘑菇头进行按压操作来驱动位于水下数据传输系统中心位置的锁紧轴(也称提升轴)，带动锁紧轴运动，最终将水下数据传输系统锁紧至预安装在管汇中的水下数据传输系统安装基座上。工作原理如图 4-76 所示。

（a）设备底面　　（b）安装基座顶面

图 4-73　FMC 公司的对接定位机构

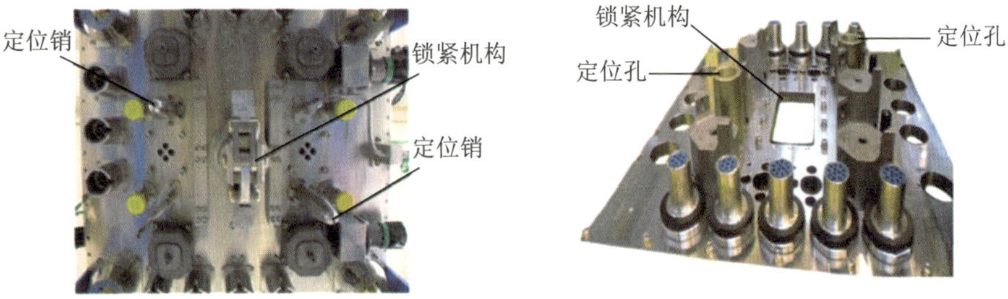

（a）设备底面　　（b）安装基座顶面

图 4-74　Cameron 公司的对接定位机构

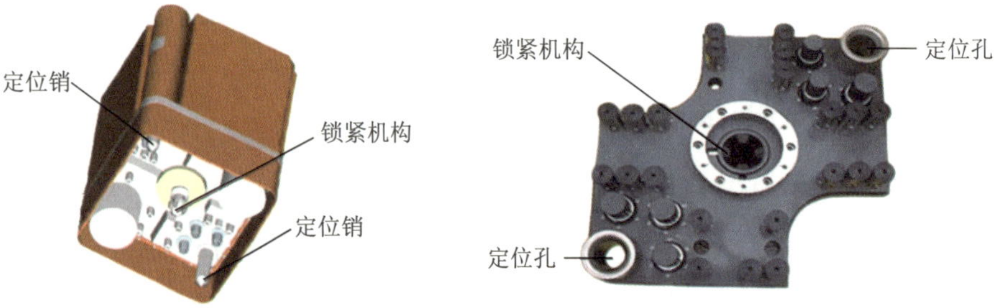

（a）设备底面　　（b）安装基座顶面

图 4-75　GE 公司的对接定位机构

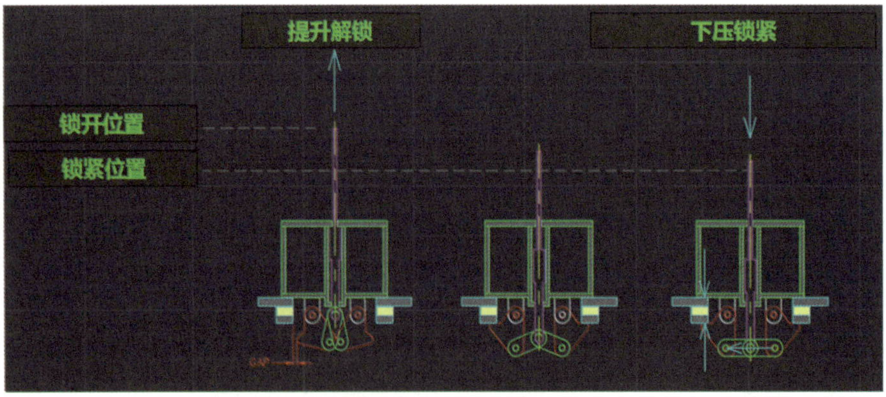

图 4-76　亨通公司 SRM 锁紧机构设计

4.4.4.7　水下数据传输系统供电设计技术

基于光纤通信的水下数据传输系统通过 SPM 系统为外部负载提供电能，同时对系统的运行状态进行监测。SPM 系统由电源整流器、内部供电板、内部通信板、水听器供电板、水听器通信板、CCTV 供电板、CCTV 通信板等组成。

SPM 系统内部供电(内部供电板、内部通信板)负责系统内部各功能模块的正常工作，与外部供电隔离，同时监测腔体环境(温度、湿度、压力、漏水、姿态等)。

SPM 系统外部供电(水听器供电板、水听器通信板、CCTV 供电板、CCTV 通信板)负责给外部负载提供可靠电能，同时能监测供电状态(电压、电流监测，接地检测)，并具有继电保护功能，可以迅速切断故障线路。

SPM 系统内部的状态信号通过 CAN 接口与电子舱控制模块(SEM)内的状态监测板连接。SEM 内的状态监测板为主机，其他通信板为从机。CAN 接口连接关系如图 4-77 所示。

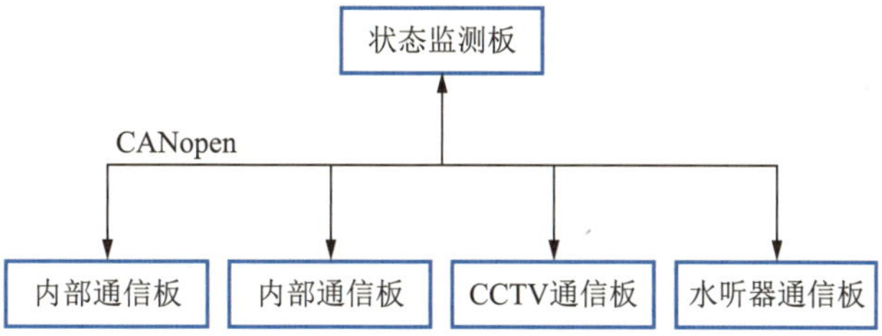

图 4-77　CAN 接口连接关系

同时，通过 RS485 串口形成另一路通信链路，RS485 与 CAN 形成功能上的备份，以提高数据通信的可靠性。RS485 接口连接关系如图 4-78 所示。

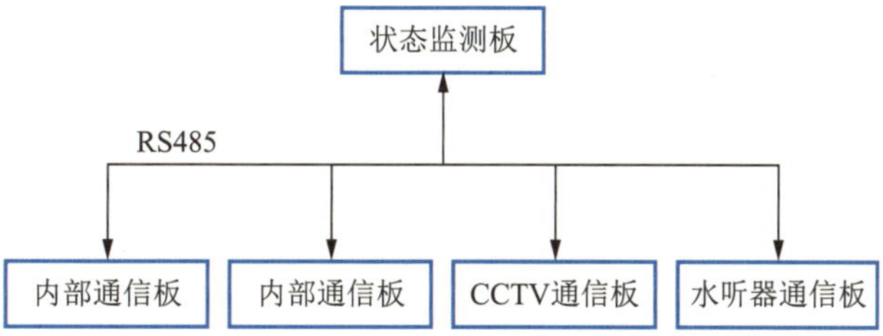

图 4-78　RS485 接口连接关系

4.4.4.8　水下数据传输系统通信设计技术

基于光纤通信的水下数据传输系统使用光纤作为传输介质，具有通信容量大、损耗低、抗电磁干扰、无串音干扰、保密性好等优点。该系统的主要目的是保证 CEPD 平台与水下数据传输系统、水下控制系统模块(SCM)、水下摄像机(CCTV)、水听器间的远程双向通信。控制管理模块中交换机采用热备份，配合环网冗余协议，为系统提供冗余链路，保证控制管理模块的高可靠性。

水下数据传输系统与 CEPD 平台之间采用以太网技术进行通信。工业以太网交换机专为恶劣环境设计，支持环网冗余协议，可以保证系统的安全性和可靠性。水下数据传输系统与水下控制系统模块之间采用电力载波技术进行传输。电力载波通过载波模块将模拟或数字信号加载到电力线上并高速传输。它的最大特点是不需要重新架设网络，只要有电线就能进行数据传递。

水下数据传输系统内采用两台交换机，互为热备份。每台交换机的上联光路有两组，每组光路的最高传输速率为 1 000 Mbps。CEPD 平台交换机与水下数据传输系统内部交换机均启用 RSTP 环网冗余协议。正常工作时，CEPD 平台交换机到水下数据传输系统交换机只有一条链路在通信，其他 3 条链路处于阻塞状态，因此该系统不会产生广播风暴；当工作链路出现故障时，冗余协议会自动切换到备份链路，从而保障网络的正常通信。水下数据传输系统输入链路的冗余设计可保证水下数据传输系统通信的高可靠性。

每台科学仪器通过高可靠性的非网管交换机接至水下数据传输系统的两台网管交换机。由于水下数据传输系统两台网管交换机的下联端口启用 RSTP 冗余协议，正常工作时，CEPD 平台交换机到科学仪器只有一条链路在通信。当该链路出现故障时，系统会自动切换到备份链路，以保障网络的正常通信。输出链路的冗余设计可保障水下数据传输系统通信的高可靠性。CCTV 分两路业务上传，一路为视频业务，另一路为数据业务，每路的通信速率均为 10/100 Mbps（自适应）。水听器接口的通信速率亦为 10/100 Mbps（自适应）。

水下数据传输系统与水下控制系统模块之间采用电力载波通信技术进行传输，水下数据传输系统中使用两个电力载波模块。水下数据传输系统与水下控制系统模块之间使用电力线传输，每个载波模块使用两芯电力线，链路传输速率为 100 Mbps，通信距离小于 500 m。选用的电力载波模块具有自适应功率放大器，传输误码率小于 10～12，使用自适应多频段的 OFDM 调制技术。电力载波模块采用增强型宽带自适应模拟前端技术、先进的数字视频信号处理技术和通用标准 TCP/IP 通信协议，能够在有强噪声干扰的电线上实现稳定可靠的数据传输。

通信授时系统如图 4-79 所示。

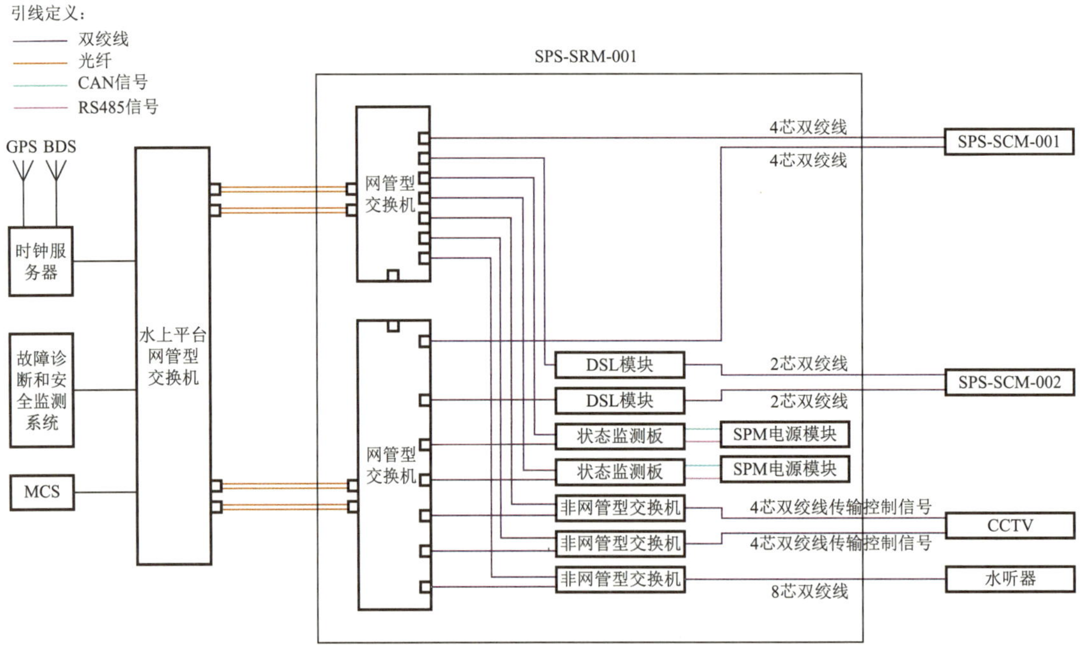

图 4-79　通信授时系统框图

4.4.4.9　水下数据传输系统通信设计技术

基于光纤通信的水下数据传输系统通过软件设计实现水下传感设备的数据采集、处理、存储和上传功能。上位机控制软件和下位机控制软件通过 TCP/IP 协议实现双向通信，通过光纤链路将传感器采集的数据上传到上位机进行数据展示，下位机系统可实时传输上位机发布的命令序列。系统软件充分利用数据中心架构的新技术特性，挖掘并满足各类业务的实际需求，同时积极支撑探索大数据的深层次挖掘和综合分析建设。

4.4.4.10　通信控制系统及其冗余设计

1）与 UTA 之间采用高可靠性的光纤通信技术

水下数据传输系统光纤通信采用的单模发光器件为激光器，光频谱窄、光波纯净、光传输色散小、传输距离远，适合于水下长距离通信。

光纤通信的原理是：在发送端先将传送的信号变成电信号，然后调制到激光器发出的激光束上，使光的强度随电信号的幅度（频率）变化而变化，并通过光纤发送出去；在接收端，检测器收到光信号后把它变换为电信号，经解调后恢复原信息。对于水下长距离大数据量通信，一般以光纤通信为主、载波通信为辅。光纤通信模式采用单模光纤、波分复用。当水下通信量较大时，建议采用多芯光纤。

2）控制管理模块冗余设计技术

为保证水下数据传输系统的高可靠性，在设计过程中通常要对通信控制系统进行冗余设置，以保证在水下长时间工作的要求。对国外产品的调研表明，水下数据传输系统的控制系统通常由两套完全独立的控制系统组成。在冗余的设计过程中，可以将两套控制系统放在同一个水下控制管理模块中，也可以将两套控制系统分别放在两个控制管理模块中。

采用两个控制管理模块的优点是两套控制系统完全分离，可避免在运行过程中可能产生的干扰，并且由于控制系统分开存放，使得每个水下电子模块的结构尺寸较小，其壳体能够承受较高的压力，壳体设计较简单。这种设计方法的缺点是需要更多的电接头和光纤接头，由于深水接头特别是光纤接头的价格比较高，导致这种设计的成本较高。

采用单个控制管理模块的优点是可节省部分接头，成本较低，但由于两套控制系统放在一个壳体中，壳体的结构尺寸较大，对其强度要求也较高。

由于对水下数据传输系统整体体积和重量有严格限制，为保证可靠性，所选接头均为国外产品，价格相对较高，故采用将两套通信控制系统放在同一个壳体中。

3）控制管理模块通信控制设计技术

基于光纤通信的水下数据传输系统的通信设计采用备份冗余，可靠性高。交换机双机热备份，每台交换机配置 2 条物理链路，整个传输系统有 4 条物理传输链路。主链路故障时即刻切换到备份链路。通过快速生成树协议 RSTP（rapid spanning tree protocol）实现链路的故障切换。该协议可用于环路网络，通过一定的算法实现路径冗余，同时将环路网络修剪成无环路的树型网络，从而避免报文在环路网络中的增生和无限循环。链路的冗余设计可保障通信系统安全可靠运行。

4.4.4.11 电源管理系统及其冗余设计

与前文中控制管理模块冗余设计技术类似，电源管理模块也需要进行冗余设置，以保证在水下长时间工作的要求。同样，在冗余设计过程中，可以将两套控制系统放在同一个水下电源管理模块中，也可以将两套控制系统放在两个电源管理模块中。由于研究中电源管理模块设计复杂，内部元器件较为繁杂且紧凑，两套系统之间相互通信干扰比较大，因此将两套电源管理系统放在两个单独的壳体中，确保相互独立、互不干扰，以保障水下数据传输系统的高可靠性。

4.4.4.12 水下供电保护技术

基于光纤通信的水下数据传输系统采用模块化设计，其内部功能模块可分为电源管理模块、通信/控制模块、状态检测模块、接地检测模块等。电源冗余设计，一用一备；每路电源都有电压电流检测、过流保护、接地检测和继电器控制等功能。水下数据传输系统内外的连接通过插拔连接器实现，且所选连接器可满足系统设计水深的稳定工作要求。

4.4.4.13 水下软件监测技术

基于光纤通信的水下数据传输系统的软件监控功能强大，操作简便，安全性高，监控性强，智能，数据时效性高，接入安全方便。系统搭建专门时间同步模块，时间同步精度达到毫秒级；使用标准 Modbus 协议与外部系统对接，方便快捷集成到第三方系统；控制模块自动记录存储实时运行状态，记录各种设备远程操作，支持故障隔离、故障报警等；采用 Web 监控，易学易用，操作简便；软件系统支持完备的操作审计，所有控制操作都有记录，系统安全可靠、可追溯。

4.4.4.14 可回收安装结构设计

水下数据传输系统整体安装于管汇内部，首次布放可预先在离岸端或施工船上集成于管汇内部，随管汇整体布放。后续回收操作及再次布放安装操作时，可用 ROV 专业安装工具和 ROV 辅助完成，从而实现水下 ROV 可回收安装布放操作。

4.4.5 水下数据传输系统制造关键技术

4.4.5.1 结构制造关键技术

水下数据传输系统结构制造涉及热处理、大型关键精密件机加工、表面喷涂防腐等关键工序。一般需要相关制造企业拥有完善的科研、生产设施，拥有粗加工车间、热处理车间、精密加工车间、焊接机试验车间等，主要使用的设备有数控加工中心、卧式加工中心、立式加工中心、数控车床、高精度平面磨床、等离子焊接机、内腔对焊机、数控弯管机、磁粉探伤机、低温冲击试验机、环境试验设备、压力测试平台等多种制造加工和检验测试设备。根据加工要求，还需特殊工装夹具、专用刀具和量具等。主要关键技术为：

(1) 大型锻件锻造与热处理加工工艺技术。涉及水下数据传输系统主体等大型锻件加工技术、壁厚零件热处理技术及特殊材料的热处理技术。

(2) 高精度机加工技术。涉及高精度机械加工技术、内孔机械加工技术等。

(3) 防腐处理工艺技术。涉及水下数据传输系统海水防腐蚀技术、管壁内表面防腐处理技术等。

在制造过程中建立焊接工艺规范并使其适用于水下数据传输系统的所有焊接工序。焊接工艺规范应包含 EN ISO 15614 中所规定的信息。所有焊缝均应连续。角焊缝采用单面焊接双面成型技术，以避免腐蚀。制造过程中的检验和无损检测应按设计规范执行。制造完成后对组装的 SRM 腔体/筒体进行气体压力密封试验，通过抽负压至 0.9 bar，保持 4 h。

4.4.5.2 硬件制造关键技术

硬件 PCB 按照系统构架、电路功能、结构限制、器件布局等因素进行分板，根据器件尺寸、电压等级、电源载流量等因素确定尺寸大小，考虑结构和工艺安装，合理放置接口位置，保证 PCB 安装的可操作性。在设计过程中，对发热、EMC、抗震性、可测试性等问题进行优化设计，保证 PCB 的高可靠性能。在工艺方面，PCB 选用 FR4 高 TG170 板材，使产品具有更强的耐热、耐潮湿、耐化学等性能，表面处理采用沉金工艺，增加耐磨和抗氧化性。PCB 组装和焊接按照 IPC-A-610G 三级标准执行，质量可靠。

4.4.6 水下数据传输系统测试关键技术

水下数据传输系统测试需参照 API 17F 中的试验要求以及公司规范进行验证。所有部件的验证和测试对应特定的程序。设计、验证程序、验证结构、测试程序和测试结果应提交第三方(DNV)批准。以前验证过的设备如果用于新的或重大的不同用途时也要进行验证。

4.4.6.1 功能性能试验

1) PCB 板测试

通过对 PCB 的测试，达到验证其电气性能否满足设计输入、输出的目的，对元器件选型设计、电路原理设计的合理性、可行性、可靠性进行甄别，对测试过程中出现问题的元器件和电路加以修改完善。

测试内容包含外观检查、短路测试、静态电阻测试、上电测试、继电器功能测试、内部信号电压测试、电源转换效率测试、负载调整率测试、电压调整率测试、动态调整率测试、浪涌测试、电源纹波测试、过流保护功能测试及发热测试等。通过上述一系列板级可靠性测试，确保研发产品的各项性能指标符合要求。

2) 通信设备测试

由于通信设备在 SRM 中处于高层级系统设备，且需要满足严苛的环境要求，因此采用工业以太网交换机和工业级的 DSL 模块。

工业以太网交换机不必过于关注流量控制的功能，而是在系统设计阶段，通过选择具有足够吞吐量的设备，保证设备能够满足最大流量时的正常通信。

交换机单机性能测试包含吞吐量测试、轻载时延、重载时延、试验抖动、帧丢失等内容。

3) 交流变换器

交流变换器是 SRM 的核心输变电设备，其输出精度、线性调整率、负载调整率、纹波、过流和短路保护测试、故障切除后电源无法自动重启、效率测试等必须经过严格的测试并满足设计指标的要求。主要技术指标为：输入为 190～550 V AC；输出为 375 V DC；允差为±2%；设计寿命为 20 a；工作温度为－5～＋40 ℃；散热形式为充油；参考标准为 ASME Ⅷ-Ⅰ。

4.4.6.2 环境应力筛选测试

通过对元器件、半成品施加一定的环境应力，激发并剔除因工艺或元器件引起的、用常规检验手段无法发现的早起故障，以达到提高产品可靠性的目的。典型的环境应力筛选为随机振动、温度循环等，可根据水下数据传输系统的实际情况选择环境应力筛选试验。

4.4.6.3 环境试验

通过环境试验可以进一步检测产品在各种环境极值条件下的工作能力。根据 API 17F 的要求，对水下数据传输系统主要进行高温试验、低温试验、高低温循环试验、振动试验、冲击试验等。

1）高低温试验及高低温循环试验

参考标准包括：API Std 17F-2017（Standards for Subsea Production Control System）；测试程序（SHZB-2021-0519）；检验按照 API Std 17F-2017 中第 9.2.3.2 节的鉴定试验要求对 SEM 和 SPM 的温度试验进行见证测试。

（1）高温老化试验（70 ℃，48 h）。SEM 及 SPM 浸泡在液压油中进行 48 h 高温老化试验，试验温度为 70 ℃。在高温老化试验开始后的 1 h 及结束前的 1 h 进行电源开关测试。SEM 及 SPM 在高温老化试验后工作正常。

（2）低温脆化试验（－18 ℃，48 h）。SEM 及 SPM 浸泡在液压油中进行 48 h 低温浸泡试验，试验温度为－18 ℃。在低温脆化试验开始后的 1 h 及结束前的 1 h 进行电源开关测试。SEM 及 SPM 在低温老化试验后工作正常。

（3）10 次高低温循环试验（－18～70 ℃）。SEM 及 SPM 浸泡在液压油中进行 10 次高低温循环试验，试验温度先从－18 ℃到 70 ℃，再从 70 ℃到－18 ℃，升温速率≥5 ℃/ min，并在－18 ℃和 70 ℃保持至少 30 min。SEM 及 SPM 在 10 次高低温度循环试验后应工作正常。

（4）审查实验室的检测报告及试验设备的检验证书。

上述验证结果应满足标准的要求（图 4-80）。

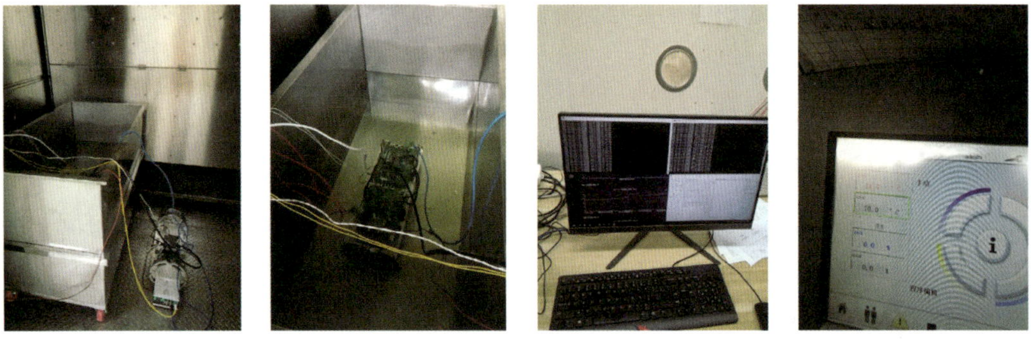

(a)　　(b)　　(c)　　(d)

图 4-80　高低温试验及高低温循环试验

2）振动冲击试验

参考标准包括：API Std 17F-2017（Standards for Subsea Production Control System）；水下数据传输系统质量鉴定测试大纲（No. 2018GXB01-05-001-SPC-1303）。

检验按照 API Std 17F-2017 中第 9.2.3.2 节的鉴定试验要求对 SEM 和 SPM 的振动及冲击试验进行见证测试。

Ⅰ. 振动试验

a. 振动扫频

测试条件：激励等级为－5～25 Hz，±2 mm 位移；－25～150 Hz，5g 加速度。

测试过程：SEM 及 SPM 组装并安装在测试台，探头安装在设备的易敏感位置，对 3 个互相垂直的轴方向分别进行一次上述规定的激励等级的扫频。在扫频过程中，对 SEM 及 SPM 的功能和性能进行持续监测。

测试结果：扫频结果显示 SEM 的振动受影响最大的方向为 Y 轴方向，SPM 的振动受影响最大的方向为 Z 轴方向。SEM 及 SPM 的功能和性能在扫频中及完成后未受影响，满足要求。

b. 随机振动

测试条件：振动频谱为－20～80 Hz，每倍频程上升 3 dB；－80～350 Hz，0.04 g^2/Hz；－350～2 000 Hz，每倍频程下降 3 dB。

测试过程：SEM 及 SPM 分别单独安装在测试台上，探头安装在设备的易敏感位置，对 SEM 在 Y 轴方向上按上述规定的振动频谱进行随机振动耐久性试验，总共测试时间为 2 h；对 SPM 在 Z 轴方向上按上述规定的振动频谱进行随机振动耐久性试验，总共测试时间为 2 h。

测试结果：SEM 和 SPM 振动结束后外观结果完好，无损伤，无变形，功能和性能正常，满足设计和标准要求（图 4-81）。

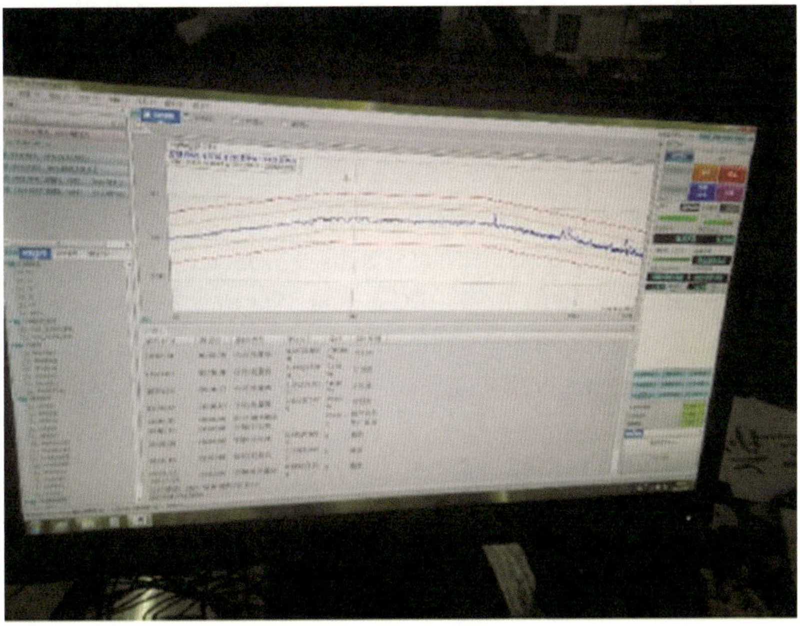

图 4-81　SEM 及 SPM 随机振动测试

Ⅱ. 冲击试验

测试条件：冲击等级为−10g 加速度，11 ms 半正弦。

测试过程：采用半正弦冲击波对 SEM 及 SPM 进行冲击试验，半正弦冲击波脉冲持续时间为 11 ms，峰值加速度为 10g，在 X 轴、Y 轴、Z 轴三个方向进行半正弦冲击试验，每个方向进行 4 次冲击。在 SEM 冲击测试过程中通电运行，实时监测系统的状态数据是否正常。

测试结果：试验过程中 SEM 及 SPM 的功能和性能正常，试验后 SEM 及 SPM 外观及结果完好，无损伤，无变形，功能和性能正常，满足设计和标准要求(图 4-82)。

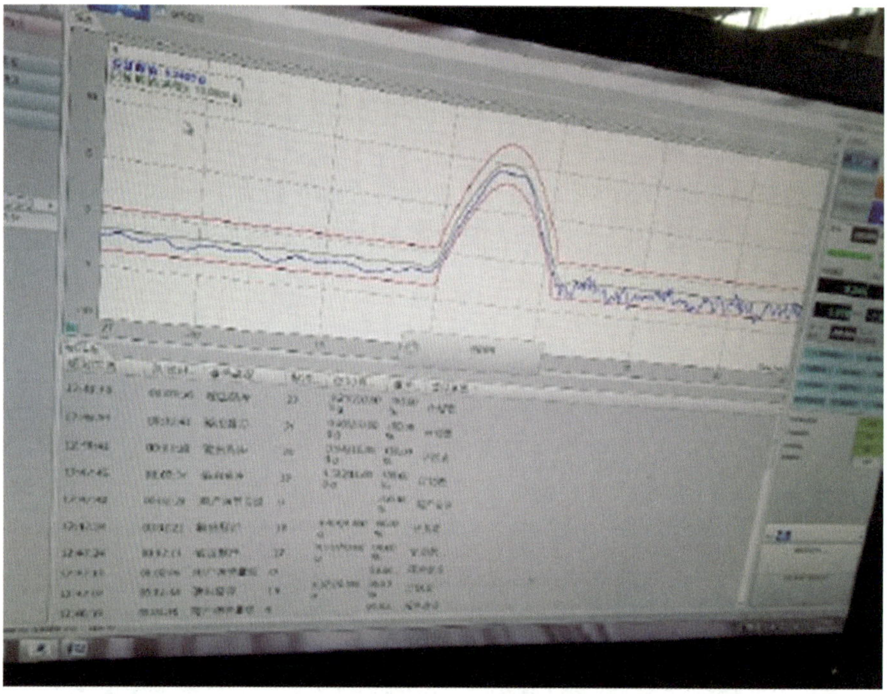

图 4-82　SEM 及 SPM 冲击测试

4.4.6.4　电磁兼容试验

对水下数据传输系统的电子舱进行电磁环境效应试验，验证其对各类电磁环境的适应性。

参考标准：API Std 17F-2017(Standards for Subsea Production Control System)，IEC TR 61000-4(Electromagnetic Compatibility)，IEC 61000-6-2(Electromagnetic Compatibility—Part 6-2 Generic Standards—Immunity Standard for Industrial Environments)，EN 55022(Information Technology Equipment—Radio Disturbance Characteristics-limits and Methods of Measurement)。

主要试验内容：传导发射试验；静电放电抗扰度试验；电快速瞬变脉冲群抗扰度试验；浪涌(冲击)抗扰度试验；射频场感应的传导骚扰抗扰度试验；电压暂降、短时中断和电压变化试验；交流电源端口谐波、谐间波及电网信号的低频抗扰度试验。

上述试验表明，测试结果均满足设计要求和标准要求(图 4-83)。

图 4-83　电磁兼容试验

4.4.6.5　高压舱测试

高压舱试验的主要目的是验证电源管理模块(SPM)壳体和控制管理模块(SEM)壳体强度,以及水下数据传输系统壳体的压力补偿器能否起到保护壳体的作用。由于实际条件的限制,对水下数据传输系统整体进行高压舱试验,不再单独对 SPM 和 SEM 进行试验。但需对 SPM 和 SEM 空腔体进行验证测试,以避免正式试验时损坏电子元器件。

参考 API Std 17F-2017 中关于水下电子设备的环境压力筛选部分,设置试验压力和试验程序。水下数据传输系统的设计工作水深为 1 500 m,可认为水下数据传输系统设计工作压力为 15 MPa,根据 API Std 17F-2017 的要求,静水压试验压力应为最高工作压力的 1.1 倍,故设置试验静水压压力为 16.5 MPa(15×1.1=16.5 MPa)。高压舱内压力变化曲线如图 4-84 所示。加压至 16.5 MPa,保压 5 min,泄压。进行 2 次循环测试,升压速率不低于 2.4 MPa/min,降压速率不低于 3.6 MPa/min。再次加压至 16.5 MPa,保压 360 min 后泄压。高压舱测试过程中将水下数据传输系统的线缆引至高压舱外部,以进行在线高压舱测试,实时监测水下数据传输系统的运行状态。

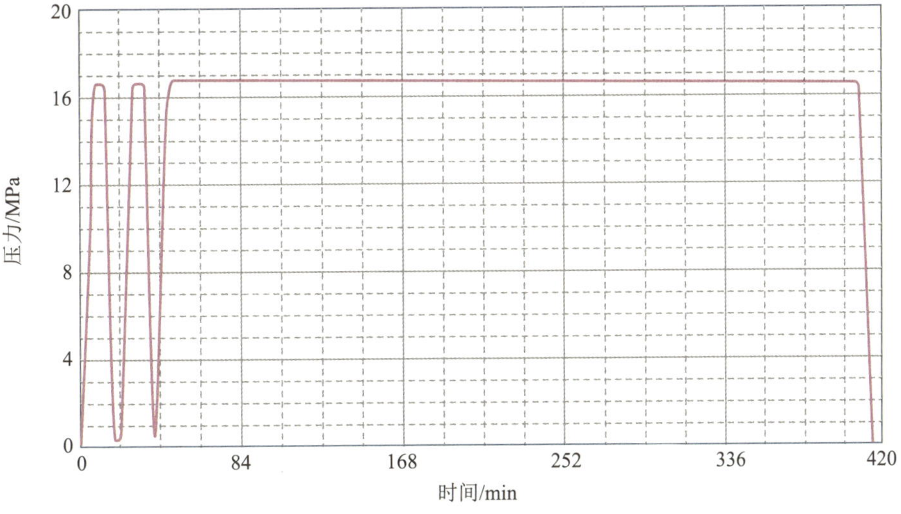

图 4-84　高压舱内压力变化曲线设置

经过观察，水下数据传输系统在进行高压舱试验时，其外观无明显变化，外表面无变形、无损坏，电信号和通信信号运行状态良好，未见异常（图 4-85）。将水下数据传输系统取出开盖后，外壳体内部硅油中没有混入水中，内部电子舱开盖后也无渗水和渗油现象，说明水下数据传输系统密封性能良好，且皮囊压力补偿器能够正常工作，没有出现泄漏或松动。SPM 壳体和 SEM 壳体无明显变形，说明水下电子模块壳体强度满足要求。

图 4-85　高压舱测试过程照片

4.4.6.6　气密性测试

水下数据传输系统的密封主要包括水下数据传输系统外壳体的密封、电源管理模块（SPM）壳体的密封，以及控制管理模块（SEM）壳体的密封，在设计过程中这些密封都是通过 O 形密封圈及异形密封圈进行密封的，需要密封的地方主要由壳体与顶盖、壳体与底板、锁紧机构、光电接头与顶板等。水下数据传输系统壳体与电源管理模块壳体和控制管理模块壳体密封的检测方式相同，都是用真空泵将壳体内抽出真空，形成负压状态，通过保压过程中压力数值变化来检测气密性。

为保护水下数据传输系统及电源管理模块和控制管理模块内部的元器件，将试验压力定为 −0.9 bar。压力表示数稳定后，保压 4 h，如压力表示数没有变化，则说明水下数据传输系统壳体与电源管理模块壳体和控制管理模块壳体密封性能良好。密封测试过程如图 4-86 所示。

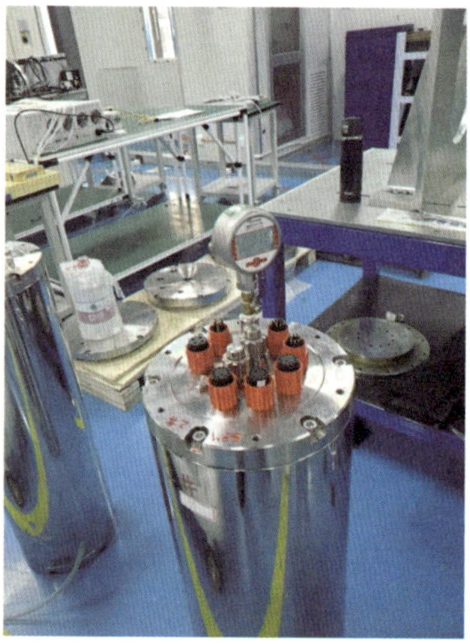

图 4-86　控制管理模块气密性测试

4.4.6.7　对接锁紧试验

模拟连接器在深水环境下的安装过程和解锁过程，检验水下数据传输系统安装和自锁紧工具是否符合设计功能要求。

水下数据传输系统与安装基座的对接锁紧和解锁是水下数据传输系统的关键技术之一。能否通过 ROV 对其进行对接锁紧和解锁是衡量水下数据传输系统是否研制成功的重要指标。水下数据传输系统对接锁紧和解锁试验主要分为人工操作下的对接锁紧试验及 ROV 操作下的对接锁紧/解锁试验两部分。

人工操作下的对接锁紧试验的步骤为：将安装基座放置在地面；将导向防护罩安装至基座

上;将提升安装工具安装至水下数据传输系统提升轴顶部的蘑菇头;通过提升安装工具将水下数据传输系统吊起,下放至基座并锁紧;锁紧后再提升,完成解锁操作。将上述步骤中的后 3 步反复多次后完成测试。水下数据传输系统在人工操作下的对接锁紧/解锁试验如图 4-87 所示。

图 4-87　水下数据传输系统在人工操作下的对接锁紧/解锁试验

ROV 是深水仪器设备安装不可缺少的辅助设备,尤其是在 1 500 m 的超深水水域,潜水员无法在此区域安全作业,所有水下生产设施的安装、操作、维护、维修及更换等作业均需通过 ROV 辅助进行。特别是飞线接头插拔操作、锁紧机构推进、安装工具操作等必须依靠 ROV 完成。如果条件不具备,可使用 DUMMY ROV 进行操作测试。水下数据传输系统在 ROV 操作下的对接锁紧/解锁试验如图 4-88 所示。

图 4-88　水下数据传输系统在 ROV 操作下的对接锁紧/解锁试验

4.4.7　水下数据传输系统测试

4.4.7.1　设备级系统集成测试

系统集成测试主要是验证水下数据传输系统的模块和组件能否按预期的项目要求和设计

指标进行工作。

系统集成测试主要完成 SPM 模块硬件测试、SEM 模块通信测试、上位机监控测试、冗余测试、载荷测试和系统稳定性测试。

SPM 模块硬件测试主要检查上电前输入、输出端口是否有短路状况，测量对外输出电压是否在误差允许的范围内，以及测试超压保护功能。

SEM 模块通信测试主要包含内部连通性测试、外部连通性测试及通信灵敏度测试。

上位机监控测试的步骤为：登录上位机监测系统，查看 SPM1，SPM2 和 SEM 内部状态数据是否上传及上传数据是否正常；测试上位机监测系统是否可正确控制水下数据传输系统电源开关。

冗余测试包括供电冗余测试和通信冗余测试两部分。其中，供电冗余测试时，先检查水下数据传输系统两路供电是否正常，上位机的监控系统画面中显示数据是否正常；确认两路供电正常情况下，拆除水下数据传输系统的 A 路供电，通过上位机监控系统观察数据是否正常；恢复 A 路供电，待数据正常后拆除 B 路供电，通过上位机监控系统观察数据是否正常。对通信冗余测试，系统有 4 对光纤可传输数据，4 对光纤都连接时，考察系统能否正常传输数据；断开 3 对光纤，只剩某一对纤时，考察系统能否正常传输数据；所有故障链路恢复后，系统能否正常传输数据。

载荷测试包括电力载荷测试和通信载荷测试两部分。电力载荷测试时，将水下数据传输系统的 CCTV 和水听器接口连接到电子负载上，分别设置端口负载能力为 10%，50%，100%，测试端口输出电压和通信传输是否正常。通信载荷测试时，将水下数据传输系统的通信输入输出接口接到网络测试仪上，以端口设计能力的 10%，50%，100%分别发送数据，帧长度为 64 B，128 B，256 B，512 B，1 024 B，1 280 B 和 1 518 B，每次测试 15 min，不同载荷下误码率均应小于 10^{-6}，丢包率为 0。

集成测试期间，控制设备应至少持续通电和监控一周，以便发现与连续运行有关的问题。在此期间，应以受控方式改变关键参数，同时监测系统性能和运行限制。运行考核是否合格是以运行周期内系统通电和通信正常与否为判据的。

4.4.7.2 集成测试

水下油气生产系统主要设备设施的集成测试技术对保障海上油气田开发生产的安全具有重要作用。水下数据传输系统工程样机在完成出厂测试(FAT)并取得第三方(DNV)证书后，还需例行参与水下油气生产系统集成测试(SIT)。

集成测试试验作为界面、系统功能及不同子系统之间相互作用的最终验证，既能对水下多个设备集成后的大系统性能指标进行测试，也能有效验证水下数据传输系统及其与其他设备或子系统之间的接口是否符合规定的设计要求，验证接口连接状况及测试的可重复性。同时，还能验证水下数据传输系统与其他组件之间的功能，以及安装回收、操作干涉、ROV 干预等测试，确保能符合技术规范要求，能按标准规范正常操作及运行，最终保证大系统整体满足水下安全可靠要求。

4.5　安全监测与故障诊断辅助系统集成平台

对面向多系统异构数据的集成应用进行研究，实现 MCS 主控系统、声矢量监控系统、CCTV 监控系统、水文气象监测系统等异构系统的集成应用，通过面向多元、异构数据的统一采集和应用，实现对多元数据的关联性和图形化展示，实现工艺生产过程的统一监控。为适配远距离传输过程中可能的数据断线情况，研究远程通信自动重连技术，在恶劣或不稳定通信信号环境下实现与远程设备通信中断后的自动重连，保障数据传输通畅。这些研究成果可为水下油气生产提供海上综合监控的新方案，对水下通信及控制系统的成本控制具有重要意义。

4.5.1　监控平台系统整体设计

建设统一的安全监测与故障诊断系统数据监控平台，集成现有中控室的多套控制系统，完成 MCS 主控系统、声矢量监控系统、CCTV 监控系统和水文气象监测系统的异构数据集成，实现多元数据的统一采集、处理、存储和应用。通过安全监测与故障诊断系统数据监控平台将数据上送至陆上调度中心，实现异地远程管理，帮助生产管理人员进行实时生产过程的监控、调度和管理。

1）异构数据采集

安全监测与故障诊断系统数据监控平台需完成对水下生产数据、水下环境监测数据、水面环境监测数据等的采集和集中应用，支持 OPC，Modbus RTU，Modbus TCP，IEC-104 等多种标准协议的数据接入。同时，提供特殊接口及协议的开发服务，能满足现场中控室多系统的数据接入。

2）生产画面监控

为方便生产管理人员快速、清晰地了解现场情况，根据企业不同生产管理岗位人员的需求，可绘制生产流程监控图、工艺参数表、公用工程能流图、关重设备监控图等不同形式的流程图，真正实现过程监控从控制室到桌面的延伸，让不同岗位的生产管理人员不到生产现场、不依赖运行人员即可了解生产运行情况，完成技术参数的收集分析。

根据工艺要求，工艺参数表将包括整套装置或所有装置的关键工艺参数点，将主要温度、流量、压力、液位、质量、计算统计点、能耗指标、产量指标、负荷、重要设备的开停机状态等集中以图形或数据表格的形式显示。

3）历史趋势分析

用户在办公网上登录系统后，可以对系统中任意位号的过程变量的实时及历史趋势进行查询；可同时显示多条曲线，便于进行对比分析；可自定义坐标，便于查看对比；可放大曲线的任意区域，精确观察变化细节。

趋势分析支持查看位号组趋势，即支持查看某个位号组中所有位号在某一时间段的曲线图，位号组中的每个位号具有不同的曲线颜色。趋势分析同时支持多纵坐标显示，即不同量程的位号具备独立的量程纵坐标，以便对比分析。

4）报警数据查看

用户可通过在流程图组态过程中进行报警组态，将报警的触发条件和参数，如高限、高高限、低限、低低限报警等输入报警数据库中，然后将实际获取到的实时数据与报警设置参数进行对比，再根据对比的结果进行声光预警提示，告知生产管理人员生产出现异常。

实时报警除支持普通的声音报警和弹出式报警窗口外，通过设定短信猫或者邮件服务器，还支持将报警信息实时发送至指定的手机或者邮箱，让公司生产负责人及时掌握公司目前的安全生产状况，对公司生产起到很好的指导作用。

5）历史数据回放

用户可选择历史区域时间再现历史操作过程，以便开展回溯分析，查看以前某段时间内关键工艺参数的变化情况，从而找出设备及参数的运行情况，分析事故原因。

安全监测与故障诊断系统数据监控平台可实现基于历史数据的回放功能，追溯事故发生前后的数据情况及设备状态，支持从指定时间开始回放、停止回放、切回到实时显示等模式。

6）重要参数监视

根据工艺要求，可对重要设备的关键工艺参数点进行实时监视，如将主要温度、流量、压力、液位、质量、计算统计点、能耗绩效指标、产量指标、负荷等集中以流程图或数据表格的形式显示。

7）生产统计报表

根据时间选项，可自由配置班组工作时间，通过关键字查询，实现各班组生产产能统计，落实岗位责任制，为提高运行治理水平提供的强有力手段；产量等指标竞赛可以充分调动运行人员的工作积极性，促进增产节约、节能降耗，优化经济运行方式，提高采油井的综合经济效益。

8）网络信息安全

采用专用数据接口与各控制系统的上位机软件进行数据交互，不直接与控制系统通信，不影响控制站正常运行，不需要系统停机。同时，在系统中实现网络端口隔离，数据单向通信，保证数据只从控制层上读而不执行下写，即“监而不控”，以保证系统安全。

4.5.2 监控平台关键技术

4.5.2.1 多元异构数据的采集、存储和应用

选用中控安全监测与故障诊断系统软件实现多元异构系统的数据采集、存储和应用。中控安全监测与故障诊断系统平台是专门针对已广泛应用在工业企业的各种集散控制系统（DCS）、可编程控制器（PLC）、现场总线仪表、数据采集与控制软件（HMI/SCADA）等智能自动化系统设计的，用于企业网络环境下的数据采集、数据存储、数据查看、数据处理和数据管理的软件系统。

综合监控和诊断系统的核心是大规模实时数据库系统（图 4-89）。系统采用组件式的多层体系结构设计实现大规模实时数据库。整个系统分为硬件驱动层、数据层和 HMI 应用层三层。其中，硬件驱动层负责从各种控制系统、异构系统、智能仪表或软件系统中获取数据，并向数据层提供整理后的数据；数据层是整个实时数据库的核心，负责对接收到的实时数据进行历史采集、产生诊断报警、执行计算等处理，并向上面的 HMI 应用层提供数据；HMI 应用层负

责与用户交互，并根据需要向数据层提取数据。

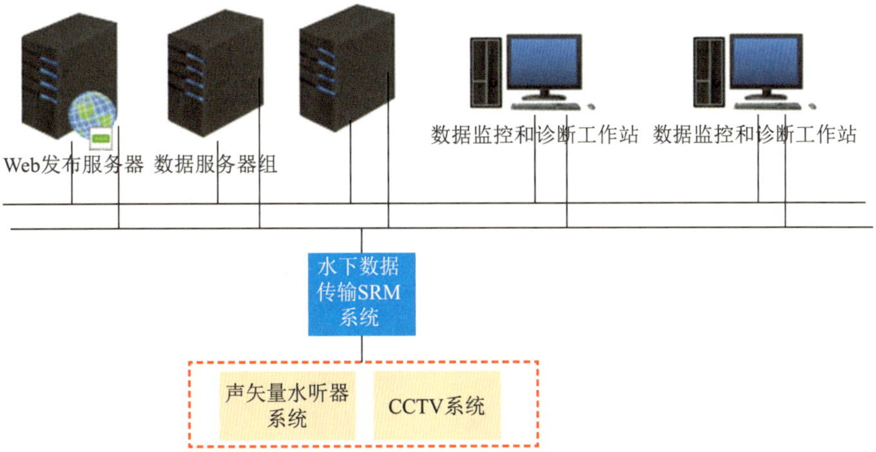

图 4-89　平台系统

在硬件驱动层，结合水下油气生产系统多个异构系统集成的特点，实时数据库具备多种协议的接入功能，有利于系统通信能力的扩展，在遇到新协议时可以快速开发相关驱动而不影响系统的稳定性。所有数据驱动均支持冗余部署、死区压缩、断点续传和量程转换功能。冗余部署可保障数据源接入的稳定性和可靠性；通过设定死区压缩限，能够显著降低不同系统间数据访问和传输的网络负荷；断点续传技术可保证即使在网络通信和数据服务器发生故障的情况下，仍然能够实现所有生产数据的完整性；量程转换技术可提供集成系统中实时数据的便捷、无缝接入。

在数据层，采用客户端/服务器结构，利用分布式分域数据存储和并发访问技术，将水下油气生产系统运行过程中产生的大量实时数据的存储与访问负荷分散到不同的数据服务器组。各数据服务器实时广播各自的子策略，各查询终端配比实时分布式路由表可实现历史动态映射，不需要事先定义路径即可实现对整个大型系统中任一历史数据点的查询，从而在保证数据全局访问能力的基础上，有效减轻单个数据服务器的存储与网络压力，并利用多个数据服务器之间的并发访问技术提升数据的实时查询效率。数据服务器支持热备冗余部署，发生故障时能及时检测并自动切换，保障数据存储的可靠性和数据服务的可用性。通过实时数据压缩算法，充分利用工业生产数据的可压缩特征进行处理，能有效支撑水下油气生产系统各子系统大规模 I/O 点的数据存储需求。数据层还内置有高性能二次计算引擎和统计计算引擎，基于已存储的大规模实时及历史数据进行各类函数运算和统计分析，提供便捷、灵活的工业数据实时处理能力。

在 HMI 应用层，监控和诊断平台需具备多种异构系统开放接口。系统需具备 COM 技术、进程通信技术、脚本技术、OPC 技术、MODBUS 协议、关系数据库、西门子主流 PLC 协议、ABB 主流 PLC 协议等，以达到功能扩展、性能挖掘的目的。第三方软件（如诊断数据分析软件）可访问历史数据库，进行二次开发使用。历史数据查询 API 经封装后，可作为供用户二次应用历史数据的 SDK。

4.5.2.2　异构系统集成的工业信息安全防护

水下油气生产系统的子系统多样，设备众多，岗位人员多。对监控诊断系统数据、权限控制的安全性要求较高。系统应提供一系列方法以提升系统的安全性，主要包括数据加密传输、操作员权限独立控制。数据加密指在数据采集器、传输链路上，均采用具有自主知识产权的加密技术对实时数据进行加密。不同岗位操作员可根据权限单独设置对位号、位号分组、报警分组、画面的查看和操作权限。操作员登录系统需要提供密码，且对密码复杂度有特定要求。

系统采用专用数据接口与各控制系统的上位机软件进行数据交互，不直接与控制系统通信，不能影响控制站的正常运行，不需要系统停机。同时，在系统中实现网络端口隔离、数据单向通信，保证数据只从控制层上读而不执行下写，即“监而不控”，以保证系统安全。

选用中控采集器网络安全方案，通过硬件防火墙和采集器软件实现数据的单向通信。该安全方案可用于整合多套自动化系统或仪表数据，以统一接口向生产调度网络应用服务器开放，实现仪控数据单向隔离传输，从本质上杜绝对工控网的非法操作及病毒入侵。

客户端程序安装在数据接收站上，服务器程序安装在 DCS 端的数据转发站上。服务器程序采用 UDP 网络传输协议向客户端的指定端口发送数据，客户端程序在相应端口接收数据。该过程不可逆，从而达到由控制网向 MIS 网单向传输数据的目的。

对水下油气生产系统综合监控平台的操作系统（Windows），还要注意对操作系统安全补丁升级时应具备完善可靠的稳定性，在提升工业控制系统安全的基础上，有效控制由于补丁升级引起的对原有控制系统程序的不稳定及影响面，基于标准化的管理方式，有效提高操作系统和控制类系统软件的安全可靠性。

4.6 水下油气生产系统专家决策平台

4.6.1 概　述

海洋石油天然气的开发最终必然以深水油气的自动化、信息化、人工智能化等为显著特点，在与欧美国家高水平深水油气开发技术竞争中，信息化、数字化和智能化等的建设是未来海上油气开发非常重要的一个方面。

水下油气专家诊断决策平台的建设是基于深水油气生产系统的失效数据库，针对深水石油装备系统故障诊断管理的信息化、规范化、智能化的要求和解决数据查询、故障诊断、预警等功能而开发的。通过对设备信息、故障信息、状态信息等大数据进行故障诊断，实现智能预警和预前维修决策处理。

在深水油气田运行中，水下油气生产系统如水下采油树、水下管汇、水下管线与立管等装备的压力、温度、环境等参数，需要实时在线传到海上平台，以便工作人员了解相关信息，进行日常或者紧急操作，从而保证水下油气生产系统装备的安全运行。但因海上平台自身环境的特殊性，水下油气生产系统故障实时预测实现困难，一旦装备报警而工作人员疏忽，则有可能造成海上油气的巨大经济损失。若能实现水下油气生产系统故障诊断总部、平台和水下三维一体化的监测、数据分析和预测，则将为专家提供一个支持决策平台，提高水下油气生产系统的安全可靠性。

水下油气生产系统专家决策平台的建设基于已有水下设备的失效数据库，监测水下装备系统的相关状态信息，根据与以往原始数据的对比，通过大数据综合分析技术预测水下装备的运行状态参数，为专家提供快速、专业的故障诊断决策平台，为水下油气生产系统工程化应用提供有力保障措施。

4.6.2　专家决策平台总体软硬件方案

水下油气生产系统可靠性技术体系专家决策平台首期重点突破水下连接器专家诊断决策平台建设的关键技术，同时预留第三方可扩展接口，为后续形成一套完整的水下油气生产系统可靠性技术体系专家决策平台提供良好的数据融合接口。建立水下连接器的失效数据库，研究水下连接器的一般失效特征影响因素，基于水下连接器失效数据库的数据分析与失效特征模型的构建，对相关数据进行深度挖掘，通过关联分析、聚类等核心算法，对水下连接器的状态进行预测分析，实现专家诊断预测与报警推送功能。

专家决策平台总体构架如图 4-90 所示。

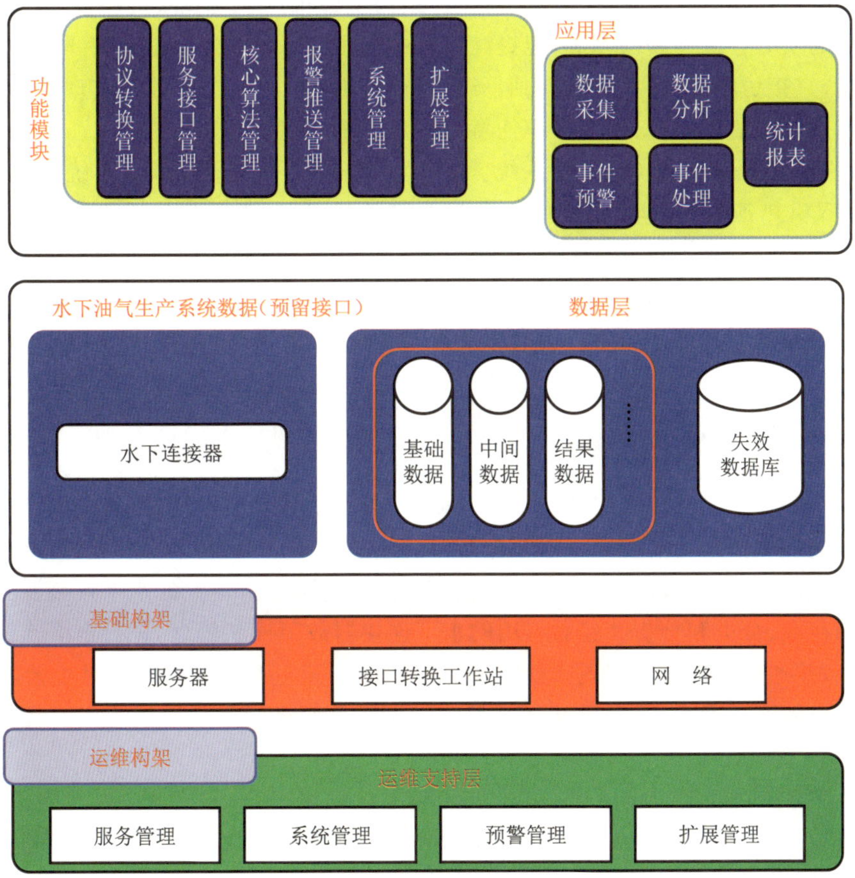

图 4-90　总体构架

水下油气生产系统可靠性技术体系专家决策平台主要分为运维构架、基础构架、水下连接器数据层、功能模块和应用层四个层面。

运维构架主要包括服务管理模块、系统管理模块、预警管理模块和扩展管理模块等运维支持层，主要是决策平台的软件管理。基础构架主要包括服务器模块、接口转换工作站模块和网络管理模块，主要是硬件设备的搭建、接口和通信协议的制定等。水下连接器数据层主要包括水下油气生产系统数据(预留接口)模块、水下连接器数据模块、基础数据模块、中间数据模块和结果数据模块构成的失效数据库模块,主要是水下连接器失效数据库中失效数据的存取和分析等。功能模块主要包括协议转换管理模块、服务接口管理模块、核心算法管理模块、报警推送管理模块、系统管理和扩展管理模块,主要是第三方接口协议的制定、数据算法的运行、软件消息的推送和用于水下油气生产系统扩展模块的软件整体系统的管理等。应用层主要包括数据采集模块、数据分析模块、事件预警模块、事件处理模块和统计报表模块,主要以水下连接器算法为核心进行输入数据的分析与计算,得出预期的结果并预警推送,此外还将相应功能通过 B/S 架构显示并提供给用户。

4.6.2.1 硬件总体方案

主体硬件平台由 4 台服务器(2 台主服务器和 2 台从服务器)构成的高性能服务器集群。水下连接器故障诊断高性能集群式服务器工作站的主要特点是具备双机热备,双主库双从库,能实现数据的实时存取和读操作等,能提高决策诊断平台系统的可靠性。用户通过 B/S 架构进行访问时,直接访问 2 台主服务器的服务接口虚拟 IP,由 2 台主服务器实现高可用、负载均衡及后端节点健康监控检查,用户操作任意总服务器都可以实现写操作。

4 台服务器均采用 CentOS 操作系统。2 台主服务器上安装相同软件系统,Nginx+Keepalived 实现双机热备和负载均衡,其中 1 台为主服务器,另外 1 台为从服务器,两台服务器可互为主从,双主高可用。Mysql+Keepalived 可提高集群架构的安全可靠性和实现双机热备,能够实现一台出现问题,另外一台马上接管。2 台从服务器作为备用服务器,Mysql 集群可提高集群架构的安全可靠性。当用户访问服务集群时,一方面通过虚拟 IP 对主服务器进行写操作,另一方面主从复制,数据同步到 2 台从服务器。

4.6.2.2 软件总体方案

整体软件开发主要可分为服务接口开发模块、数据挖掘算法模块、失效数据库开发模块及报警消息推送模块四个功能模块。水下连接器的失效数据(如温度等第三方监测数据及历史离线数据)通过第三方接口协议及相关通信协议进行上传,通过建立的水下连接器失效数据库实现数据的存取、分类和分析。建立可用的水下连接器故障诊断模型,进行水下连接器故障诊断算法研究,并通过软件开发实现诊断结果的报警推送等。系统管理通过对主要功能模块进行权限及用户的账户管理,最后通过 B/S 架构的人机界面进行水下连接器当前状态查看及预测趋势查看。

(1) 软件整体功能架构包括数据接收与上传系统模块、第三方接口协议转换模块、失效数据库开发模块、数据挖掘算法模块、报警消息推送模块、服务接口开发模块、系统管理模块和人机交互界面模块。

(2) 数据接收与上传系统模块用于接收并上传水下连接器失效数据(如温度等第三方监测数据及历史离线数据)。

(3) 第三方接口协议转换模块利用第三方协议转换软件制定的第三方接口协议及相关通信协议进行数据的接收与上传,对接收到的第三方采集到平台的数据进行监测数据转换,并传输到失效数据库开发模块。

(4) 失效数据库开发模块主要由基本数据库、知识库、中间数据库、系统库及结果数据库组成，对接收到的数据进行存取、分类和分析，实现基于水下连接器的第三方失效数据建立失效数据库。

(5) 数据挖掘算法模块主要由预测评估、故障诊断、决策分析和数据统计等部分组成，通过建立可用的水下连接器故障诊断模型，进行水下连接器故障诊断算法优化、预测评估、决策分析及数据统计工作，并通过软件开发实现诊断结果的报警推送等。

(6) 报警消息推送模块主要通过建立水下连接器的模型和算法，对水下连接器的故障进行诊断，从而实现水下连接器的温度、压力等故障形式及等级的报警信号推送。

(7) 服务接口开发模块主要由采集设置、数据处理、第三方数据等组成，用于对第三方数据进行数据采集设置及数据处理，并制定相关的第三方接口协议，接收第三方水下连接器的失效历史数据或者第三方已有的故障诊断系统的具体传输数据。

(8) 系统管理模块主要由系统日志、权限管理、用户管理和数据库维护等组成，主要实现对系统功能模块进行相应的权限赋予、用户的账户管理、系统的操作历史信息记录和相关数据库维护等功能。

(9) 人机交互界面模块主要由当前状态查看和预测趋势查看等组成，是决策平台操作人员与系统进行交互的直接方式，通过基于 B/S 架构的界面进行水下连接器当前状态查看及预测趋势查看。

4.6.3　平台硬件与失效数据库

4.6.3.1　平台硬件

针对制定的专家决策平台总体软硬件方案，开展 4 套专用集群专家决策工作站系统[戴尔 2U 机架式服务器主机 CPU(E5-2620V4×2，内存 16G×4，硬盘 4T SAS×3 热 DVD 750W 双电)]、1 套专用数据可视化与核心交换系统(图腾 K3.6042 服务器机柜，前后网孔门 19 英寸 2 个；华为 S5720S-28P-SI-AC 24 口全千兆三层网管网络核心交换机 2 个；戴尔显示器 U2717D 27 英寸四边微边框 2K 高分旋转升降 IPS 屏)和 2 套专用数据协议转换高性能工作站系统(CPU i7-8700，内存 8G×2，硬盘 1T+256G，显卡 P2000-5G 显存)的硬件集群搭建工作。

对专家决策平台硬件集群进行虚拟测试，包括环境配置、软件虚拟安装、数据库集群测试等，目的是验证所购置及搭建的专家决策平台能否够满足要求。测试结果表明专家决策平台集群架构正常，满足集群服务器的要求。

1) 环境配置

配置的高性能主机操作系统采用 Windows 10 企业版，处理器为 Intel(R) Core(TM) i7-7700，CPU 3.60 GHz，内存 16 GB。安装虚拟软件，创建 4 台虚拟机，安装各种软件并配置，配置过程参考文档包括：CentOS 7 安装关闭防火墙；安装 Mysql JDK Tomcat 笔记；主从复制；Keepalived 安装手册；配置 Keepalived Nginx 负载均衡高可用；Keepalived 故障切换邮件通知。

2) IP 分配

进行虚拟 IP 和数据库 IP 分配。双主库分别为 172.16.8.233 和 172.16.8.234，双从库分别为 172.16.8.235 和 172.16.8.236，可利用数据库管理工具通过 VIP 查看访问数据库集群及访问结果，结果显示数据库 IP 分配及访问正常。

4.6.3.2 失效数据库

水下连接器失效数据库是水下油气生产系统可靠性技术体系专家决策平台的基本输入，是整个系统的基础数据支撑和核心数据源。

水下连接器失效数据库的内部结构可分为基础数据库、中间数据库、知识数据库、结果数据库及管理数据库五部分，如图 4-91 所示。

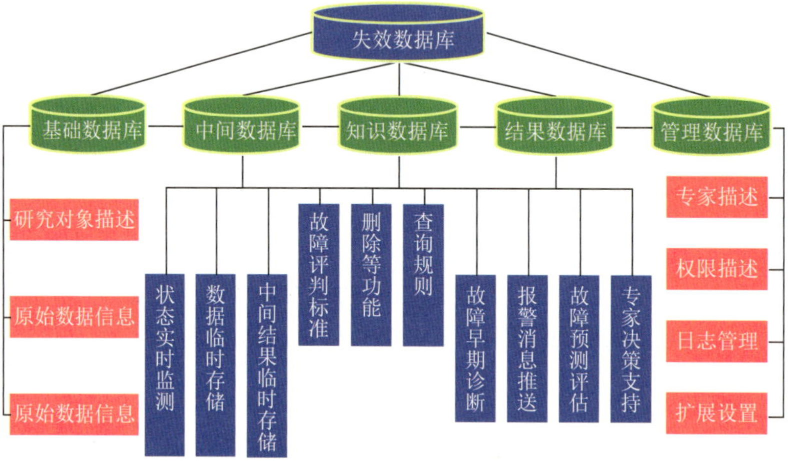

图 4-91　水下连接器数据库总体架构

(1) 基础数据库包括研究对象描述和原始数据信息等模块。研究对象描述是描述水下连接器的基本结构特征，如容易失效的部件密封圈等；原始数据信息是描述水下连接器失效的监测信号，如应力应变、振幅频率和温度等，是对水下连接器进行的原始数据描述。

(2) 中间数据库包括状态实时监测、数据临时存储和中间结果临时存储等模块，主要用来存放水下连接器的实时监测数据或者第三方历史离线失效数据，是水下连接器失效数据的临时存储站。

(3) 知识数据库包括故障评判标准、删除等功能和查询规则等模块，主要是根据水下连接器的结构特征和失效形式，同时根据以往专家的经验，描述水下连接器的失效特征和故障评判标准、正常范围和异常范围。建立水下连接器的失效模型特征，并进行相关算法求解，同时定义相应的操作，如查询规则、删除、更改等。

(4) 结果数据库包括故障早期诊断、报警消息推送、故障预测评估及专家决策支持等模块，通过对水下连接器失效模型和算法的求解，将诊断结果呈现给用户并进行结果输出。

(5) 管理数据库包括专家描述、权限描述、日志管理和扩展设置等模块，主要负责对系统的管理，如对系统日常的登入登出权限进行设置、对系统的运行日志进行描述和对第三方扩展接口进行管理等。

4.6.4 专家决策平台软件

4.6.4.1 软件概述

水下油气生产系统可靠性技术体系专家决策平台是借鉴已有水下连接器失效数据或第三

方监测数据，基于数据深度挖掘技术，通过统计分析、模型和核心算法而开发的一套水下连接器系统的专家决策诊断平台，可实现水下连接器系统的报警及预测功能，为海洋工程专家提供快速、专业的水下连接器可靠性体系的专家诊断决策平台。平台软件功能见表 4-4。

表 4-4　平台软件功能

模　块	一级功能	二级功能	描　述
登录页	登　录		通过账号、密码和验证码登录
	注　册		公司管理员提交相关信息并进行注册申请
	找回密码		忘记密码可通过找回密码方式找回
主框架-标题栏	折叠按钮		对左侧菜单栏收缩进行控制
	系统名称		根据课题名称命名
	常用功能	查　找	搜索菜单功能项
		全　屏	网页全屏与窗口模式切换
	下拉列表	使用帮助	使用帮助相关文件
		个人中心	个人信息配置页面
		退出登录	退回到登录页
主框架-菜单	首　页		显示所有上传的离线数据，并可对离线数据进行计算
	在线数据	数据查询	查询存储在数据库中的数据
		实时信息	显示最近实时上传的信息
		预测趋势	对选定的数据进行计算和预测
	离线数据	数据模板	存储基础数据的 Excel 文件
		上传数据	将保存在 Excel 文件中的离线数据上传
		审核导入	将 Excel 文件中的数据导入到数据库
		数据报表	对上传的离线数据 Excel 文件进行统计
	故障预警	历史预警	算法对离线数据分析后给出的预警记录
		预警管理	对算法参数进行手动调节
	运行维护	失效数据	故障期间的数据
		维护数据	对故障的处理记录
	平台管理	气田信息	气田和气田结构的信息
		气田审核	将气田权限开放给公司或第三方单位
		权限分配	管理员对人员权限进行配置
		人员信息	气田工作人员信息
	第三方	接口协议	第三方通过接口方式与系统进行数据交互
		软件集成	系统对指定的软件进行管理和集成
	系统监控	在线用户	正在使用系统的用户
		操作日志	用户使用系统的记录
		异常日志	系统出错的记录
		集群监控	显示服务器集群的资源信息

续表

模　块	一级功能	二级功能	描　述
主框架-菜单	系统管理	公司审核	对注册的公司或第三方单位进行审核
		部门管理	公司或第三方单位的二级部门进行管理
		角色管理	不同角色对应不同权限
		用户管理	实现用户的增删改查
		菜单管理	实现菜单的增删改查
		集群配置	对服务器集群的 IP 等信息进行配置
		接口文档	系统的 Swagger 文档

4.6.4.2　软件说明与运行环境

软件系统架构为 B/S 架构，使用 Vue，Element-UI，Echarts 等开发系统前端，使用 JAVA 语言框架 SpringBoot，Spring Boot Jpa，JWT，Spring Security 开发系统后台，采用前后端分离开发的方案。数据库分为 Redis 和 MySQL。其中，MySQL 为主存储，Redis 为辅助存储，用作缓存，以加快访问读取的速度及提高性能。

DELL R730 2U 机架式服务器主机（E5-2620V4×2/16G×4/4T SAS×3 热/H730-1G/DVD/750W 双电/导轨），共计 4 台，DELL SE2219H 21.5 英寸显示器用于服务器集群调试。服务器操作系统为 CentOS 7.0，运行的中间件为 jdk1.8 和 apache-tomcat-9.0，数据库为 Redis-x64-3.2（无密码、端口默认）、mysql-installer-community-5.6。局域网内用户通过 Web 浏览器访问系统，主流浏览器（如 Microsoft Edge，Google Chrome，360 浏览器）等均可访问。

4.6.4.3　软件功能介绍

水下油气生产系统的用户管理系统在交付前已随服务器集群一起配置并安装完毕。系统在使用前需要在数据库中进行数据导入操作，为系统添加超级管理员用户和初始菜单。硬件环境示意图如图 4-92 所示。

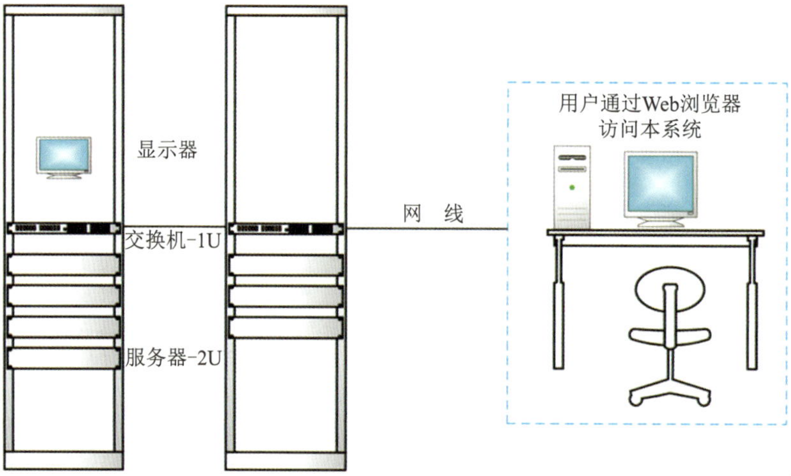

图 4-92　硬件环境示意图

1）首页界面

整个页面分为顶部标题栏、导航栏、左侧菜单栏、右侧功能区等部分。首页功能区显示气田结构、已经上传的离线数据和 6 个接触面的接触压力预测值。气田结构树可以按照离线数据的归属快速进行筛选。鼠标移动到表格文件名列时，可以查看离线数据的悬浮提示信息，点击离线数据的文件名可以下载查看离线数据，如图 4-93 和图 4-94 所示。

图 4-93　首页界面

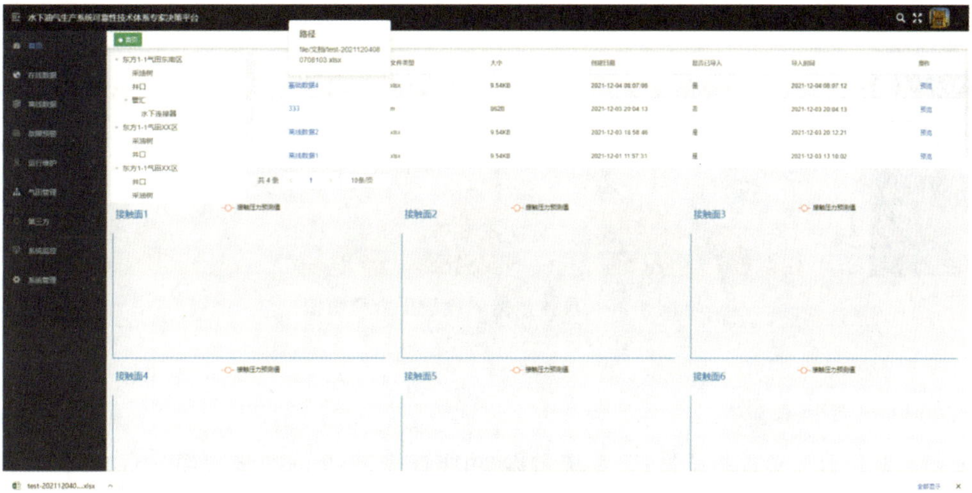

图 4-94　下载离线数据

在表格的操作列点击预览，可以调用算法对离线数据进行计算，同时显示 6 个接触面的计算结果，如图 4-95 所示。

鼠标在曲线图上移动时可以查看具体数据的接触压力预测值，如图 4-96 所示。

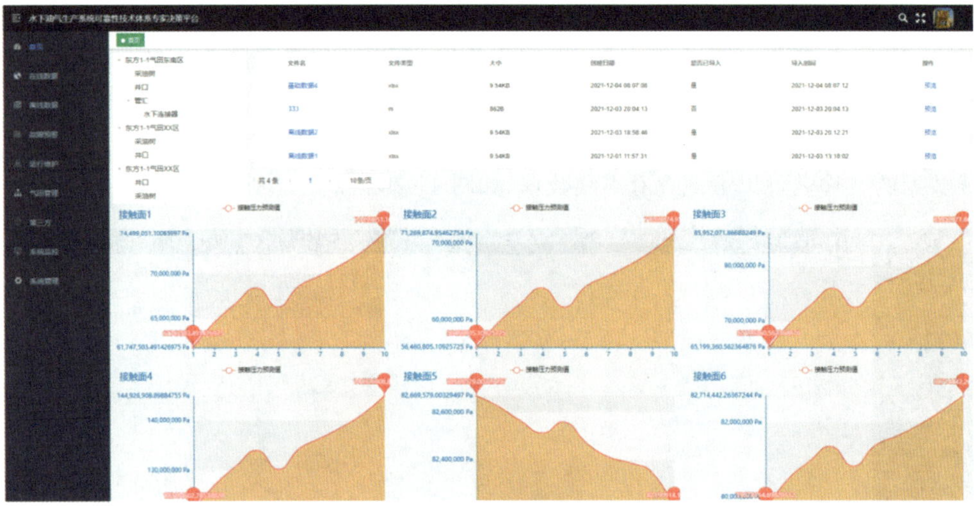

图 4-95　预览结果

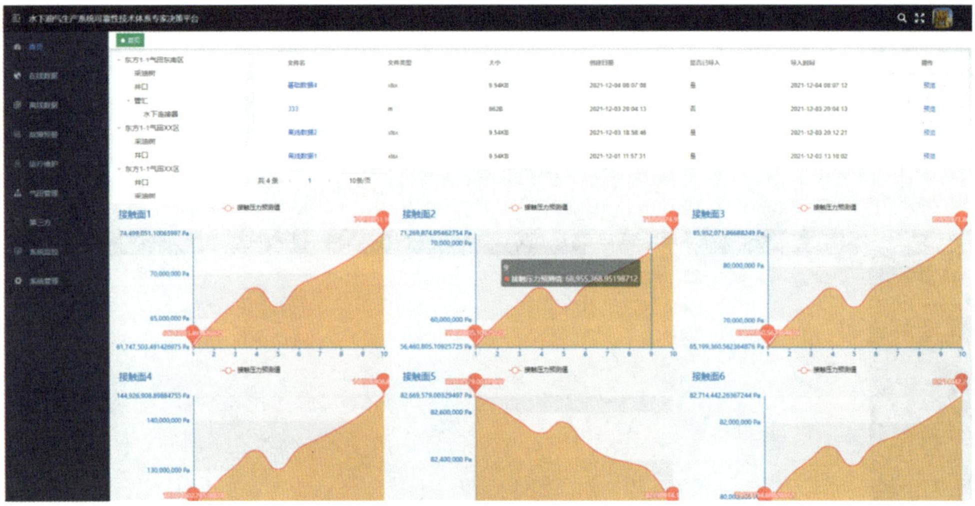

图 4-96　具体数据的接触压力预测值

2）顶部标题栏界面

顶部标题栏分为菜单折叠按钮、系统名称、功能查找区、全屏功能和部分功能区，如图4-97所示。点击按钮“菜单折叠按钮”，左侧菜单栏在收缩和展开之间切换。左侧菜单栏收缩状态如图 4-98 所示。

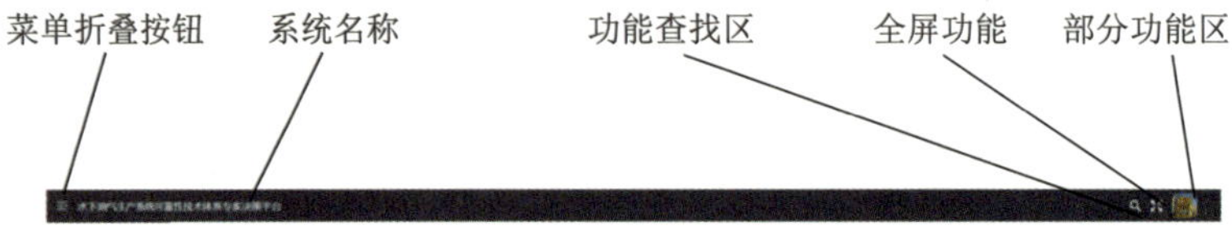

图 4-97　顶部标题栏

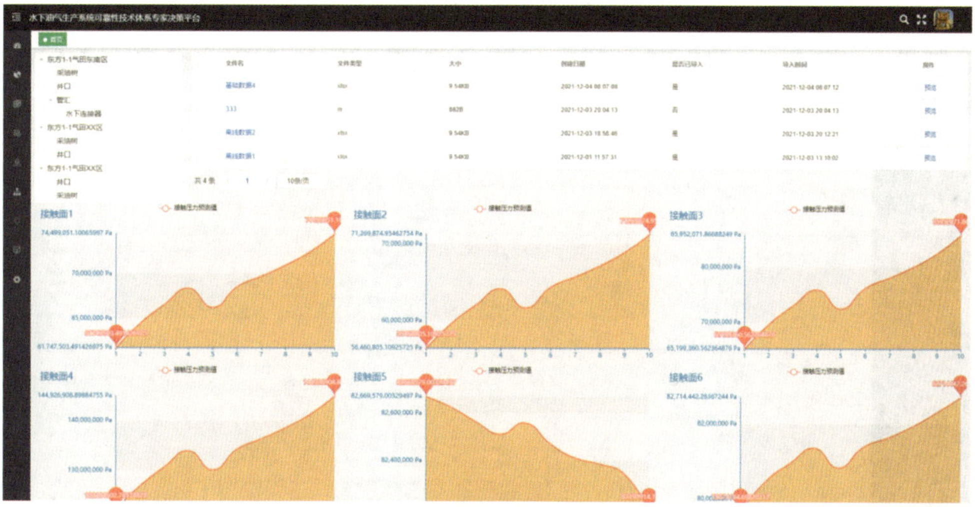

图 4-98　菜单栏收缩状态

点击顶部标题栏右侧部分功能区，将显示使用帮助、个人中心和退出登录三个功能菜单，如图 4-99 所示。其中，使用帮助会链接到系统的使用说明书；个人中心会显示个人信息，并可修改个人密码、邮箱和手机号，还可查看个人在系统中的操作记录；退出登录操作会清除系统中保存的 token 信息，实现退出登录的功能。

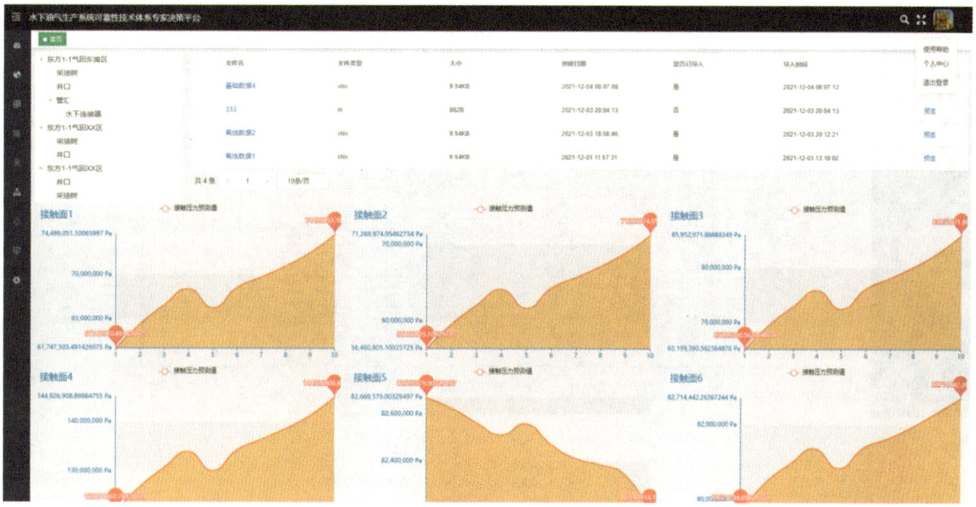

图 4-99　标题栏右侧部分功能区

3）在线数据

a. 数据查询

数据库中的数据分为两种：第一种是通过离线数据导入数据库中的数据；第二种是直接上传到数据库中的现场数据。数据查询功能可以查询已经导入数据库的离线数据，查询筛选条件包括左侧的气田结构树、顶部的输入内容模糊搜索和开始日期与结束日期，内容模糊搜索为按照离线数据的文件名进行模糊搜索；目前暂时没有现场数据上传，日后现场数据的上传也可以通过此功能进行查询。数据查询如图 4-100 所示。

图 4-100　数据查询

点击“导出”按钮，可根据筛选条件导出数据库中的数据，如图 4-101 所示。

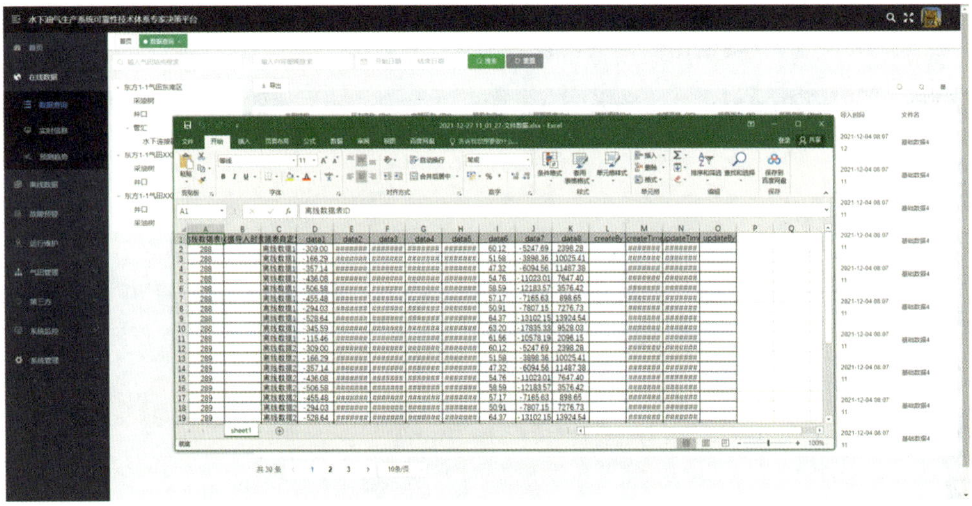

图 4-101　导出功能

b. 实时信息

实时信息界面如图 4-102 所示。实时显示传感器采集到的数据，因目前暂时没有实时上传的现场数据，暂时显示导入数据库的最新时间的离线数据。气田结构树用于数据的筛选条件，气田结构树上方显示用户电脑当前的时间信息。

c. 预测趋势

预测趋势界面如图 4-103 所示，显示 6 个接触面的接触压力预测值。用户在顶部选择气田结构和时间筛选条件后，点击“趋势预测”按钮，可对自定义的筛选条件数据进行计算，预测接触面压力，如图 4-104 所示。

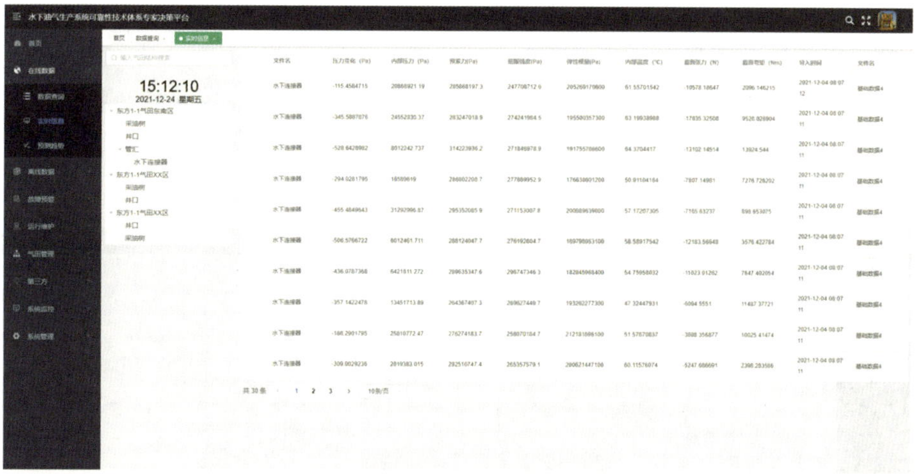

图 4-102　实时信息

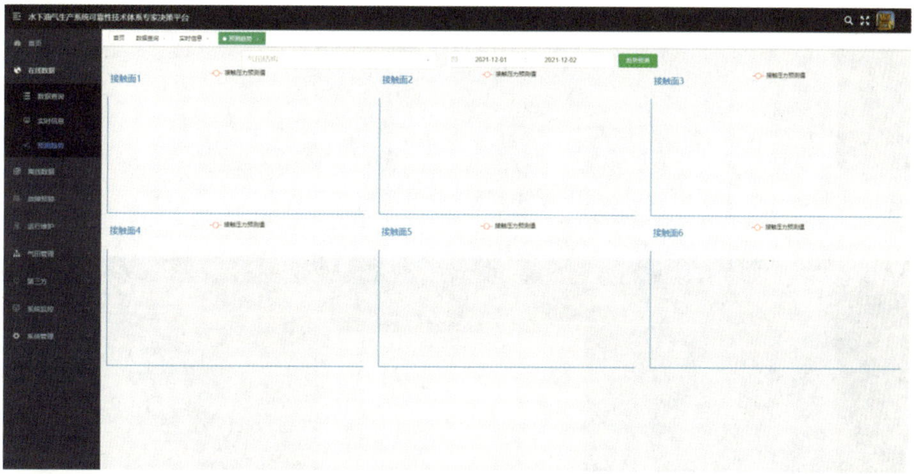

图 4-103　预测趋势

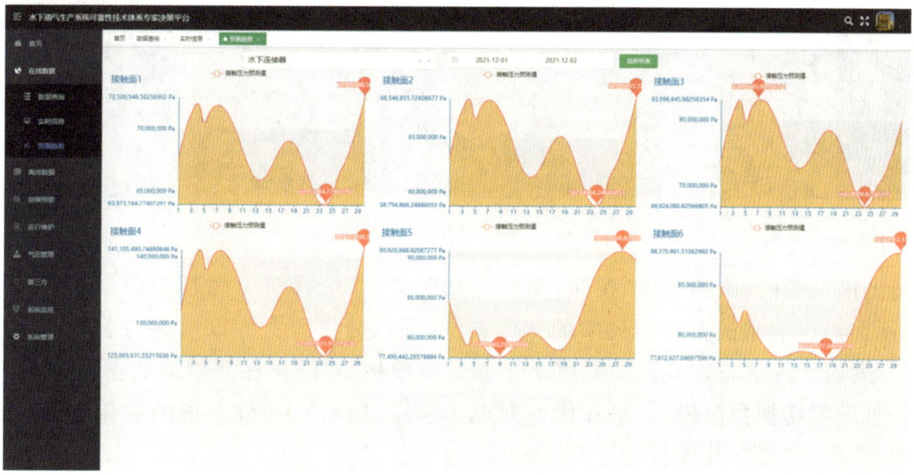

图 4-104　预测趋势结果

4）离线数据

a. 数据模板

数据模板界面如图 4-105 所示。数据模板功能用于管理算法的基础数据，包括查询、上传、修改、删除和导出。数据上传功能如图 4-106 所示，文件名是为上传的文件自定义一个新的名称，以便查询和使用。

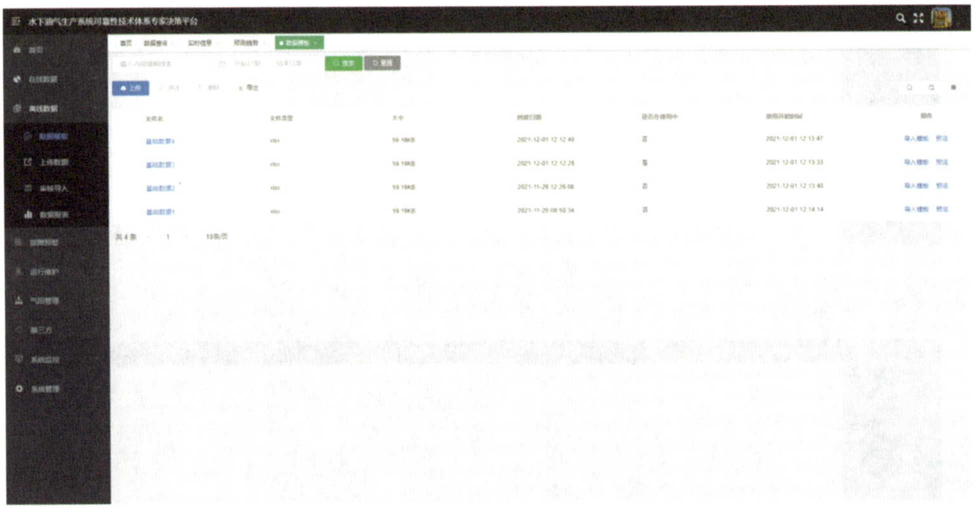

图 4-105　数据模板

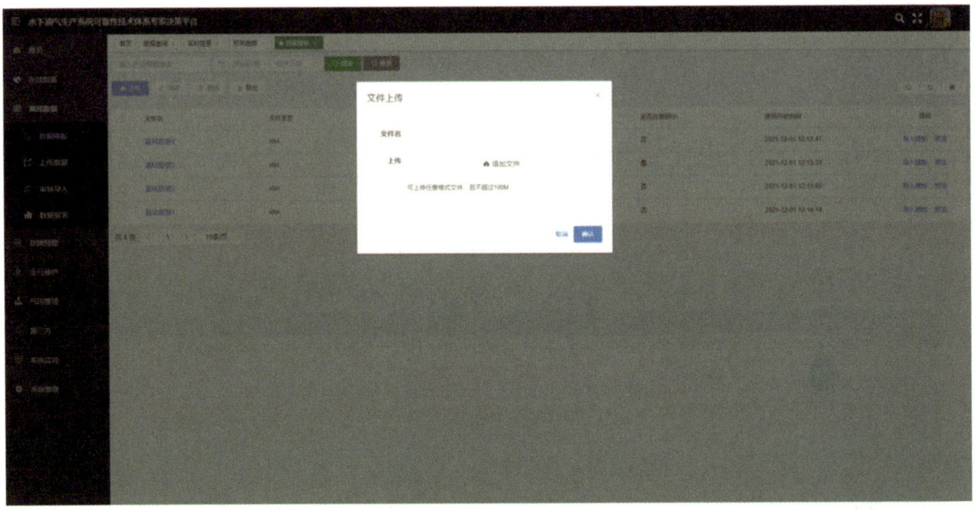

图 4-106　上传数据模板

点击上传右侧的“添加文件”按钮，弹出打开对话框，选择对应的基础数据上传即可，如图 4-107 所示。点击表格的文件名列中的文件名，可下载对应的文件以核对查看。表格中“是否正在使用”列表示算法正在使用的是哪个基础数据模板，算法正在使用的数据模板此列显示为“是”。如果需要切换数据模板，可在操作列点击“导入模板”，则被点击的数据模板行的“是否正在使用中”变为“是”，其他行的变为“否”。

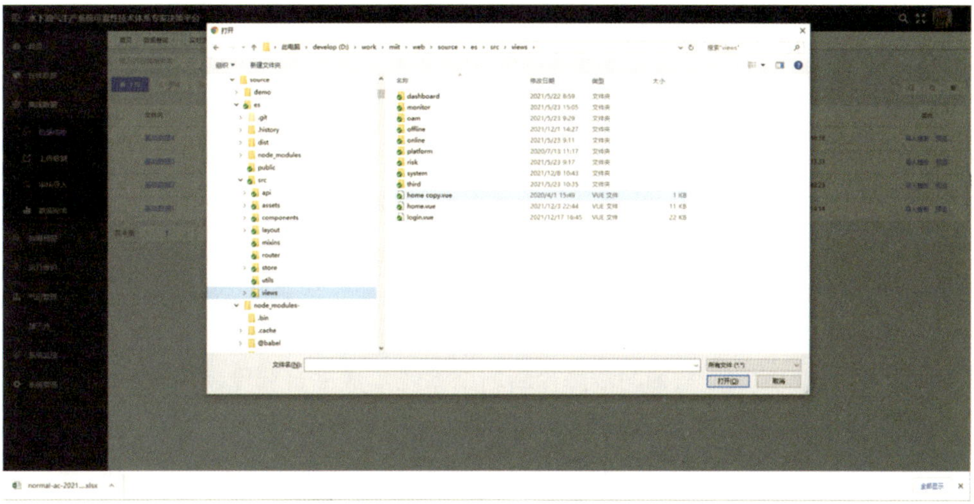

图 4-107　添加文件

在操作列点击“预览”，可查看数据模板的 6 个接触面的相关算法结果信息。在此界面可查看接触压力观测值、接触压力预测值，裂纹深度 0 mm、裂纹深度 5 mm、裂纹深度 10 mm、裂纹深度 15 mm 和裂纹深度 20 mm 时接触面的受力情况。

b. 上传数据

上传数据功能可上传离线数据，左侧气田结构树和顶部的搜索条件用于数据的自定义筛选。界面功能包括查询、上传、修改、删除和导出。点击“上传”按钮，可以完成离线 Excel 文件的上传功能，此处上传的离线文件并没有导入数据库，仅是将 Excel 文件上传到服务器。

离线数据上传后，在文件名列点击文件名，可下载查验已经上传的离线数据是否正确。离线数据共 8 列，行数没有限制。点击“预览”按钮，可调用算法对离线数据进行输入计算，并显示 6 个接触面的计算结果。

c. 审核导入

审核导入除具有上传数据的所有功能外，还具有导入数据功能。导入数据功能可将离线数据 Excel 文件中的数据导入数据库。

d. 数据报表

数据报表功能实现对离线数据的统计展示，可实现按月份对上传的离线数据文件数量进行统计显示，同时可显示每月的故障总数信息和故障信息。

5）故障预警

a. 历史预警

历史预警显示算法识别的可能会出现故障的部分数据并可进行查询管理。“导出数据”按钮可将可能出现故障的数据导出到 Excel 文件，以进行进一步的分析。

b. 预警管理

预警管理可实现对算法参数的人工调整，包括均值、标准差，以及 6 个拟合关系式的系数 X1，X2，X3，X4，X5 及 X6。

点击“数据视图”，可修改数据。数据修改后，点击“刷新”按钮，可实现人工修改算法参数。

修改后的结果将保持到数据库，以后算法将使用新的参数进行计算。

界面还可以柱状图形式显示算法的各参数。可点击“切换为柱状图”按钮查看此功能。另外，点击“保存为图片”按钮可将界面中的显示结果保存为图片。

4.7 本章小结

本章在阐述水下油气生产系统安全监测与故障诊断的功能需求分析的基础上，详细介绍了基于 CCTV 的水下环境监测系统、基于声矢量的水面环境监测系统、水下数据传输系统的相关技术，以及所开发的安全监测与故障诊断辅助系统集成平台和专家决策平台。所介绍的重点包括基于光纤通信的水下环境监测系统的机械结构设计与制造、海洋微生物防污技术和成像技术等关键技术，基于光纤通信的水下声矢量监测系统的机械结构设计与制造、系统软件设计开发，水下数据传输系统设计、制造、测试等关键技术，监控平台系统整体设计与关键技术，专家决策平台总体软硬件方案、失效数据库及软件开发。上述系统是水下油气生产系统可靠性技术体系的重要组成部分，其中涉及的设备已实现国产化，填补了国内水下油气生产系统安全监测和预警的空白，对实现水下油气生产系统的安全监测、提前预警外部风险、解决水下油气生产系统的监控盲区问题具有重要现实意义，可为水下油气生产系统工程化应用提供有力保障。

第5章 水下油气生产系统仿真技术研究

水下油气生产系统是深水油气开发的关键。水下油气生产系统投资大、风险高，长期作业在复杂的水下环境，多相流流型的变化和管道内水合物生成、决策和操作的任意失误都可能造成巨大的经济损失，甚至对生命安全造成不可估量的威胁。从安全生产角度出发，采用虚拟仿真方法，可强化对操作人员的培训以减少操作失误，加强实验教学的教学感受以体现视觉上的逼真效果，增强科研人员的研究沉浸感受以提供好的创新平台，还可为管理人员和操作人员提供安全、经济、可靠及有效的培训环境。

5.1 水下油气生产系统流动保障技术

我国油气田资源的勘探与开发正逐渐向海洋进发，并已探测到许多大型海洋油气资源，其中凝析气田所占份额较多。为将这些油气资源输送到下游用户，一般采用两种输送方式：一是将凝析气(也称湿天然气)在生产地附近的气体处理厂加工成凝析油和干气，再分别单相输送；二是利用气井自身井口压力，首先采用长距离凝析气输送管道将湿天然气混输至靠近下游用户的气体处理厂，再分离成凝析油和干气。方式一需要在凝析气田附近建造大量的处理设备，并配备相应的操作人员。显然，在海洋环境下，开采成本会大幅度增加，甚至使某些中小型气藏无法进行开采。方式二虽可克服上述弊端，但随管输压力和温度的变化，多相流管道内会产生凝析液和水，其流动状态较复杂。

气液两相输送管道内经常含有水和碳氢化合物冷凝液，这些液体会导致低含液量三相流动，少量冷凝液的存在会导致沿管路的压降明显增加。由于天然气是可压缩流体，气、油、水三相物性计算复杂，实现气液两相流管道的准确工艺计算仍是当代石油工业中的重要研究课题。现有对气液两相管流的理论和实验研究文献中，很少有关于低含液量两相流动的研究。现有模型对低含液量三相流动的流型、压力梯度、截面含液率、湿壁周长、油水混合黏度等参数的预测结果与实际情况相差较大，不能很好地预测实际工况参数。同时，湿气输送过程还伴随许多其他问题，如段塞流和水合物等。段塞流会对管道及设备产生冲击，可能引发严重损伤；水合物形成可引发管道堵塞，可能引起管道超压，影响输送效率。对海底管道来说，管道往往较长且检测难度大，故管道流动安全保障尤其重要，需要专门针对段塞流、水合物等开展流动保障技术研究，确保水下油气生产系统安全平稳运行。

5.1.1 水下油气生产系统段塞流及抑制技术

5.1.1.1 段塞流特性

在多相流管路中，段塞流是一种常见流型，在许多操作条件(正常操作、启动、停输、输量变化等)下都会出现。段塞流可描述为气体和液体的交替流动，充满整个管路横截面积的段塞被气团分开，气团下面沿管道底部流动的是分层液膜，段塞体内的小气泡主要集中在段塞前沿且在管道顶部。简单的段塞单元如图 5-1 所示。

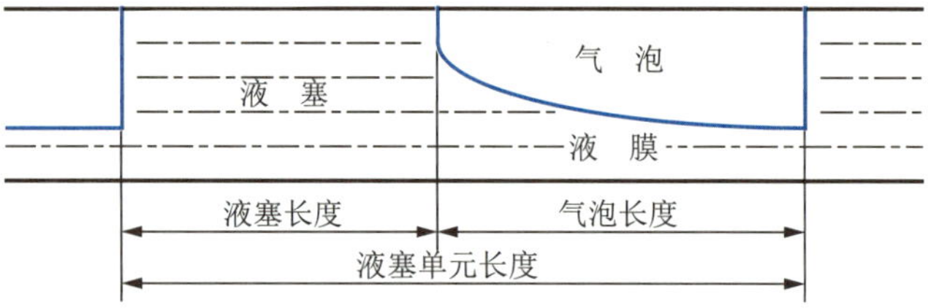

图 5-1 段塞流物理模型

表征段塞流的特征参数有气液相折算速度、气液相含液率、段塞长度及长度分布规律、段塞频率等。这些参数的获得有两种方法：一种是数学模型法；另一种是由实验数据整理出相关公式的方法。

数学模型法求解段塞流特征参数较著名的方法有 Dukler 水平或近水平管路段塞流模型、Brill 数学模型和 A. Gilchrist 考虑段塞增长及加速作用的段塞流模型。Dukler 和 Brill 模型都认为管路内一旦形成段塞并达到稳定后，段塞长度不变。而 A. Gilchrist 模型考虑了沿线压力下降、气体膨胀和管道出口处段塞的加速作用，段塞长度沿管道是变化的。

气液两相流实验多是在小管径(小于 2 in)、短距离管路上采用空气-水进行的。因此，根据这些管路所得到的实验数据整理出的相关式有一定的局限性。1981 年，Brill 等在美国阿拉斯加 Prudhoe 海湾对输送原油和天然气的实际管道进行了测试，管径最大为 24 in，管道长度为 3 mile(1 mile=1 609 m)。利用这些测试数据整理出的段塞流特征参数相关式更适合大管径、长距离管道。

5.1.1.2 段塞流分类

常将段塞流分为如下 3 种：

(1) 水动力段塞流(hydrodynamic slugging)。当管道内气液流量较小时，气液呈分层流型。当管内液体流量较大、液位较高时，被气流吹起的液波可能高达管顶，阻塞整个管路流通面积而形成段塞，流型由分层流转变为段塞流。这是因为，一方面在波浪顶峰处由于伯诺利效应，气体流速的增大将使该处的压力降低，在波峰周围压力下波浪有增大趋势；另一方面，液体所受的重力将使波浪减小。如前者的影响大于后者，则波浪增大直至管顶，形成段塞。水动力段塞流管道内气液折算速度正好处于流型图段塞流范围内所诱发的段塞流，又可细分为普通稳态水力段塞流(normal steady-state hydraulic slugs)和由于气液流量变化诱发的瞬态段塞流(transient slugs)，发生这种段塞流时一般气液流量较大。水动力段塞流型区可根据管道条件由流型图判别，或用以 Taitel-Dukler 流型划分法为基础的各种流型计算相关法判别。

(2) 地形起伏诱发段塞流(terrain slugs)。在下坡管段中含液率仅百分之几，气液为分层流。下坡段的液体到达管道底部，下游上坡段的部分液体倒流，使管道底部聚集液体并阻碍气体流动。于是，管道底部的气体流速增大，带液能力增强，使上坡段的含液率大幅增加(可达50%左右)，在上坡段形成段塞流。可以看出，这类段塞流通常在低气液流量下发生。在稳态多相流软件中，可采用分段计算。瞬态软件可跟踪段塞的形成和发展。

(3) 强烈段塞流(severe slugging)。通常在两海洋平台间的连接管道上发生，是段塞长度大于立管高度的段塞流。这是一种压力波动最大、管道出口气液瞬时流量变化最大的段塞流，也是对管道和管道下游相应设备正常工作危害最大的一种段塞流。其与地形起伏诱发段塞流相似，常在低气液流量下发生。

强烈段塞流呈现周期性，一个周期内大约可分为如下4个过程。

① 液体堵塞和段塞变长。在立管内较小气流速度下，管内的液体向下流动，积聚在立管底部。它堵塞管道内流来的气液混合物，使段塞上游的管道压力增大，段塞变长。管道出口几乎没有液体流出，排出的气量也很小。

② 气体压力增大。管道内压力增大，同时液体继续积聚，段塞增长，立管内的液位逐渐上升。当管道压力高于立管液体静压头时才有液体从立管顶部流出。

③ 段塞流出。当管道压力足以举升立管内的液柱时，液体开始由立管顶部排出。起初排液速度较低，当气体窜入立管后液体加速，在很短时间内液体流量达到峰值流量(常为平均流量的几倍)。如果分离器或捕集器没有控制系统，将淹没容器。

④ 管道气体排出。段塞上游积聚的气体极快地排出立管，进入平台的接收装置，使装置工作失常。此时立管内气体流速减小，管道压力下降，又开始新一轮循环。

由上述形成机理可以看出：地形起伏诱发段塞流、强烈段塞流的形成机理类同，与水动力段塞流有所区别；管愈高(或地形起伏愈大)，形成的强烈段塞流愈严重；形成强烈段塞流时管道出口的气液流量极不均匀；气液流量较小时才能形成强烈段塞流。

5.1.1.3 段塞长度及段塞长度分布规律

段塞长度及其分布规律是设计混输管道下游油气初级分离设备的重要参数。影响段塞长度及其分布规律的因素很多(如管径大小、管道长短、地形等)，存在多种段塞长度及其分布规律。

事实上，管路内的各单元段塞长度并不相等，具有随机性质。研究段塞流长度分布规律可求得捕集器应处理的最长段塞及段塞液量的合理波动范围。

1987年，Dukler 提出了一种计算最小段塞长度的数学模型。他认为最小段塞长度是段塞尾部速度得到充分发展的长度。如果管道中某一段塞长度小于最小段塞长度，从该段塞尾部流出的液量大于前部吸收的液量，最终该段塞将会消失。该结果与小管径管路实测的无因次稳定段塞长度 $L_{SD}(L_s/D)$ 接近，在10～30之间。

5.1.1.4 段塞流抑制技术

1) 水动力段塞流和地形起伏诱发段塞流的抑制

在多相流管道设计中，可选择合适的管径以使管道在非段塞流工况下工作。若必须在段塞流工况下工作，由于水动力、地形起伏及陆上集油管道进入油气分离器时配有立管（高度较小）引发的段塞流，段塞长度和冲击强度远小于海洋油气田，常在分离器入口处安装消能器，吸收油气混合物的冲击能量即可。

2）强烈段塞流的抑制

抑制强烈段塞流的方法较多，基本上都是从设计和增加附加设备两方面解决。例如：

（1）减小出油管直径，增加气液流速。

（2）立管底部注气，减小立管内气液混合物柱的静压，使气体带液能力增强。

（3）采用海底气液分离器，如海下段塞捕集器。

（4）在海底或平台利用多相泵增压。

（5）立管顶部节流。

（6）增加回压。

上述方法中，立管底部注气和顶部节流已有应用实例，但是底部注气法解决强烈段塞流的费用太高，因而常用各种立管顶部节流法。

5.1.2 水下油气生产系统水合物防治技术

因生成水合物而导致天然气/原油生产装置和输送管道堵塞是一个长期困扰油气生产和输送部门的棘手问题，因此防治水合物生成一直受到石油天然气行业的关注。目前已被采用的防治方法包括4个方面。

5.1.2.1 脱水技术

分离出输送介质中的水，使含水量低于某一标准值，从而消除生成水合物的风险，这是目前天然气输送前通常采用的预防措施。来自不同油气井的天然气先在联合站进行脱轻烃、脱水，然后才能进入输送管道。天然气脱水可以显著降低水露点，从热力学角度来说是降低水的分逸度或活度，使水合物的生成温度显著下降，从而消除管输过程中生成水合物的风险。脱水过程需要达到的露点降可根据天然气组分和管输温度/压力条件确定，脱水方法可采用简单的三甘醇吸收和分子筛吸附两种方式。三甘醇脱水简单，但效果差一些，水露点一般只能降到－30 ℃左右，而采用分子筛脱水，水露点可减低到－80 ℃以下。联合站设计的水露点控制参数一般都很富余，但天然气输送过程还是可能出现水合物堵塞问题，原因是管道中因清管不彻底而留有自由水，且局部位置可能还有较多积水，在温度较低时会生成水合物。联合站脱水装置运行失常，如分子筛再生不达标或失活，也可能导致水露点达不到设计值，从而导致水合物的生成和堵塞。

5.1.2.2 管道加热技术

给系统加热，使温度高于某一压力下水合物的生成温度，这种方法对大部分陆上埋地管道都可采用。但对海底输气管道，由于气体在中途无法加热且其比热容很小（与液体相比），停输后管道周围的温度场很快破坏，温度迅速降低，可能形成水合物。此方法不仅可以用于防止水合物的形成，还可以用于已经被水合物堵塞的管道解堵，但难点是很难确定水合物堵塞的位置。当找到水合物堵塞的位置并开始加热时，必须从水合物块的两端向中间逐渐加热，以避免由于水合物的分解而使压力急剧升高，造成管道超压破裂。分解产生的自由水必须除去，否则由于水中包含大量的水合物剩余结构，水合物会很容易再次形成。

5.1.2.3　降压控制技术

降压控制技术是使系统压力降低至水合物的生成压力之下。在实践中很少采用这种方法，这是因为要保持一定的输送能力，管道的压力一般不能随意降低，故其用于防止水合物生成的局限性很大，一般只用于管道发生水合物堵塞事故后的解堵。当管道完全被水合物堵塞后，采用加热消除堵塞的方法往往比较困难，因为很难确定水合物堵塞的准确位置。若在堵塞的管道两端降压，使水合物的相平衡温度降至周围环境温度之下（如果可能），此时在环境加热下会使水合物分解，而在水合物分解后可用清管器清扫管道。但这种方法往往需要花费数天的时间。

5.1.2.4　抑制剂防止技术

这是一种广泛采用的防止和消除水合物的方法。常用抑制剂有热力学抑制剂和动力学抑制剂两类。

1）热力学抑制剂

传统的热力学抑制剂（如甲醇、乙醇、乙二醇、三甘醇氯化钠以及其他电解质组成的抑制剂）已在石油工业使用多年。热力学抑制剂可使水合物的平衡生成压力高于管道的操作压力，或使水合物的平衡生成温度低于管道的操作温度，从而阻止壁面水合物的生成。实验表明这些物质并不能阻止水合物的结晶，尤其在高驱动势下更是如此，但却能附着在晶体表面而抑制水合物的生长和集结。热力学抑制剂的加入量一般较多，在水溶液中的含量（质量分数）一般需要达到 10%～60%，成本较高，相应的储存、运输、注入成本也较高。另外，抑制剂的损失也较大，并带来环境污染等问题。大多数热力学抑制剂的费用参数是由相对分子质量和其在水中的电离作用决定的。相对分子质量越小，达到相同抑制效果所需剂量就越少。在没有特殊应用的场合，通常采用甲醇作为抑制剂；在需要密度高、黏度大的抑制剂的场合，乙二醇为最佳选择。当然，有时为提高效果，常将多种抑制剂混合使用。

热力学抑制剂除费用高外，还有其他“致命”的弱点：

（1）溶于水相或气相而导致热量损失。这使得很难估计究竟多少水合物溶于水相，为确保安全常常加入过量的抑制剂。

（2）烃凝析液的污染。甲醇在处理流体后在丙烷凝析液中积累，剩余的甲醇在聚丙烯厂可能使催化剂中毒，且置换甲醇费用很高。

（3）从废水中回收费用高。通常可以回收水合物抑制剂甲醇量的 80%～90%，但相应的处理设备造价昂贵，还需要庞大的储罐和加注设备。这些设备将影响整个海上平台的面积和开采设备的投资。

在油价较低的背景下，研制新型、高效廉价、无污染的水合物防治方法已是石油工业面临的一大挑战。新型动力学控制方法由此诞生，它包括动力学抑制和动态控制两条途径。动力学抑制方法是最近十几年开发出来的一种新方法，其特点是不改变体系生成水合物的热力学条件，而是大幅度降低水合物的生成速度，保证输送过程中不发生堵塞现象。动态控制通过控制水合物的生成状态和生成量，使水合物具有与流体相均匀混合并随其流动的特点，从而避免堵塞管道。动态控制方法的优点是可发挥水合物高密度载气的特点，实现天然气的密相输送，对油-气-水三相混输管道比较合适。因此，有人提出采用这种方式，借助输油管道，实现天然气（油田伴生气）的长距离输送。

无论是动力学抑制方法还是动态控制方法，关键均是开发合适的化学添加剂。前者是动力学抑制剂（KI），后者是防聚剂（AA），两者简称低剂量水合物抑制剂。无论是动力学抑制剂还是防聚剂，与传统的热力学抑制剂相比，其用量均少得多，因此具有潜在的经济效益和环境效益。动力学抑制剂虽可延迟水合物晶体的生长，但主要作为气体水合物的抗成核剂，一般为水溶性的聚合物。许多非聚合物的水合物晶体生长抑制剂具有较差的抗成核能力，经常作为动力学抑制剂的配合剂使用。添加动力学抑制剂后水合物在一段时间后才开始形成，流体可在未形成水合物状况下输送。防聚剂则不同，允许水合物形成，但可防止水合物聚集成团。防聚剂的加入可使水合物作为可运动的非黏性浆液分散在液烃相中。动力学抑制剂的效果以及部分防聚剂的效果与液烃相的实际成分也有关系，其他参数（如压力、含盐量、其他添加剂等）均对过冷度有影响。

2）动力学抑制剂

动力学抑制剂可以使水合物晶粒生长缓慢甚至停止，推迟水合物成核和生长的时间，防止水合物晶粒长大。在水合物成核和生长的初期，动力学抑制剂吸附在水合物颗粒表面，活性剂的环状结构通过氢键与水合物晶体结合，从而防止和延缓水合物晶体的进一步生长。研究发现，少量动力学抑制剂的添加将改变结构Ⅱ型水合物的生长习性，在结构Ⅰ型添加抑制剂则会引起晶体的迅速分枝。

20世纪90年代开始研究动力学抑制剂，到目前为止，动力学抑制剂的研究发展经历了三个阶段。第一阶段，人们通过大量的评价实验，筛选出一些对水合物生长速度有抑制效果的化学添加剂，其中以聚乙烯吡咯烷酮（PVP）最具代表性，被称为第一代动力学抑制剂。第二阶段，以PVP分子结构为基础，进行构效分析，对动态抑制剂分子结构特别是官能团进行设计改进，合成出一些具有较好动力学抑制效果的化学添加剂，其中包括聚N-乙烯基己内酰胺（PVCap）、乙烯基己内酰胺、乙烯吡咯烷酮，以及甲基丙烯酸二甲氨基乙酯三聚物（VC-713）、乙烯吡咯烷酮和乙烯基己内酰胺共聚物（VP/VC），被称为第二代动力学抑制剂。这些抑制剂受到广泛评价并得到一定实际应用。第三阶段，借助计算机分子模拟和分子设计技术，开发一些具有更强抑制效果的动力学抑制剂，被称为第三代动力学抑制剂。

动力学抑制剂添加剂量很小（$<1\%$）时就可收到明显效果。这种抑制剂并不改变水合物的热力学特性，却能抑制水合物形成核晶并阻止水合物的生长。在水合物缓慢长大阶段，聚结过程可能会受到抑制，也可能不受影响，但当抑制剂停止加注时，水合物会迅速结晶并堵塞管道。

3）防聚剂

防聚剂是一些防聚物和表面活性剂，在油和水同时存在时才可使用。它的加入可使油水相乳化，将油相中的水分分散成水滴，加入的防聚剂和油相混在一起，能吸附到水合物颗粒表面，使水合物晶粒悬浮在凝析油相中，形成油包水的乳状液。乳化液滴中油水相间的界面膜充当阻碍扩散的壁垒，可减少扩散到水相的水合物形成。分子末端有吸引水合物和油的性质，使水合物以很小的颗粒分散在油相中，在水合物形成时可防止乳化液的聚积，从而阻止水合物结块，起到抑制水合物生成的作用。防聚剂的用量大大低于热力学抑制剂用量，0.5%～2.0%即可有效，1.0%的防聚剂相当于 25%的甲醇用量。

1972 年，Yuliew 首先提出采用表面活性剂来控制水合物。近年来 IFP 所研究的大范围具有表面活性的物质中只有一部分具有商业价值。防聚剂添加的浓度也很低(质量分数小于 1%)。它允许水合物的产生，但在液态烃共存的情况下却能有效防止水合物的聚结沉降，因此水合物晶体和液体一起运移而不会堵塞管道。

对防聚剂来说，水合物形成前的乳化作用相当重要。因为具结作用与注入点的混合过程和管中紊流状况有密切关系。在油包水(water in oil)乳状液中该抑制剂性能尤佳，因为将水从油相分离成水滴即可避免聚结。这种水合物抑制剂在穿越水合物相平衡曲线时仍可保持运输的悬浮状态。

采用抑制剂的经济性问题也很突出。一方面，消耗的抑制剂需要大量资金；另一方面，将大量抑制剂送到管道起点也需耗费资金。采用抑制剂还存在毒性和管道设备腐蚀问题。寻找新的更有效抑制方法的工作数十年从未间断，但目前仍无法代替甲醇、乙二醇这类抑制剂。

5.2　水下油气生产系统数学建模技术

5.2.1　水下油气生产系统气液两相计算模型

5.2.1.1　水下油气生产系统低含液量气-液流型模型

在进行多相流模型研究时，首先要对多相流动的流型进行划分并准确判断，即要建立准确的流型判断模型。流型描述过程为：先假定流型为一种特殊流型，通过各种判别式判断流型的稳定性；如果流型证明不稳定，则假定一种新流型，重复上述过程。这个过程将一直重复，直到出现稳定流。

1) 分层流

分层流时管路中气液分布如图 5-2 所示。图中，θ 为管路与水平面的夹角，rad；d 为管道内径，m；v_g，v_l分别为气相和液相的平均流速，m/s；A_g，A_l分别为气相和液相的截面积，m^2；S_g，S_l分别为气相、液相的湿周，m；S_i为相界面宽度，m；h_l为液相高度，m。

在检验分层流稳定性时需要用到管道中平衡时的液面高度 h_l。h_l可以通过气液相动量平衡来计算。

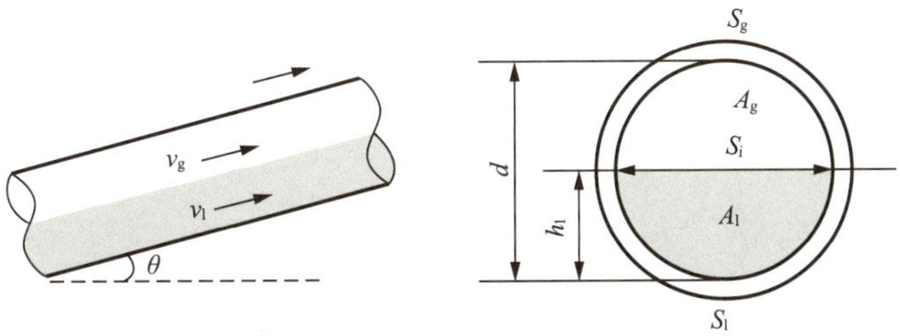

图 5-2　分层流

气液相动量平衡方程分别为：

$$-A_l\left(\frac{dp}{dL}\right)-\tau_{wl}S_l+\tau_i S_i-\rho_l A_l g\sin\theta=0 \tag{5-1}$$

$$-A_g\left(\frac{dp}{dL}\right)-\tau_{wg}S_g-\tau_i S_i-\rho_g A_g g\sin\theta=0 \tag{5-2}$$

式中，$\frac{dp}{dL}$为压降，Pa/m；ρ_l，ρ_g分别为液相和气相的密度，kg/m³；g 为重力加速度，m/s²；τ_{wl}，τ_{wg}分别为液相、气相与管壁的剪切力，N/m²；τ_i为相界面的剪切力，N/m²。

将式(5-1)与式(5-2)合并，消除压降项，得：

$$\tau_{wg}\frac{S_g}{A_g}-\tau_{wl}\frac{S_l}{A_l}+\tau_i S_i\left(\frac{1}{A_l}+\frac{1}{A_g}\right)-(\rho_l-\rho_g)g\sin\theta=0 \tag{5-3}$$

式(5-3)是关于 h_l的隐式方程，可以由无因次数 $\tilde{h}_l=\frac{h_l}{D}$表示。各项与 $\tilde{h}_l$ 的关系可由Taitel 和 Dukler 提出的几何关系式表示：

$$A_l=0.25D^2\left[\pi-\arccos(2\tilde{h}_l-1)+(2\tilde{h}_l-1)\sqrt{1-(2\tilde{h}_l-1)^2}\right]$$

$$A_g=0.25D^2\left[\arccos(2\tilde{h}_l-1)-(2\tilde{h}_l-1)\sqrt{1-(2\tilde{h}_l-1)^2}\right]$$

$$S_l=D[\pi-\arccos(2\tilde{h}_l-1)]$$

$$S_g=D\arccos(2\tilde{h}_l-1)$$

$$S_i=D\sqrt{1-(2\tilde{h}_l-1)^2} \tag{5-4}$$

剪切力公式为：

$$\tau_{wl}=\frac{1}{2}\lambda_l\rho_l v_l|v_l| \tag{5-5}$$

$$\tau_{wg}=\frac{1}{2}\lambda_g\rho_g v_g|v_g| \tag{5-6}$$

$$\tau_{wi}=\frac{\lambda_i\rho_g(v_g-v_l)|v_g-v_l|}{2} \tag{5-7}$$

式中，λ_l 为液体与壁面的摩阻系数；λ_g 为气体与管壁的摩阻系数；λ_i 为相界面摩擦因子。

气体与管壁的摩阻系数 λ_g 通过管壁粗糙度和雷诺数运用常规方法求得。雷诺数 Re_g 的计算式为：

$$Re_g=\frac{d_g\rho_g v_g}{\mu_g} \tag{5-8}$$

$$d_g=\frac{4A_g}{S_g+S_i}$$

式中，d_g 为气相水力直径，m；μ_g 为气相黏度，Pa·s。

液体与壁面的摩阻系数 λ_l 由以下经验关系式确定：

$$\lambda_l=0.452\lambda_{sl}^{0.731} \tag{5-9}$$

式(5-9)中摩阻系数基于表观液速 λ_{sl}。λ_{sl}通过管壁粗糙度和雷诺数运用常规方法求得。

雷诺数 Re_{sl} 的计算式为：

$$Re_{sl}=\frac{D\rho_l v_{sl}}{\mu_l} \tag{5-10}$$

式中，μ_l 为液相黏度，Pa·s；v_{sl} 为折算液速。

相界面摩擦因子 λ_i 由以下经验关系式计算：

$$\lambda_i=(0.004+0.5\times10^{-6}Re_{sl})F_{rl}^{1.335}\frac{\rho_l d_g}{\rho_g v_g^2} \tag{5-11}$$

式(5-11)中的弗劳德数 F_{rl} 定义为：$F_{rl}=\frac{v_l}{\sqrt{gh_l}}$。

确定液体的高度后，可以检测分层流的稳定性。当气相流速足够大时，产生的波浪会桥接管道而形成段塞，此时分层流转变为其他流型：

$$v_g=\left(1-\frac{h_l}{D}\right)\frac{(\rho_l-\rho_g)gA_g\cos\theta}{\rho_g\left(\frac{\mathrm{d}A_l}{\mathrm{d}h_l}\right)} \tag{5-12}$$

对于陡降管段，当气相流速较低时，流型会从分层流转化为环状流。对这种类型的流型转换，Barnea 提出了以下判别准则式：

$$v_l>\left[\frac{g(D-h_l)\cos\theta}{\lambda_l}\right]^{0.5} \tag{5-13}$$

式(5-13)中的 λ_l 通过式(5-11)计算。假设分层流只出现在水平和下倾管段。

如果 $\theta<0$，且满足上述两个判别式，即气速小于转变值且液速小于临界值，流型为分层流。否则，运用环雾状流稳定性准则进行检验。

必须强调的是，Petalas 和 Aziz 提出的流型判别模型中没有区分光滑分层流和波浪分层流，因此此处不讨论这两种流型的转变。

2）段塞流

环状流向段塞流的转换由两种机理决定，只要达到液相阻塞气芯这个条件，就将造成环状流向段塞流的转换。两种机理都是基于环状流的液膜结构特征提出的。

(1) 管壁附近液体由于重力作用会发生向下流动现象，从而导致液膜不稳定。液膜不稳定判据由下述无量纲方程得到：

$$Y\geqslant\frac{2-1.5H_l}{H_l^3(1-1.5H_l)}X^2 \tag{5-14}$$

$$X^2=\frac{\frac{C_l}{D}\left(\frac{\rho_l v_{sl}D}{\mu_l}\right)^{-n}\frac{\rho_l v_{sl}^2}{2}}{\frac{C_g}{D}\left(\frac{\rho_g v_{sg}D}{\mu_g}\right)^{-m}\frac{\rho_g v_{sg}^2}{2}},\quad Y=\frac{(\rho_l-\rho_g)g\sin\theta}{\frac{C_g}{D}\left(\frac{\rho_g v_{sg}D}{\mu_g}\right)^{-m}\frac{\rho_g v_{sg}^2}{2}}$$

式中，Y 为无量纲重力参数；X 为 Lockhart-Martinelli 参数；H_l 为截面持液率；C_l，n 为液相相关系数；C_g，m 为气相相关系数。

液相相关系数 C_l 和 n 的取值：当 $Re_l\leqslant2\,000$ 时，$C_l=64$，$n=1$；当 $Re_l>2\,000$ 时，$C_l=0.184$，$n=0.2$。

气相相关系数 C_g 和 m 的取值：当 $Re_g\leqslant2\,000$ 时，$C_g=64$，$m=1$；当 $Re_g>2\,000$ 时，$C_g=0.184$，$m=0.2$。

需要说明的是，根据模型计算得到的截面含液率可以判断是否达到液膜不稳定条件。

(2) 液膜液体量较大，从而造成界面波增长。如果液膜内含的液体量足够多，界面波将随之增长，达到桥接管道上下的程度，这样将出现段塞流。发生这种机理的临界条件为：

$$H_1 \geqslant 0.24 \tag{5-15}$$

上述两种机理互不影响。当两种判据中的任何一个满足时，就发生环状流向段塞流的转换。

3) 环状流与弥散流

1983 年，Soliman 通过对惯性力和黏性力的平衡计算，得到一个简单准确的关系式，用于判断流型的转换。

当 $Re_{sl} \leqslant 1\ 250$ 时：

$$W_e = 2.45 Re_{sg}^{0.64} \left(\frac{\mu_g^2}{\rho_g \sigma D}\right)^{0.3} / \varphi_g^{0.4} \tag{5-16}$$

当 $Re_{sl} > 1\ 250$ 时：

$$W_e = 0.85 Re_{sg}^{0.79} \left(\frac{\mu_g^2}{\rho_g \sigma D}\right)^{0.3} \left[\left(\frac{\mu_g}{\mu_1}\right)^2 \left(\frac{\rho_1}{\rho_g}\right)\right]^{0.84} \left(\frac{X_{tt}}{\varphi_g^{2.55}}\right)^{0.157} \tag{5-17}$$

$$Re_{sl} = G(1-x)D/\mu_1, \quad Re_{sg} = GxD/\mu_g$$

$$X_{tt} = \left(\frac{1-x}{x}\right)^{0.9} \left(\frac{\rho_1}{\rho_g}\right)^{-0.5} \left(\frac{\mu_g}{\mu_1}\right)^{-0.1}, \quad \varphi_g = 1 + 1.09 X_{tt}^{0.039}$$

式中，G 为总质量流速，kg/(m^2 · s)；x 为质量含气率。

通过大量实验得：当 $W_e < 30$ 时，为环状流；当 $W_e > 30$ 时，为弥散流。

低含液量气-液流型判断流程如图 5-3 所示。

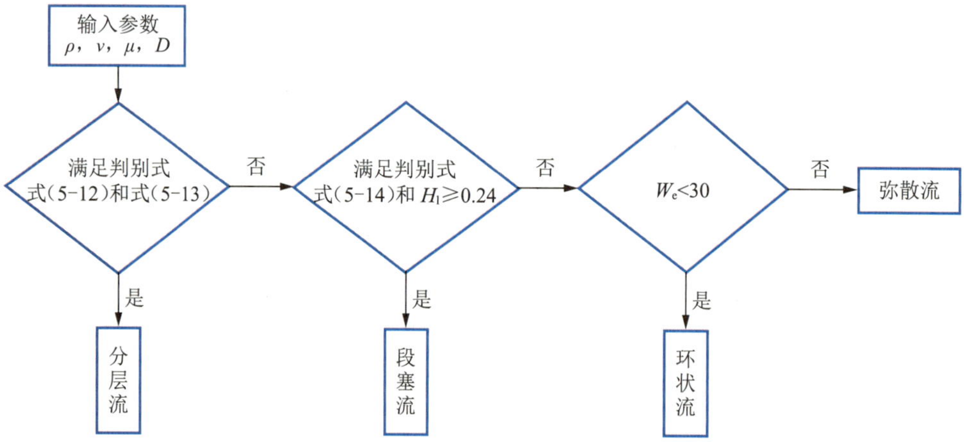

图 5-3 低含液量气-液流型判断流程

5.2.1.2 水下油气生产系统低含液量气液两相瞬态水力模型

1) 模型建立和求解方法

以 Danielson 水力段塞流模型为基础建立模型，首先依据滑脱速度的定义以及气液相真实流速和折算速度之间的关系，建立持液率计算方程。滑脱速度为气相速度与液相速度之差：

$$v_s = v_g - v_l \tag{5-18}$$

式中，v_s 为滑脱速度；v_g为气相速度，m/s；v_l为液相速度，m/s。

v_g和 v_l与折算气速 v_{sg}、折算液速 v_{sl}之间存在以下关系：

$$v_g = \frac{v_{sg}}{1-H_l} = \frac{v_m - v_{sl}}{1-H_l} \tag{5-19}$$

$$v_l = \frac{v_{sl}}{H_l} \tag{5-20}$$

式中，H_l为截面持液率；v_m为气液两相混合物速度，m/s。

将式(5-18)和式(5-19)代入式(5-20)并整理，得到持液率计算方程：

$$v_s H_l^2 + (v_m - v_s) H_l - v_{sl} = 0 \tag{5-21}$$

管道中液相的连续性方程为：

$$\frac{\mathrm{d}(\rho_l A H_l)}{\mathrm{d}t} = \frac{(\rho_l A v_{sl})_{in} - (\rho_l A v_{sl})_{out}}{\mathrm{d}x} \tag{5-22}$$

为求解式(5-22)，引入一个动参考系。该参考系的速度为气相速度，速度方向与管流方向相同。此时，液相速度及折算速度可表示为：

$$v_l = v_l^{re} + v_g \tag{5-23}$$

$$v_{sl} = v_{sl}^{re} + v_g H_l \tag{5-24}$$

式中，v_l^{re}，v_{sl}^{re}分别为动参考系中的液相流速和折算液速，m/s。

假设管道截面积 A 和液相密度 ρ_l为常数，同时将式(5-24)代入式(5-22)，对液相质量守恒方程化简，整理可得到：

$$\frac{\mathrm{d}h_l}{\mathrm{d}t} = \frac{(v_{sl}^{re} + v_g H_l)_{in} - (v_{sl}^{re} + v_g H_l)_{out}}{\mathrm{d}x} \tag{5-25}$$

为封闭式(5-25)，需要给出 v_{sl}^{re}的计算方法。根据漂移流动模型，设分布系数 C_0为 1，可知此时动参考系中气液两相混合物速度恰为气相漂移速度的相反数。结合式(5-22)和式(5-24)，可以推导出如下公式：

$$v_{sl}^{re} = v_s H_l^2 - (v_{gD} + v_s) H_l \tag{5-26}$$

$$v_{gD} = 0.4\sqrt{gD}\sqrt{\frac{\rho_l - \rho_g}{\rho_l}} \tag{5-27}$$

式中，v_{gD}为气相漂移速度，m/s。

在计算动参考系中折算液速时还需要知道滑移速度。这里假设滑移速度 v_s采用 Danielson 推荐公式：

$$v_s = \frac{v_{gD}}{H_l} = \frac{0.4\sqrt{gD}\sqrt{\frac{\rho_l - \rho_g}{\rho_l}}}{H_l} \tag{5-28}$$

模型需要采用数值方法进行求解，为此首先将管道计算区域离散化，沿管流方向划分成若干等长网格单元，如图 5-4 所示。其中，节点 i 为所要求解的节点，使用有限差分法求解方程(5-25)：

$$\frac{H_{l,i}^n - H_{l,i}^{n-1}}{\Delta t} = \frac{(v_{sl,i}^{re} - v_{sl,i+1}^{re})^{n-1} + v_g\,(H_{l,i} - H_{l,i-1})^{n-1}}{\Delta x} \tag{5-29}$$

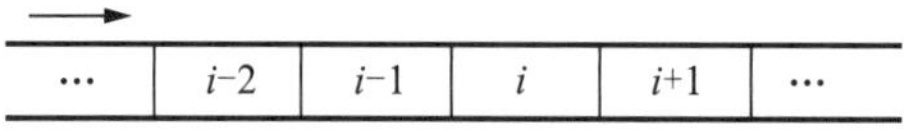

图 5-4　管道网格划分示意图

式(5-29)中，上标 n 以及 $n-1$ 均表示时刻，下标 $i-1, i, i+1$ 均表示网格单元。在动参考系内，式(5-29)等号右侧第一项由右向左移动，采用一阶迎风格式；第二项自左向右移动，采用三阶迎风格式。因此，式(5-29)可表示为：

$$H_{l,i}^{n}=H_{l,i}^{n-1}+\frac{\Delta t}{\Delta x}\left[(v_{sl,i}^{re}-v_{sl,i+1}^{re})^{n-1}+v_{g}\frac{(4H_{l,i+1}+6H_{l,i}-12H_{l,i-1}+2H_{l,i+2})^{n-1}}{12}\right] \tag{5-30}$$

式(5-26)至式(5-29)构成了 Danielson 水力段塞流模型的求解方程组。

2) 地形起伏影响

流型、滑移速度、持液率都与管道倾角有关，可采用下面公式的形式关联倾角的影响：

$$v_s=v_s(0)+v_s(\theta) \tag{5-31}$$

上式中，等式右侧第一项是倾角为 0°时的滑移速度，第二项是因管道倾角引起的滑移速度。根据 Hegde 的分析可知 $v_s(\theta)$ 的计算式为：

$$v_s(\theta)=\varphi\frac{(\rho_l-\rho_g)g\sin\theta}{K} \tag{5-32}$$

式中，φ 为修正系数，是根据大倾角上倾管实验数据对比后提出的修正系数，取 0.3；K 为比例常数。

$$K=\frac{\left(\frac{\mathrm{d}p}{\mathrm{d}z}\right)_{\text{friction}}}{v_m}=\frac{2\lambda_m\rho_m v_m}{D} \tag{5-33}$$

3) 压力求解

气液动量守恒方程如下：

$$\frac{\partial(\rho_l H_l v_l)}{\partial t}+\frac{\partial(\rho_l H_l v_l^2)}{\partial x}=-\frac{\tau_l S_l}{A}+\frac{\tau_i S_i}{A}-\rho_l g H_l\sin\theta-H_l\frac{\partial p}{\partial x} \tag{5-34}$$

$$\frac{\partial(\rho_g H_g v_g)}{\partial t}+\frac{\partial(\rho_g H_g v_g^2)}{\partial x}=-\frac{\tau_g S_g}{A}-\frac{\tau_i S_i}{A}-\rho_g g H_g\sin\theta-H_g\frac{\partial p}{\partial x} \tag{5-35}$$

将两式相加可得：

$$\begin{aligned}&\frac{\partial(\rho_l H_l v_l)}{\partial t}+\frac{\partial(\rho_l H_l v_l^2)}{\partial x}+\frac{\partial(\rho_g H_g v_g)}{\partial t}+\frac{\partial(\rho_g H_g v_g^2)}{\partial x}\\&=-\frac{\tau_l S_l}{A}-\frac{\tau_g S_g}{A}-(\rho_l H_l+\rho_g H_g)g\sin\theta-\frac{\partial p}{\partial x}\end{aligned} \tag{5-36}$$

式中，下标 l，g 分别表示液相和气相；ρ 为各相的密度；v 为各相的速度；τ_l 为液体与壁面的剪切力；τ_g 为气体与壁面的剪切力；τ_i 为气液相界面的剪切力；S_l，S_g 分别为液相和气相的湿周；S_i 为气液相界面宽度；p 为压力；h_l 为液位高度；θ 为管道与水平面的倾角；g 为重力加速度；H_g 为截面持气率；H_l 为截面持液率。

下面介绍方程的简化。假设：液相不可压缩；局部位置气体被认为不可压缩，即单个网格中气相密度恒定；液体动量方程中忽略混合速度的导数。由以上假设可知，液相密度 ρ_l 可从动量守恒方程的偏导数中提出，局部位置气相密度也可从动量方程的偏导数中提出。

$$\rho_l \frac{\partial(H_l v_l)}{\partial t}+\rho_l \frac{\partial(H_l v_l^2)}{\partial x}+\rho_g \frac{\partial(H_g v_g)}{\partial t}+\rho_g \frac{\partial(H_g v_g^2)}{\partial x}$$

$$=-\frac{\tau_l S_l+\tau_g S_g}{A}-(\rho_l H_l+\rho_g H_g)g\sin\theta-\frac{\partial p}{\partial x} \tag{5-37}$$

4) 闭合关系式

液体和壁面、气体和壁面、气液相界面的剪切力由以下公式计算：

$$\tau_{wl}=\frac{1}{2}\lambda_l\rho_l v_l|v_l| \tag{5-38}$$

$$\tau_{wg}=\frac{1}{2}\lambda_g\rho_g v_g|v_g| \tag{5-39}$$

$$\tau_i=\frac{1}{2}\lambda_i\rho_g(v_g-v_l)|v_g-v_l| \tag{5-40}$$

当流型为环状流时，气体分布在管道内部，与壁面剪切力为 0。上式中的摩阻系数由单相雷诺数确定。首先计算单相水力直径 d_l 和 d_g：

$$d_l=4\frac{A_l}{S_l},\quad d_g=4\frac{A_g}{S_g+S_i} \tag{5-41}$$

$$Re_l=\frac{\rho_l d_l w_l}{\mu_l},\quad Re_g=\frac{\rho_g d_g w_g}{\mu_g} \tag{5-42}$$

液体与壁面的摩阻系数 λ_{wl} 为：

$$\lambda_{wl}=\begin{cases}16Re_l^{-1} & (Re_l\leqslant 1\,000)\\ 0.079Re_l^{-0.25} & (Re_l>1\,000)\end{cases} \tag{5-43}$$

气体与壁面的摩阻系数 λ_{wg} 为：

$$\lambda_{wg}=\begin{cases}16Re_g^{-1} & (Re_g\leqslant 1\,000)\\ 0.079Re_g^{-0.25} & (Re_g>1\,000)\end{cases} \tag{5-44}$$

气液相界面的摩阻系数 λ_i 采用 Cohen 和 Hanratty 提出的值：

$$\lambda_i=0.014\,2 \tag{5-45}$$

气液相界面摩擦因子 f_i 采用 Cohen 和 Hanratty 提出的值：

$$f_i=0.014 \tag{5-46}$$

管道截面如图 5-5 所示。

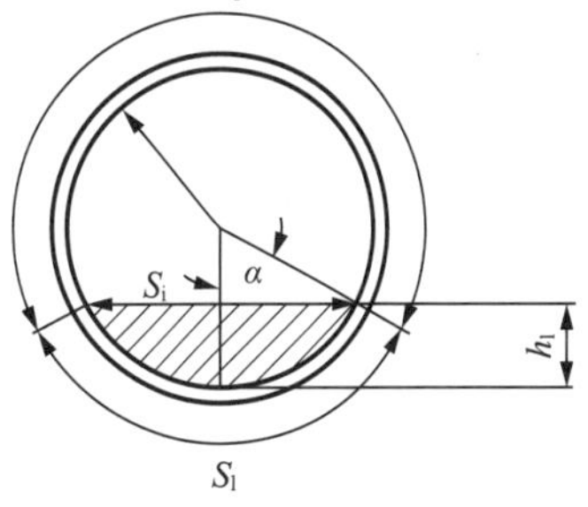

图 5-5　管道截面

相关管道几何参数计算公式为：$\alpha=\pi H_l+\left(\frac{3\pi}{2}\right)^{1/3}[1-2H_l+H_l^{1/3}-(1-H_l)^{1/3}]$；$h_l=\frac{D}{2}(1-\cos\alpha)$；$A_i=\frac{D^2}{8}(2\theta-\sin 2\theta)$；$A_l=\frac{D^2}{8}(2\alpha-\sin 2\alpha)$；$\frac{dA_l}{dh_l}=D\sin\alpha$；$S_l=D\alpha$；$S_g=D(\pi-\alpha)$；$S_i=D\sin\alpha$。

编程逻辑关系如图 5-6 所示。

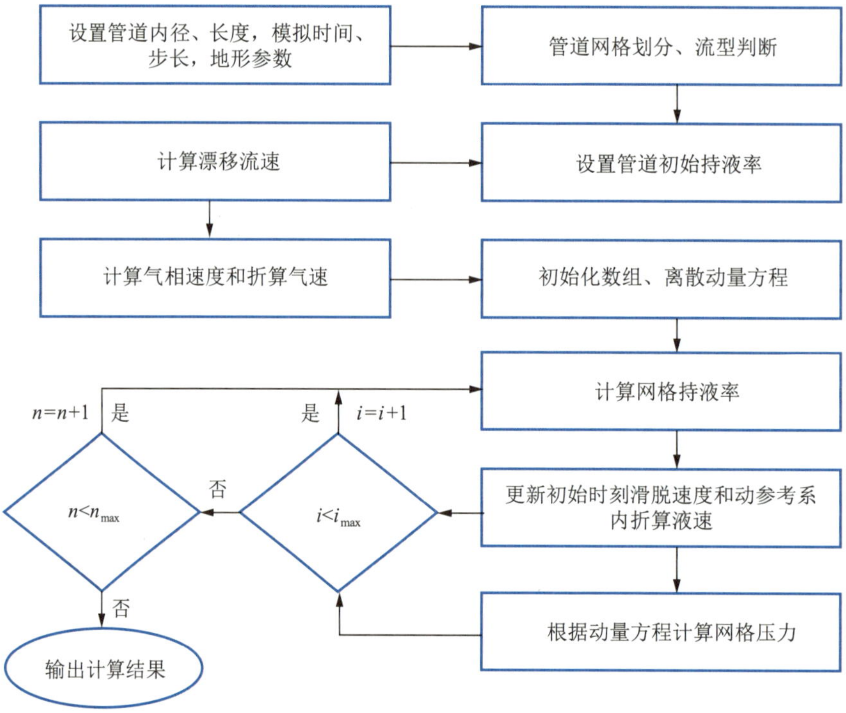

图 5-6　编程逻辑关系

5）低含液量气-液瞬态模型简化

对海管运行工况进行流型判断发现：海底管道水平部分处于分层流区域，末端立管处于段塞流区域。为进一步提高模型求解压降速度，计算过程中将海管分为水平段和立管段。对水平段采用稳态 Mukherjee & Brill 模型计算，对立管段采用低含液量气-液瞬态模型计算，以水平段末端计算的温度、压力值作为立管段起点初始值。

5.2.1.3　水下油气生产系统气液两相热力计算模型

1）热物性计算模型

油气是多种烃类和非烃类物质的混合物，进行相平衡和气液物性计算时，需要各种组分的基础物性数据和基本常数。这些数据包括相对分子质量、临界压力、临界温度、临界比容、泡点温度、临界压缩因子、偏心因子、Antoine 蒸气压方程中的 3 个系数，求解理想气体焓的 6 个常数等。为此，建立含有 638 种组分和 92 种组分的大、小两个组分库，覆盖湿天然气中可能遇到的各种化合物。

输送过程中，随着沿线输送压力和温度的改变，会发生相态的变化及气液相组成和物性的变化，因此管道沿线气液相摩尔流量、组成及物性参数等都相应发生变化。相图可准确描述上述物理变化过程。图 5-7 所示为凝析气典型的相包络线图。

组成不同，凝析气相包络线的形状也不同。相包络线由泡点线和露点线组成，包线内的区域为气液两相区，虚线是等汽化率线。这些曲线簇的共同出发点为临界点。气液两相能存在的最高压力为临界冷凝压力，最高温度为临界冷凝温度。

根据气液相参数计算方法的不同，组分模型可分为利用状态方程作为模型和利用液相逸度系数作为模型两种。逸度系数模型对气相采用状态方程计算，对液相采用逸度系数计算，因此可比较准确地计算液相参数，但逸度系数模型用于高压工况下计算液相参数会有较大偏差。状态方程模型对气液相采用同种方法计算，适用的压力和温度范围较宽，且随着状态方程的不断改进，对气液相都可得到满意的计算结果。凝析气主要由气相组成，管道输送压力较高，因此选用状态方程作为热力学模型较合适。

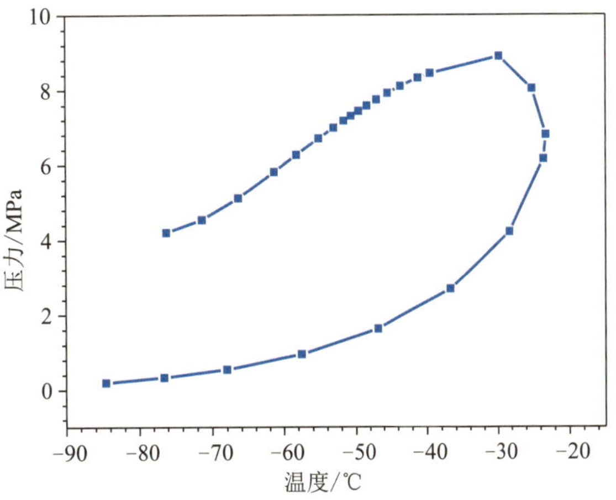

图 5-7　凝析气饱和含水的相包络线

热力学第二定律讲述过程进行的方向及判据，同样适用于烃类物系的气液平衡。根据热力学第二定律，Gibbs 建立了多元物系气液两相的平衡准则。气液达到相平衡时，有：

$$T_L = T_V,\quad p_L = p_V,\quad \mu_i^L = \mu_i^V\quad (i=1,\cdots,n) \tag{5-47}$$

式中，μ_i 为组分 i 的化学势；n 为物系内的组分数。

上式说明，气液两相达到平衡状态时，气液相的压力和温度相等，物系内各组分 i 在气液相内的化学势都相等。上式还说明，虽然物系内有些组分的含量极少，但是各种组分在气液平衡的两相内都存在。

相平衡条件可改写为：

$$T_L = T_V,\quad p_L = p_V,\quad f_i^L = f_i^V\quad (i=1,\cdots,n) \tag{5-48}$$

Lewis 还定义比值 $\alpha_i = f_i / f_i^0$，称此为 i 组分的活度，表示与标准态逸度 f_i^0 相比组分 i 的“活泼”程度。

将无因次比 $\varphi_i = f_i/(y_i p)$ 称为逸度系数，将无因次比 $\gamma_i = f_i/(x_i f_i^0)$ 称为活度系数。于是，逸度可表示为：

$$f_i = \varphi_i y_i p = \gamma_i x_i f_i^0 \tag{5-49}$$

经严格的数学推导，可求得流体可测量参数 p，V，T 与逸度的关系式。以 V 和 T 为独立变量时，可得：

$$\ln \varphi_i = \ln[f_i/(p y_i)] = \int_{\infty}^{V}\left[\frac{1}{V} - \frac{(\partial p/\partial n_i)_{T,V,n_j}}{RT}\right]\mathrm{d}V - \ln Z \tag{5-50}$$

式中，y_i 为混合物气相内组分 i 的摩尔分数；Z 为压缩因子。

用式(5-50)计算处于平衡状态的气液两相，并考虑气液相平衡时应满足式(5-49)表示的条件，等式左边的比为：

$$(\varphi_i^L/\varphi_i^V) = [f_i^L/(p x_i)]/[f_i^V/(p y_i)] = y_i/x_i = K_i \tag{5-51}$$

由上式可求出处于气液相平衡时组分 i 的平衡常数。

为求解式(5-51)，需要流体的 p-V-T 关系，这种关系常由状态方程求得。

1987 年，Pederson 等提出了一种计算黏度的对应态模型，其中对比黏度用对比压力和对比温度表示。此对应态模型与简单对应态原理发生的偏差通过转动耦合系数表示。对给定压力和温度，混合物黏度 $\mu_{\text{mix}}(p,T)$ 的表达式为：

$$\mu_{\text{mix}}(p,T)=\left(\frac{T_{\text{c,mix}}}{T_{\text{co}}}\right)^{-\frac{1}{6}}\left(\frac{p_{\text{c,mix}}}{p_{\text{co}}}\right)^{\frac{2}{3}}\left(\frac{M_{\text{mix}}}{M_{\text{o}}}\right)^{\frac{1}{2}}\frac{\alpha_{\text{mix}}}{\alpha_{\text{o}}}\mu_{\text{o}}(p_{\text{o}},T_{\text{o}}) \tag{5-52}$$

$$p_{\text{o}}=\frac{pp_{\text{co}}\alpha_{\text{o}}}{p_{\text{c,mix}}\alpha_{\text{mix}}},\quad T_{\text{o}}=\frac{TT_{\text{co}}\alpha_{\text{o}}}{T_{\text{c,mix}}\alpha_{\text{mix}}} \tag{5-53}$$

式中，下标 o 表示参比组分的参数，研究中选用甲烷为参比组分；下标 c 表示临界点处的参数值。

2）温降计算模型

对气体，根据能量守恒得：

$$\mathrm{d}Q_{\text{G}}=\mathrm{d}Q_{\text{GS}}+\mathrm{d}Q_{\text{GM}} \tag{5-54}$$

$$\mathrm{d}Q_{\text{GM}}=\lambda_{\text{G}}\frac{v_{\text{G}}^2\mathrm{d}l}{2D_{\text{G}}}=\frac{-\mathrm{d}p}{\rho_{\text{G}}} \tag{5-55}$$

经推导可得：

$$\mathrm{d}Q_{\text{GS}}=c_{p\text{G}}\mathrm{d}T-c_{p\text{G}}D_i\mathrm{d}p \tag{5-56}$$

对液体，根据能量守恒得：

$$\mathrm{d}Q_{\text{LS}}=c_{p\text{L}}\mathrm{d}T-ig\,\mathrm{d}l \tag{5-57}$$

$$i=\frac{p_{\text{R}}-p_{\text{Z}}}{g\rho_1 L}$$

式中，i 为液体水力坡降，m/m；p_{R} 为起点压力，Pa；p_{Z} 为终点压力，Pa；

对气液混合物，对气液混合物向环境的散热量的微分方程进行积分，简化后得：

$$T_{\text{Z}}=(T_0+b)+(T_{\text{R}}-T_0-b)\times\exp(-aL)-D_i\times\frac{xc_{p\text{g}}}{c_p}\left(\frac{p_{\text{R}}-p_{\text{Z}}}{aL}\right)[1-\exp(-aL)] \tag{5-58}$$

$$a=\frac{k\pi D}{Mc_p},\quad b=\frac{ig(1-x)}{ac_p},\quad D_i=\frac{E_1/T_{\text{pj}}{}^2-E_2}{1\,000c_{p\text{g}}\times10^6},\quad c_p=xc_{p\text{g}}+(1-x)c_{p\text{l}}$$

式中，T_{Z} 为终点温度，℃；T_{R} 为起点温度，℃；T_0 为环境温度，℃；L 为管道总长，m；k 为总传热系数，W/(m^2·℃)；M 为气液总质量流量，kg/s；x 为质量含气率；c_p 为总比热，J/(kg·℃)；$c_{p\text{g}}$ 为气体比热容，J/(kg·℃)；$c_{p\text{l}}$ 为液体比热容，J/(kg·℃)；T_{pj} 为管道平均温度，℃。

式(5-58)中，D_i 一般为 2～5 ℃/MPa；$E_1=0.98\times10^6$；$E_2=1.5$。

如果已知终点温度 T_{Z}，则起点温度 T_{R} 可按以下公式计算：

$$T_{\text{R}}=(T_0+b)+(T_{\text{Z}}-T_0-b)\times\exp(aL)-D_i\times\frac{xc_{p\text{g}}}{c_p}\left(\frac{p_{\text{R}}-p_{\text{Z}}}{aL}\right)[1-\exp(aL)] \tag{5-59}$$

取管段 i 为研究对象，如图 5-8 所示。

由焓平衡方程：

$$\frac{\mathrm{d}H}{\mathrm{d}x}=-v\frac{\mathrm{d}v}{\mathrm{d}x}-g\frac{\mathrm{d}Z}{\mathrm{d}x}-\frac{\mathrm{d}Q}{\mathrm{d}x} \tag{5-60}$$

在 ΔL 长的管段内，有：

$$H_{i+1}=H_i-\Delta Q-g\Delta Z-\frac{\Delta v_{\text{m}}^2}{2} \tag{5-61}$$

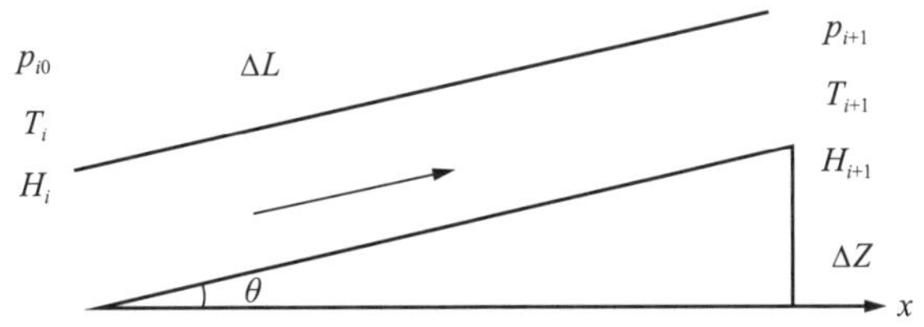

图 5-8　管段 i 焓平衡计算图

利用 Beggs-Brill 假设,动能项可简化为:

$$\frac{\Delta v_{\mathrm{m}}^2}{2}=\frac{v_{\mathrm{m}} v_{\mathrm{sg}} \Delta p}{p} \tag{5-62}$$

ΔQ 代表流体与周围环境的热交换量,是流体平均温度与周围介质温度的函数。其形式为:

$$\Delta Q=\frac{K \pi D \Delta L\left(T_{\mathrm{av}}-T_0\right)}{M} \tag{5-63}$$

$$T_{\mathrm{av}}=\frac{T_i+T_{i+1}}{2}$$

式中,K 为总热传导系数,W/(K・m);D 为管径,m;ΔL 为计算段长,m;T_{av}为计算段平均温度,K;T_0为环境温度,K;M 为总质量流量,kg/s。

于是有:

$$H_{i+1}=H_i-g \Delta Z-\frac{v_{\mathrm{m}} v_{\mathrm{sg}} \Delta p}{p}-\frac{K \pi D \Delta L\left(T_{\mathrm{av}}-T_0\right)}{M} \tag{5-64}$$

由此可见,混合焓 H_{i+1}是压力 p_{i+1}与温度 T_{i+1}的函数,但 p_{i+1}和 T_{i+1}为未知数,因此计算时需要先假设压力和温度,利用迭代求解。

同时,利用状态方程进行闪蒸计算也可得到 $i+1$ 节点处流体介质的混合焓 H_{m}:

$$H_{\mathrm{m}}=y H_{\mathrm{L}}+(1-y) H_{\mathrm{G}} \tag{5-65}$$

式中,y 为液相摩尔分数;H_{L},H_{G}分别为液相焓和气相焓,kJ/mol。

利用以上关系式可计算每个管段内的流体温度。计算中要求的已知量为节点 i 的压力、温度、组成和流量。

计算步骤为:

第 1 步,假设 $i+1$ 节点的温度 T_{i+1}和压力 p_{i+1};

第 2 步,利用焓平衡方程和平均温度、平均压力计算管段末端的焓值 H_{i+1};

第 3 步,利用闪蒸计算得到末端混合焓 H_{m};

第 4 步,比较 H_{i+1}和 H_{m},如果 $\left|H_{i+1}-H_{\mathrm{m}}\right|<\varepsilon$ 则结束计算(T_{i+1}为末端温度),否则返回第 1 步。

5.2.1.4　水下油气生产系统气液两相计算模型验证分析

1) 现场管线建设数据

目标区块气田水深约 150 m,共设置 4 口开发井(A1,A2H,A3H,A4),采用集中管汇(Manifold)式水下系统,4 口井流经各自水下采油树,通过 30 m 跨接管水下生产管汇,经由一条直径 8 in、长约 21.7 km 油气混输海底管线回接到中心平台，利用平台上的设施进行处理。控制信号、液压液及化学药剂经中心平台通过布置在井口附近的 SUTU 分配到 4 个井口。

2）实测井口生产数据

表 5-1 至表 5-4 为实测目标区块每口井的生产数据，包括气井生产参数（压力、流量、温度、密度、成分、含水率等），以及常出现的两相流流型、段塞流生成与发展的相关资料。

表 5-1 油气水流量

年 份	A1			A2H			A3H			A4		
	日产气 /(10^4 m^3)	日产油 /m^3	日产水 /m^3	日产气 /(10^4 m^3)	日产油 /m^3	日产水 /m^3	日产气 /(10^4 m^3)	日产油 /m^3	日产水 /m^3	日产气 /(10^4 m^3)	日产油 /m^3	日产水 /m^3
2016	10.9	23.8	0	24.8	58.9	0.0	14.4	27.1	0.0	15.6	29.7	0.0
2017	11.0	22.1	0	25.1	50.6	0.1	14.9	27.2	0.0	15.1	27.9	0.0

表 5-2 油嘴前温度及压力

年 份	A1		A2H		A3H		A4	
	嘴前压力 /MPa	嘴前温度 /℃	嘴前压力 /MPa	嘴前温度 /℃	嘴前压力 /MPa	嘴前温度 /℃	嘴前压力 /MPa	嘴前温度 /℃
2016	23.4	46	17.8	84	18.7	66	20.5	65
2017	21.8	46	14.7	82	16.5	65	18.3	63

表 5-3 天然气组分

组 分	N_2	CO_2	C_1	C_2	C_3	i-C_4	n-C_4	i-C_5	n-C_5	C_{6+}
WC10-3	0.19	3.69	84.55	7.20	2.96	0.41	0.46	0.22	0.12	0.18

表 5-4 海管逐年输送参数

年份	输油量 /(m^3·d^{-1})	输气量 /(10^4 sm^3·d^{-1})	输水量 /(m^3·d^{-1})	入口压力/kPa	出口压力/kPa	入口温度/℃	出口温度/℃	气相流速 /(m·s^{-1})	液相流速 /(m·s^{-1})	滞液量 /m^3	EVR
2016	139.5	65.7	0.05	10 500	9 300	50.7	22.9	2.18	0.83	113	0.21
2017	127.8	66.1	0.15	10 500	9 300	53.1	22.9	2.19	0.82	108	0.21

3）模型验证对比分析

Ⅰ. 流型分布对比

分别采用建立的计算软件模型和 OLGA 软件对海底水平管及末端上倾管绘制运行工况下的流型分布图，其中表观气速为 0.1～10 m/s，表观液速为 0.01～1 m/s。结果如图 5-9 和图 5-10 所示。

由图可知，软件模型将海底水平管流型划分为分层流、段塞流、环状流 3 种流型；OLGA 流型划分为分层流、段塞流 2 种流型。两种模型划分的分层流和段塞流的边界基本一致。末端上倾管分布图中两种模型均划分为段塞流、环状流，且边界基本一致。

Ⅱ. 压降及温降对比

由于油品物性参数有限，故选取 OLGA 中的黑油模型进行模拟，其中环境温度设为 3 ℃。

模拟结果如图 5-11 至图 5-14 所示，结果对比见表 5-5。

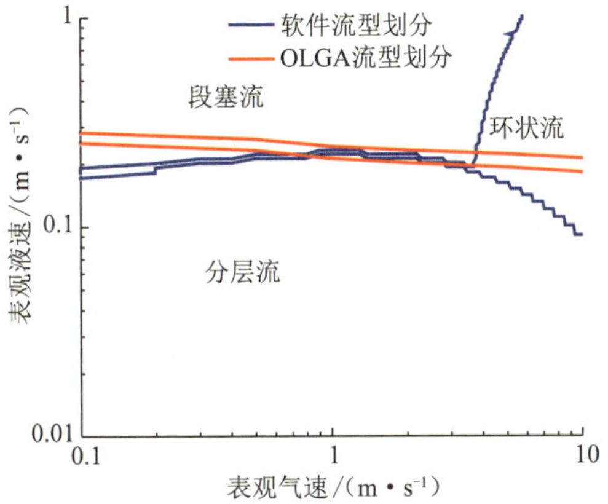

图 5-9　海底水平管流型分布

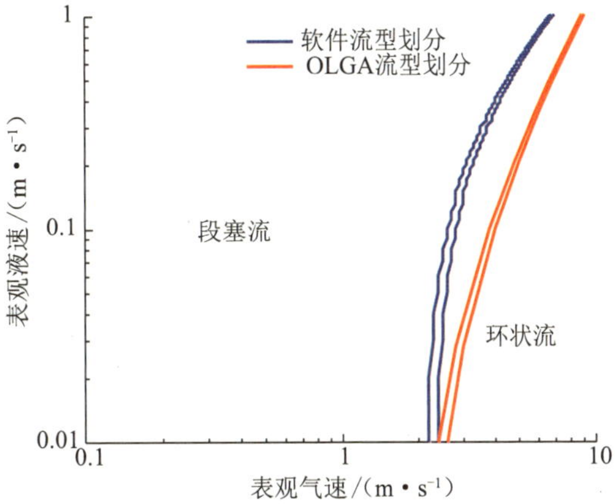

图 5-10　末端上倾管流型分布

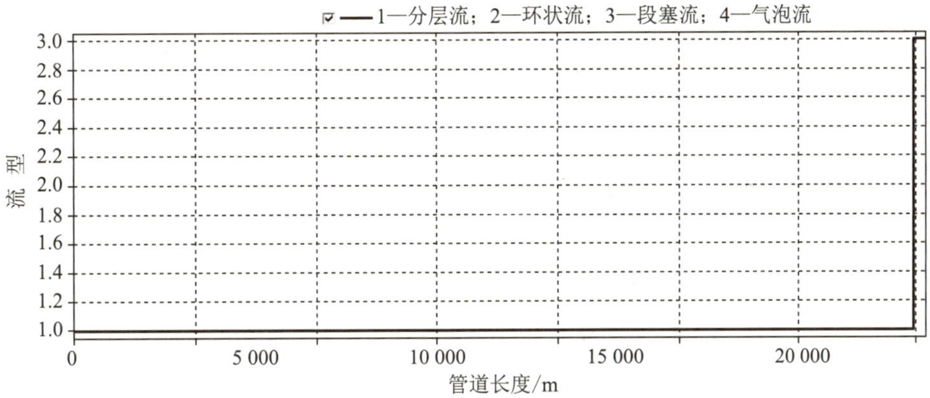

图 5-11　OLGA 模型流型分布

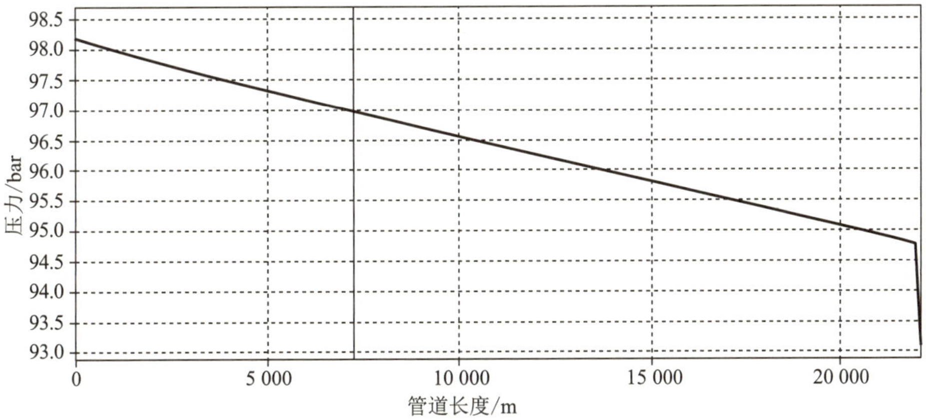

图 5-12　OLGA 模型管道沿线压降

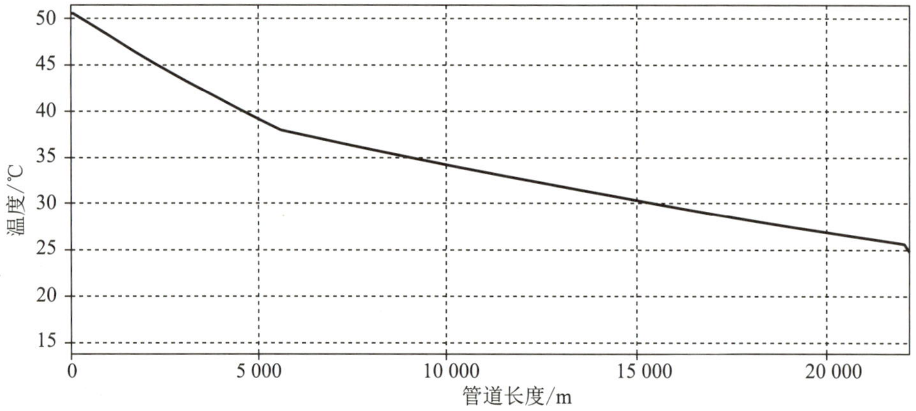

图 5-13　OLGA 模型管道沿线温降

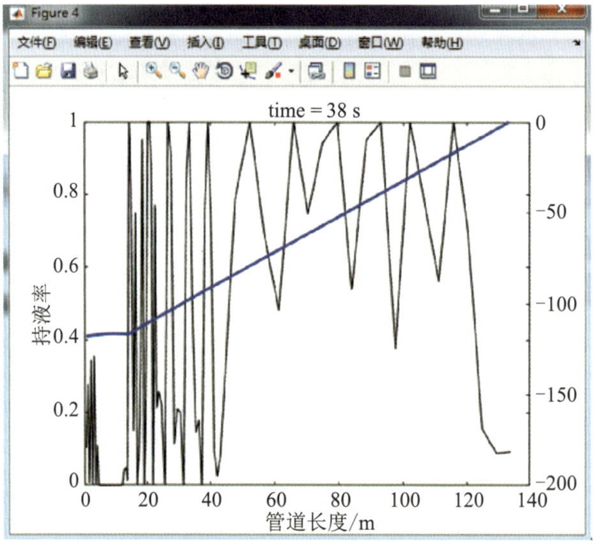

图 5-14　软件模型模拟管道末端持液率分布

表 5-5　结果对比

项　目	年　份	软件模型计算结果	OLGA 模型计算结果	实际结果	软件模型相对误差/%	OLGA 模型相对误差/%
压降/kPa	2016	882	970	1 200	26.5	19.16
	2017	897	962	1 200	25.3	19.83
温降/℃	2016	27.6	30.15	27.8	0.72	8.45
	2017	29.63	30.1	30.2	1.89	0.33

软件模型以 Danielson 水力段塞流模型为基础，加入地形起伏的影响，增加压降计算式，建立一种气液两相流水力计算组合模型。将软件模型与 OLGA 模型的计算结果分别与现场数据进行对比，发现软件模型计算温降与压降结果误差在 30%以内，OLGA 模型计算结果误差在 20%以内，软件模型计算精度满足要求；模型可以反映不同管段流型变化，其流型模拟结果与 OLGA 模拟结果一致，海管大部分区域为分层流，只有管线末端为段塞流；软件模型模拟

时间为 5 s 左右，OLGA 模型模拟时间为 25 min 左右，软件模型的计算时间优于 OLGA 模型。

模型的压降误差主要是计算动参考系中折算液速时所用滑移速度为持液率的函数，相关系数源于室内实验，与实际情况存在一定误差。模型的温降误差主要是管线传热系数与环境温度数值与实际环境存在误差。

5.2.2　水下油气生产系统水合物相平衡分离模型

5.2.2.1　水下油气生产系统水合物相平衡分离模型建立

1) 模型整体思路

水合物分离混合气涉及气-液-水合物相平衡，分离模型的整体思路是同一种气体组分在气、液、水合物相的逸度相等。

$$f_i^{\mathrm{v}}=f_i^{\mathrm{l}}=f_i^{\mathrm{s}} \tag{5-66}$$

式中，f_i^{v}，f_i^{l}，f_i^{s} 分别为气体组分 i 在平衡气相、液相、水合物相中的逸度。

气体组分在气相中的逸度采用 PR 方程计算，固相逸度由 Chen-Guo 模型计算。液相逸度有两种计算方法：一是采用逸度-活度系数模型（φ-γ）；二是采用气体溶解模型。在利用 φ-γ 求解液相组分逸度时，必须知道液相组分的摩尔浓度，而气体组分在液相中的摩尔浓度需相平衡计算求解。由此，在保证气-固相平衡求得气体组分逸度时，利用此逸度作为气体组分在液相的逸度，然后求解气体在液相中的摩尔浓度，这样既能保证气-液-水合物三相平衡，又可以简单地求解各组分的含量。由于实际水合物生产领域的温压大都没有达到气体液化的程度，因此下面主要介绍采用气体溶解模型求解气体组分在液相的含量，从而建立气-液-水合物相平衡计算模型。

2) 气相组分逸度

气体组分 i 在气相中的逸度采用 PR 方程计算。首先求出混合气各组分的压缩因子 z：

$$z^3-(1-B)z^2+(A-2B-3B^2)z-(AB-B^2-B^3)=0 \tag{5-67}$$

方程中的参数为：$A=\dfrac{ap}{R^2T^2}$，$B=\dfrac{bp}{RT}$。其中，$a(T)=\alpha(T)a_{\mathrm{c}}$，$a_{\mathrm{c}}=0.457\ 24R^2T_{\mathrm{c}}^2/p_{\mathrm{c}}$，$b_{\mathrm{c}}=b=0.077\ 8RT_{\mathrm{c}}/p_{\mathrm{c}}$，$\alpha(T)=[1+k(1-T_{\mathrm{r}}^{0.5})]^2$，$k=0.374\ 64+1.542\ 26\omega-0.269\ 92\omega^2$。

实验气体组分在 PR 方程中的参数见表 5-6。

表 5-6　实验气体组分在 PR 方程中的参数

气　体	T_{c}/K	p_{c}/kPa	ω
CO_2	304.21	7 382.43	0.225
N_2	126.20	3 400	0.037 26
CH_4	190.56	4 595	0.010 45

状态方程采用以下混合规则：

$$a_{\mathrm{m}}=\sum_i\sum_j y_iy_ja_{ij} \tag{5-68}$$

$$b_m = \sum_i y_i b_i$$

$$a_{ij} = \sqrt{a_i a_j}(1 - k_{ij})$$

PR 方程中气体组分间的二元交互作用参数 k_{ij} 见表 5-7。

表 5-7 PR 方程中气体组分间的二元交互作用参数

	CO_2	N_2	CH_4
CO_2	0	−0.012	0.1
N_2	−0.012	0	0.1
CH_4	0.1	0.1	0

导出气体组分 i 逸度系数 φ_i 的表达式为：

$$\ln \varphi_i = \frac{b_i}{b_m}(z-1) - \ln(z - B_m) - \frac{A_m}{2\sqrt{2}B_m}\left(\frac{2\sum_j x_j a_{ij}}{a_m} - \frac{b_i}{b_m}\right)\ln \frac{z+(1+\sqrt{2})B_m}{z+(1-\sqrt{2})B_m} \tag{5-69}$$

由式(5-69)可得到气相各组分的逸度系数，由下式可得到气相各组分的逸度：

$$f_i^v = y_i \varphi_i p \tag{5-70}$$

3）水合物相组分逸度

水合物相各组分的逸度由 Chen-Guo 水合物相平衡理论计算。气体组分 i 在基础水合物中的逸度 $f_{i,0}$ 为：

$$f_{i,0} = f_{i,T0}(T) f(p) f(a_w) \tag{5-71}$$

基础水合物逸度中的温度项 $f_{i,T0}$ 由 Antoine 关联式计算：

$$f_{i,T0} = a_i \exp\left(\frac{b_i}{T - c_i}\right) \tag{5-72}$$

气体组分生成Ⅰ型水合物、Ⅱ型水合物的 Antoine 常数分别见表 5-8 和表 5-9。

表 5-8 气体组分生成Ⅰ型水合物的 Antoine 常数

气　体	$a/(10^{15}$ Pa)	b/K	c/K
CO_2	4.637 26	−4 004.18	90.67
N_2	97.939	−5 286.59	31.65
CH_4	1 584.4	−6 591.43	27.04

表 5-9 气体组分生成Ⅱ型水合物的 Antoine 常数

气　体	$a/(10^{28}$ Pa)	b/K	c/K
CO_2	3.447 4	−13 470	6.79
N_2	6.816 5	−12 783	−1.10
CH_4	5.260 2	−13 088	4.08

若形成水合物的水是固态冰的形式，可由下式进行校正：

$$f_{i,T0} = \exp\left[\frac{D_i(T - 273.15)}{T}\right] a_i \exp\left(\frac{b_i}{T - c_i}\right) \tag{5-73}$$

冰点以下生成水合物校正参数 D 见表 5-10。

表 5-10　冰点以下生成水合物校正参数 D

气　体	构　型	D
CO_2	Ⅰ	−10
N_2	Ⅱ	−34
CH_4	Ⅰ	−24

基础水合物逸度中的压力项 $f(p)$ 为：

$$f(p)=\exp\left(\frac{\beta p}{T}\right) \tag{5-74}$$

基础水合物逸度中水的活度项 $f(a_w)$ 为：

$$f(a_w)=a_w^{-1/\lambda_2}=\left(\frac{f_w}{f_{w,0}}\right)^{-1/\lambda_2} \tag{5-75}$$

模型中水合物结构参数见表 5-11。

表 5-11　模型中水合物结构参数

构　型	α	$\beta/(K\cdot bar^{-1})$	λ_2
Ⅰ	1/3	0.424 2	3/23
Ⅱ	2	1.022 4	1/17

气体组分 i 在水合物中的逸度 f_i 为：

$$f_i=x_i f_{i0}\left(1-\sum_{i=1}^{k}\theta_{1_i}\right)^{\alpha} \tag{5-76}$$

气体在连接孔的占有率 θ_{1i} 为：

$$\theta_{1i}=\frac{C_{1i}f_i}{1+\sum_{i=1}^{k}C_{1i}f_i} \tag{5-77}$$

Langmuir 常数 C_{1i} 由 Antoine 关联式计算：

$$C_{1i}=X\exp\left(\frac{Y}{T-Z}\right) \tag{5-78}$$

各气体组分的 Antoine 常数见表 5-12。

表 5-12　各气体组分的 Antoine 常数

气　体	$X/(10^{-6}$ bar)	Y/K	Z/K
CO_2	1.646 4	2 799.66	15.9
N_2	4.315 1	2 472.37	0.64
CH_4	2.304 8	2 752.29	23.01

对于某些气体，既能生成Ⅰ型水合物，又能生成Ⅱ型水合物，可以用 Gibbs 自由能 ΔG_{I} 和 ΔG_{II}判断是生成Ⅰ型还是生成Ⅱ型水合物。Gibbs 自由能越小的结构类型越易生成。

$$\Delta G_{\mathrm{I}}=RT\left[\lambda_{2,\mathrm{I}}\sum_i x_{i,\mathrm{I}}^{*}\ln\frac{f_{i,\mathrm{I},0}}{f_i}+\lambda_{1,\mathrm{I}}\ln(1-\sum_i\theta_{i,\mathrm{I}})\right] \tag{5-79}$$

$$\Delta G_{\mathrm{II}}=RT\left[\lambda_{2,\mathrm{II}}\sum_i x_{i,\mathrm{II}}^{*}\ln\frac{f_{i,\mathrm{II},0}}{f_i}+\lambda_{1,\mathrm{II}}\ln(1-\sum_i\theta_{i,\mathrm{II}})\right] \tag{5-80}$$

4）水的活度

一般来说，当系统中不含抑制剂且忽略气体在水中的溶解时，可认为式中水的活度 $a_{\mathrm{w}}=1$。但是，由于 $1/\lambda_2$ 比较大（Ⅰ型水合物为 7.67，Ⅱ型水合物为 17.0），因此 $f(a_{\mathrm{w}})$ 对 a_{w} 比较敏感，a_{w} 很小的变化也会引起 f_i 很大的变化。

当醇类、电解质或溶解性气体存在时，可采用 Kh. Nasriar 等公式计算水的活度：

$$a_{\mathrm{w}}=a_{\mathrm{w,gas}}a_{\mathrm{w,al}}a_{\mathrm{w,el}} \tag{5-81}$$

Ⅰ. 气体溶解对水的活度的影响

根据 Lewis-Randall 的假定，溶解性气体存在时水的活度 $a_{\mathrm{w,gas}}$ 近似等于水溶液的摩尔分率：

$$a_{\mathrm{w,gas}}=f_{\mathrm{w,gas}}/f_{\mathrm{w}}^{0}\cong(x_{\mathrm{w}}f_{\mathrm{w}})/f_{\mathrm{w}}=x_{\mathrm{w}} \tag{5-82}$$

Ⅱ. 醇类对水的活度的影响

醇类存在时水的活度 $a_{\mathrm{w,al}}$ 计算采用 Margules 方程：

$$\ln(a_{\mathrm{w,al}}/x_{\mathrm{w}})=(1-x_{\mathrm{w}})^2[B+2(A-B)x_{\mathrm{w}}] \tag{5-83}$$

$$A=a_1+a_2\times10^{-3}T$$

$$B=b_1+b_2\times10^{-3}T$$

Margules 方程参数见表 5-13。

表 5-13 Margules 方程参数

溶 液	a_1	a_2	b_1	b_2
甲 醇	−5.846 6	27.088 4	−2.822 6	19.643 9
乙二醇	−2.324 5	−3.923 7	0.666 0	−49.357 2
丙三醇	−11.736 1	27.521 2	−3.010 6	3.846 8

Ⅲ. 电解质对水的活度的影响

电解质存在时，水的活度采用改进的 Pitzer 理论计算。对单一的电解质溶液，渗透系数 φ 的表达式如下：

$$\varphi=1+|Z_{\mathrm{M}}Z_{\mathrm{X}}|f^{\varphi}+(2v_{\mathrm{M}}v_{\mathrm{X}}/v)mB_{\mathrm{MX}}^{\varphi}+[2(v_{\mathrm{M}}v_{\mathrm{X}})^{3/2}/v]m^2C_{\mathrm{MX}}^{\varphi} \tag{5-84}$$

$$B_{\mathrm{MX}}^{\varphi}=\beta_{\mathrm{MX}}^{0}+\beta_{\mathrm{MX}}^{1}\exp(-aI^{1/2}),\quad f^{\varphi}=-(A_{\varphi}I^{1/2})/(1+bI^{1/2})$$

$$v=v_{\mathrm{M}}+v_{\mathrm{X}},\quad I=0.5\sum_i m_iZ_i^2,\quad A_{\varphi}=0.568\,09-0.001\,8T+4.033\,76\times10^{-6}T^2$$

式中，v_{M}，v_{X} 分别为 1 mol 电解质电离时阳离子和阴离子的物质的量，mol；m 为电解质质量摩尔浓度，kg/mol；Z_{M}，Z_{X} 分别为阳离子和阴离子的电荷数；I 为以质量摩尔浓度为基础的离子强度；A_{φ} 为以质量摩尔浓度为基础的 Debyb-Hückel 系数；β_{MX}^{0}，β_{MX}^{1}，$C_{\mathrm{MX}}^{\varphi}$ 为模型参数；a，b 为经验常数。

对 1-1 型和 1-2 型电解质，$a=2$，$b=0$；对 2-2 型电解质，$a=1.4$，$b=12$。

Pitzer 理论单一电解质溶液模型参数见表 5-14。

表 5-14　Pitzer 理论单一电解质溶液模型参数

体　系	NaCl	$CaCl_2$	Na_2SO_4	$CaSO_4$
β^0_{MX}	0.081 906	0.306 681	0.039 385	0.150 00
β^1_{MX}	0.285 450	1.745 71	1.153 27	0.300 00
β^2_{MX}	—	—	—	6.006 5
$C^\varphi_{MX}\times10^4$	4.045 884	8.012 449	14.214 318	—

注："—"表示数据不存在。

求得渗透系数 φ 后，由下式计算电解质存在时水的活度 $a_{w,el}$：

$$\ln a_{w,el}=-vmM_w\varphi/1\ 000 \tag{5-85}$$

5）气体在液相中的溶解及水的相变

计算水合物相平衡时，气体在水中的溶解及水相变的影响往往被忽略，而气体的溶解会影响水的活度及气体在液相中的含量，水的相变会影响气体在液相及在水合物相中的含量，忽略两者会造成很大的计算误差。水合物生成时，气体在水中的溶解度是常温常压下的几倍甚至数十倍（CO_2大约为 25 倍）。它不仅决定气体在液相中的溶解量，而且影响水的活度。水的相变使水在液相与水合物相再分配，从而造成气体在液相中溶解量的变化及水合物相中水的体积膨胀，因此必须考虑气体在液相中的溶解以及水的相变带来的影响。

目前可用于水合物存在条件下的气体溶解模型有 Holder 推荐式、M. K. Davie 拟合式、Krichevssy-Kasarnovsky 方程（简称 K-K 方程）等。S. O. Yanga 等、Phillip Servio 等的实验数据显示，在某些温压条件下 Holder 推荐式的计算值与实验值一致，但多数情况下误差较大。M. K. Davie 等提出用线性函数拟合 CH_4 在深海的溶解度，实验数据显示了拟合方程的正确性。M. K. Davie 拟合方程的形式为：

$$C(T,p)=C(T_0,p_0)+\frac{\partial C}{\partial T}(T-T_0)+\frac{\partial C}{\partial p}(p-p_0) \tag{5-86}$$

式中，T，p 为所求溶解度的温压条件；$C(T_0,p_0)$为已知温压条件下的溶解度，其中 T_0 和 p_0 为已知温压条件。

采用此拟合方程时要求 T_0 和 p_0 的选取必须合适，即 T_0 和 p_0 应在实际水合物平衡温压值附近，以保证准线性函数关系。然而，目前关于水合物存在下气体溶解度数据的相关文献很少，这使得拟合溶解度的方式变得非常困难。Yingirene Zhang 等通过实验证实 K-K 方程可用于计算水合物存在下的气体溶解度，计算误差在允许范围之内，因此采用 K-K 方程计算水合物存在下的气体溶解度。

$$\ln\left(\frac{f_i}{x_i}\right)=\ln H_{i,w}+\frac{v_i^\infty(p-p_w^s)}{RT} \tag{5-87}$$

式中，p_w^s 为水的饱和蒸汽压；f_i 为气体组分 i 的逸度；x_i 为气体组分 i 的溶解度；v_i^∞ 为无限稀释下气体组分 i 的摩尔体积；p 为气体组分 i 的分压；$H_{i,w}$为气体组分 i 的亨利系数。

采用式（5-87）求解气体溶解度的关键是求解无限稀释下气体组分 i 的摩尔体积 v_i^∞ 和气体组分 i 的亨利系数 $H_{i,w}$。其中，$H_{i,w}$可以由 Van't Hoff 方程计算：

$$H_{i,w}=H^\theta_{i,w}\exp\left[-C_i\left(\frac{1}{T}-\frac{1}{T^\theta}\right)\right] \tag{5-88}$$

式中，T^{θ} 为室温，取 298.15 K；$H_{i,w}^{\theta}$ 为常温常压下的亨利系数；C_i 为方程的参数。

部分气体的方程参数见表 5-15。

表 5-15 部分气体的方程参数

气 体	$H_{i,w}^{\theta}/(10^6\ kPa)$	C_i/K	$v_i^{\infty}/(cm^3 \cdot mol^{-1})$
CO_2	0.168	2 400	38.4
CH_4	4.18	1 700	37.4
N_2	8.68	1 300	32.8

此外，在计算分离后气相与液相中气体组分含量时，需要知道液相水转化成水合物的量，即水的转化率。已知水与Ⅰ型水合物的摩尔体积相差 4.6 cm^3/mol，因此水转化为水合物时体积会膨胀至原来的 1.25 倍。

6）模型算法

模型算法如下：

（1）输入基础数据，包括温度 T、初始压力 p_0、原料气组成 z_i，反应釜体积 V_c、水的体积 V_1 等。

（2）给平衡压力、平衡后的气相组成及水的转化率赋初值 p_{e0}，y_{i0}，w_0，得到平衡后气相空间的体积 V^g：

$$V^g = V_c - (1 + 0.25w_0)V_1 \tag{5-89}$$

（3）由 PR 方程求得初始和平衡后气体组分的物质的量 n_0，n_v，以及平衡后气相组分的逸度 f_i^v。

（4）由 K-K 方程求解气体组分在液相中的溶解度 x_i 及含量$(1-w_0)x_i n_1$。

（5）由物料守恒求得气体组分在水合物中的摩尔浓度：

$$x_{hi} = \frac{n_0 z_i - n_v y_i - (1-w_0)x_i n_1}{n_0 - n_v - (1-w_0)n_1} \tag{5-90}$$

（6）根据 Chen-Guo 模型，由前式可得到基础水合物逸度中的温度项、压力项、溶液活度项，再计算气体组分在基础水合物的摩尔分数：

$$x_{bi} = f_i^h / [f_{i,0}(1 - \sum_{i=1}^{k} \theta_i)^{\alpha}] \tag{5-91}$$

（7）由下式计算水合物相中气体组分的摩尔分数：

$$x'_{hi} = x_{bi} + \alpha\theta_i \tag{5-92}$$

（8）迭代计算相平衡压力 p_e，迭代结束判据为基础水合物中气体组分和 $\left|\sum_i x_{bi} - 1\right| \leqslant \varepsilon$。若不满足，则采用以下割线法进行迭代：

$$F(p_{ek}) = \sum_i x_{bi} - 1$$

$$p_{ek} = p_{ek-1} - \frac{(p_{ek-1} - p_{ek-2})F(p_{ek-1})}{F(p_{ek-1}) - F(p_{ek-2})} \tag{5-93}$$

（9）迭代计算平衡气相组成 y_i，迭代结束判据为由物料守恒方程和 Chen-Guo 模型分别计算而得的水合物相气体组分的摩尔分数的偏差，即 $|x'_{hi} - x_{hi}| \leqslant \varepsilon$。若不满足，则采用以下割线法进行迭代：

$$F(y_{ik}) = x'_{hi} - x_{hi}$$

$$y_{ik}=y_{ik-1}-\frac{(y_{ik-1}-y_{ik-2})F(y_{ik-1})}{F(y_{ik-1})-F(y_{ik-2})} \tag{5-94}$$

(10) 迭代计算水的转化率 w。首先计算客体分子在单位水分子水合物中的量：

$$x''_i=\lambda_2 x_{bi}+\lambda_1\theta_i \tag{5-95}$$

进一步计算水在水合物中的摩尔分率：

$$x_{w,H}=\frac{1}{1+\sum x''_i} \tag{5-96}$$

可以计算水的转化率：

$$w=\frac{[n_0-n_v-(1-w_0)n_1]x_{w,H}}{\dfrac{\sum x''_i}{1+\sum x''_i}V_l} \tag{5-97}$$

采用直接迭代法 $w_k=w_{k-1}$ 计算，直到满足 $|w_k-w_{k-1}|<\varepsilon$。

水合物相平衡计算框图如图 5-15 所示。

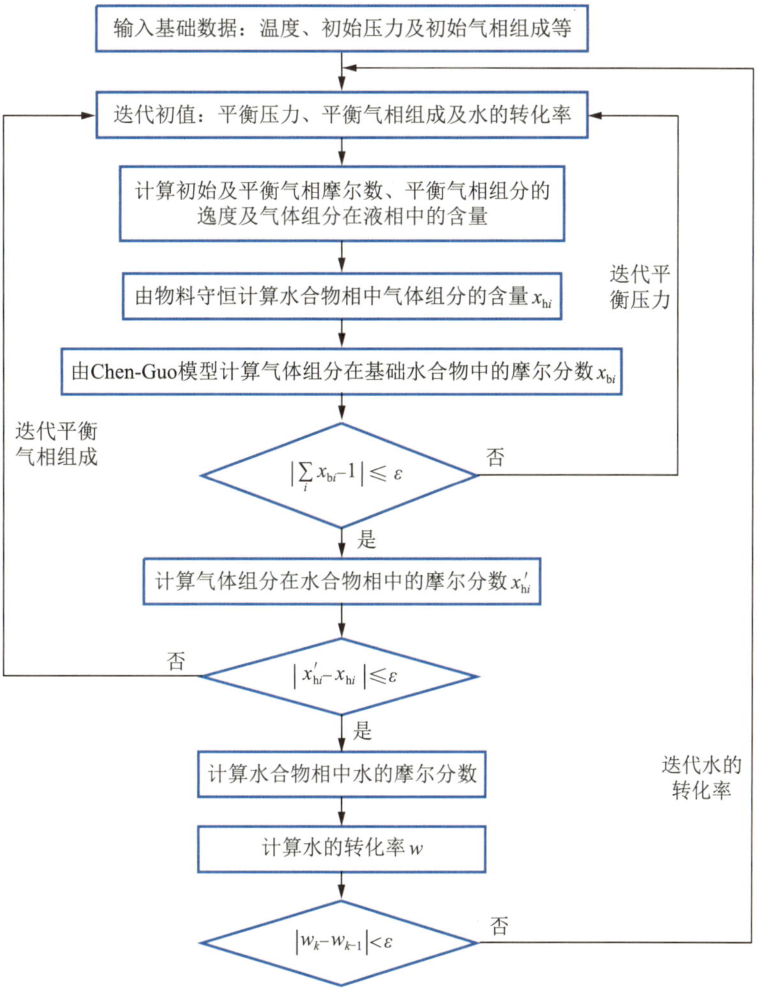

图 5-15　水合物相平衡计算框图

7）水合物简化模型

水合物简化模型如下：

（1）基于多相流模型计算沿线各点各时刻的 $p(x,t)$ 和 $T(x,t)$。

（2）判断各时刻的水合物是否生成：

$$p_c = e^{0.2268T} \tag{5-98}$$

如果 $p(x,t)$ 大于 p_c，则判断 x 处在 t 时刻水合物能够生成。

（3）基于上述方法计算得到全线各时刻的判断情况，即可得到全线各时刻的水合物生成情况。

5.2.2.2 水下油气生产系统水合物相平衡分离模型验证

基于现场提供的天然气物性数据，计算得到天然气形成水合物的相平衡数据。模型与OLGA的对比如表5-16和图5-16所示，模型计算得到的对应温度下水合物相平衡压力与OLGA计算误差在6%以内。总体来看，冰点以下模型计算结果较OLGA计算结果偏大，而10 ℃以上，模型计算结果较OLGA计算结果偏下，随着温度的升高，偏差值逐渐增大，并基本维持在5%～6%之间。分析原因是在水合物相平衡计算过程中，由于状态方程选择及方程中参数选择有区别，造成二者的计算结果存在偏差。

表5-16 模型与OLGA计算水合物相平衡数据

温度/℃	OLGA计算压力/bar	模型计算压力/bar	误差/%
−10	4.47	4.31	3.58
−8	4.89	4.75	2.86
−6	5.33	5.19	2.63
−4	5.82	5.67	2.58
−2	6.33	6.19	2.21
−0.1	6.86	6.69	2.48
0	6.95	6.76	2.73
2	8.90	8.75	1.69
4	11.37	11.19	1.58
6	14.49	14.20	2.00
8	18.46	18.02	2.38
10	23.58	23.55	0.13
12	30.25	30.61	−1.19
14	39.15	39.65	−1.28
15.68	49.15	50.12	−1.97
16.96	59.15	61.36	−3.74
17.98	69.15	72.01	−4.14
18.80	79.15	82.58	−4.33
19.48	89.15	93.02	−4.34

续表

温度/℃	OLGA 计算压力/bar	模型计算压力/bar	误差/%
20.05	99.15	103.85	−4.74
20.54	109.15	114.96	−5.32
20.97	119.15	125.46	−5.30
21.36	129.15	136.01	−5.31
21.72	139.15	146.52	−5.30
22.05	149.15	156.95	−5.23
22.36	159.15	167.23	−5.08
22.65	169.15	178.06	−5.27
22.93	179.15	188.66	−5.31
23.2	189.15	198.80	−5.10
23.46	199.15	210.02	−5.46
23.72	209.15	221.18	−5.75

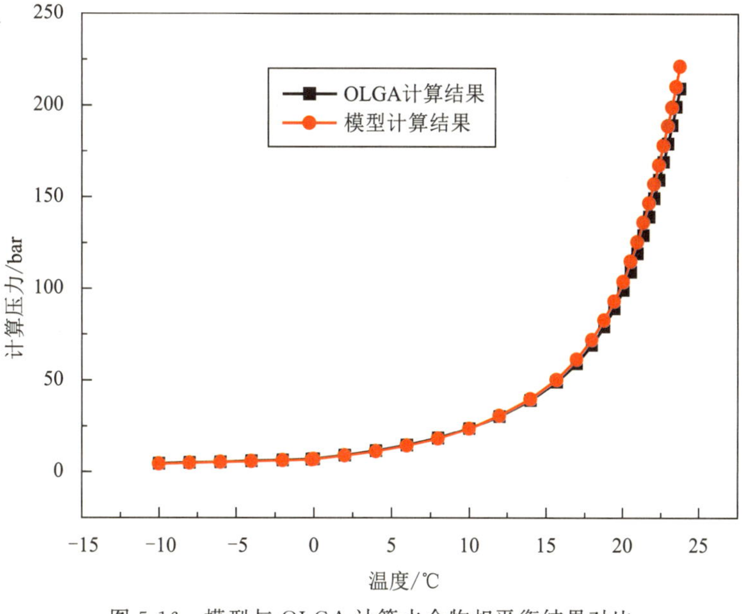

图 5-16　模型与 OLGA 计算水合物相平衡结果对比

5.3　数值仿真技术

5.3.1　常见多相流流型数值仿真技术

由于水下油气生产系统作业环境复杂、恶劣，作业受环境影响大，对实验的参数条件有限制等，无法在实验中根据实际工况进行准确、全面的模拟。数值模拟方式可规避实验困难，有效预测各种常见流型。

严重的段塞流具有压力波动大、压降高的特点，会给水下油气生产系统带来一系列问题，因此对多相流动的研究显得越来越重要。下面以段塞流为例，对水下油气生产系统进行数值仿真。

MATLAB 是一种用于算法开发、数据可视化、数据分析及数值计算的高级技术计算语言和交互式环境，可用于信号和图像处理、控制系统设计、数值分析、科学和工程绘图、应用软件开发等。针对 OLGA 软件计算效率低、实时性差的问题，使用 MATLAB 软件对 OLGA 软件计算得到的模拟数据进行编译和处理，得到气液两相流模型和水合物数学模型，以简化 OLGA 软件的计算过程，加快模拟仿真运算速度。对 MATLAB 软件和 OLGA 软件得到的仿真结果进行对比分析，保证 MATLAB 软件仿真结果在误差允许范围内。

利用 MATLAB 的 App 设计工具，开发 App 使用界面，实现人机交互功能。

用鼠标双击水下油气生产系统段塞流预测模块图标，进入登录界面，如图 5-17 所示。新用户首先需注册账户，在登录界面中点击 注册 ，进入图 5-18 所示注册界面，输入用户名、密码、手机号和邮箱，点击 立即注册 完成注册；已注册用户登录时，在登录界面直接输入用户名和登录密码，点击 登录 可进入软件，点击 退出 可退出软件。如果忘记密码，可点击 忘记密码 ，进入密码找回界面，通过手机号及邮箱找回密码，如图 5-19 所示。在找回密码界面点击 下一步 ，进入密码重置界面，进行密码重置，如图 5-20 所示。

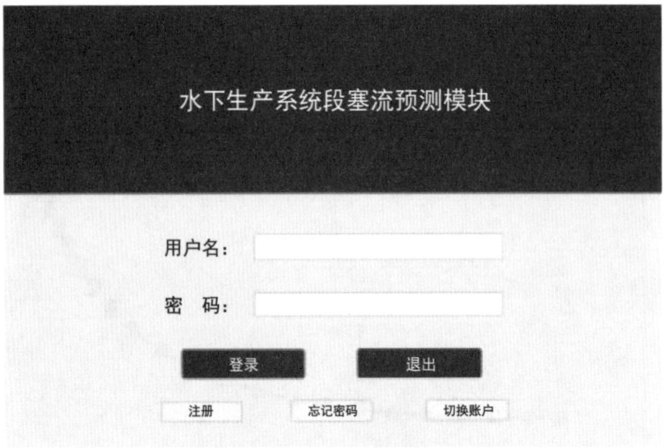

图 5-17　登录界面

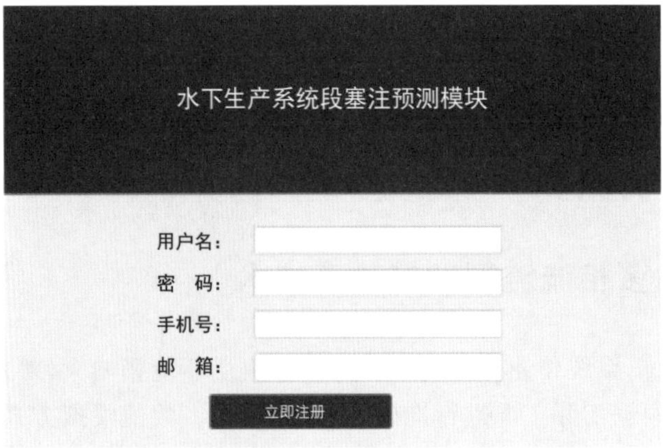

图 5-18　注册界面

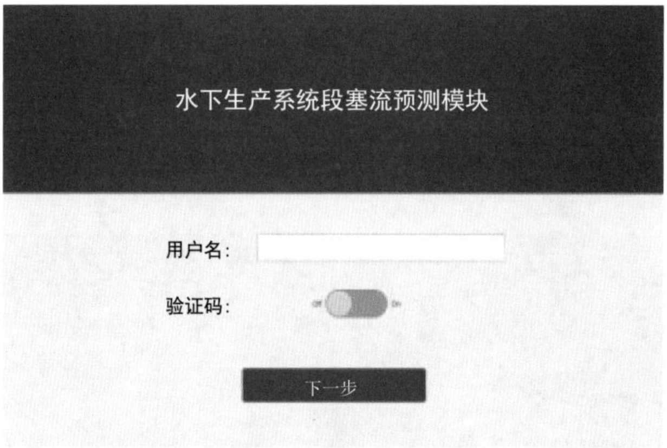

图 5-19　密码找回界面

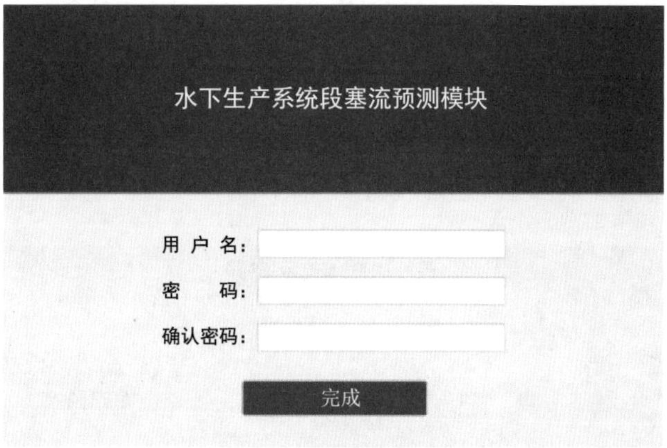

图 5-20　密码重置界面

登录成功后进入模块选择界面,如图 5-21 所示。界面共有采气管柱段塞流预测模块、水下采油树段塞流预测模块、水下管汇段塞流预测模块和跨接管段段塞流预测模块 4 个选项,用户可以按照需求进行选择。

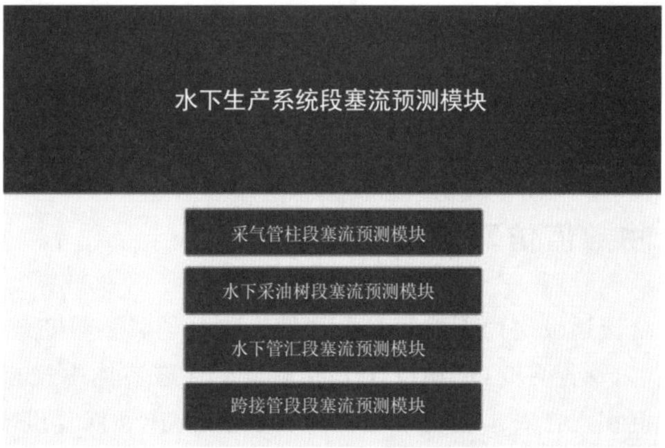

图 5-21　模块选择界面

管段选择完成后进入仿真界面，整个界面分为输入和输出两部分。在输入部分，用户根据实际情况进行 PCV 开度、温度、压力、直径、气井产量、产物组分等参数的输入。系统本身设定了输入参数范围，能够自动根据用户输入参数的值进行合理提示，如图 5-22 所示。在输出界面，用户点击后，经后台运算，判断产生段塞流的形成情况，结果以复选框的形式显示，如图 5-23 所示。

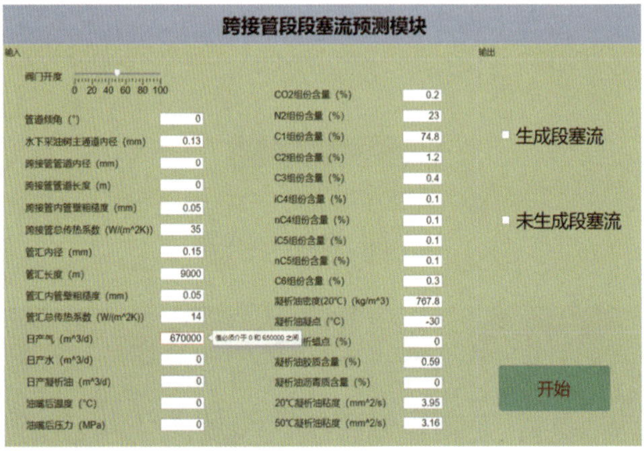

图 5-22　参数范围提示

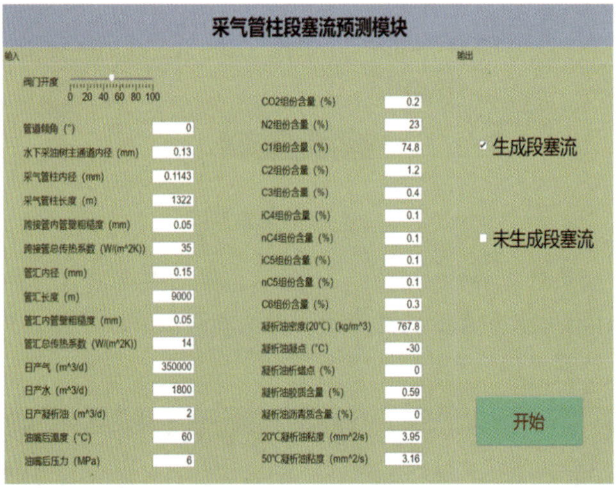

图 5-23　判断结果

5.3.2　水合物数值仿真技术

水下油气生产系统流通管道内天然气水合物的生成时刻威胁着安全生产运行。水下油气生产系统包含流道众多，管径多变，流动特性十分复杂。管道流体中气相与水分子相互作用，导致水合物的生成与沉积。针对水合物形成、沉积、堵塞、解离和修复机理方面已有较多研究，但水下油气生产系统多所处于低温、高压环境下，该条件下水合物的生成、分解与解离较地面环境更为复杂。研究水下油气生产系统管道内部流体流动特性是水下油气生产系统正常运行的基础，对指导海洋设计虚拟现实仿真培训系统设计和运行具有重要价值。

用鼠标双击水下油气生产系统水合物预测模块图标，进入登录界面，如图 5-24 所示。新用户首先需注册账户，在登录界面中点击 注册 ，进入图 5-25 所示注册界面，输入用户名、密码、手机号和邮箱，点击 立即注册 完成注册；已注册用户登录时，在登录界面直接输入用户名和登录密码，点击 登录 可进入软件，点击 退出 可退出软件。如果忘记密码，可以点击 忘记密码 ，进入密码找回界面，通过手机号及邮箱找回密码，如图 5-26 所示。在找回密码界面点击 下一步 ，进入密码重置界面进行密码重置，如图 5-27 所示。

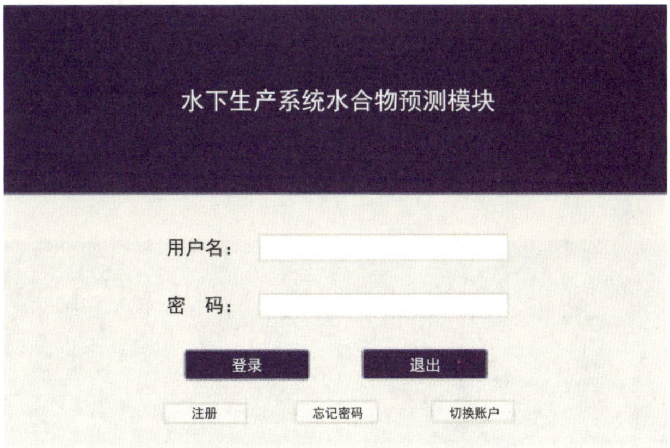

图 5-24　登录界面

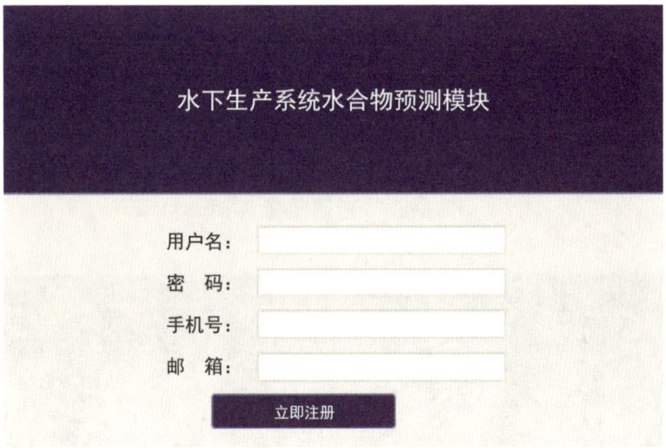

图 5-25　注册界面

登录成功后进入模块选择界面，如图 5-28 所示。界面共有采气管柱水合物预测模块、水下采油树水合物预测模块、水下管汇水合物预测模块和跨接管段水合物预测模块 4 个选项，用户可以按照需求进行选择。

选择完成后进入仿真界面，整个界面分为输入和输出两部分。在输入部分，用户根据实际情况进行 PCV 开度、温度、压力、直径、气井产量、产物组分等参数的输入。系统本身设定了输入参数范围，能够自动根据用户输入参数的值进行提示，如图 5-29 所示。在输出界面，用户点击 开始 后，经后台运算，判断产生水合物的形成情况，结果以复选框的形式显示，如图 5-30 所示。

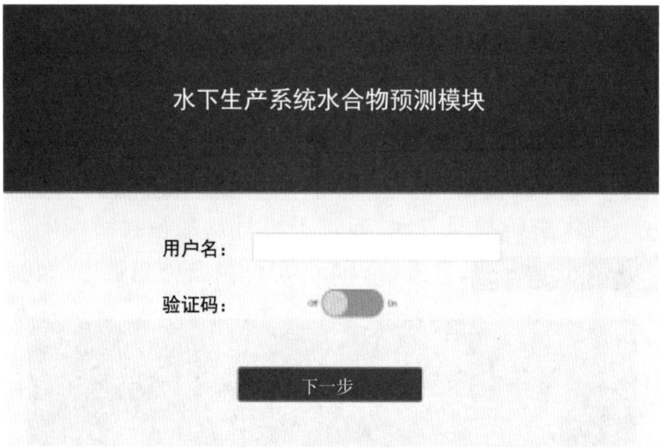

图 5-26　密码找回界面

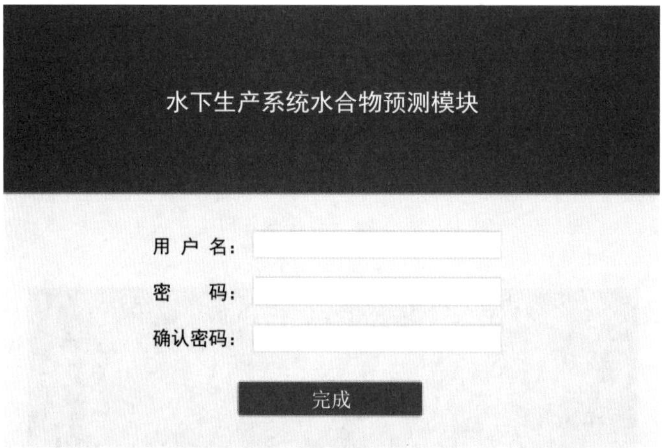

图 5-27　密码重置界面

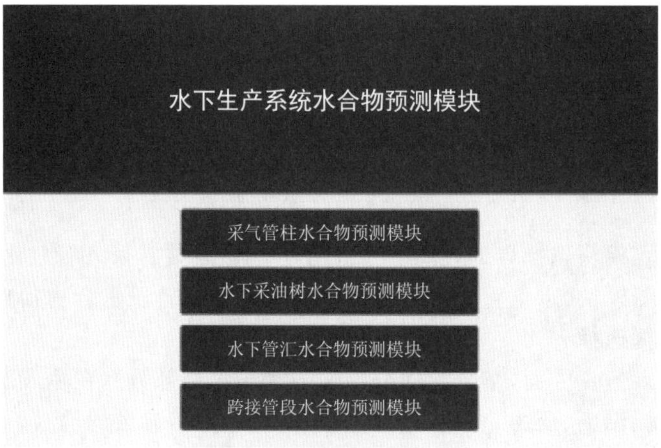

图 5-28　模块选择界面

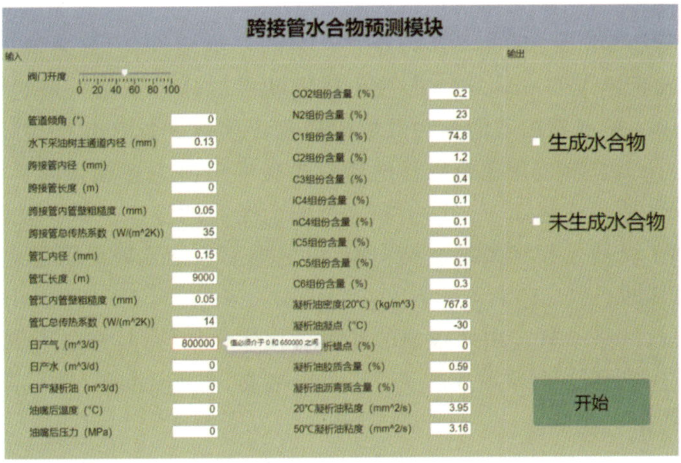

图 5-29　参数范围提示

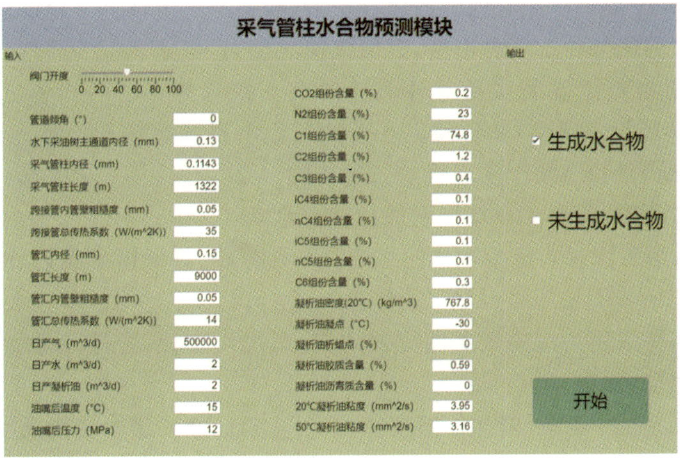

图 5-30　判断结果

5.4　水下油气生产系统三维视景技术

5.4.1　三维建模技术

水下油气生产系统仿真平台主要设备模型包括采气管柱、水下采油树、水下管汇、跨接管段。逼真度和实时性是虚拟现实仿真的两个重要需求。模型优劣决定逼真度，模型大小决定实时性。水下油气生产系统设备繁多、体积庞大、结构复杂，如果将每个设备模型都做得很细致，固然能达到很好的逼真度，但会大大增加数据量，严重影响运行速度。虚拟现实场景的建模与室内外建筑效果图建模不同，不是模型做得越真实、越高精度越好。模型精度越高，模型的面数等会呈数量级的上升，这会极大影响虚拟现实场景的运行速度。建模时可在保证基本视觉效果的基础上，对模型进行最大程度的简化，以实现兼顾场景真实和系统运行速度的效果。

虽然水下生产设施的三维几何模型最终要在 Unity 3D 中进行视景仿真，且 Unity 3D 也具备建模的功能，但是 Unity 3D 并不适合建立复杂的三维模型，因此要选用其他专门的三维建模软件，建模完成后导入 Unity 3D。参数化建模软件的建模步骤一般是先输入具体数据，而后生成模型，生成的模型靠输入的各种数据生成理论实体。这类软件主要应用于需要以尺寸为基础的模型设计。非参数化建模软件的建模步骤一般是先建模型再后续修饰，更偏向于外形设计。这类软件适用于复杂工艺结构和复杂曲面结构的设计。非参数化建模软件与参数化建模软件相比多了材质贴膜和系统渲染功能，可更加形象细致地展示三维模型，更适合水下油气生产系统仿真需求。

3ds Max 建模软件是一款实用性很强的非参数化建模软件，具有以下优点：

(1) 性价比高。三维软件开发成本高，售卖价格高，如与 Maya，Pro/E，Rhino 等软件相比，3ds Max 的价格相对较低。

(2) 操作简单，上手容易。3ds Max 建模思路简单，制作流程高效简洁，容易上手。

(3) 功能全面，拓展兼容性好。3ds Max 除建模功能较强大外，还具有突出的动画和渲染功能。另外，3ds Max 提供了兼容性好的软件平台，兼容第三方插件来辅助建模和渲染。

3ds Max 最大的优势在于其易用性，方便快速建模，且可兼容很多插件。研究中的设计重点是展示各部件的相对位置关系及对各部件的交互控制操作。对比各三维建模软件，3ds Max 可以很好地实现设备建模功能，满足水下油气生产系统建模的要求，且与三维视景仿真软件 Unity 3D 的兼容性高，便于实现视景仿真功能。

在实际操作过程中，需要注意按如下规范进行建模：

(1) 建模过程中要注意调整基本体的边数及高度分段，降低模型面数，建模过程中不必要的点、面应删除，包括看不见的面也尽可能删除。

(2) 管线的建模采用可渲染线条的方式建模，用线代替管，这样可将线条渲染成管，同时调整面插值，减少模型面数。

(3) 避免三角形面片建模，同样的模型，理论上三角形面片建模会使模型面数增加 1 倍以上。

(4) 复杂结构要通过基本体构建，运用挤出、拉伸等多边形编辑基本操作实现，尽可能避免布尔运算。

(5) 尽量避免利用从其他软件中导出的模型，因为从其他建模软件中导出的模型在一般情况下面数会比重新建模的面数大若干数量级。多数情况下，与其利用导出的模型进行优化调整，费时费力，不如重新建模，这样效率更高。

(6) 个别复杂模型可以贴图建模，利用贴图减少模型面数及模型复杂度。

(7) 材质相同的面，若两者距离合适，应合并整合到一个可编辑多边形下，以降低系统模型数量。

(8) 注意使用标准材质，以避免模型导出后材质不兼容，贴图的普通纹理采用 JPG 格式，透明贴图采用 PNG 格式。

(9) 注意参考坐标系。3ds Max 采用的是右手坐标系，Unity 3D 采用的左手坐标系。

(10) 注意模型缩放问题。在建模过程中会利用放大、缩小功能对基本体进行调整，但最后整合后每个单独模型的缩放比例都应为 1，否则导入 Unity 3D 中会失真。

(11) 注意模型的轴心位置。在建模过程中编辑调整会导致模型轴心位置变化，应注意调整轴心到模型的合适参考点。

(12) 注意模型的命名规则,避免重名。

(13) 每个设备单独建模,单独文件存放,最后整合。

5.4.2　三维模型渲染技术

水下油气生产系统是深水油气开发的关键。由于长期作业在复杂的水下环境,整个生产环节常面临偶然性或突发的不可控因素,决策和操作的任何失误都可能造成巨大的经济损失,尤其是生产管道内的多相流流型的变化和管道内水合物的生成,会对整个系统产生巨大影响。在生产管道中普遍存在油气水多相流动现象,由于管道内部的不可见性,给观测流体的动态带来了困难,所以将其真实流动现象可视化,可对科学研究与科学发现、激发人脑对事物的潜意识挖掘提供有价值的参考。

针对水下油气生产系统的特殊复杂性,从安全生产角度出发,对水下油气生产系统仿真培训的关键理论和技术进行深入研究,采用先进的虚拟仿真方法,可为管理人员和操作人员从视觉上提供具有沉浸感且足够逼真的三维场景提供前提,有助于提供安全、经济、可靠、有效的培训环境,有助于为研究人员提供富有想象力的创新平台,对水下油气生产系统设备提高可用性、降低风险和成本具有重要的科学意义和现实的工程应用价值。

5.4.2.1　水下油气生产系统三维模型的渲染

三维建模作为计算机图形学领域研究的重要组成部分之一,广泛应用于工业制造、产品设计、影视动画制作等领域。模型建立和优化技术的主要目的是将现实世界中的物体及场景转化为计算机系统可以识别、虚拟现实系统可用的几何模型。模型的建立及优化是开发虚拟现实系统的核心及关键环节,模型的优劣会直接影响虚拟现实系统的沉浸感、交互性和想象性。

渲染是 CG 的最后一道工序,也是最终使模型符合 3D 场景的阶段。为使效果更加真实,在 3ds Max 完成三维模型建立后需要进行渲染。由于 3ds Max 中常用的 VRay 渲染器并不支持直接导入 Unity 3D 中,因此选择将模型导入 Unity 3D 后进行渲染。

将模型导入 Unity 3D 后首先进行导入设置,然后通过 Mesh Filter 组件,从我的资源库中获取网格信息,确定所有水下油气生产系统模型的外观信息,并传递到 Mesh Render 组件中,准备将模型渲染到屏幕上。Mesh Render 组件从 Mesh Filter 组件中获取所有的水下油气生产系统模型后,根据模型的顶点信息等进行渲染,将图形渲染到屏幕上,并在 Mesh Render 组件中选择“01-Default”材质,使模型更加真实。

Rigidbody 组件使水下油气生产系统的模型受物理控制。刚体可接受力和扭矩,使对象以逼真的方式移动,所有部分都必须包含受重力影响的刚体。“Angular Drag”选项为根据扭矩旋转对象时影响对象的空气阻力大小,“Use Gravity”选项为模型是否受重力影响。如果开启“Is Kinematic”,则对象将不会被物理引擎驱动,只能通过“Transform”对其进行操作。设置模型质量为 1,阻力为 0,角阻力为 0.05。

添加 Obi Collider 组件、Obi Rigidbody 组件,使其与 Obi 一起工作。可以通过 Obi Collider 组件的“Collision material”设置碰撞材料,从而选择需要的碰撞反应。每个 Obi Collider 都有一个“Collision phases”属性,粒子有一个“Phases”通道,只有不同 Phases 的 Colliders 和

粒子才会发生碰撞，同一 Phases 的 Colliders 和粒子将互相忽略。默认情况下，“Obi Colliders”处于相位 0，而粒子处于相位 1，所以它们会立即发生碰撞。“Thickness”可以设置碰撞厚度。当该值为正时，撞击时会使撞击表面和撞击粒子之间留有空隙；当该值为负时，会使粒子在撞击物体内部。设置“Collision material”为“MediumFriction”，其他均为默认值。当将“Obi Collider”组件添加到一个对象中时，它将寻找其层次结构中的第一个“Rigidbody”组件，并将一个“Obi Rigidbody”组件附加到其上。该组件允许 Obi 粒子与刚体交互。启用“Kinematic for particles”可使刚体免受粒子施加的任何力的影响，因此此处保持关闭状态。

5.4.2.2 海洋环境的渲染

Unity 3D 是 Unity Technologies 开发的一款专业游戏引擎，可以用来开发三维视频游戏、实时三维空间动画、建筑可视化等。随着科技的进步，Unity 3D 已逐步发展成专业性强、功能稳定、效率高且支持多平台的全方位专业引擎。Unity 3D 的特性主要是：一次开发，多处部署；高度整合，可扩展性强；通用性强；画面逼真程度高；物理引擎强大；支持多种脚本语言；资源丰富。水下油气生产系统的生产场景位于海下，可借助 Unity 3D 开发逼真的海洋环境。

3ds Max 虽可用于开发海洋环境，但在 3ds Max 中建立模型后导出所需时间远远大于在 Unity 3D 中直接开发。同时，所传输的数据量也会大大超出仅为模型、材质输出的数据量。在 3ds Max 中开发海洋环境，需要将所有设备按照相应布局统一布置在一个场景下，然后进行烘焙渲染导出，所导出的场景只适用于在该布局下的光影效果，这样的可视化效果并不适用于再编辑，尤其是在虚拟现实场景中，对交互体验要求较高的环境更不适用。另外，对环境这样的非标准体，使用 3ds Max 建模会增加模型面数，降低系统运行速度。

综合考虑，采用 Unity 3D 进行海洋环境开发。在 Unity 3D 中搭建场景，模拟海底环境，创建地形，导入 terrain 资源，加入海草的创建；设置环境光为海水的蓝色，加入雾特效，在远景情况下为画面添加一层蓝色薄雾效果，提高显示真实性；通过粒子系统，结合图片，实现气泡、鱼的创建，使效果更加逼真。

Unity 3D 提供的地形建模功能可用于海底地形的开发。导入 terrain 资源，通过菜单“Raise/Lower Terrain”功能，按住鼠标左键向上移动可升高地势，同时按住“Shift”键和鼠标左键向下移动可降低地势；设计海底凹凸起伏地形，并通过“Smooth Height”对高度进行平滑，平滑掉地形中尖锐的部分。通过菜单“Paint Picture”功能，导入“Environment”资源包，对地面进行贴图，选择与海底沙子相近的贴图，再通过“Paint Details”功能，选择与海草相似的贴图，添加海草素材。反复绘制，实现复杂混合地形的创建。

在 Unity 3D 中创建海底环境效果主要有制作球形罩和使用天空盒效果两种方式。球形罩通过在球形内表面贴图，并将模型放在球内来实现。天空盒效果又分两种。一种是创建一个天空盒材质，将 6 个方位分别附上相应的天空背景材质图。这 6 幅图需要采用图片处理软件进行无缝化衔接处理，以避免天空背景出现裂缝。若不进行接缝衔接处理或处理不当，接缝处会显得非常突兀。另一种是直接使用纯色场景。由于水下油气生产系统处于海洋环境，因此选用类似海水颜色的纯蓝色场景，既能避免处理图片的复杂程序，也可得到相对逼真的场景。

对海水增加雾化效果可使效果更加逼真。雾化效果通过 Unity 3D 自带的 Fog 效果实现，海水效果则通过 Fog 效果的演变实现。通过判断观察点所处高度与海浪高度的关系，对 Fog 雾效的浓度值进行相应调整。当观察点高度小于海浪高度时，雾效浓度加大，反之则将雾效浓度设定为普通状态值，从而实现海面下海水效果的开发。

运用 Unity 3D 中自带的粒子系统功能可实现气泡的效果。在场景中创建 Particle System 并添加气泡的透明贴图，同时调整粒子发射器、动画器及渲染器的相关参数，包括发射方向、生命周期、碰撞检测、粒子形状、粒子透明度等。还可以通过控制生命周期形状的大小实现气泡在整个生命过程中由小到大的变化，使场景效果更加逼真。最终效果如图 5-31 所示。

图 5-31　海洋环境

运功控制是虚拟可视化系统中最基本的功能。通过运功控制可实现当前最流行的自主漫游功能，类似游戏玩家效果，根据用户自己的需求决定漫游的范式和路径。可视化系统漫游的主要功能是用户可在当前位置实现三维度六方向、前后左右上下全局移动，通过编程开发控制角色控制器的位置。相机类似人的眼睛，角色控制器类似人体，通过鼠标和键盘的输入操控人体的位置及眼睛的视角，实现漫游控制。

Unity 3D 中支持的 Visual Studio 通过对相机运动的控制，可方便地对整个水下油气生产系统进行观测，从而实现自主漫游功能。用户通过鼠标和键盘的配合，可实现对全局的把握，实现全沉浸式参与。

流体在管道中流动，当流体流动至某一阀门时，流体与阀门内部构件发生接触及碰撞。若阀门为关闭状态，流体将不能通过该阀门，通过 Unity 3D 碰撞检测技术对流体段和阀门的接触效果进行测试。Unity 3D 中碰撞检测技术分为碰撞器技术和触发器技术。碰撞器的效果为当二者接触后两个物体产生撞飞效果；触发器的效果为当二者接触后物体将不会撞飞，但会触发设定条件而产生新的动作。选择触发器技术设置，对流体段和阀门开启碰撞检测，设置触发器"IS trigger"值为"true"，激活"OnTriggerEnter/Stay/Exit"函数。当二者接触后，检测阀门的布尔值，只有布尔值为"true"时流体才可通过该阀门并进入下一管段。碰撞检测的前提是碰撞双方为刚体，将流体段和阀门的属性都设置为"Rigid body"，取消流体段刚体重力属性参数，以防止流体段在移动过程中从空中掉落。

5.5　水下油气生产系统仿真平台设计与开发技术

5.5.1　仿真平台系统平台设计技术

将虚拟现实技术与海洋油气开发相结合，对水下油气生产系统仿真平台进行设计，通过实时三维空间表现及人机交互式的操作环境，给使用者带来身临其境的感觉。随着面向深海的油气田开发不断推进，由于水下作业环境的复杂性，以及管道内流体流型变化和水合物的形成，稍微一点变动都有可能对整个生产过程造成严重影响，为此行业中越来越意识到水下油气生产系统仿真平台研究的重要性。

水下油气生产系统仿真平台主要包括数值仿真模块、视景仿真模块和接口模块，如图5-32 所示。数值仿真模块为视景仿真模块提供数据支持，主要是水下采油树操作工艺流程、水下采油树节流阀控制、管道流型、管道水合物数学建模及解算。视景仿真模块为水下油气生产场景，主要包括海洋环境、水下油气生产系统操作流程及节流阀控制、管道流型预测及水合物预测等。接口模块是视景仿真模块和数值仿真模块建立联系的纽带，负责将数值仿真模块的参数和仿真结果实时输出给视景仿真模块，并将视景仿真模块阀门开度的改变实时传输给数值仿真模块，是整个水下油气生产系统仿真平台的关键。

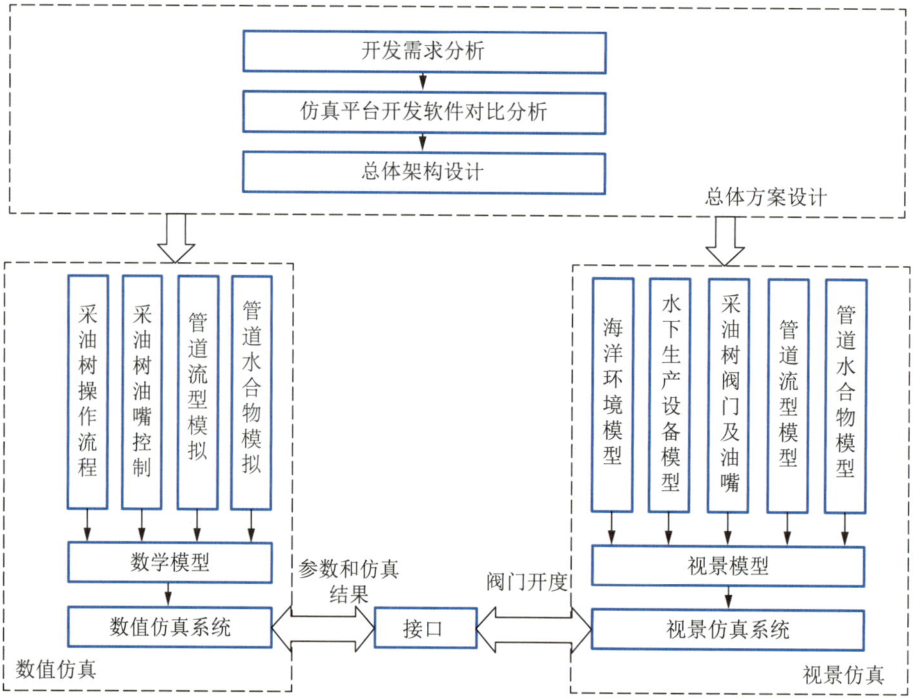

图 5-32　水下油气生产系统仿真平台总体架构

5.5.2　仿真平台接口技术

接口模块是连接视景仿真模块和数值仿真模块的桥梁和纽带，对整个系统的正常运行起着至关重要的作用。为实现数据交互的目的，在进行 MATLAB 和 Unity 3D 联合仿真工作时，需要使二者之间的数据进行通信：

（1）将数值仿真模块在 MATLAB 中输入的参数和仿真结果实时输出给视景仿真模块 Unity 3D。

（2）将视景仿真模块 Unity 3D 中阀门开度的改变实时传输给数值仿真模块 MATLAB。

5.5.2.1　协议的选择

传输控制协议(transport control protocol,TCP)和用户数据报协议(user datagram protocol,UDP)是传输层最重要的两种协议,为上层用户提供相应级别的通信可靠性。TCP 和 UDP 协议是 TCP/IP 协议的核心。TCP 定义了两台计算机之间进行可靠传输而交换的数据和确认信息的格式,以及计算机为确保数据正确到达而采取的措施。协议规定了 TCP 软件怎样识别给定计算机上的多个目的进程,如何对分组重复这类差错进行恢复。协议还规定了两台计算机如何初始化一个 TCP 数据流传输以及如何结束这一传输。TCP 最大的特点是提供面向连接、可靠的字节流服务。UDP 是一个简单的面向数据报的传输层协议,提供的是非面向连接的、不可靠的数据流传输。UDP 不提供可靠性,也不提供报文到达确认、排序及流量控制等功能,只是把应用程序传给 IP 层的数据报发送出去。UDP 在传输数据报前不用在客户和服务器之间建立连接,且没有超时重发等机制,故传输速度很快。

TCP 协议和 UDP 协议各有所长、各有所短,适用于不同要求的通信环境。TCP 协议和 UDP 协议的差别为:

(1) TCP 基于连接,而 UDP 基于无连接。

(2) UDP 支持一对一、一对多、多对一和多对多交互通信,而每一条 TCP 连接只能是点对点的。

(3) TCP 对系统资源的要求较多(TCP 有 20 字节的信息包),UDP 则少(UDP 信息包只有 8 字节)。

(4) UDP 程序结构较简单。

(5) TCP 是字节流模式,而 UDP 是数据报文模式。

(6) TCP 保证数据正确性,安全可靠,且保证数据顺序,而 UDP 可能丢包且不保证数据顺序。

TCP 协议与 UDP 协议对比见表 5-17。

表 5-17　TCP 协议与 UDP 协议对比

名　称	TCP	UDP
是否连接	面向连接	无连接
传输可靠性	可靠的	不可靠的
应用场景	传输少量数据	传输大量数据
速　度	慢	快

从上述可知,TCP 协议适用于对传输精确性要求高且不是很紧急的情况,如电子邮件、远程登录等。UPD 协议适用于数据传输量大且精确性要求不高的情况,如平常在网站观看视频或听音乐等。针对需要实时交互数据的特点,采用 MATLAB 通过 UDP 协议向 Unity 3D 发送数据的方式,并在 Unity 3D 中接收显示。

5.5.2.2　MATLAB 发送端

MATLAB 发送端代码相对容易理解,使用 UDP 协议进行通信,输入所使用电脑设备的 IP 地址和端口号,添加所需判断公式,并根据 fwrite 函数和 fprintf 函数的用法将结果输出。

仅需 1～3 s 即可完成计算，并将结果在命令行窗口显示。

5.5.2.3 Unity 3D 接收端

相对于 MATLAB 发送端，Unity 3D 接收端的工作则复杂很多。首先创建一个类，其中包含 class 形式的 UDP 数据。由于使用局域网通信，因此也需要所使用电脑设备的 IP 地址和端口号。构造一个 UDP 类型的函数，使需要传输的数据可通过构造的函数发送。开始线程连接，并调用处理函数对数据进行处理，使数据可处理成一个 UDP 类型的函数后进行接收。之后清空处理的数据，清除缓存，清理空间。最后将接收的字符串以标签形式输出，并设置输出参数，设置显示范围、字号、颜色等。

5.5.3 仿真平台系统集成技术

在水下油气生产系统仿真平台中，系统被分为多个子系统，各子系统又分为不同的模块。三维视景仿真模块与仿真运行控制模块、仿真运行控制模块与数值仿真模块、数值仿真模块与人机界面模块等进行集成，实现不同模块之间功能、信息的协作，并集成到相互关联的、统一和协调的系统中。完成各功能模块集成后应进行纠错、调试，以保证软件性能。

5.6 本章小结

本章在详细阐述水下油气生产系统流动保障、数学建模和数值仿真等理论和方法的基础上，融入三维视景技术，介绍了面向水下油气生产系统的仿真技术和仿真平台。所介绍的重点包括水下油气生产系统段塞流及抑制技术和水合物防治技术、水下油气生产系统气液两相计算模型和水合物相平衡分离模型、多相流流型数值仿真技术和水合物数值仿真技术、三维建模技术和三维模型渲染技术，以及水下油气生产系统仿真平台设计与开发技术。虚拟仿真技术的应用有助于科研人员、管理人员和操作人员从不同方面对水下油气生产系统开展优化应用研究，以及提升系统的安全平稳运行水平。

第 6 章
工程示范实例

本章将介绍在南海某气田开展的基于 CCTV 的水下环境监测系统、基于声矢量的水面环境监测系统、水下数据传输系统及安全监测与故障诊断辅助系统平台的工程示范应用。应用目标包括实现水下油气生产系统的安全监测，对外部风险进行提前预警，解决水下油气生产系统的监控盲区问题，填补水下油气生产系统安全监测和预警的空白，并基于光纤通信，完成数据实时采集并实现数据实时传输。

6.1 工程示范项目概述

南海某气田距离已建中心平台约 9 km，项目开发 1 口水下生产井，水深约 94 m，采用自喷方式进行开采。

工程示范项目采用水下油气生产系统模式，依托已建中心平台并设置 1 套水下油气生产系统进行开发。井流经水下采油树通过跨接管汇入管汇，然后经由油气水混输海底管道回接到中心平台，依托中心平台进行处理和外输。

水下油气生产系统的电力、控制、通信、液压液及化学药剂通过 1 条长约 9 km 的脐带缆和脐带缆分配单元分配到多功能管汇及水下采油树。

水下油气生产系统安全监测与故障诊断辅助系统的主要设备包括：1 套水下数据传输系统；1 套基于 CCTV 的水下环境监测系统；1 套基于声矢量的水面环境监测系统；1 条跨接光飞线；5 条跨接电飞线；1 套交换机；1 套安全监测系统集成平台（包括数据服务器、上位机等）。

基于 CCTV 的水下环境监测系统、基于矢量水听器的水面环境监测系统、水下数据传输系统均采用可回收设计，集中布置在水下多功能管汇上。各设备之间通过 ROV 操作可插拔的电飞线进行供电和通信传输。各设备在管汇上的布置图如图 6-1 所示。

安全监测与故障诊断辅助系统集成平台包括 2 台安全监测数据服务器和 2 台上位机显示单元。所有设备集中布置在依托中心平台的中控室。

6.2 基于 CCTV 的水下环境监测系统

基于 CCTV 的水下环境监测系统的基座固定在水下管汇上，主要用于承载视频监控系统整体设备，并通过导向喇叭口、导向筒及锁紧耳和 ROV 把手等零件与支架对接和锁紧。

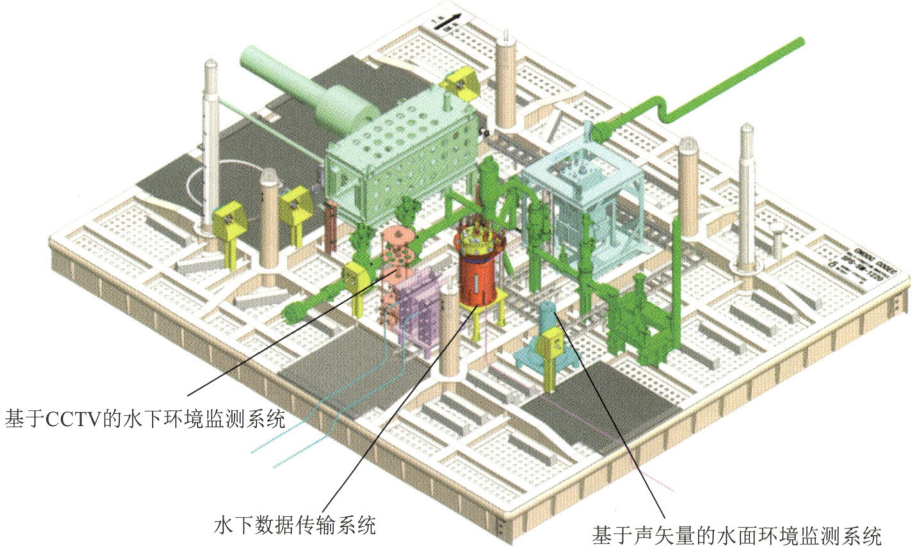

图 6-1　各设备在水下多功能管汇上的布置图

基于 CCTV 的水下环境监测系统通过 2 条跨接电飞线与水下数据传输系统连接，实现对该系统的供电、通信及上位机对系统的控制和视频图像显示。上位机发出的控制信号通过控制舱对照明灯、电机、海洋防护装置和舵机进行控制，摄像机和照明灯在±60°范围内的俯仰运动功能由舵机实现，海洋防护装置固定在摄像舱和照明舱上，发射出的紫外线可对两舱室的玻璃罩进行完全覆盖；电机舱为水下成像系统提供±180°的水平旋转运动。

图 6-2 所示为基于 CCTV 的水下环境监测系统设备图，图 6-3 所示为上位机显示的水下数据传输系统，图 6-4 所示为上位机显示的管汇上的水下阀门。

图 6-2　基于 CCTV 的水下环境监测系统

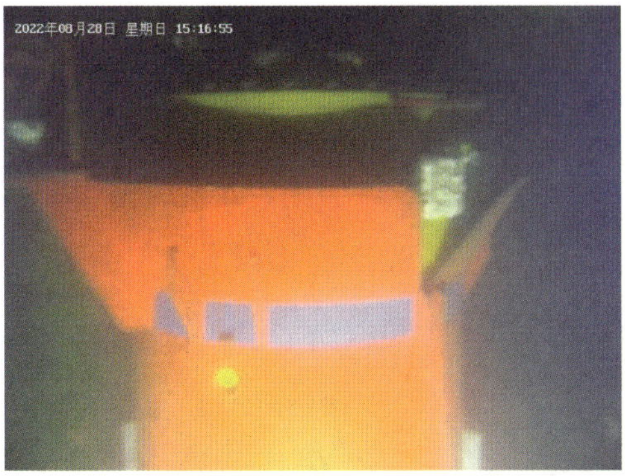

图 6-3　上位机显示的水下数据传输系统

图 6-4　上位机显示的管汇上的水下阀门

6.3　基于声矢量的水面环境监测系统

基于声矢量的水面环境监测系统的基座固定在水下管汇上，主要用于承载水下声矢量监测系统整体设备，并通过导向喇叭口、导向筒及锁紧耳和 ROV 把手等零件与基座对接、锁紧。

基于声矢量的水面环境监测系统通过 1 条跨接电飞线与水下数据传输系统连接，实现对该系统的供电、通信及上位机对系统监测结果的显示。基于声矢量的水面环境监测系统对水下油气生产系统进行全天候实时监测，判定侵入目标的位置和位移，降低船只在附近停留或作业等行为对水下设备造成损坏的风险，从而保证水下油气生产设施的安全。通过单矢量水听器实现对目标的远程探测、跟踪及分类识别，并通过光纤通信方式将目标监测结果传输给上位机。

图 6-5 所示为基于声矢量的水面环境监测系统设备图，图 6-6 所示为上位机显示的基于声矢量的水面环境监测系统实时处理界面。

图 6-5　基于声矢量的水面环境监测系统

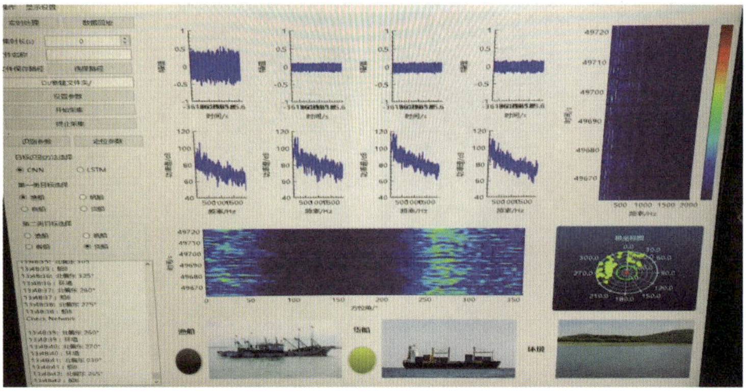

图 6-6　上位机显示的基于声矢量的水面环境监测系统实时处理界面

6.4　水下数据传输系统

水下数据传输系统整体安装在水下多功能管汇内部，首次布放可以预先在离岸端或施工船上集成到管汇内部，随管汇整体布放。后续回收操作及再次布放安装操作可由 ROV 辅助完成，从而实现水下 ROV 可回收安装布放操作。

水下数据传输系统通过 1 条跨接电飞线和 1 条光纤飞线与脐带缆分配单元连接，实现对该系统的供电及通信，同时实现水下控制系统通信带宽分配和管理、电能转换和分配管理。水下数据传输系统将光纤传过来的光信号转为电信号，并负责将脐带缆终端的控制指令向下传递给水下控制模块、基于 CCTV 的水下环境监测系统和基于声矢量的水面环境监测系统，同时将上述设备的数据信号和视频信号向上传输给脐带缆终端，保证系统信号的双向传输及带宽分配。脐带缆终端再通过脐带缆、光纤接线箱、交换机将信号送到主控站和安全监测与故障诊断辅助系统集成平台上位机。

图 6-7 所示为水下数据传输系统设备图。

图 6-7　水下数据传输系统

6.5　安全监测与故障诊断辅助系统集成平台

安全监测与故障诊断辅助系统集成平台需要接入多套异构系统的数据，具备通用的数据接入架构，基于通用架构实现多数据协议的匹配，从而实现灵活的异构协议扩展。本章工程示范项目中，需要实现 OPC DA 协议及 Modbus TCP 协议。

OPC(OLE for Process Control)基于微软的 OLE(现在的 Active X)、COM(部件对象模型)和 DCOM(分布式部件对象模型)技术。OPC 是包括一整套接口、属性和方法的标准集，用于过程控制和制造业自动化系统。OPC 协议能实现任意异构工业自动化控制系统的数据互联互通。本章工程示范项目实现的 OPC DA 驱动用于主控系统的数据接入。

图 6-8 所示为 OPC DA 数据源配置，图 6-9 所示为 OPC 数据源位号引用。

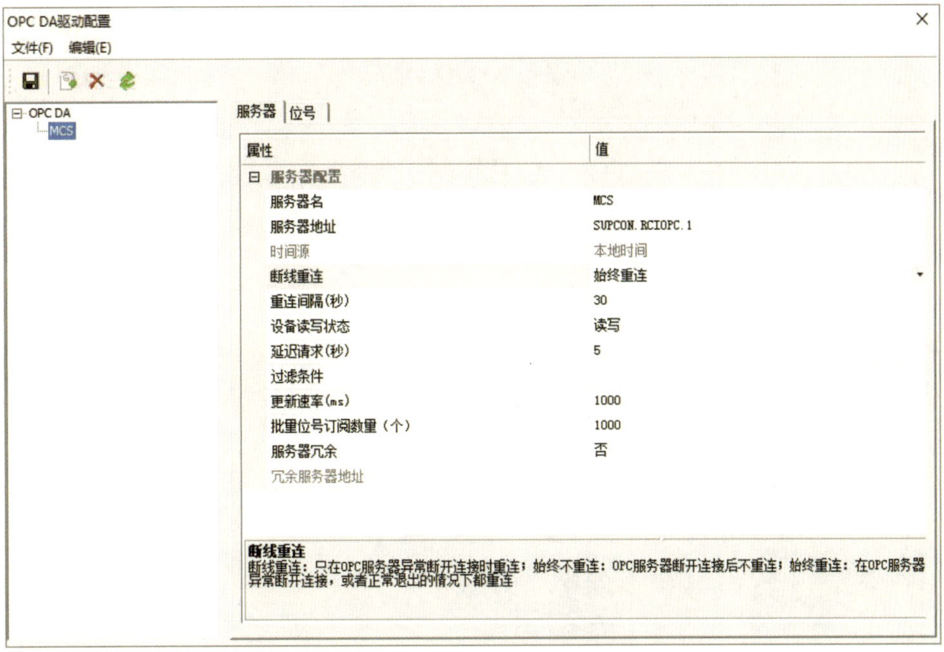

图 6-8　OPC DA 数据源配置

Modbus 是一种串行通信协议，目前已成为工业领域通信协议的业界标准(De facto)，是工业电子设备之间常用的连接方式。通过 TCP/IP 传输链路实现的 Modbus 协议即 Modbus TCP 协议。在 SCADA 系统中，Modbus 通常用来连接监控计算机和远程终端控制系统(RTU)。本章工程示范项目中的 Modbus TCP 协议用于对接基于声矢量的水面环境监测系统、水下数据传输系统和基于 CCTV 的水下环境监测系统控制端数据。Modbus TCP 设备配置如图6-10所示。

安全监测与故障诊断辅助系统集成平台可实现监控平台人机画面功能，提供画面组态工具，内置丰富的图形元素和模板，可编辑各系统的状态监视流程图，画面支持缩放功能，可自定义数据标签。通过该平台可看到各系统的运行/停止、压力/温度等模拟量的实时变化等，图形

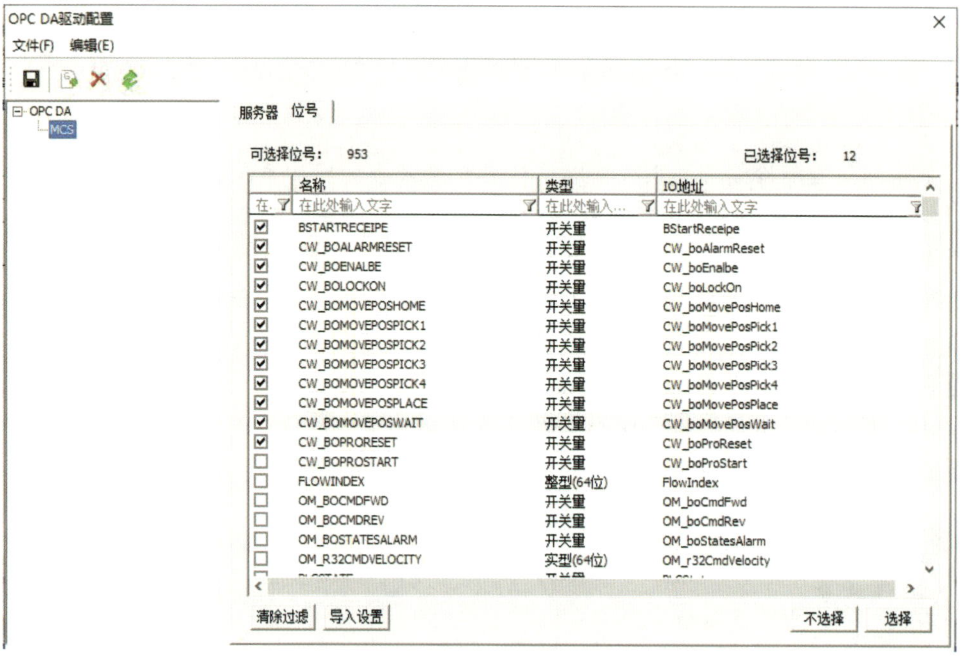

图 6-9 OPC 数据源位号引用

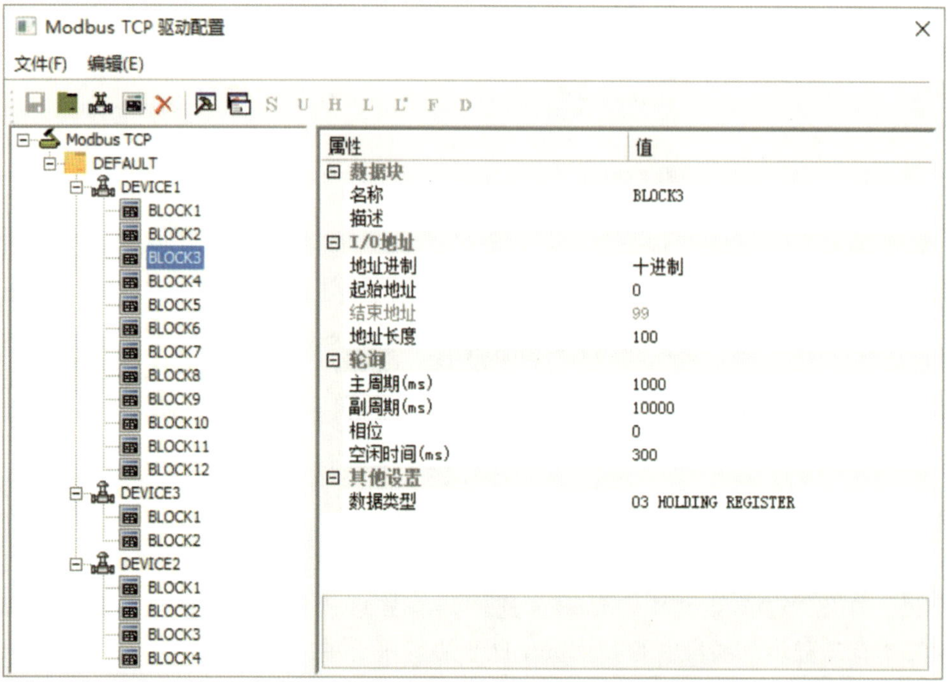

图 6-10 Modbus TCP 设备配置

目标的前景色、背景色及目标的动态移动方向均可指定并可动态变化。通过拖拽可实现监控画面布局,同时在故障界面及时给出报警数据。监控画面集成水下数据传输系统、基于声矢量的水面环境监测系统和基于 CCTV 的水下环境监测系统等异构系统的运行状态。相关显示效果如图 6-11 至图 6-13 所示。

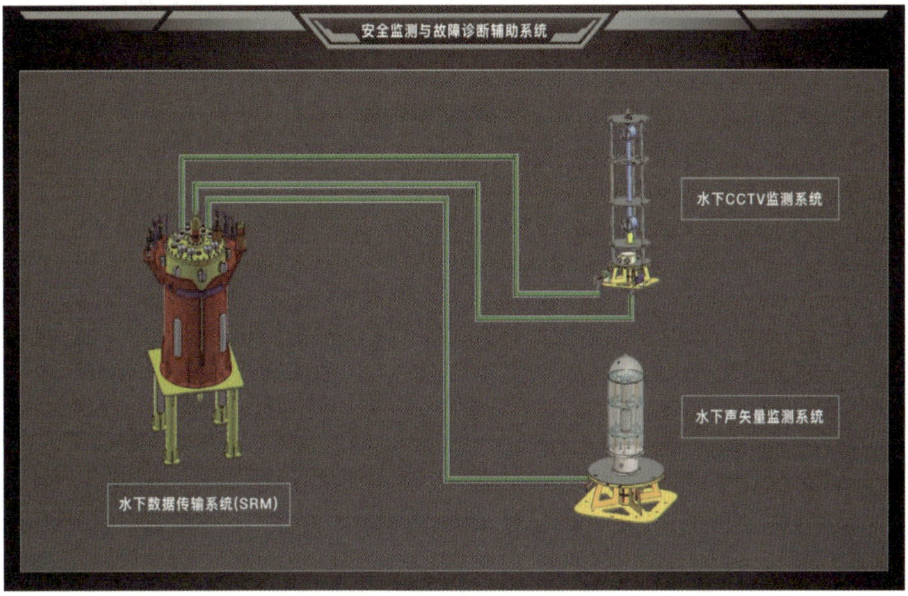

图 6-11　监控平台总貌

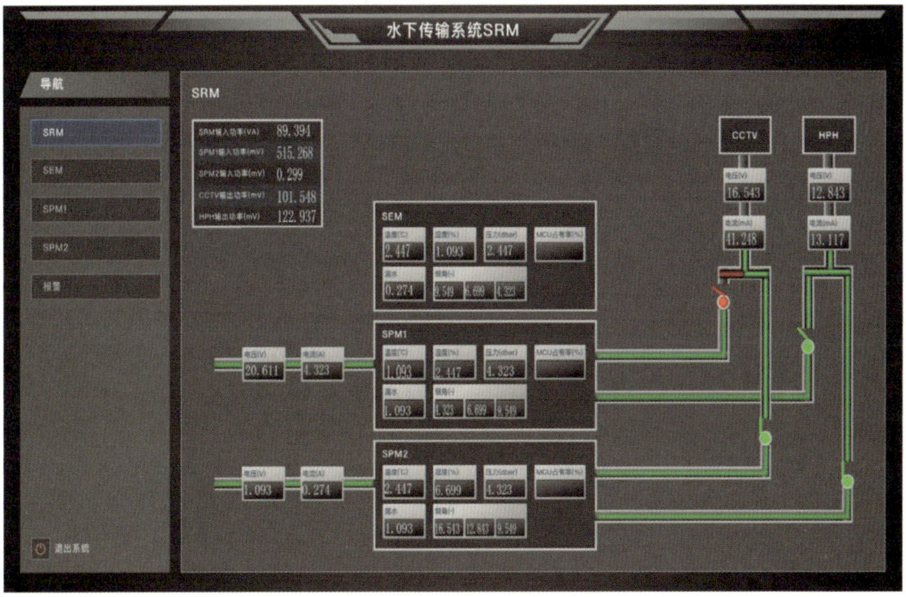

图 6-12　水下数据传输系统监控诊断画面

水下数据传输系统状态诊断监测画面以总分方式展示，即可由总貌画面点击进入内部各子系统的画面，包括水下数据传输系统、供电模块、电力模块三大部分。状态信息包括温湿度、压力、电流、电压、功率、倾角等信息。当被监测的状态超出故障阈值时，系统自动报警，提醒监控人员及时处理。

基于 CCTV 的水下环境监测系统控制画面接入水下摄像机视频画面，可实时查看水下状态。同时集成云台、水下紫外线灯的控制功能，实现云台旋转俯仰角控制、紫外线灯开关控制、

图 6-13 基于 CCTV 的水下环境监测系统控制画面

照明灯开关控制，并实现云台预置位设置、自动巡航等功能。

安全监测与故障诊断辅助系统集成平台通过 TCP 网络实现综合监控平台数据服务器与水下数据传输系统、基于声矢量的水面环境监测系统和基于 CCTV 的水下环境监测系统的连接。通过 OPC 和 Modbus TCP 协议实现数据通信。安全监测与故障诊断辅助系统集成平台能实现各异构系统数据正常接入，支持的接入测点数量为 2 500 点、数据刷新频率为 1 s，支持远程控制，控制指令响应时间为毫秒级，报警计算速度可达毫秒级，在报警的同时计算规模可达每秒 1 000 条，并具备网络断线重连及网络故障诊断功能，相关指标满足性能要求。

6.6 本章小结

基于 CCTV 的水下环境监测系统、基于声矢量的水面环境监测系统、水下数据传输系统及安全监测与故障诊断辅助系统平台的工程示范应用，验证了通过光纤通信方式可将目标监测结果传输给上位机，通过对采集数据的分析实现对油气田动态信息的在线监测和对水下油气生产系统的环境监测，减少 ROV 巡检次数，对水下油气生产系统情况不间断观察，并验证了数据集成、画面监控、趋势分析及报警管理等功能。设备运行功能稳定，异构系统集成的工业信息安全防护机制可充分保障系统的可靠性，达成了设备自主研制、开发自有水下油气生产系统安全监测与故障诊断辅助系统的目标。

参考文献

[1] 白勇,龚顺风,白强. 水下生产系统手册[M]. 哈尔滨:哈尔滨工程大学出版社,2012.

[2] 李清平. 水下生产系统设计指南[M]. 北京:中国标准出版社,2008:150-165.

[3] 何成兵,蔡顺凯,宋磊,等. 基于 FMEA 和 FTA 的汽轮机转子与轴封碰摩故障分析[J]. 噪声与振动控制,2018,38(S2):699-703.

[4] 赵红,樊建春,张来斌. 深水防喷器控制系统的 FMEA 分析研究及应用[J]. 中国安全生产科学技术,2012,8(11):107-112.

[5] 戴三淞. 船舶动力定位系统 FMEA 方法研究[D]. 镇江:江苏科技大学,2017.

[6] 张桃,赖想球,程世全. 房间空调器失效机理与失效模式研究[J]. 制冷与空调,2017(10):34-39.

[7] OREDA Handbook 2015,Volume Ⅱ[M]. 6th ed. SINTEF,NTNU:1-189.

[8] 刘关四. 港口门座起重机 FMEA 分析及其应用研究[D]. 武汉:武汉工程大学,2015.

[9] 何祖军,戴三淞,杨奕飞. 基于模糊评价和灰色关联度的动力定位系统 FMEA 方法[J]. 舰船科学技术,2017(23):134-138.

[10] 杨超. 动态故障树及其在民机复杂系统安全性评估中的应用研究[D]. 南京:南京航空航天大学,2012.

[11] 施浩峰. 基于故障树分析的变压器运行状况评估的研究[D]. 长沙:湖南大学,2014.

[12] KUZU A C,AKYUZ E,ARSLAN O. Application of fuzzy fault tree analysis (FFTA) to maritime industry: a risk analysing of ship mooring operation[J]. Ocean Engineering,2019(179):128-134.

[13] 蓝浩杰. 基于故障树与模糊理论的锅炉受热面可靠性分析[D]. 青岛:中国石油大学(华东),2015.

[14] 李彦锋. 复杂系统动态故障树分析的新方法及其应用研究[D]. 成都:电子科技大学,2014.

[15] TANAKA H,FAN L T,LAI F S,et al. Fault-tree analysis by fuzzy probability[J]. IEEE Transactions on Reliability,2009,R-32(5):453-457.

[16] HUANG T D,YAN J,JIANG M,et al. Reliability analysis of electrical system of computer numerical control machine tool based on Bayesian networks[J]. Journal of Shanghai Jiaotong University (Science),2016,21(5):635-640.

[17] 陈东宁,姚成玉. 基于模糊贝叶斯网络的多态系统可靠性分析及在液压系统中的应用[J]. 机械工程学报,2012,48(16):175-183.

[18] 刘健,朱元坤,王丙祥,等. 应用贝叶斯理论评估水下采油树可靠性[J]. 机械设计与制造,2019(4):86-89,93.

[19] 王文和,董传富,刘林精,等. 基于 FTA-BN 模型的页岩气井口装置失效概率分析[J]. 中国安全科学学报,2019,29(4):89-95 .

[20] 刘健,朱元坤,秦浩智,等. 基于贝叶斯网络水下采油树系统泄漏风险分析[J]. 润滑与密封,2018,43(1):109-114.

[21] 庞博. GeNIe 决策理论模型在配电网络优化规划中的应用研究[D]. 保定:河北农业大学,2012.

[22] 蔡文嘉,李红斌,龚慧,等. 基于层次分析法的智能电能表供应商评价方法[J]. 电测与仪表,2019,56(1):121-127,135.

[23] 张晓桂,周海波. 复杂系统可靠性分配方法的研究[J]. 佳木斯大学学报(自然科学版),2002,29(1):29-31.

[24] 冯虎田，殷爱华，韩军，等. 基于评分分配法的某型火箭炮可靠性分配[J]. 火炮发射与控制学报，2003(1)：40-43.

[25] 董聪. 系统可靠性分配方法[J]. 系统工程与电子技术，1996(7)：36-40，68.

[26] LI M Z，TANG Y，ZENG J D. Reliability allocation for wafer stage system of lithography based on AHP[C]. Quality，Reliability，Risk，Maintenance，and Safety Engineering (ICQR2MSE)，2012 International Conference on IEEE，2012.

[27] 张虹，田颖. 基于层次分析法的舰炮武器系统可靠性分配[J]. 舰船电子工程，2014，34(4)：132-135.

[28] SUN Q，YUE J G，WANG Y M，et al. Electrohydraulic system reliability allocation based on interval analytic hierarchy process with correction[C]//《控制与决策》编辑部. 第 25 届中国控制与决策会议论文集，2013：1823-1828.

[29] 陈志诚，齐欢，魏军. 基于可靠性框图的可靠性建模研究[J]. 工程设计学报，2011，18(6)：407-411.

[30] 刘翔. 3 000 m 深水下防喷器组可靠性研究[D]. 青岛：中国石油大学(华东)，2010.

[31] 彭宝华，赵建印，孙权. 复杂系统可靠性分配的层次分析法[J]. 电子产品可靠性与环境试验，2005(6)：58-62.

[32] 中海石油(中国)有限公司. 水下生产系统完整性管理解决方案[R]. 北京：中海石油(中国)有限公司.

[33] OREDA Participants. Offshore reliability data handbook[M]. 6th Edition，Volume Ⅰ-Ⅱ，2015.

[34] 罗建梅. 水下采油树风险评估技术研究[D]. 北京：中国石油大学(北京)，2006.

[35] 韩朱旸. 城市燃气管网风险评估方法研究[D]. 北京：清华大学，2010.

[36] 李新宏，朱红卫，陈国明，等. 海底管道泄漏天然气扩散规律数值模拟[J]. 油气储运，2016，35(3)：215-220.

[37] 景海泳，余建星，杜尊峰，等. 海底管道水下气体扩散 FLUENT 仿真分析[J]. 海洋技术，2012，31(3)：82-85.

[38] 原文娟. 基于屏障的在役海底管道量化风险评价技术研究[D]. 北京：中国地质大学(北京)，2014.

[39] 李新宏. 海底油气管道泄漏风险演化机理及防控方法研究[D]. 青岛：中国石油大学(华东)，2019.

[40] 柳智洋. 城镇燃气管道定量风险评价技术研究[D]. 杭州：浙江工业大学，2019.

[41] 张江石，冯娜娜. 基于动态贝叶斯网络情景推演的危化品事故应急处置研究[J]. 安全与环境学报，2020，20(4)：1420-1426.

[42] 陈希恰. 深海柔性立管结构力学特性分析[D]. 上海：上海交通大学，2014.

[43] 董磊磊. 非粘合柔性立管截面特性的理论计算及 BSR 区域的疲劳分析[D]. 大连：大连理工大学，2013.

[44] 王晓凯，娄敏. 尾流干涉下串联圆柱涡激振动数值模拟研究[J]. 石油机械，2021，49(1)：72-79.

[45] 鲁中歧，崔俊国，王魁涛，等. 油气管道腐蚀预测方法研究[J]. 管道技术与设备，2021，32(5)：47-52.

[46] 王魁涛，王红红，尹丰，等. 基于 DBN 的水下生产系统风险控制分析[J]. 石油矿场机械，2021，50(3)：52-56.

[47] 鲁中歧，崔俊国，肖文生，等. 含腐蚀缺陷的非粘结柔性管骨架层承载分析[J]. 石油机械，2022，50(12)：134-141.

[48] WITZ J A. A case study in the cross-section analysis of flexible risers[J]. Marine Structures，1996，9(9)：885-904.

[49] PRASANTH T K，BEHARA S，SINGH S P，et al. Effect of blockage on vortex-induced vibrations at low Reynolds numbers[J]. Journal of Fluids and Structures，2006，22(6-7)：865-876.

[50] KIM J，SHAH A U A，KANG H G. Dynamic risk assessment with Bayesian network and clustering analysis[J]. Reliability Engineering and System Safety，2020，201：106959.

[51] TIMOSHENKO S P. Theory of elastic stability[M]. New York：McGraw-Hill Book，1961.

[52] ALFREDO G N，DE CLÓVIS A M. A comparative wet collapse buckling study for the carcass layer of flexible pipes[J]. Journal of Offshore Mechanics and Arctic Engineering，2012，134(3)：031701.